国家自然科学基金项目联合基金重点项目（U19B2007）
"中国海油南海油气能源"院士工作站　　　　　　联合资助
国家自然科学基金面上项目（42072142）

莺歌海盆地晚中新世源-汇系统约束下大型浅海重力流沉积机制

YINGGEHAI PENDI WAN ZHONGXINSHI YUAN-HUI XITONG
YUESHU XIA DAXING QIANHAI ZHONGLILIU CHENJI JIZHI

主　编　王　华　谢玉洪
副主编　陈　思　裴健翔　孟福林　张道军

图书在版编目(CIP)数据

莺歌海盆地晚中新世源-汇系统约束下大型浅海重力流沉积机制/王华,谢玉洪主编.—武汉:中国地质大学出版社,2023.12
 ISBN 978-7-5625-5770-8

Ⅰ.①莺… Ⅱ.①王… ②谢… Ⅲ.①莺歌海盆地-盆地演化 ②浅海-重力流沉积 Ⅳ.①P544 ②P512.2

中国国家版本馆 CIP 数据核字(2023)第 257002 号

莺歌海盆地晚中新世源-汇系统		王　华　　谢玉洪　主　编
约束下大型浅海重力流沉积机制	陈　思　裴健翔　孟福林　张道军	副主编

责任编辑:韦有福	选题策划:韦有福　张晓红	责任校对:郑济飞
出版发行:中国地质大学出版社(武汉市洪山区鲁磨路388号)		邮编:430074
电　　话:(027)67883511	传　　真:(027)67883580	E-mail:cbb@cug.edu.cn
经　　销:全国新华书店		http://cugp.cug.edu.cn
开本:787毫米×1092毫米　1/16	字数:378千字	印张:14.75
版次:2023年12月第1版	印次:2023年12月第1次印刷	
印刷:湖北睿智印务有限公司		
ISBN 978-7-5625-5770-8		定价:128.00元

如有印装质量问题请与印刷厂联系调换

《莺歌海盆地晚中新世源-汇系统约束下大型浅海重力流沉积机制》编委会

主　　编：王　华　谢玉洪

副 主 编：陈　思　裴健翔　孟福林　张道军

参编人员：严德天　刘恩涛　甘华军　何　杰　史冠中
　　　　　姚光庆　任双坡　王家豪　肖　军　李潇鹏
　　　　　姜　涛　蒋　恕　廖远涛　马江浩　谢卫东
　　　　　赵彦璞　夏世威　张启扬　张立炀　李　伟
　　　　　宋金燕

序

　　随着全球能源需求的持续增长,石油和天然气的探测与开采研究在全球备受重视。位于南海北部的莺歌海盆地,已在天然气勘探中发现了东方1-1和乐东22-1等浅层气田。前期研究证实了东方区和乐东区黄流组浅海重力流沉积中富含天然气,但对控制重力流沉积的沉积构成、堆积机制的研究尚不够系统深入。

　　本书以莺歌海盆地黄流组浅海重力流沉积为研究对象,采用沉积学、层序地层学、地震沉积学和油气成藏动力学等方法,对其源汇体系、沉积构成、堆积机制和成藏规律进行全面深入的研究。研究发现,莺歌海盆地黄流组重力流沉积古水深在38～111m之间,属于陆架浅水沉积背景,具有大规模、多期次、持续性发育和储层物性良好等特征。本书利用地震反射、锆石U-Pb年代学、地球化学等手段开展系统的源汇体系分析,在源汇系统约束下探讨沉积特征、内部结构和平面展布规模,进一步分析了平面展布的动态迁移过程和演化规律。这些研究成果有助于更好地理解浅水重力流体系的内部结构特征和形成大规模重力流沉积体的综合成因机制。

　　此外,本书还从储层角度探讨了低渗透储层勘探的重要性及其挑战。随着常规油气资源的减少,低渗透储层成为石油工业持续发展的关键领域。莺歌海盆地黄流组储层的非均质性和低孔低渗特征给勘探开发带来了一定困难。本书力图加强对低渗透储层发育特征的研究,了解其形成原因,并探寻优质储层的分布规律。这些研究成果对于低渗透储层的勘探开发具有重要的指导意义。

　　本书不仅涵盖了沉积学、储层物性、构造地质学、油气成藏动力学等领域的知识,而且对进一步深化在浅海陆架背景下的重力流体系内部构成、主控因素、成因机制以及沉积模式等科学问题的理解都具有重要的推动作用。同时,本书的研究成果还将直接服务于莺歌海盆地东方区和乐东区的油气勘探实践,促进研究区油气资源的增储上产以及提高油气勘探成功率。

　　总之,本书通过对莺歌海盆地黄流组浅海重力流沉积体的深入研究,作者为我们深化理解浅海重力流体系和低渗透储层的特征、成因和形成规律提供了重要的思路和方法,具有重要的科学意义和实践价值。相信本书成果将对我国南海西部石油工业的持续发展和其他类似地区的油气勘探实践产生积极的推动作用。期待本书能为地质学领域的相关研究提供宝贵的借鉴经验,为我国油气资源的勘探开发提供参考和指导。

前 言

　　随着全球经济的持续发展和人口的快速增长,能源需求日益增加。在这一背景下,石油和天然气作为主要的化石能源一直处于不可替代的地位。因此,开发和探索更多的石油和天然气资源已经成为国家能源战略的头等大事。为了解决油气勘探实践中遇到的瓶颈问题,本书拟通过深入研究莺歌海盆地油气勘探热点区域浅海重力流沉积构成、堆积机制、储层特征等问题并探讨低渗透储层的发育特征,以更好地把握石油勘探、开发的规律和提高探明储量的成功率。这将有益于石油企业的可持续发展和能源安全战略的推进。

　　本书聚焦于三个主要的科学问题或勘探难题。首先,分析了大规模浅海背景重力流的形成以及其与陆架动态沉降触发机制之间的关系。同时尝试根据现有的地质数据,描绘出莺歌海盆地浅海环境下的重力流动态变化过程,通过解析浊积事件叠加的顺序,突出了其动态沉积过程的独特性,这对于进一步揭示并理解浅海背景重力流的形成机制具有重要意义。其次,研究了重力流扇体低渗储层中相对优质储层的形成与分布规律。低渗储层的形成通常是沉积和成岩作用的结果,优质储层的形成则受层序界面、有利沉积相带、有机酸性水的溶蚀作用等多方面的影响。通过解析不同的沉积环境、地层和矿质成分,力图弄清低渗储层及其内部优质储层的分布规律。最后,以陆架海底扇-水道重力流为载体,论述了优质高效储层的成藏机制与模式。本书尝试解析重力流沉积体内部的构成与空间展布,为确定牵引流化重力流优质储层的空间赋存几何形态提供依据,希望能对同时存在重力流和水道沉积作用的油气藏的勘探和开发工作提供有益帮助。书中详细描述了6个主要研究领域,探讨了油气勘探实践中的核心问题,旨在为有关领域学术研究和实践提供指导与参考。

　　(1)海底扇-水道重力流源汇体系演化:从地质学、地球物理学和地球化学等多学科的角度出发,综合运用各种物源研究方法和地球化学测试手段,明确了莺歌海盆地浅海外陆架海底扇-水道重力流系统的物源方向和分布范围,进一步阐述了物源供给体系对油气勘探的影响和意义。

　　(2)海底扇-水道重力流的沉积特征及其岩石学特征:对海底扇-水道重力流沉积体系的岩石学特征、原生沉积构造特征、粒度分布特征等进行了系统的描绘和分析,以期为油气藏的发现和评价提供有益的理论依据。

　　(3)层序格架下的海底扇-水道重力流沉积模式及其演化:详细探讨了在层序格架下海底扇-水道重力流沉积系统的纵向动态演化过程,分析了从初始孕育阶段到稳定发展阶段沉积物重力流体系在平面和剖面上的展布及其动态变化,以及陆架浊积扇规模和水道展布方向的动态变化,为油气勘探实践提供有益的指导。

　　(4)重力流沉积低渗透储层形成机理及其特征:对海底扇-水道重力流低渗储层的发育特征、形成机理、岩石学特征、孔隙组合、喉道分布特征进行了深入研究,揭示了各种成岩作用对低渗透储层发育的影响机制,为低渗透油气藏的勘探和开发提供科学依据。

(5)海底扇-水道重力流"甜点"储层成因及其分布预测:利用地震沉积学技术、地震与测井响应模型等先进技术手段,揭示了不同类型储层砂体的展布及演化规律,总结了优质"甜点"储层的识别特征和分布规律,为油气资源的发现和评价提供技术支持。

(6)油气运移路径和聚集区的模拟预测:利用盆地模拟技术,模拟了二维和三维的油气运移路径和聚集区,预测了有利勘探区带并建立了典型气田的成藏模式,为地质勘探实践提供了前瞻性的指导。

本书是中国地质大学(武汉)和中海石油(中国)有限公司长期密切合作、产教融合背景下集体智慧的结晶。全书整体框架设计由王华、谢玉洪完成。第一章绪论由王华、谢玉洪、严德天、裴健翔执笔;第二章区域地质概况由孟福林、陈思、何杰、史冠中、张道军执笔;第三章盆外物源区剥蚀演化由孟福林、史冠中、刘恩涛、何杰、严德天、夏世威、张立炀、李伟执笔;第四章盆内黄流组物源演化由孟福林、史冠中、刘恩涛、何杰、严德天、夏世威、马江浩、谢卫东执笔;第五章浅海重力流沉积特征及发育模式由孟福林、王家豪、史冠中、刘恩涛、肖军、何杰、严德天、李潇鹏、夏世威、赵彦璞执笔;第六章源-汇系统对浅海重力流沉积的控制及最后的结论认识,由各部分负责人共同提出,由谢玉洪、王华、孟福林、裴健翔、张道军及陈思等执笔;第七章储层特征、成藏条件与勘探应用由王华、甘华军、陈思、刘恩涛、姚光庆、任双坡、张启扬、裴健翔、张道军、姜涛、蒋恕、廖远涛执笔;参考文献由何杰负责整理。全书最后由谢玉洪、王华、甘华军、陈思、刘恩涛、宋金燕进行统稿。

本书的出版得益于国家自然科学基金项目联合基金重点项目"浅海外陆架海底扇-水道重力流发育机制与储层非均质性表征"(U19B2007)、"中国海油南海油气能源"院士工作站和面上项目"莺歌海盆地深部流体幕式活动历史:来自方解石和伊利石年代学的约束"(42072142)支持。在此,尤其感谢国家自然科学基金委员会和中海石油(中国)有限公司设置联合基金项目,让编著者有机会在联合重点项目资助下对莺歌海盆地大型浅海重力流沉积开展更加深入的研究。

为了支撑油气勘探实践,本书在资料准备、编写与出版过程中得到了中海石油(中国)有限公司海南分公司姜平、胡林、罗威、宋鹏,天津分公司周家雄,湛江分公司邓勇、范彩伟、胡德胜、李辉、杨希冰、黄保家、童传新等多位领导或专家的帮助和关切,在此表示感谢。同时,感谢中国科学院院士、中国地质大学(武汉)王焰新校长给予了多方面的积极支持和执忱鼓励,感谢中国地质大学(武汉)的李思田教授、解习农教授、任建业教授、陆永潮教授等的多次学术交流、协助与指导!在本书编写过程中,中国地质大学(武汉)矿产普查与勘探专业的多位研究生宁才倍、陈红锦、张玉杰、邵志远、徐瑞林、陈智涛等在资料收集、图件清绘、文图编排、文字校对及在出版过程中的图文编辑等方面均付出了辛勤的劳动和汗水。在此,本书的编者向他们一并表示衷心的谢意!

由于编者的研究水平和工作经验有限,对于莺歌海盆地重力流方面的认识、分析和总结定会存在不足和欠妥之处,欢迎读者予以指正。最后,期待我们的工作能够为您的研究工作、学术探索或者业务实践带来一些启发或者帮助。

编　者
2023 年 10 月 28 日

目 录

第一章 绪 论 (1)
第一节 科学意义与应用价值 (1)
第二节 国内外研究现状 (2)
第三节 沉积物重力流研究的发展动态与趋势分析 (5)

第二章 区域地质概况 (8)
第一节 区域构造 (8)
第二节 地层序列 (14)
第三节 潜在物源区 (16)

第三章 盆外物源区剥蚀演化 (22)
第一节 样品特征及实验结果 (23)
第二节 盆外周缘物源区抬升演化 (35)
第三节 盆外周缘物源区剥蚀特征 (45)

第四章 盆内黄流组物源演化 (54)
第一节 基于元素地球化学的物源体系分析 (54)
第二节 基于碎屑锆石的物源体系分析 (60)
第三节 黄流组砂岩的混源体系解译 (91)
第四节 盆内物源时空演化分析 (101)

第五章 浅海重力流沉积特征 (106)
第一节 东方区浅海重力流扇体沉积特征 (106)
第二节 乐东区浅海重力流水道沉积特征 (134)

第六章 源-汇系统对浅海重力流沉积的控制 (156)
第一节 盆地晚中新世源-汇系统演化 (156)
第二节 浅海重力流沉积差异的主控因素 (165)
第三节 浅海重力流沉积堆积机制 (169)

第七章 储层特征、成藏条件与勘探应用 (171)
第一节 东方区与乐东区储层特征对比分析 (171)
第二节 东方区储层地质建模 (176)
第三节 莺歌海盆地油气成藏条件与成藏模式 (183)

第四节　应用实践 …………………………………………………………（187）

主要结论 ……………………………………………………………………（195）

主要参考文献 ………………………………………………………………（198）

附　表 ………………………………………………………………………（218）

第一章 绪 论

第一节 科学意义与应用价值

  重力流沉积是全球含油气盆地中重要的油气储层之一,因其巨大的油气勘探潜力而受到地质学家的广泛关注。重力流沉积体系在沉积盆地中广泛发育,通常以水深200m为界,划分为深水重力流和浅海重力流两大类(McCaffrey and Kneller,2001;Posamentier et al.,2003)。以往的研究主要集中在深水重力流和湖相重力流沉积。对于发育在陆架坡折以下的半深海-深海区以及陆相湖盆中半深湖-深湖区的大型深水重力流体系,学者们已进行了大量研究,取得了丰硕的成果,包括发育背景、沉积特征、沉积模式、成因机制、主控因素以及油气成藏与勘探等方面的研究(Liu et al.,2014;操应长等,2021)。然而,相较于深水重力流研究,发育在浅海陆架环境中的重力流沉积体虽有文献报道,但因浅海重力流沉积特征不典型、规模相对较小,前期研究往往只是简单提及这一现象,对其沉积特征和形成机制关注较少,对其发育控制因素及沉积过程缺乏系统的论述。特别是对于浅海细粒厚层重力流沉积,尚未进行深入和细致的探讨。当前,相较于深水重力流体系,国内外对浅海重力流体系的理论研究较少,对于浅海重力流体系的宏观发育背景、微观特征、沉积模式、堆积机制和主控因素等的认识还存在不足。因此,加强对浅海背景下沉积物重力流体系的研究,将有助于深化对其内部沉积构成、成因机制等科学问题的认识与理解,对于完善和发展重力流沉积的理论体系具有重要意义。

  南海北部莺歌海盆地陆架上发育浅海背景的重力流动态沉积演化过程具有一定特殊性,对该演化过程及成因机制的研究具有重要的科学意义。本书以莺歌海盆地黄流组中发育的浅海重力流沉积体为研究对象,以沉积特征、源汇过程、堆积机制为主要研究内容开展工作。从沉积方面讲,对该沉积体的古生物进行研究表明,其沉积期的古水深在38~111m之间(何卫军等,2011),属于陆架浅水沉积背景。它的重力流具有大规模、多期次、持续性发育、储层物性良好等特征。围绕浅海重力流沉积的特征,在探讨其沉积特征、内部结构、平面展布规模的基础上,进一步分析其平面展布的动态迁移过程和变化趋势及纵向演化规律(垂向序列组合及浊积事件叠加特征),探寻浅水重力流体系的内部结构特征和浅海背景下形成大规模重力流沉积体的综合成因机制,由于蓝江物源盛行、盆内局部微地貌-挠曲坡折带的发育以及相对海平面的快速下降的整体背景导致了在浅海陆架环境中发育了重力流沉积,它是自然界各主控因素"高度默契"的集中体现。

从储层方面讲，莺歌海盆地中央凹陷底辟构造带系高温强超压领域油气勘探取得了重大突破，钻遇的黄流组压力系数大于1.9，其单井日产超过$600×10^3 m^3$的优质天然气，发育低孔低渗储层（王振峰和裴健翔，2011）。低渗透储层是指渗透率为$(0.1～50)×10^{-3}\mu m^2$的储层，其油气资源储量居非常规油气之首，中国剩余低渗透石油资源量占总资源量的60%以上，低渗透油气资源是中国现阶段油气增储上产的重要领域（杨晓萍等，2007；胡文瑞，2009；邹才能，2013）。因而，提高低渗透储层的勘探对我国石油工业的持续稳定发展，具有重要的战略意义。近年来低渗储层勘探虽然取得了一些突破，但是相关理论认识稍显不足。莺歌海盆地黄流组一段重力流海底扇沉积砂体横向变化非常快，纵向发育不均匀，低渗储层发育（于俊峰等，2014）。前期研究主要关注于储层物性主控因素方面，在低渗储层致密发育历史方面缺乏系统的定量分析。因而，加强对低渗透储层发育特征的研究，了解低渗透储层的形成原因，寻找低孔隙度、低渗透率储层中相对优质"甜点"的形成与分布规律，对低渗储层的勘探开发至关重要。

综上所述，本书旨在介绍黄流组大型高效储集体的成因、内幕及成藏模式等方面最新研究成果和进展，尤其是在浅海背景下发育大型重力流沉积体的机制，一方面将进一步丰富沉积物重力流理论体系、储层沉积学、油气地质学等相关学科的研究内容，深化对浅海陆架（浅水）背景下沉积物重力流体系的内部沉积构成、主控因素、成因机制和沉积模式等科学问题的认识与理解；另一方面，通过深化对高压低渗气藏成藏规律的认识，其成果将直接服务于莺歌海盆地东方区的油气勘探实践，促进研究区油气资源的增储上产和提高油气钻探成功率，从而推动莺歌海盆地系油气勘探的发展进程，对其他类似地区的油气勘探实践也具有重要的借鉴价值（王华等，2022）。

第二节　国内外研究现状

一、海相深水重力流研究现状

近几十年来，被动大陆边缘深水盆地是研究强烈拉张共轭和剪切构造背景下被动大陆边缘盆地演化、深水沉积和油气勘探的热点（Alves et al.，2014；Jiang et al.，2018）。相对于油气勘探已经成熟的陆相盆地，深水勘探仍然是新领域，而其中的70%位于被动大陆边缘盆地。例如2018年深水勘探发现主要在大西洋边缘的圭亚那、墨西哥湾，而即便是目前引领深水勘探的美国墨西哥湾的深水区，仍然存在盐下和超深水区巨大的勘探潜力区。

深水地质的新认识和深水、超深水技术创新（如地球物理成像技术、超深水高温高压钻井技术）使很多过去认为不可触及的区域变为勘探的热点。例如巴西、南大西洋边缘的安哥拉到圭亚那-加纳赤道和北极的深水浊积砂岩、盐下浊积岩和微生物岩；加拿大近海东部，北大西洋边缘的爱尔兰海和中国南海的深水浊积岩；地中海深水区碳酸盐岩等等。除了传统的深海浊积砂岩外，深水等深流、碳酸盐岩和湖相浊积砂岩为新的勘探对象（Kneller et al.，2016；

Stow et al.，2018；Jiang et al.，2018)。尽管野外和大量的勘探数据以及地球物理资料的精细刻画对深水沉积储层的结构认识越来越深，但深水储层内部的复杂性也逐渐被勘探效果和生产的差异所证实，例如沉积和成岩过程直接影响了储层质量，扇体边缘细粒塑性沉积变多导致储层质量变差(Marchand et al.，2015；Bell et al.，2018)。近年来，在从源到汇系统深水沉积过程和沉积结构及预测优质深水储层的同时，越来越强调构造、物源和古气候等对储层质量的影响(Bentley et al.，2016)。很多过去认为非储层的块状搬运沉积体(mass transport deposit，MTD)、薄层浊积砂层、高温高压深水储层、深水致密储层等现在成为新的油气储层。比如2021年南海陵水17-2气田的成功生产证明了深水储层的商业生产。目前对这类致密储层的研究主要是从沉积过程到成岩作用对孔喉结构和储层质量的控制(Wang et al.，2018)。

沉积物重力流广泛发育于海相和陆相的多种沉积环境中，一般来说，其形成条件主要包括足够的坡度和密度差、充足的物源、一定的触发机制以及足够的水深等5个方面(姜涛等，2005；任小军，2008；Reading，2009)。前人对发育在陆架坡折以下的半深海-深海区以及陆相湖盆中半深湖-深湖区的大型深水重力流体系投入了极大的兴趣，并进行了不计其数的研究，在海相和陆相深水重力流体系的沉积特征、发育背景、主控因素、成因机制、沉积模式以及油气成藏与勘探等方面均取得了大量富有成效的研究成果(Richardson，2004；Weimer et al.，2004；刘招君，2003；辛仁臣等，2004；郑荣才等，2006；庞雄等，2007a；彭大钧等，2007；王英民等，2007)。如Covault和Romans(2009)就加利福尼亚边缘盆地浊积体系与地形特征的关系进行了研究，从动态发育角度探讨深海浊积扇体系的动态地形变化的多个定量化因素，包括：沉积物供给体积量、面积、最大厚度、发育长度、宽度等。Hanquiez等(2010)研究了加的斯湾等深流作用下的重力河道沉积体系的沉积过程，探讨了地貌及古气候对其影响和控制作用。Garciacaro等(2011)从动态演化的角度研究了哥伦布前陆盆地在构造作用控制下的深水沉积，包括构造坡折下及深水区域的重力流沉积单元，从而建立了该区在构造及断层控制作用下的深水沉积体系模式，并探讨了其勘探潜力。

二、浅海重力流体系国内外研究现状

与深水重力流研究形成鲜明对比的是，关于发育在浅海陆架环境的浅水重力流沉积体虽然也有文献报道，但由于其规模相对较小，前人往往只是提及到这一现象(Tokuhashi，1996；Villa and Bahamonde，2001；于兴河，2007；何卫军，2011)，而具体关于浅海背景下重力流体系的沉积特征、主控因素、堆积机制和油气成藏等科学问题的研究并没有引起地质学家和勘探家的足够重视，相关方面的系统研究实例尚不多见。

Fenton和Wilson(1985)研究了澳大利亚晚奥陶系Mallacoota层受波浪流和单向波纹影响的浊流沉积，该浊流沉积与开阔洋流沉积产物的比较表明，风暴流是该浊积扇最可能的成因机制，基于浪控模型估算的沉积深度在90～200m之间，因此，该沉积定义为浅水环境中风暴事件背景下受浊积水道影响的浊积扇。Myrow和Hiscott(1991)在加拿大纽芬兰东南部的Chapel Island Formation地层中揭示了浅水重力流沉积(shallow-water gravity-flow deposits)，并将其划分为3种类型：类型一主要为中—厚层的粉砂岩，包括了块状构造无粒序结构;类型二为较好粒序结构较弱成层性;类型三为细粒的良好粒序结构、成层性好的浊流沉积的连续变化单元。重力流沉积的类型为液化流-浊流沉积。Seda Okay等(2011)揭示了在黑海．İstanbul海峡北部全新统发育了一大型陆架扇(subaqueous shelf fan),为İstanbul海峡的延伸和扩张部分,水体深度为30～75m;其内部主要由一条主水道和6条次级水道构成,主水道宽800m,深30～50m,在陆架上表现为明显的下切特征。乔博等(2011)对珠江口盆地浅水区和深水区重力流的沉积特征进行了对比研究,指出浅水重力流的层理构造非常丰富,主要发育了块状层理、平行层理、小型沙纹层理、包卷层理、脉状层理、波状层理和透镜状层理等,且生物活动频繁、生物扰动构造发育,显示出受河流、波浪和潮汐作用等多方面的显著影响。

整体来说,相比于深水重力流体系而言,目前国内外对浅海重力流体系的理论研究显得较为薄弱,人们对于浅海重力流体系的微观特征、宏观发育背景、主控因素、堆积机制和沉积模式等的认识还明显不足,重视和加强对浅海重力流体系的研究有利于深化对浅海背景下沉积物重力流体系的内部沉积构成、主控因素、成因机制和沉积模式等科学问题的认识与理解,对于完善和发展重力流沉积的理论体系也具有重要意义。

三、储层非均质性研究现状

目前,国内外学者针对低渗透碎屑岩储层的发育特征、成因机制及优质储层"甜点"预测已开展了广泛工作(杨正明等,2006;操应长等,2012;刘金库等,2016;罗晓容等,2016;Wang et al.,2018)。在储层特征方面,低渗透储层具有成分成熟度低、孔喉半径微小、孔喉结构复杂、渗透率低、流体流动性差、成岩作用强且差异性大和非均质性强等特征(蒋凌志等,2004;杨晓萍等,2007;胡文瑞,2009;操应长等,2018;Yang et al.,2018)。在低渗储层发育机理及形成原因方面,前人研究表明低渗储层形成主要受到了沉积和成岩作用的影响(曾大乾和李淑贞,1994;操应长等,2012)。其中,沉积作用是形成低渗透储层的最基本因素,它决定了后期成岩作用的类型和强度(蒋凌志等,2004;杨晓萍等,2007)。沉积作用控制储层的原始物性,同时影响储层埋藏过程中的成岩作用和物性演化过程。沉积作用对储层物性的影响本质上主要受碎屑岩成分成熟度、结构成熟度等因素的影响(操应长等,2012)。沉积环境和沉积相类型与低渗储层的发育具有密切的关系,低渗透率储层一般发育在冲积扇、水下扇、扇三角洲平原亚相、三角洲前缘末端等相带中,这些相带中沉积物分选性差,泥质含量较高,压实作用强烈,在成岩早期容易变成低渗储层(杨晓萍等,2007)。再如,煤系地层沉积环境中的地层水呈酸性,在这种酸性环境下石英容易发生次生加大,并导致黏土矿物向高岭石转化,低渗储层大范围发育,是煤系地层中常发育低渗透储层的主要原因(蒋凌志等,2004)。

成岩作用是形成低孔隙度、低渗透率储层的关键,特别是成岩早期强烈的压实和胶结作用对形成低孔隙度、低渗透率储层起了决定性作用(Schmmugan,1985;Scherer,1987;Lomando,1992;黄思静和张萌,2004)。操应长等(2012)通过研究发现压实作用导致储层孔隙半径大幅减小,储层渗透率大幅度降低,是低渗透储层形成的主导因素。在早期成岩过程中,压实作用损失大量原生孔隙,压实作用损失的孔隙度一般占孔隙损失的60%~85%(谢庆宾等,2014)。随后的胶结作用使得砂岩更加致密,胶结物使孔隙减少12%~18%,其作用类型主要包括黏土矿物的胶结、方解石的胶结和石英次生加大胶结等(谢庆宾等,2014)。压实作用对不同岩性的储层影响有所不同,压实作用对泥质粉砂岩、粉砂岩和细砂岩影响大,对含砾砂岩-细砾岩的影响相对较小。而胶结作用与之正好相反,对泥质粉砂岩、粉砂岩和细砂岩的影响较小。此外,构造运动对裂缝型低渗透储层的发育至关重要,挤压的环境使岩石脆性增强,容易形成裂缝,导致储层非均质性增强(蒋凌志等,2004)。

低渗储层成因复杂,非均质性强,对其展开油气开发的关键是"甜点"的识别和预测。"甜点"储层是一个相对的概念,指在普遍低孔隙度、低渗透率储层中发育的物性相对较好的有效储层。研究表明,在平面上优质储层的发育分布主要受有利相带的控制。一般来说,优质储层主要分布在三角洲平原或前缘以及海底扇体的多期分流河道叠置的部位,特别是在多期高能分流河道叠置的部位。在纵向上,烃源岩中的有机质脱羧形成大量有机酸的运移方向和路径对"甜点"储层发育具有很好的控制作用。有机酸具有很强的溶蚀作用,酸性水容易进入并溶解其中易溶的碎屑颗粒和胶结物,产生大量次生溶蚀孔隙,从而形成相对优质的有效储集层(杨晓萍等,2007)。例如,在陆相断陷盆地,沉积作用控制下的差异抗压实作用导致砂砾岩和滩坝砂体为整体低渗背景下的"甜点"储层(操应长等,2018)。在莺歌海盆地黄流组一段重力流海底扇沉积中,西物源重力流发育地区的浊积水道为"甜点"储层集中发育部位,水道横向均质、纵向多期切割,形成阁楼式超大储集空间,是形成大型油气田的重要原因(于俊峰等,2014)。

第三节　沉积物重力流研究的发展动态与趋势分析

沉积重力流的研究进展主要表现在研究思路、研究手段和研究方法的不断完善与发展,尤其是随着地球物理新技术、新方法的产生和发展,使得人们能够更好地理解和认识沉积物重力流的沉积面貌与堆积机制。

1. "从源到汇"(source to sink)的研究思路在沉积物重力流体系的成因机制与内幕结构分析中应用

近年来,一些学者走出了单纯依靠建立各种扇模式来认识深水扇和预测扇内储集体的局限思维,提出从供源系统、构造作用与沉积古地理面貌特征、相对海平面变化、沉积机制等制约沉积物重力流体系形成与发展的诸多因素分析入手,将重力流体系的宏观发育背景与微观沉积特征研究相结合,通过建立多级动态"源-渠-汇"耦合系统来认识沉积物重力流体系的沉积物的来源、输送渠道和沉积形式。如 Richard 和 Bowman(1998)提出要从区域构造作用、海平面变化、物源供给等方面考虑深水扇沉积的控制条件,并将深水沉积细分为12种模式;Stow 和 Mayall(2000)提出需要建立深水扇系统的环境模型才能改进深水扇系统的沉积模式;庞雄等(2007)和彭大均等(2007)通过三级"源-渠-汇"耦合研究探索了南海珠江深水扇系统的沉积模式,将控制珠江深水扇系统发育的诸因素分成宏观—中观—微观3个级别,分层次地解析了珠江深水扇系统的沉积微观内幕和形成条件、主控因素、堆积机制,从而构建了珠江深水扇系统沉积模式。庞雄等(2007)提出只要把所有重力流沉积体都称为"扇",通过层序地层格架建立来研究"供源-输导-扇体"的关系,先把"源-沟-扇"耦合的沉积模式建立起来,在此基础上承认扇内的多种流态沉积,逐步进行研究就有可能识别扇内的储集砂体。

2. 主控因素分析在沉积物重力流研究中的应用与发展

沉积物重力流的主控因素和过程机制主要包括:①来自盆地外缘的持续性物源供给;②同沉积期大规模海退作用;③沉积基底的幕式动态及差异性沉降导致古地貌古坡度的存在,堆积期大陆架基底多期次性迅速沉降的独特性及其动态变化,挠曲坡折带的分异作用所造成的"同源异相"的沉积体系。该三大因素的相互耦合与联合控制作用应该是陆架重力流沉积体发育的控制因素。同时探讨围绕这三大主控因素提出的科学问题与未来发展趋势主要包括:①重力流堆积期大陆架基底沉降的独特性及其动态变化的成因问题;②古地貌动态沉降组合与同沉积期海退联合作用的驱动机制问题;③大规模浅海背景重力流沉积体(陆架浊积扇)的形成与陆架动态沉降触发机制之间的耦合关系。

3. 三维地震技术在沉积物重力流研究中的应用与发展

三维地震数据使得解释人员能够在数千平方千米的范围内对构造和地层进行详细的描绘和刻画,其三维特征可以达到几十米的分辨能力。Cartwright和Huuse(2005)将三维地震技术评价为"20世纪地球科学领域最让人兴奋的发展之一",并将其形象的比喻为地质的"哈勃望远镜"。与二维地震数据体相比,三维空间分辨率的提高表现在可以识别出沉积体系中很多原先不能识别的组构单元,三维地震技术最为重要的应用是在识别沉积体的外部形态和沉积边界,尤其是在刻画大陆边缘盆地内大型错综复杂的水下河道沉积体系等方面(Wonham et al.,2000;Kolla et al.,2001;Posamentier,2001;Abreu et al.,2003)。如Posmentier和Kolla(2003)利用地震属性对墨西哥湾更新世De Soto Canyon高弯曲水道进行了研究,从图中可以清晰的观察到水道的弯曲以及截弯取直作用,并可识别出2个牛轭湖(oxbow),这2个牛轭湖在地震剖面上也能得到验证;Yuan等(2009)利用层拉平相干切片研究了南海北部琼东南盆地陆坡区更新世深水浊积水道,水道的平面几何形态、迁移及天然堤的位置都清晰可见。此外,在海底地形(地貌)的刻画上,三维地震数据也显示了强大的分辨力,这些由三维地震数据形成的海底地形(地貌)图可与通过陆地卫星和多波束测量而成的现代海底地形(地貌)图相媲美(Eberli et al.,2004;Long et al.,2004;Morgan,2004)。随着三维地震技术的快速发展以及三维地震图像的广泛应用产生了新的地质(分支)学科——地震地貌学(seismic geomorphology)或地震沉积学(seismic sedimentology)(Zeng et al.,2001;Zeng and Hentz,2004)。

但值得注意的是,地震技术的使用也具有一定的局限性,尤其是对于规模小、薄互层的地质体,三维地震技术的分辨率也很难达到研究要求;同时,由于影响地球物理参数的因素较为复杂,三维地震技术的结果可能具有多解性。如同Shanmugam(2000)总结的那样:①复杂深水沉积过程的解释需要岩心或露头;②地震方法能解释的巨厚沉积物通常都不是单一沉积相结果;③单一沉积相能产生多个地震几何形态;④不同的沉积相能产生相似的地震几何形态;⑤压实作用能使地震几何形态随时间改变。实践表明,只有将地质思维与地球物理方法技术紧密结合,利用地质、测井及高分辨率的三维地震技术相互校正、反馈和综合对比研究,才能尽可能地提高研究的精度和预测的准确性。

4. 野外露头观察与比较沉积学分析在沉积物重力流研究中的应用与发展

从露头沉积学研究方面来重建深海沉积流体动力学过程及输送模式,这种方法是极为有效且准确的(Baas,2005)。通过对古代浊流体系的野外描述和海底取心的精细刻画,使得人们可以直接的观察到自然界中大规模的重力流沉积体系并可根据相关的沉积构造来推断相应的沉积过程,但野外研究工作需要大量的时间,且完整的露头非常少见,这也导致了盆地级别的沉积物重力流沉积体系详细的野外沉积学研究非常少见。

5. 物理与数值模拟在沉积物重力流研究中的应用与发展

将野外工作与实验室实验和计算机模拟技术相结合对于研究重力流沉积体系及其沉积过程意义重大(Baas,2005)。对于沉积物重力流的实验室模拟和数字模拟技术的进展,使得人们有可能对重力流物理参数进行定量化(Mohrig et al.,1999;Pratson et al.,2000),如用超声波多普勒速率方法来测量流体的速率,浓度极值法来测量重力流悬浮物质的浓度,这些参数之前只能在流体的游离边界处或者是密度非常小的流体中获得。但是,模拟与实际中观察到的沉积现象也存在着差异,例如至今为止没有一个水槽实验能完整建造出"鲍马序列",如同 Shanmugam 和 Moiola 在 1982 年指出的那样:"实验室可以完成大量热跃层流、等深流的测速等实验,浊流沉积的实验则相对较少,而野外观察却相反,可以观察到大量的深水浊积岩,而等深积岩和热积岩却罕见"。

综上所述,莺歌海盆地黄流组浅海重力流沉积的研究一方面对南海油气的勘探开发具有积极的现实和应用价值,与此同时,本书对浅水重力流沉积特殊性,及其从牵引流到重力流的动态演变过程的正确判定,为研究其动态沉积过程提供重要证据,具有重要的前沿性和学术探究价值!

第二章　区域地质概况

第一节　区域构造

一、成盆机制

　　莺歌海盆地大地构造位置上属于印支板块与南海北部大陆边缘的交会区，也处于太平洋板块和欧亚板块、澳大利亚板块和印支板块交接区(Zhu et al.,2009；范彩伟,2018)见图2.1；莺歌海盆地是沿红河断裂东南延伸方向发育的新生代走滑拉张盆地，保存了始新世以来厚达17 000m以上的巨厚沉积物(谢玉洪,2009)。盆地周缘构造动力学背景十分复杂，新生代以来发生了多次与板块活动相关的重大事件：印支板块与欧亚板块的持续碰撞导致印支板块的挤出、逃逸；澳大利亚板块向北的速度增大导致了古南海板块的俯冲开始或俯冲加速；太平洋板块向欧亚大陆的俯冲方向由北北西向转为北西西向，以及逆时针旋转的菲律宾板块在与向北漂移的澳大利亚板块发生碰撞后转为向北移动，对南海的扩张均起到了重要的控制作用。南海洋盆扩张的开始、发展和停止以及与其相关的洋脊跃迁等，板块重大构造活动事件及其相互作用构成了莺歌海盆地形成与演化的复杂动力学背景。

　　前人在莺歌海盆地成盆机制方面做了很多研究，从印支板块和欧亚板块的陆-陆碰撞以及太平洋板块、澳大利亚板块和菲律宾板块相互作用等与莺歌海成盆机制密切相关的复杂板块动力学角度，对莺歌海盆地的形成和演化历史提出过诸多不同观点，其中代表性的观点主要有以下3种：第一种观点认为"左旋"成盆，在印支板块与欧亚板块碰撞的影响下，印支板块发生了顺时针方向的旋转，并导致了红河断裂带走滑活动，使得区域应力场为北西-南东向的张剪应力场，控制形成了新生代莺歌海盆地(茹克,1988)；第二种观点认为"右旋"成盆，新生代岩石圈在地幔上涌的影响下发生伸展作用，同时由于红河断裂带的右旋作用，使得区域应力场为具走滑性质的张应力场，控制形成了具转换-伸展性质的莺歌海盆地(孙家振等,1995；李思田等,1998)；第三种观点认为"先左旋后右旋"成盆，经过对莺歌海盆地构造演化分析并结合构造模拟实验研究发现，古新世—早中新世，受印支板块与欧亚板块碰撞影响，印支板块向东南方向被挤出，并发生顺时针方向的旋转作用，这个阶段盆地处于左旋走滑活动的构造环境中；中中新世以后，华南板块向东南方向被挤出，使得盆地所处的构造应力场变为右旋走滑活动(孙珍等,2003；钟志洪等,2004)。尽管不同的观点间存在分歧，但普遍都认为莺歌海盆地的形成与演化直接受印支板块与欧亚板块碰撞的影响。前人对红河断裂带大量的研究揭示了盆地在中新世末期之前(5.5Ma 之前)属于左旋走滑活动,中新世之后(5.5Ma 之后)由左旋活动转变为右旋走滑活动(Leloup et al.,2001)。地震资料揭示了莺歌海盆地构造演化具有阶段性:在 10.5Ma 之前处于左行走滑伸展性质的构造环境中,发育了很多局部张性断裂;在 10.5~5.5Ma 期间左行走滑活动逐渐减弱,形成了北部挤压而南部伸展的构造格局;在 5.5Ma 以后左行走滑彻底结束转变为右行走滑活动,局部张性断裂诱发形成了大规模的底辟构造(Clift and Sun,2006;Zhu et al.,2009;范彩伟,2018)。

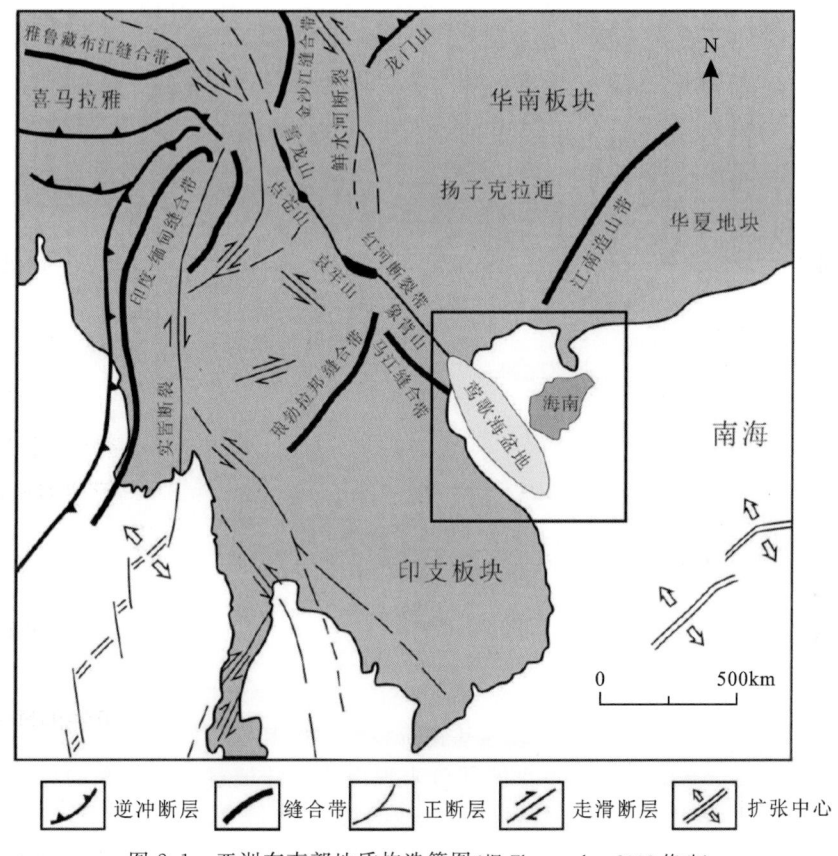

图 2.1 亚洲东南部地质构造简图(据 Zhu et al.,2009 修改)

二、构造单元划分

莺歌海盆地主要发育北西向和北北西向两组断裂体系(图 2.2),其中北西向断裂在盆内广泛发育,主要为控制盆地形成的大型基底断裂,包括发育在盆地东北部的莺东断裂、东方断裂以及 1 号断裂,发育在盆地西侧的黑水河断裂、马江断裂和长山断裂;而北北西向断裂包括发育在盆地西北部的莺西断裂和东南侧的中建断裂,主要为盆地的边界断裂。莺歌海盆地整体上可以分为莺东斜坡带、莺西斜坡带、临高凸起带和中央凹陷带 4 个构造单元。

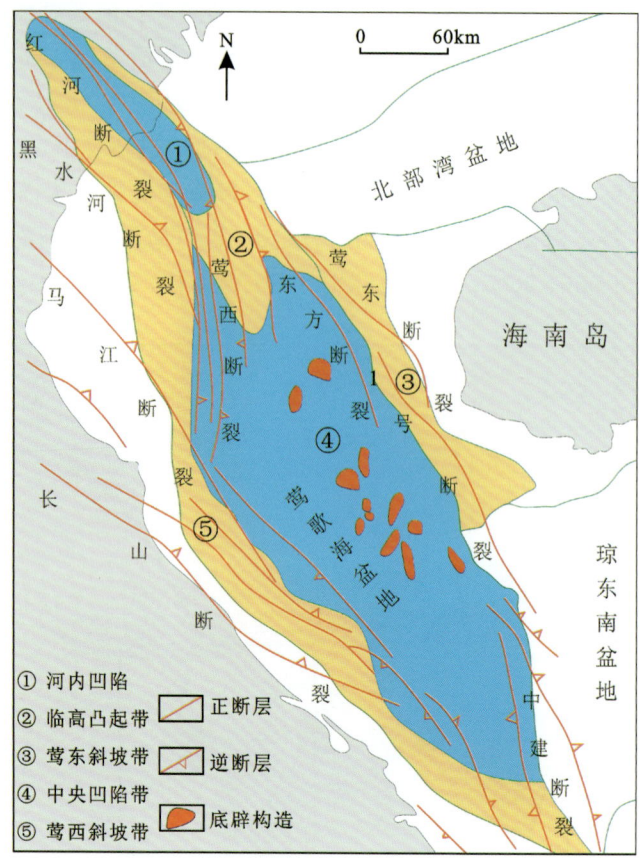

图 2.2 莺歌海盆地主要断裂带分布图（据张建新等，2019 修改）

1. 莺东斜坡带

莺歌海盆地东部继承性发育北西-南东向单斜构造，主要包括东方断裂、莺东断裂和1号断裂（图2.2）。受莺东断裂和1号断裂等基底断裂带的控制作用，莺东斜坡带构造特征和形态差异变化明显：处于基底断裂带下盘的部分表现出狭长陡坡且埋藏较深的特征，而处于基底断裂带上盘的部分表现出宽阔平缓且埋藏较浅的特征；地震T70界面揭示了断裂活动强弱变化控制着斜坡的形态特征，T70界面之下受断裂活动强及基底断裂多的影响，莺东斜坡带呈现出同向多级复式断阶斜坡带的特征，T70界面之上受断层活动的影响弱，莺东斜坡带呈现出单一斜坡带特征。

2. 莺西斜坡带

莺歌海盆地西部边缘继承性发育北西-南东向宽缓斜坡，主要包括西北部莺西断裂和中南部长山断裂（图2.3、图2.4）。莺西斜坡带整体呈近南北向展布，剖面上断层倾向主体向东，伴随局部小型断层倾向西的特征；基底断裂主要活动于T70界面之下，T70界面以下的地层发育和展布特征受断裂控制作用明显，呈现出多级宽缓的斜坡特征；而在T70界面之上莺西斜坡带整体呈宽缓单斜带。中南部长山断裂走向近北西向，由断面倾向北东或西南方向的断层组成，由于缺少莺西斜坡向越南一侧的地震资料，因此其具体形态特征不清楚。

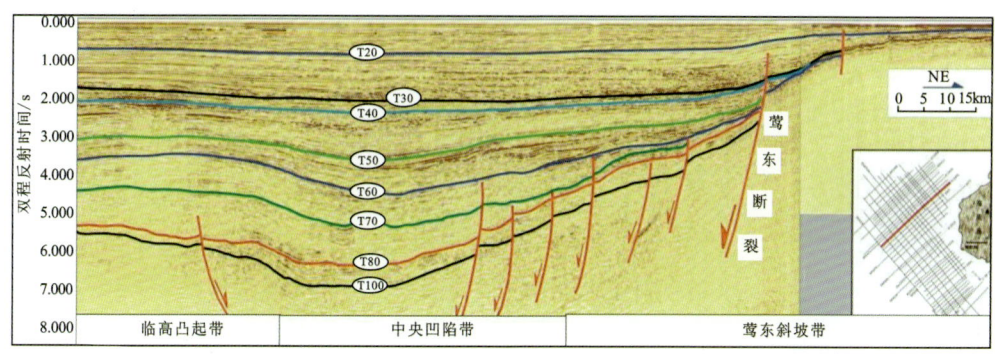

图 2.3 莺歌海盆地过中央凹陷带和莺东斜坡带的地震测线构造解释

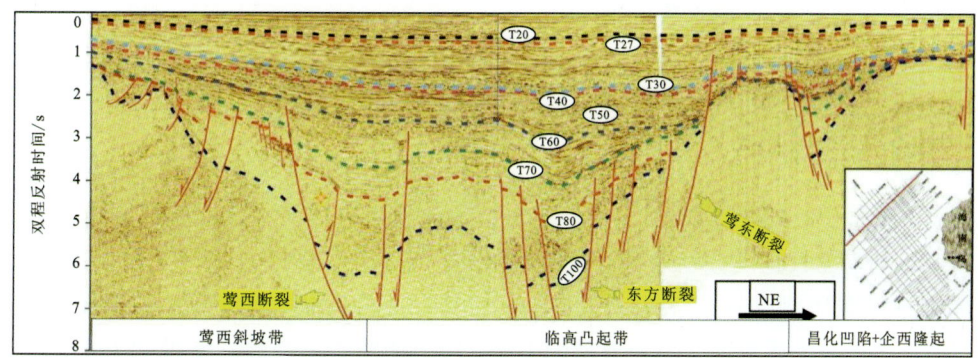

图 2.4 莺歌海盆地过临高凸起带和莺西斜坡带的地震测线构造解释

3. 临高凸起带

从形成演化的角度看,位于莺歌海盆地西北部的临高凸起带属于越南境内河内凹陷反转构造带向东南方向的延伸部分(图 2.3、图 2.4)。它由一系列北东-南西向短轴状的背斜构造组成,整体构造形态呈现出中央顶部平且宽,而两翼陡的宽缓箱型背斜特征。临高凸起带的西北侧和东南侧分别为河内凹陷和莺歌海盆地中央凹陷带。

4. 中央凹陷带

中央凹陷带形态呈椭圆状,沿莺歌海盆地轴线呈北西向展布(图 2.3),具有沉降速率大、埋藏深度大、沉积地层厚等特点,是最主要的生烃凹陷,也是莺歌海盆地的主体部分。中央凹陷带内发育大量的底辟构造,且底辟构造规模大、分布广、成群成带状展布,其中主要有北侧的东方底辟带和东南侧的乐东底辟带,乐东底辟带的规模更大(图 2.5)。伴随底辟构造带常发育大量的断层和裂缝,成为油气重要的运移通道;近些年在底辟构造带发现了东方气田和乐东气田,证实了底辟构造带具有丰富的油气资源(范彩伟,2018;张建新等,2019)。

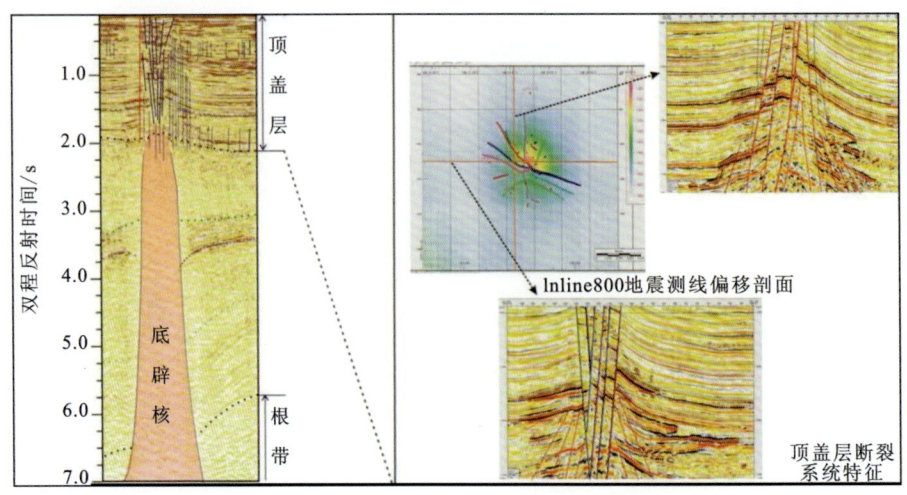

图 2.5 莺歌海盆地中央凹陷带乐东底辟带构造特征

三、盆地形成演化

形成于新生代的莺歌海盆地,主要经历了裂陷期和裂后期两个构造演化阶段,裂后不整合界面 T60 将新生代地层分别划分为古近系和新近系上下双层构造(图 2.6),在过盆地的剖面上呈现出"下断上坳"的构造特征(任建业等,2010)。根据构造演化控制因素和活动速率,裂陷期演化阶段分为始新世—早渐新世(T100—T70)的断陷幕和晚渐新世(T70—T60)的断拗幕,将裂后期演化阶段分为中新世(T60—T30)裂后热沉降幕和上新世—第四纪(T30—T0)裂后加速沉降幕(图 2.6)(任建业等,2010)。

1. 始新世—早渐新世:断陷幕

沿北东-南西方向上印支板块与欧亚板块发生碰撞,太平洋板块向西汇聚,澳大利亚板块向北飘移;印支板块在周缘板块活动中被挤出,向东南方向逃逸的同时伴随着顺时针的旋转,使得莺歌海盆地区域应力具有左旋拉张的特征。在始新世—早渐新世莺歌海盆地发育诸多规模较大的北西向基底断裂,控制大量由断块、断凹和断垒组成的地堑或半地堑的形成与分布,盆内具有多隆多凹和凹隆相间的构造格局特征。

2. 晚渐新世:断拗幕

印支板块在渐新世晚期被挤出向东南方向逃逸,伴随的顺时针旋转幅度逐渐减弱,莺歌海盆地南、北两部分构造活动表现出明显的差异:北部断裂构造活动趋于停止进入裂后热沉降演化阶段,而南部基底断裂继承性活动强度减弱,但继续控制着盆地的沉积演化,进入到北部热沉降作用和南部基底断裂继承性活动共同控制的断坳转换阶段,盆地整体呈现出坳陷特征。

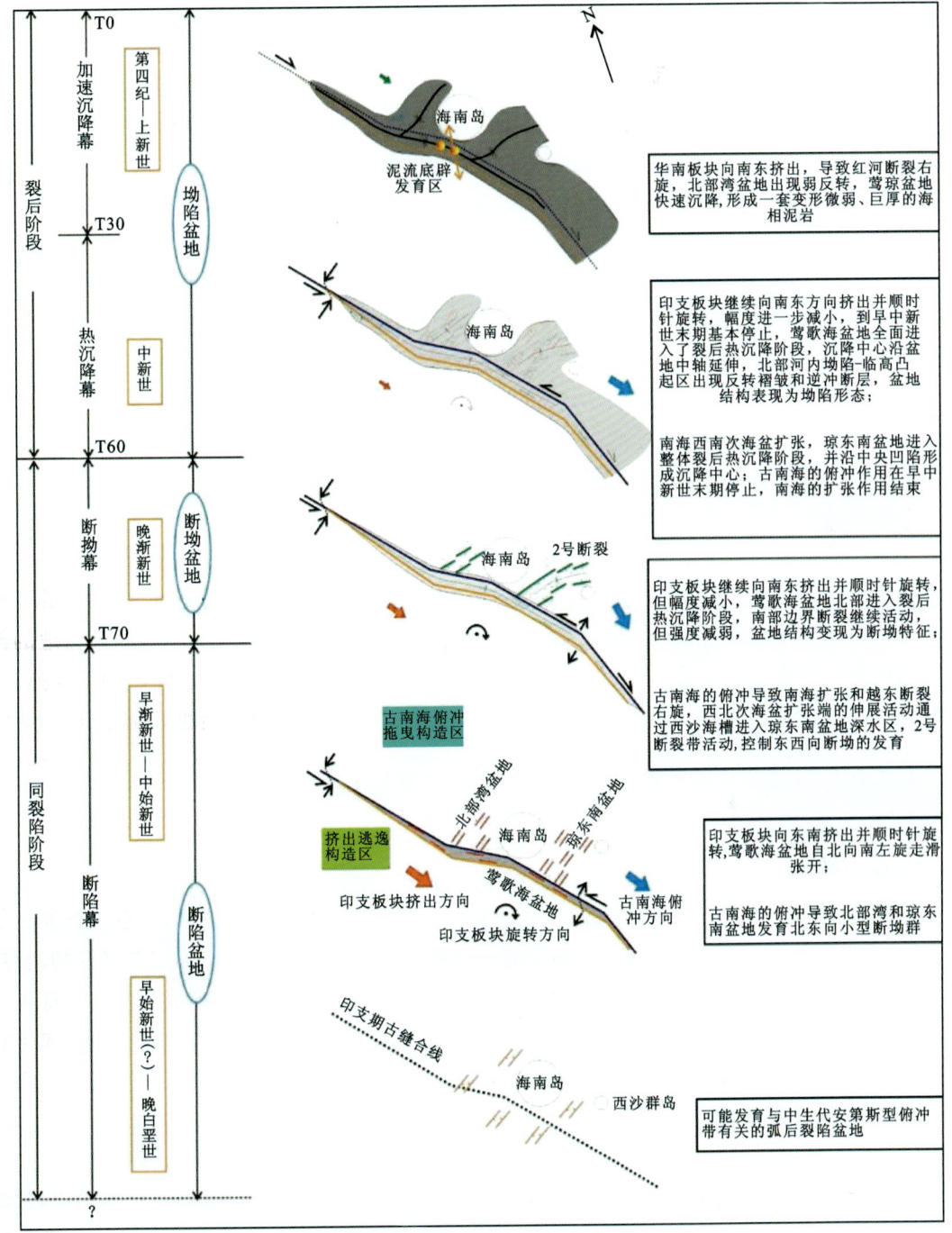

图 2.6 莺歌海盆地构造演化模式图(据任建业等,2010 修改)

3. 中新世:热沉降幕

早中新世晚期,印支板块向东南方向逃逸和顺时针旋转的幅度基本停止,莺歌海盆地内断裂左旋走滑构造活动趋于平静,盆地整体进入裂后热沉降幕。裂后热沉降期的盆地沉积范围增大,沉降中心沿盆地中轴线集中延伸,沉积地层呈现出中央厚、边缘薄的特征。

4. 上新世—第四纪:加速沉降幕

上新世以后印支板块逐渐楔入欧亚板块内部,印支板块处于构造活动平静期,而红河断裂带东北侧的华南板块沿红河断裂向东南方向被挤出,致使红河断裂带从左旋走滑活动转为右旋走滑活动,莺歌海盆地一直以来也从处于左旋拉张的应力背景转为右旋拉张的应力背景(Leloup et al.,2001;范彩伟,2018)。这时期构造应力背景的转变导致盆地岩石圈应力发生转变,盆地北部临高凸起反转构造形成;盆地内深部压力释放和周缘岩浆活动频繁出现,中央凹陷带出现大规模的底辟构造活动;盆地的沉降还是以热沉降为主,但速率较前期更大,进入加速沉降期,沉降形成的地层厚度大,沉降中心沿北西-南东方向向东南方向迁移。

第二节 地层序列

古近纪基底地层构成了莺歌海盆地基底,主要由花岗岩、变质岩、砂岩、灰岩、白云岩等沉积岩构成,盆地内充填了自上始新统以上完整的新生代地层沉积。经过对盆内钻井资料和地震资料进行综合地层对比分析,本研究已经建立起莺歌海盆地新生界地层序列(图2.7),自下而上盆内新生代地层依次为上始新统岭头组、下渐新统崖城组、上渐新统陵水组、下中新统三亚组、中中新统梅山组、上中新统黄流组、上新统莺歌海组以及更新统乐东组。

1. 古近系:上始新统岭头组、下渐新统崖城组、上渐新统陵水组

(1)上始新统岭头组(S100—S80):目前莺歌海盆地内所有钻井均未钻遇岭头组。由盆地构造演化和沉积发育历史认为其与北部湾盆地的始新统流沙港组的沉积环境相似,北部湾盆地流沙港组主要是河流相砂岩、三角洲相砂岩和砂砾岩以及湖泊相泥岩沉积。

(2)下渐新统崖城组(S80—S70):自下而上崖城组可以分为崖三段(T80—T72)、崖二段(T72—T71)、崖一段(T71—T70)共3段。目前莺歌海盆地仅有莺东斜坡带上的两口钻井钻遇崖城组,岩性主要为砂岩、砂砾岩和砂泥岩互层,局部可见煤层发育,崖城组的沉积环境整体与沼泽-海岸平原相、河流相或扇三角洲相具相似特征。

(3)上渐新统陵水组(S70—S60):自下而上陵水组划分为陵三段(T70—T62)、陵二段(T62—T61)、陵一段(T61—T60)共3段。陵三段沉积以发育浅海相细砂岩、粗砂岩和泥岩为主;陵二段在盆地东北缘以发育扇三角洲相细砂岩、粉砂岩和泥岩为主,在中央凹陷带以发育半深海相细砂岩和泥岩为主;陵一段除了在盆地北部近岸区发育海岸平原相砂、泥岩互层和滨海相细砂岩以外,主要发育浅海-深海相沉积。

2. 新近系:下中新统三亚组、中中新统梅山组、上中新统黄流组、上新统莺歌海组

(1)下中新统三亚组(S60—S50):自下而上三亚组可以分为三二段(T60—T51)和三一段(T51—T50)共2段。三二段整体以浅海相砂岩、细砂岩和泥岩为主,在莺东斜坡带发育低位

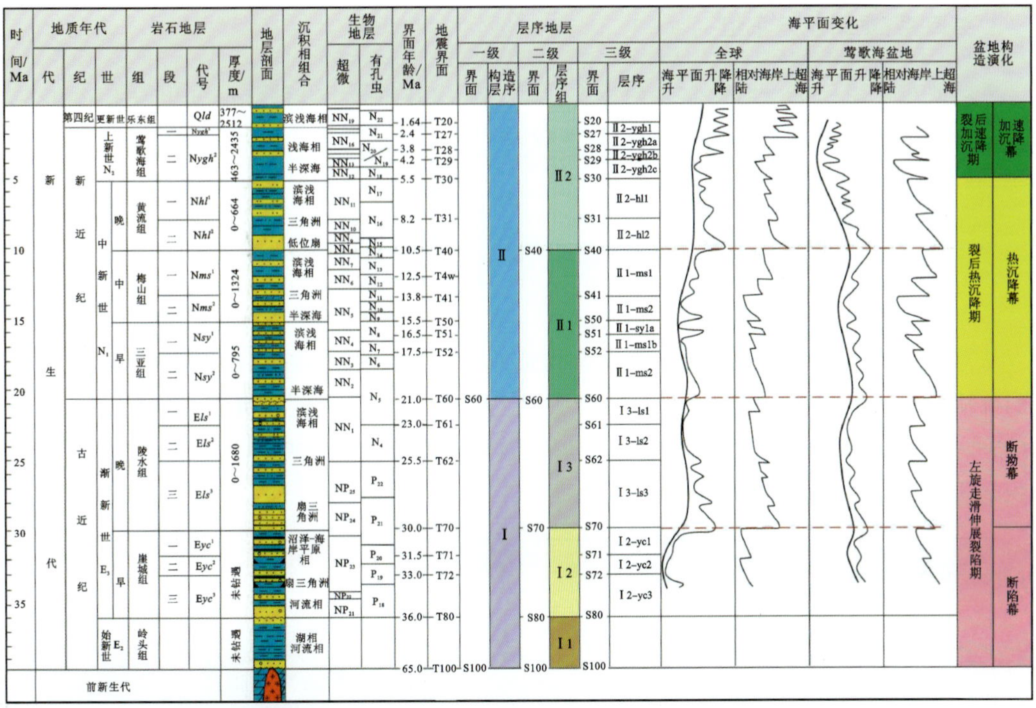

图 2.7 莺歌海盆地地层充填序列综合柱状图(据解习农等,2009 修改)

域时期的斜坡扇和盆地扇沉积;三一段以浅海-半深海相细砂岩、砂岩、粉砂岩和泥岩沉积为主。

(2)中中新统梅山组(S50—S40):自下而上梅山组可以分为梅二段(T50—T41)和梅一段(T41—T40)共 2 段。梅二段整体以半深海相泥岩沉积为主,在盆地边缘和北部发育浅海相细砂岩和砂岩沉积;梅一段盆内主要为浅海相和半深海相沉积物,盆地边缘以发育三角洲沉积为特征,岩性主要为粉砂质泥岩和泥岩沉积中夹有粉砂岩或细砂岩。

(3)上中新统黄流组(S40—S30):自下而上黄流组可以分为黄二段(T40—T31)和黄一段(T31—T30)共 2 段。黄流组底界面 S40 是在大规模海平面下降时形成的区域性不整合界面,该界面是上覆地层的上超面,下伏地层的侵蚀面或剥蚀面。黄二段沉积范围缩小,盆地边缘以三角洲相和滨海相砂岩或细砂岩为特征,沉降中心以浅海相细砂岩、粉砂岩和泥岩沉积为主,莺东斜坡带靠东南端以发育峡谷型重力流水道和海底扇沉积为特征;黄一段盆地沉降中心东、西侧沉积分别以浅海相和半深海相沉积为主,在东侧莺东斜坡带靠海南隆起一侧发育海岸平原和三角洲沉积,盆地北部东方区以发育浅海海底扇沉积为特征。

(4)上新统莺歌海组(S30—S20):自下而上莺歌海组可以分为莺二段(T30—T21)和莺一段(T21—T20)共 2 段。莺歌海组岩性整体以厚层泥岩和粉砂岩沉积为主,地震剖面上可见明显的陆架、陆坡和 S 型前积沉积特征;莺二段主要发育半深海相泥岩夹粉砂岩沉积,靠海南隆起一侧发育三角洲沉积;莺一段除发育半深海相沉积以外,主要发育高水位三角相砂岩沉积。

3. 第四系:更新统乐东组

更新统乐东组(S20—S0):盆地内以发育外陆架浅海相黏土和砂砾层沉积为主,沉积物中含有大量的生物碎屑,岩石未成岩或成岩性较差。

第三节 潜在物源区

从莺歌海盆地所处的构造位置和周缘构造演化的历史来看,东侧的海南隆起物源区、北侧的红河物源区和西侧的长山物源区3个主要物源区为莺歌海盆地沉积演化提供了物质来源(图2.8),由于不同物源区母岩性质、古地貌演化和所处的构造单元等不同,它们所提供的沉积物质其成分和供应量具有差异性。

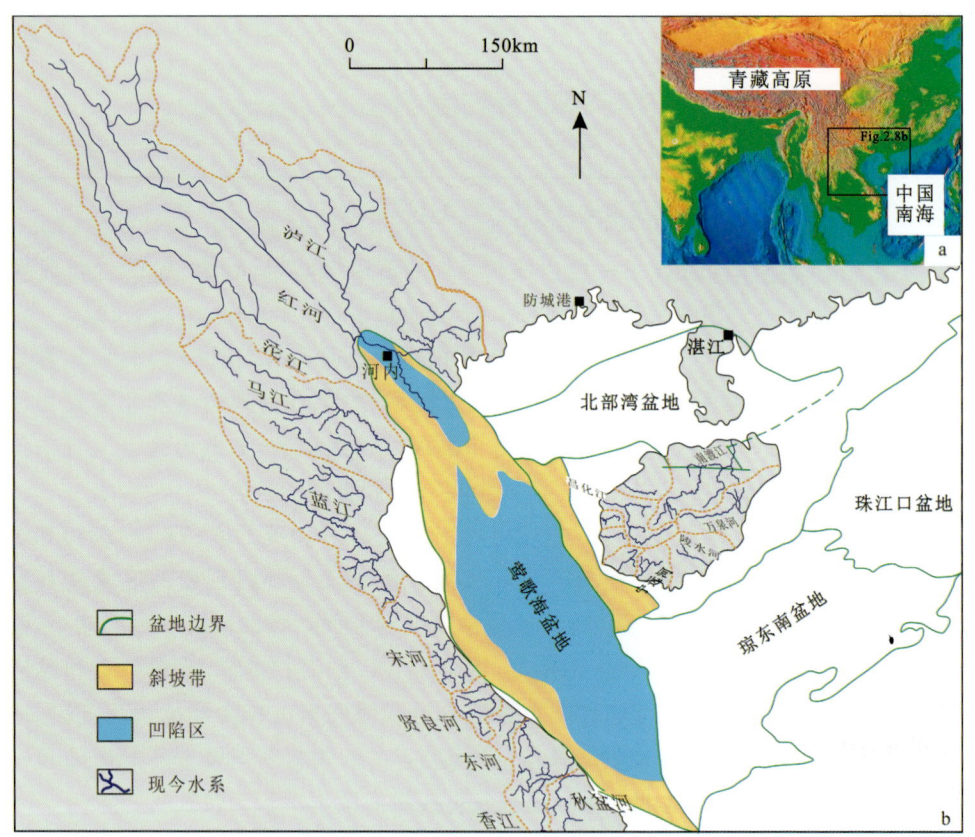

图2.8 莺歌海盆地周缘现今水系分布特征

一、海南隆起物源区

海南隆起面积约为3万多平方千米,现今地貌具有中部高、周围低的特征,发源于岛中央的河流呈放射状流入环岛海域。目前海南隆起境内西部从北到南主要发育的入海河流有珠碧江、昌化江、北黎河、通天河、感恩河、望楼河和宁远河。海南隆起西部河流在向莺歌海盆地输入新生代沉积物过程中起到了重要的搬运作用(Wang et al.，2019a；图2.9)。

海南隆起构造带南北差异明显，呈东西向展布，东西向的九所-陵水断裂南、北侧分别为南部的三亚构造带和北部的琼中构造带，以王五-文教断裂为界琼中构造带又可以分为中部的五指山亚带和北部的雷琼凹陷两部分(陈新跃等，2011；余金杰等，2012)；加里东运动和海西运动造成了区域性的地层剥蚀和强烈褶皱，三亚构造带的下古生界、奥陶系、志留系和泥盆系大部分被风化剥蚀，残留地层被强烈褶皱；印支运动之后，北部的琼中构造带在王五-文教沿线与南部的三亚构造带合并在一起，此后经历了相同的构造演化过程(Shi et al.，2011；陈新跃等，2011；温淑女等，2013)。中生代海南隆起的构造活动以强烈的岩浆活动为特征，全岛范围内发生了大面积的中—酸性岩浆岩侵入活动，主要有印支期和燕山期的花岗岩类，包括花岗岩、二长花岗岩和花岗闪长岩等(陈新跃等，2011；温淑女等，2013)；新生代火山活动主要集中在王五-文教以北的雷琼凹陷，形成的火山岩以玄武岩为主(王策等，2015；Liu et al.，2020)。

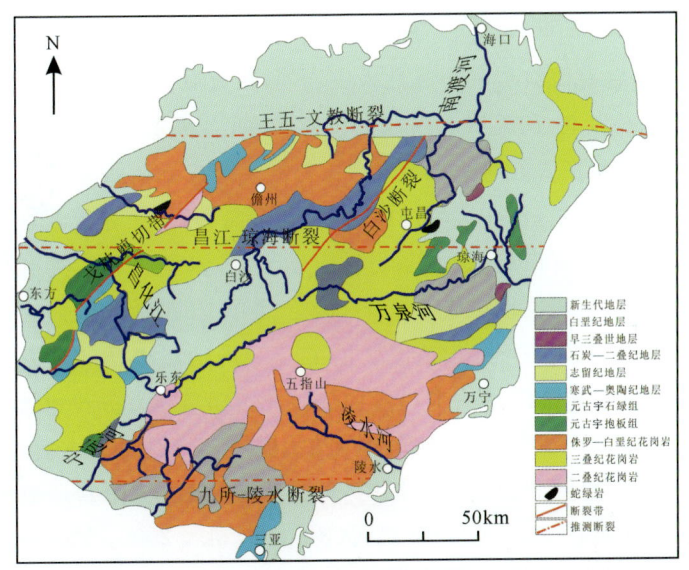

图2.9 海南隆起地质简图(据余金杰等，2012；Liu et al.，2020修改)

海南隆起内除缺失志留系、泥盆系和侏罗系外，其他地层均有出露。出露在石碌、抱板、充卒岭和黄竹岭等地区的石碌组、抱板组和石灰顶组元古宙地层是海南隆起现存最古老的地层，岩性主要为绿片岩相-角闪岩相变质岩(余金杰等，2012；王策等，2015)；出露在三亚-博鳌东侧的寒武纪地层岩性以砂岩、页岩等沉积岩和板岩等变质岩为主；奥陶纪地层岩性以具深水复理石建造特征的变质岩中夹基性火山碎屑岩为主；九所-陵水断裂以北地区可见石炭系和二叠系出露，其岩性主要为砂岩、灰岩等沉积岩、板岩和千枚岩等变质岩；三叠系中含有大量的砂岩和泥页岩沉积；白垩系中除了有泥岩和砂砾岩等沉积岩以外还可见火山岩沉积；新生界主要分布在海南隆起海岸线周缘，岩性以砂和黏土为主。

二、红河物源区

现今红河源于青藏高原东南缘,流经我国云南省后进入越南北部境内,最终在莺歌海盆地北部流入我国南海海域;红河干流整体沿哀牢山-红河断裂带呈北西-南东向展布,其长度约1280km;红河流域受季风气候影响显著,充沛的降雨量使得红河发育众多的支流,其中东北侧的泸江和西南侧的沱江是红河最大的两条支流,均在河内西北部汇入红河干流下游,整个流域面积约为16万 km^2;红河及其支流组成的红河水系主要流经扬子克拉通南缘与印支板块交界的哀牢山-红河断裂带,包括上游西北部的羌塘板块、东北部的扬子克拉通板块以及东南部的华夏板块等;将红河水系流经的区域作为一个物源区进行分析研究,统称为红河物源区(图2.8)。

自元古宙以来各时代的地层在红河流域内均有出露(图2.10),地层发育齐全。元古宇岩性以片岩、片麻岩和大理岩等变质岩为主,沿红河断裂带有大范围的出露地表;寒武系岩性以硅质岩、白云岩、灰岩和砂岩等沉积岩为主,主要出露于红河流域西北部;奥陶系岩性以白云岩、灰岩和粉砂岩为主,夹有页岩;志留系岩性较为复杂,以石英岩和千枚岩等变质岩及砂岩和页岩等沉积岩为主,含有流纹岩和中基性火山岩等,在流域内分布范围较广;泥盆系岩性以砂岩、砾岩、页岩和灰岩为主,在流域的西北部出露较多;石炭系和二叠系岩性均以页岩和灰岩等沉积岩以及安山岩和玄武岩等火山岩为主,主要出露在流域西北部;下三叠统岩性以砂岩、砾岩和灰粉砂质灰岩为主,仅在流域的西北部出露,而中、上三叠统岩性以砂岩、页岩和灰岩为主,在整个红河流域均有出露;侏罗系岩性以砂岩、砾岩和碎屑岩等沉积岩为主,在流域的西北部广泛出露;白垩系岩性以红色砂砾岩、砂岩、黏土岩和凝灰岩为主,出露于流域的西北部;新近系岩性以砂砾岩、粉砂岩和黏土为主,在流域内地层出露的地方比较分散;第四系主要分布在莺歌海北部沿越南海岸一带,岩性以成岩性差的砂砾、粉砂和黏土等为主。

岩浆岩在红河流域内广泛分布,岩浆岩体多集中形成于元古宙、志留纪、晚二叠世、中三叠世、侏罗纪和白垩纪。红河断裂带东北侧的Song Chay杂岩体原岩形成于约799Ma,后期花岗岩侵入体的结晶年龄在436~420Ma之间(Roger et al.,2000;Yan et al.,2007)。红河流域出露的中生代岩浆岩体较多,主要有形成于260~220Ma的二叠纪和三叠纪岩浆岩体以及形成于90~80Ma的晚白垩世岩浆岩体,在整个红河断裂带内均有出露(Shi et al.,2015)。新生代岩浆岩体的形成与红河断裂带的构造演化具有密切联系,其岩浆岩体形成的时间范围较大,在60~20Ma范围内均有结晶成岩(Viola et al.,2008;Trung et al.,2012;赵春强等,2014;Chen et al.,2017)。

三、长山物源区

越南长山现今发育的主要入海河流自北向南依次有马江、蓝江、宋河、丽水、香江和秋盆河(图2.11)。其中马江主要流经马江断裂带,蓝江、宋河、丽水和香江主要流经长山构造带,秋盆河主要流经昆嵩地体,以上的河流最终都汇入我国南海。长山物源区的碎屑物质通过这些河流被搬运到莺歌海盆地并沉积。马江位于红河断裂带西南侧的马江断裂带,发源于越南

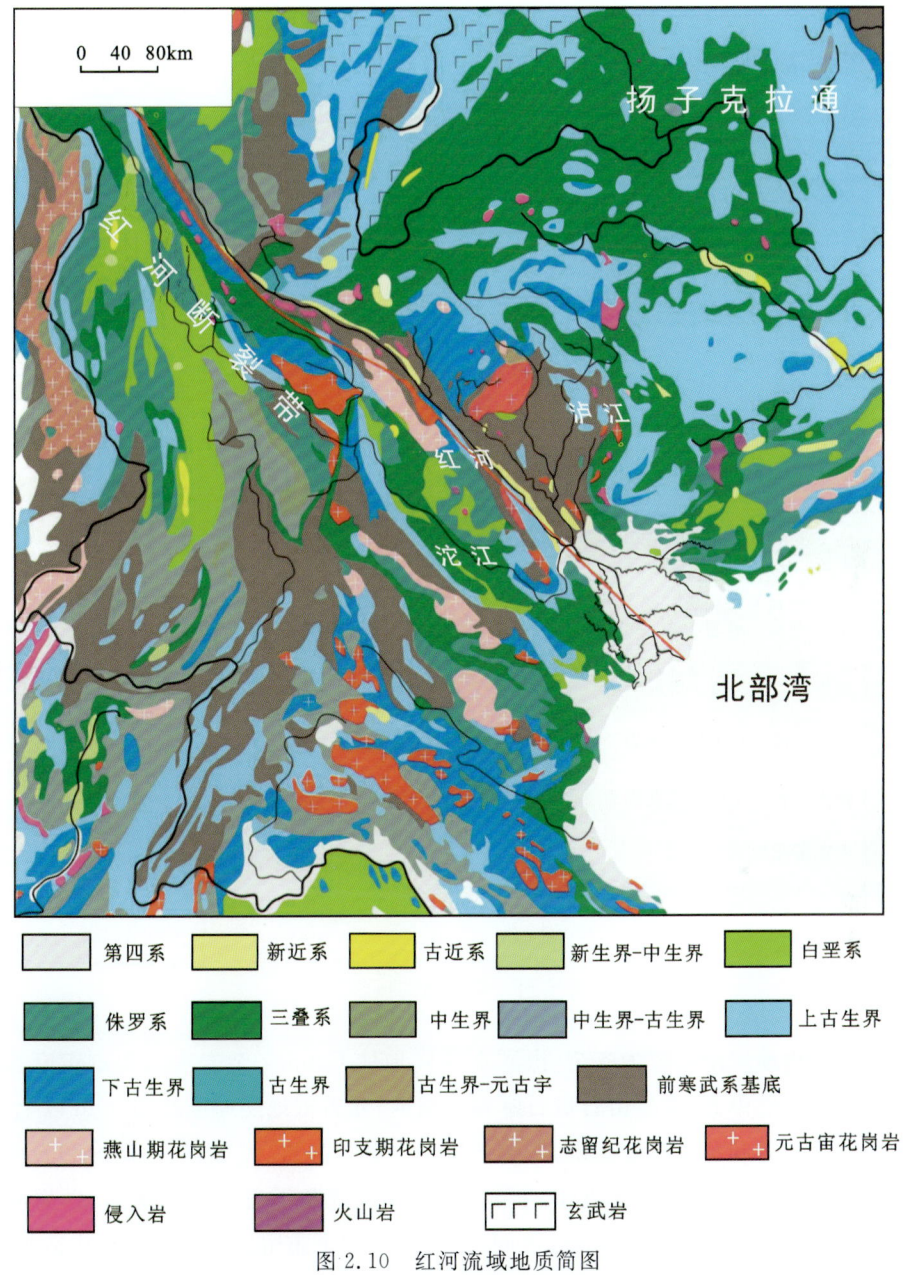

图 2.10 红河流域地质简图

北部的莱州省,呈北西-南东向展布,最终在清化市东南侧汇入我国南海,河流全长约 400km,流域面积约 26 000km²。起源于老挝夫雷山的蓝江在越南沿海城市荣市附近流入我国南海,蓝江主要有罗河、江河和子河 3 条支流,蓝江长约 600km,流域面积约 25 000km²。发源于老挝南俄河附近的宋河在越南同海市北部汇入我国南海,河流总长约 400km,流域面积约 7000km²。丽水发源于越南香化县,经广治市在东河市东侧汇入我国南海,河流总长约 120km,流域面积约 4300km²。香江支流众多,主要发源于越南阿雷县和西江县,经顺化市后在其东北侧汇入我国南海,河流总长约 70km,流域面积约 4200km²。秋盆河源头位于越南茶媚县的玉灵峰附近,玉灵峰海拔在 2500m 左右,最终在越南会安市汇入我国南海,河流总长约 140km,流域面积约 9800km²。

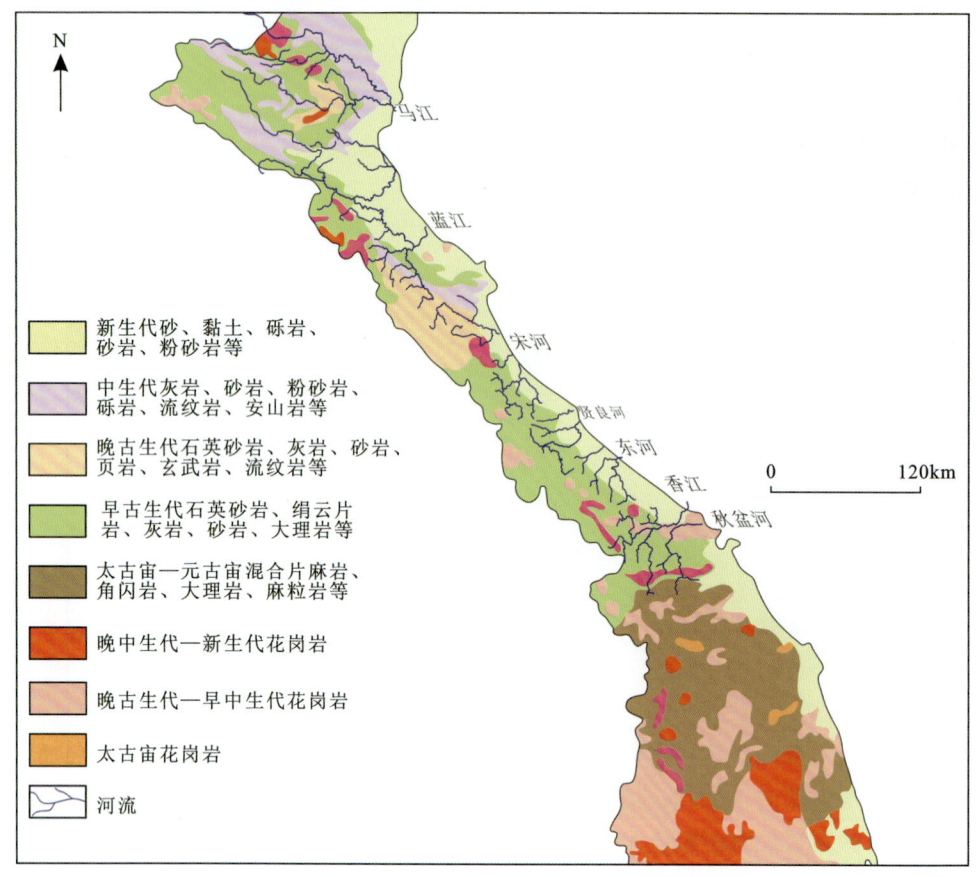

图 2.11 长山地区地质图

越南长山境内地层出露较为齐全,出露在昆嵩地体 Cannak 杂岩中的太古宙麻粒岩是越南地区最古老的地层单元,主要由石榴石麻粒岩组成;元古宙地层厚度在 1000m 以上,下部岩性主要为角闪石片岩和角闪石等变质岩,上部岩性主要为片岩、大理岩、片麻岩和石榴石角闪岩等变质岩,广泛出露于昆嵩地体北部地区;中、上寒武统和下奥陶统以灰岩、砂岩和泥岩等沉积岩为主,地层厚度在 1300~2000m 之间;上奥陶统和下志留统主要沿长山构造带出露,地层岩性以沉积岩为主,可见珊瑚和笔石等化石;上志留统出露较少,在长山构造带中露头的岩性主要为沉积岩;泥盆系中含有丰富的珊瑚化石,岩性以碳酸岩为主,地层厚度约 1100m;石炭系和二叠系以灰岩和硅质页岩为主;三叠系以火山沉积岩和灰岩为主,灰岩中可见双壳类化石;侏罗系和白垩系岩性主要为砾岩、砂岩和粉砂岩等沉积岩;新生界岩性主要为砾岩、砂岩和黏土等,地层分布广泛,主要出露在越南东部沿海地区。

长山地区经历了多期次的岩浆活动,发育的岩浆岩分布广泛。前寒武纪岩浆岩主要是花岗岩类,包括片麻状花岗岩、紫苏花岗岩和混合花岗岩,岩浆岩体主要形成于元古宙 1.7~

1.3Ga和0.7～0.6Ga时期,在昆嵩地体中广泛出露(Khuc,2011);早、中古生代岩浆岩主要是斜长花岗岩和云母花岗岩等,岩浆岩体主要形成于460～400Ma时期,在长山零星出露;晚古生代岩浆岩以花岗闪长岩和黑云母花岗岩为主,在顺化市、广义市等地区出露(Carter et al.,2001;Usuki et al.,2009);早中生代岩浆岩以石英二长岩和云母花岗岩为主,形成于250～230Ma时期,主要出露在长山构造带区域(Lepvrier et al.,2008);晚中生代岩浆岩以花岗岩为主,包括晚侏罗世—早白垩世和晚白垩世—古新世两期岩浆活动(Usuki et al.,2009;Shi et al.,2015);新生代的岩浆岩以超镁铁质和镁铁质喷出岩浆岩为主,出露在多乐、平福等昆嵩地体附近(Tran et al.,2014)。

第三章 盆外物源区剥蚀演化

低温热年代学是根据岩石矿物中放射性元素的衰变或裂变产物在矿物晶体内的产生和累积来确定地质体的冷却年龄,并根据不同矿物在不同封闭温度和退火带或保存带中所表现出的时间-温度特征重建所在地质体的热历史(Herman et al., 2009;王修喜,2017),是研究新生代山体抬升、构造演化(Farley et al., 2002; Kirby et al., 2002; Clark et al., 2005)、冰川发育(Shuster et al., 2005)、河流等地貌演化(House et al., 2000)、气候变化(Herman et al., 2013; Lease et al., 2013;郑勇等,2014; Nie et al., 2018)、物源示踪(Wang et al., 2017)等的重要手段。其中,裂变径迹(FT)和(U-Th)/He这两种测年方法封闭温度较低(<300℃;图3.1),能够灵敏地反映上地壳浅部地区几千米内的变化过程,被地质学家广泛应用。

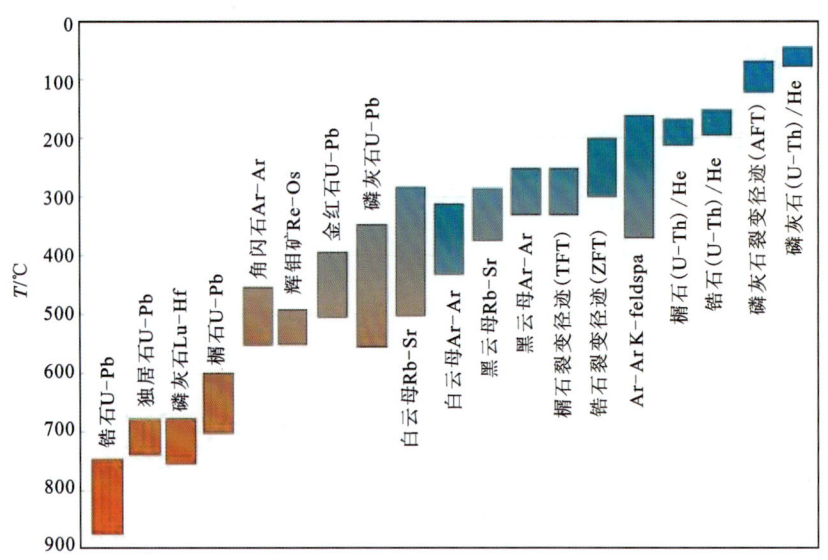

图3.1 不同热年代学的有效封闭温度(修改自 Chew and Spikings, 2015)

低温热年代学定年体系主要包括裂变径迹(FT)和(U-Th)/He热定年两种方法。最常用的测年矿物有锆石和磷灰石等,这类方法的封闭温度较低,磷灰石裂变径迹(AFT)的封闭温度为60~120℃,磷灰石(U-Th)/He(AHe)的封闭温度为40~80℃,锆石(U-Th)/He(ZHe)的封闭温度为160~200℃(表3.1),因此非常适用于研究地壳浅部的地质过程。

表 3.1 不同热年代学体系封闭温度的范围

测试方法	矿物	封闭温度/℃	来源
裂变径迹	磷灰石（AFT）	60～110	Wolf et al.，1998
		100～120	Wagner et al.，1988
		110～125	Green et al.，1989
		110～130	Gleadow et al.，2002
	锆石（ZFT）	200～250	Bernet et al.，2009
		210～240	Yamda et al.，1995
		200～230	Reiners et al.，2005
		220～260	Wagner et al.，1988
(U-Th)/He	磷灰石（AHe）	75	Wolf et al.，1996
		70～90	Farley et al.，2000
		70～80	Ehlers and Frrley，2003
		40～80	Reiners et al.，2005
	锆石（ZHe）	170～190	Reiners et al.，2002
		160～200	Farley et al.，2000
		150～200	Guenthner et al.，2013

第一节 样品特征及实验结果

一、样品特征

本书为了揭示莺歌海盆地周缘物源区的抬升剥蚀演化史特征，在结合前人已揭示物源区特征（主要在海南隆起和红河流域）的基础上，从莺歌海盆地的红河流域和长山河流流域两大物源区开展了野外露头基岩采样工作，以期更加充分地揭示莺歌海盆地周缘海南隆起、红河流域和长山流域三大物源区的抬升剥蚀演化史。所采集并进行低温热年代学实验分析的样品清单如表 3.2 所示，红河流域一共测试分析了 7 个样品，包括 5 个花岗岩和 2 个片麻岩野外露头基岩样；长山流域一共测试分析了 6 个样品，包括 1 个马江流域的闪长岩野外露头基岩样、2 个蓝江流域的花岗岩野外露头基岩样、1 个宋河流域的片麻岩野外露头基岩样和 2 个香江流域的花岗岩野外露头基岩样，样品位置如图 3.2 所示。其中长山流域的基岩低温热年代学研究几乎空白，本次采集的基岩样品可以有效地弥补这个地区的热年代学数据，对更系统且充分地认识整个莺歌海盆地周缘的三大物源区具有重要的科学意义和实用价值。遗憾的是在贤良河和东河流域野外露头多为灰岩，采集的样品中没能挑出所需的磷灰石或锆石单矿物，因此仍没有这两个小流域的低温热年代学数据，而最南边的秋盆河已有前人研究揭示的磷灰石裂变径迹数据（AFT），可供本次分析参考（Carter et al.，2000）。

表 3.2　莺歌海盆地周缘物源区野外露头样品实验分析清单

样品号	经度/(°)	纬度/(°)	岩性	流域范围
RRS1	102.89	22.88	片麻岩	红河
RRS2	103.18	22.89	花岗岩	红河
RRS3	103.10	22.77	花岗岩	红河
RRS4	103.19	22.75	花岗岩	红河
RRS5	103.17	22.64	片麻岩	红河
RRS6	103.37	22.59	花岗岩	红河
RRS7	104.76	21.59	花岗岩	红河
VN1	—	—	片麻状花岗岩	红河
VN2	—	—	片麻状花岗岩	红河
VN3	—	—	片麻状花岗岩	红河
VN4	—	—	片麻状花岗岩	红河
VN5	—	—	片麻状花岗岩	红河
VN6	—	—	片麻状花岗岩	红河
CVS1	105.28	19.85	闪长岩	马江
CVS2	105.72	18.53	花岗岩	蓝江
CVS3	105.22	18.44	花岗岩	蓝江
CVS4	106.47	17.92	片麻岩	宋河
CVS5	107.55	16.41	花岗岩	香江
CVS6	107.82	15.77	花岗岩	香江

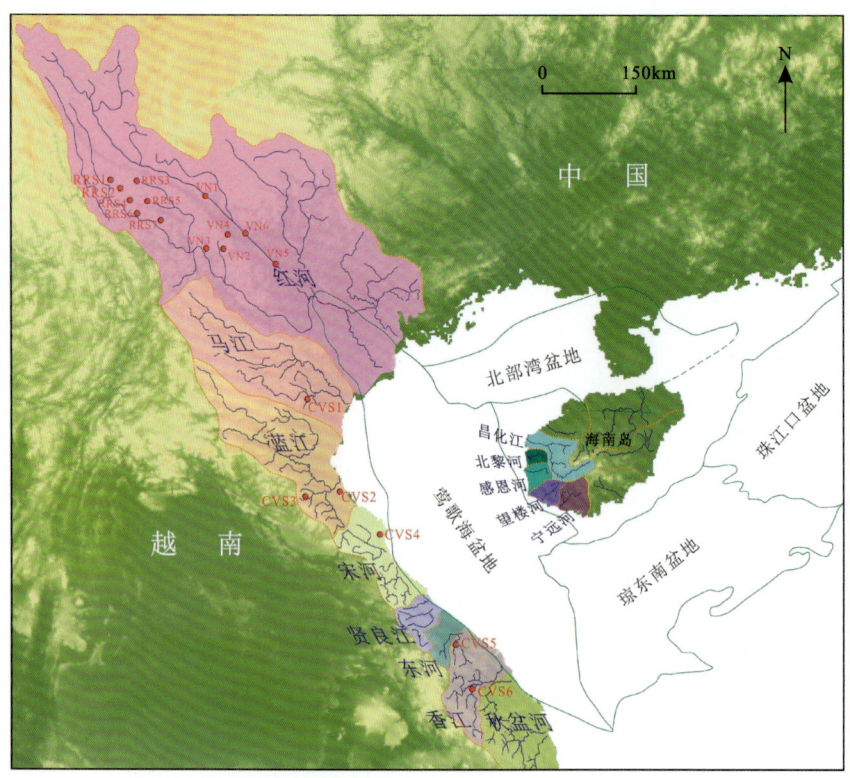

图 3.2　莺歌海盆地周缘物源区野外露头采样平面位置图

二、实验结果

在长山蓝江流域共采集了两个基岩样品和 2 件碎屑岩样品(图 3.2),两个基岩样品岩性均属于花岗岩,分别挑选磷灰石和锆石开展磷灰石裂变径迹和锆石(U-Th)/He 年代学测试。蓝江流域基岩样品的磷灰石裂变径迹测试显示,样品 CVS2 的磷灰石矿物 Dpar 值为 2.54μm,卡方检验显示 $P(x^2)=10.21\%$(大于 5%),获得的中心年龄为 24.1±2.4Ma;在样品 CVS3 磷灰石的 Dpar 为 2.83μm,检验卡方检验显示 $P(x^2)=2.83\%$,获得的中心年龄为 24.8±2.8Ma。

对采自长山流域的 CVS1、CVS2、CVS3、CVS4、CVS5 和 CVS6 共 6 个样品进行了锆石(U-Th)/He 实验分析(表 3.3):样品 CVS1 采自马江流域,对其中的 4 颗锆石进行了(U-Th)/He 测试,其原始年龄分别为 25.08±0.46Ma、28.71±0.55Ma、24.9±0.44Ma 和 23.98±0.44Ma,4 颗锆石的校正年龄分别为 30.14±1.61Ma、34.84±1.87Ma、32.59±1.73Ma 和 30.55±1.63Ma,单颗锆石的年龄值分布差异较小则均为有效年龄,计算得到 4 颗锆石的平均校正年龄为 32.03±1.71Ma,代表了 CVS1 样品的锆石(U-Th)/He 年龄;蓝江流域的 CVS2 和 CVS3 两个样品分别进行了锆石(U-Th)/He 测试分析,CVS2 样品测试了 4 颗锆石颗粒,实验结果得到单颗粒(U-Th)/He 年龄分别为 19.79±0.36Ma、18.35±0.34Ma、24.33±0.46Ma 和 62.67±1.13Ma,4 颗锆石单颗粒的校正年龄分别为 25.6±1.36Ma、22.82±1.22Ma、32.35±1.73Ma 和 78.14±1.45Ma,除去 CVS2-Z4 颗粒年龄值外,其余 3 颗锆石年龄值差异较小,均为有效年龄,计算得到 3 颗锆石的平均校正年龄为 26.92±1.44Ma,代表了 CVS2 样品的锆石(U-Th)/He 年龄;同样的 CVS3 样品也测试了 4 颗锆石颗粒,单颗锆石的原始年龄分别为 31.02±0.61Ma、35.38±0.64Ma、34.64±0.66Ma 和 31.03±0.59Ma,4 颗锆石的校正年龄分别为 38.11±2.05Ma、46.01±2.45Ma、44.87±2.40Ma 和 41.43±2.22Ma,单颗锆石的年龄值分布差异较小,均为有效年龄,计算得到 4 颗锆石的平均校正年龄为 42.61±2.28Ma,代表了 CVS3 样品的锆石(U-Th)/He 年龄;宋河流域测试分析了 CVS4 样品中 4 颗锆石的(U-Th)/He 年龄,除了 CVS4-Z4 颗粒在实验加热过程中时间过长致 U 和 Th 的数据异常外,剩下 3 颗锆石的原始年龄分别为 30.25±0.58Ma、26.54±0.48Ma 和 28.83±0.51Ma,校正年龄分别为 37.62±2.01Ma、35.53±1.89Ma 和 36.68±1.95Ma,3 颗锆石的年龄值差异较小,均为有效年龄,计算得到其锆石颗粒的平均校正年龄为 36.61±1.95Ma,代表了 CVS4 样品的锆石(U-Th)/He 年龄;香江流域 CVS5 和 CVS6 两个样品分别进行了锆石(U-Th)/He 年龄分析,CVS5 样品挑选了 3 颗晶形完整但不含包裹体的锆石颗粒分析,实验结果显示锆石颗粒的原始年龄分别为 134.67±2.25Ma、70.02±1.36Ma 和 74.93±1.32Ma,校正年龄分别为 175.81±9.27Ma、97.52±5.23Ma 和 100.58±5.33Ma,除去 CVS5-Z1 颗粒年龄值(校正年龄 175.81±9.27Ma)外,其余 2 颗锆石年龄值差异较小,视为有效年龄,计算得到 2 颗锆石的平均校正年龄为 99.05±5.28Ma,代表了 CVS5 样品的锆石(U-Th)/He 年龄;挑选了 4 颗晶形完整且没有包裹体的锆石颗粒进行 CVS6 样品的锆石(U-Th)/He 实验,锆石颗粒的原始年龄分别为 116.95±1.97Ma、65.6±1.22Ma、61.73±1.14Ma 和 69.4±1.22Ma,4 颗锆石的校正年龄分别为 137.27±7.24Ma、77.54±4.14Ma、73.84±3.94Ma 和 82.42±4.37Ma,除了 CVS6-Z1 锆石颗粒年龄值(校正年龄为137.27±7.24Ma)差异较大外,剩下 3 颗锆石的年龄值分布差异较小,均视为有效年龄,计算得到 3 颗锆石的平均校正年龄为 77.93±4.15Ma,代表 CVS6 样品的锆石(U-Th)/He 年龄。

表 3.3　长山流域锆石(U-Th)/He 实验结果

样号	颗粒	^{4}He (ncc)	质量/mg	U/($\times 10^{-6}$)	Th/($\times 10^{-6}$)	Sm/($\times 10^{-6}$)	Th/U	[eU]/($\times 10^{-6}$)	FT	原始年龄/Ma	±σ/Ma	校正年龄/Ma	±σ/Ma
CVS1	Z1	14.24	8.53	530.3	101.8	283.7	3.44	554.2	14.24	25.08	0.46	30.14	1.61
CVS1	Z2	16.42	9.08	507.7	70.3	136.9	4.67	524.2	16.42	28.71	0.55	34.84	1.87
CVS1	Z3	8.14	4.53	575.8	107	196	5.11	601	8.14	24.9	0.44	32.59	1.73
CVS1	Z4	4.73	4.15	371.4	104.9	145.8	0.79	396	4.73	23.98	0.44	30.55	1.63
CVS2	Z1	3.67	3.66	396.5	109.3	277	1.03	422.2	3.67	19.79	0.36	25.6	1.36
CVS2	Z2	6.43	5.85	467.1	135.8	213.5	0.99	499	6.43	18.35	0.34	22.82	1.22
CVS2	Z3	3.83	3.08	406.7	78.4	147.1	3.02	425.1	3.83	24.33	0.46	32.35	1.73
CVS2	Z4	13.49	5.62	296.8	88.6	180	2.32	317.6	13.49	62.67	1.13	78.14	4.15
CVS3	Z1	25.73	7.38	905.2	129	166.6	2.56	935.5	25.73	31.02	0.61	38.11	2.05
CVS3	Z2	10.17	4.81	467.3	127.1	112.8	2.23	497.2	10.17	35.38	0.64	46.01	2.45
CVS3	Z3	20.14	4.59	998.6	234.5	291.6	5.2	1 053.7	20.14	34.64	0.66	44.87	2.4
CVS3	Z4	29.67	3.37	2 307.9	228.5	478.1	6.04	2 361.6	29.67	31.03	0.59	41.43	2.22
CVS4	Z1	6.07	5.35	289.1	97.9	238	6.18	312.1	6.07	30.25	0.58	37.62	2.01
CVS4	Z2	3.26	2.87	318	162.9	385.5	1.23	356.3	3.26	26.54	0.48	35.53	1.89
CVS4	Z3	4.00	4.62	227.8	93	316.1	6.09	249.7	4.00	28.83	0.51	36.68	1.95
CVS4	Z4	11.43	6.17	639.8	−49.4	447.4	6.92	628.2	11.43	—	—	—	—
CVS5	Z1	7.89	3.94	81.2	174.8	528.4	8.06	122.3	7.89	134.67	2.25	175.81	9.27
CVS5	Z2	29.07	2.56	1 305.4	168.1	50.6	4.89	1 344.9	29.07	70.02	1.36	97.52	5.23
CVS5	Z3	17.73	3.37	520.4	260.5	47.6	4.32	581.6	17.73	74.93	1.32	100.58	5.33
CVS6	Z1	59.69	17.07	220.2	113	26.3	3.83	246.7	59.69	116.95	1.97	137.27	7.24
CVS6	Z2	33.96	12.34	314.8	140.2	56.3	3.57	347.2	33.96	65.6	1.22	77.54	4.14
CVS6	Z3	87.28	14.38	788.6	116.9	62.5	3.71	816.2	87.28	61.73	1.14	73.84	3.94
CVS6	Z4	30.33	11.38	268.1	212	275.8	4.2	317.9	30.33	69.4	1.22	82.42	4.37

对采自红河流域的 RRS1、RRS2、RRS4 和 RRS6 共 4 个样品进行了磷灰石裂变径迹分析(表 3.4):对样品 RRS1 中的 32 颗磷灰石进行了裂变径迹分析,测得颗粒中元素 U 平均含量为 16.5×10^{-6},围限径迹平均长度(MTL)为 $1.95\mu m$,蚀刻后平行于磷灰石矿物结晶 C 轴的径迹直径(Dpar)为 $1.64\mu m$,卡方检验显示 $P(x^2)=47.4\%$(大于 5%),通过检验,获得的中心年龄为 $38.8\pm 3.1Ma$;在样品 RRS2 磷灰石的裂变径迹分析中共测定了 29 颗单矿物,测得颗粒中元素 U 平均含量为 36.1×10^{-6},MTL 为 $1.65\mu m$,Dpar 为 $1.91\mu m$,卡方检验为

$P(x^2)=33.2\%$,通过检验,获得的中心年龄为 27.1±1.9Ma;在样品 RRS3 磷灰石的裂变径迹分析中共测定了 31 颗单矿物,测得颗粒中元素 U 平均含量为 6.2×10^{-6},MTL 为 $0.88\mu m$,Dpar 为 $1.66\mu m$,通过卡方检验[$P(x^2)=89.3\%$],获得中心年龄为 52.2±5.1Ma;在样品 RRS4 磷灰石的裂变径迹分析中共测定了 33 颗单矿物,测得颗粒中元素 U 平均含量为 6.6×10^{-6},MTL 为 $0.64\mu m$,Dpar 为 $1.67\mu m$,通过检验卡方检验[$P(x^2)=99.4\%$],获得的中心年龄为 53.3±5.4Ma。

表 3.4 红河流域磷灰石裂变径迹实验结果

样号	N_c/颗	$\rho_d(N_d)$	$\rho_s(N_s)$	$\rho_i(N_i)$	U/($\times10^{-6}$)	$P(x^2)$/%	年龄/Ma	MTL/μm	Dpar/μm
RRS1	32	15.12(5824)	2.88(369)	19.53(551)	16.5	47.4	38.8±3.1	1.95	1.64
RRS2	29	14.75(4792)	6.33(781)	6.35(753)	36.1	33.2	27.1±1.9	1.65	1.91
RRS4	31	14.92(5793)	1.23(194)	6.18(975)	6.2	89.3	52.2±5.1	0.88	1.66
RRS6	33	14.84(5766)	1.65(171)	8.28(841)	6.6	99.4	53.3±5.4	0.64	1.67

注:N_c 为磷灰石颗粒数;ρ_d 为外探测器法中云母上测得的由 CN5 标准玻璃中 ^{235}U 诱发的径迹密度;N_d 为获得铀标准玻璃的诱发径迹数;ρ_s 为自发径迹密度;N_s 为自发径迹数;ρ_i 为诱发径迹密度;N_i 为诱发径迹数;$P(x^2)$ 为自由度 $n-1$ 的卡方检验值;MTL 为围限径迹平均长度;Dpar 为蚀刻后平行于磷灰石矿物结晶 C 轴的径迹的直径。所有样品均采用外探测器法测试获得,采用的标准玻璃为 CN5,zeta 值 362±10。

对红河流域的 RRS3、RRS4、RRS5、RRS6 和 RRS7 共 5 个样品进行了磷灰石(U-Th)/He 测试分析(表 3.5):分析所有磷灰石颗粒均晶形完整且不含包裹体,对样品 RRS3 中的 5 颗磷灰石单颗粒进行(U-Th)/He 年龄分析,实验测试获得的单颗磷灰石原始年龄分别为 11.76±0.42Ma、16.9±0.4Ma、18.09±0.34Ma、16.81±0.27Ma 和 16.4±0.35Ma,校正年龄分别为 17.6±0.63Ma、23.5±0.56Ma、22.6±0.42Ma、20.8±0.33Ma 和 21.6±0.46Ma,去除差异较大的 RRS3-A1 号磷灰石颗粒(U-Th)/He 年龄(校正年龄为 17.6±0.63Ma),计算得到样品 RRS3 锆石平均(U-Th)/He 年龄为 22.13±0.44Ma;对 RRS4 样品中 5 颗磷灰石使用(U-Th)/He 年龄方法进行了分析,实验获得 5 颗磷灰石的原始年龄分别为 51.86±1.15Ma、40.83±0.78Ma、42.94±0.83Ma、55.42±1.27Ma 和 33.45±0.8Ma,校正年龄分别为 62.6±1.39Ma、50.0±0.96Ma、50.3±0.97Ma、64.4±1.48Ma 和 45.0±1.08Ma,除 RRS4-A5 号颗粒磷灰石 AHe 年龄(校正年龄为 45.0±1.08Ma)差异较大外,其余 4 颗磷灰石的 AHe 年龄分布范围较集中,视为有效年龄,计算得到 4 颗磷灰石 AHe 的平均年龄为 56.83±1.2Ma,代表了 RRS4 样品的 AHe 年龄;在样品 RRS5 中分析了 4 颗磷灰石的 AHe 年龄,实验结果显示单颗磷灰石的原始年龄分别为 10.1±0.18Ma、9.89±0.16Ma、5.27±0.07Ma 和 8.92±0.17Ma,校正年龄分别为 12.8±0.23Ma、11.5±0.19Ma、6.4±0.09Ma 和 10.3±0.2Ma,除 RRS5-A3 号颗粒磷灰石 AHe 年龄(校正年龄为 6.4±0.09Ma)差异较大外,其余 3 颗磷灰石的 AHe 年龄分布范围较集中视为有效年龄,计算得到 3 颗磷灰石 AHe 的平均年龄为 11.53±0.21Ma,作为样品 RRS5 的磷灰石(U-Th)/He 年龄;样品 RRS6 中 5 颗磷灰石单颗粒挑选自进行磷灰石(U-Th)/He年龄分析得到的原始年龄分别为20.38±0.67Ma、70.66±2.31Ma、17.82±0.45Ma、18.46±0.47Ma和40.17±1.01Ma,校正年龄分别为28.3±0.93Ma、92.9±3.04Ma、26.2±0.66Ma、26.6±0.68Ma和55.5±1.4Ma,除去RRS6-A2和RRS6-A5两颗磷灰石单颗粒的AHe年龄(校正年龄分别为92.9±3.04Ma和55.5±1.4Ma),剩下的3颗磷灰石AHe年龄范围较集中,视为有效年龄,计算得到样品RRS6的平均AHe年龄为27.03±0.76Ma;样品RRS7中仅仅获得了1颗可用分析的磷灰石单颗粒,对其进行AHe实验分析获得的原始年龄为15.5±0.26Ma,校正年龄为19.1±0.32Ma,由于样品RRS7中单磷灰石颗粒的AHe年龄数据较少(仅有一个),测试获得的该样品磷灰石(U-Th)/He年龄仅供参考。

表 3.5　红河流域磷灰石(U-Th)/He实验结果

样号	颗粒	^{4}He (ncc)	质量/ mg	U/ ($\times 10^{-6}$)	Th/ ($\times 10^{-6}$)	Sm/ ($\times 10^{-6}$)	Th/U	[eU]/ ($\times 10^{-6}$)	FT	原始年龄/Ma	±σ/ Ma	校正年龄/Ma	±σ/ Ma
RRS3	A1	2.333	0.026 8	14.3	46.5	199.9	3.25	25.2	0.81	11.76	0.42	17.6	0.63
RRS3	A2	0.924	0.010 6	40.9	45.6	77.3	1.11	51.6	0.75	16.9	0.4	23.5	0.56
RRS3	A3	1.527	0.028 4	20.8	31	71.3	1.49	28.1	0.81	18.09	0.34	22.6	0.42
RRS3	A4	0.246	0.010 9	8.8	17.6	44.8	1.99	12.9	0.74	16.81	0.27	20.8	0.33
RRS3	A5	0.134	0.003 2	16	16.4	277	1.03	19.9	0.73	16.4	0.35	21.6	0.46
RRS4	A1	0.193	0.006 2	10.5	10.4	213.5	0.99	12.9	0.75	51.86	1.15	62.6	1.39
RRS4	A2	0.941	0.013 6	20	60.4	147.1	3.02	34.2	0.71	40.83	0.78	50.0	0.96
RRS4	A3	0.377	0.004	31.8	73.8	180	2.32	49.1	0.74	42.94	0.83	50.3	0.97
RRS4	A4	0.375	0.004 3	29.8	76.2	166.6	2.56	47.7	0.74	55.42	1.27	64.4	1.48
RRS4	A5	0.411	0.005 8	22.8	50.8	112.8	2.23	34.7	0.74	33.45	0.8	45.0	1.08
RRS5	A1	0.131	0.001 6	13.8	71.7	291.6	5.2	30.6	0.65	10.1	0.18	12.8	0.23
RRS5	A2	0.241	0.001 8	13.9	83.3	478.1	6.04	33.6	0.65	9.89	0.16	11.5	0.19
RRS5	A3	0.226	0.003 2	10.8	66.8	238	6.18	26.5	0.7	5.27	0.07	6.4	0.09
RRS5	A4	1.819	0.011 6	39	48	385.5	1.23	50.3	0.73	8.92	0.17	10.3	0.2
RRS6	A1	0.33	0.008 8	5.4	32.7	316.1	6.09	13.1	0.72	20.38	0.67	28.3	0.93
RRS6	A2	0.338	0.005 1	9.6	66.7	447.4	6.92	25.3	0.67	70.66	2.31	92.9	3.04
RRS6	A3	0.33	0.005 5	9.4	76	528.4	8.06	27.3	0.67	17.82	0.45	26.2	0.66
RRS6	A4	0.454	0.059 3	2	9.8	50.6	4.89	4.3	0.85	18.46	0.47	26.6	0.68
RRS6	A5	0.329	0.046 8	2	8.5	47.6	4.32	4	0.84	40.17	1.01	55.5	1.4
RRS7	A1	0.567	0.060 7	1.2	4.7	26.3	3.83	2.3	0.85	15.5	0.26	19.1	0.32

对红河流域中的 RRS3、RRS4、RRS5 和 RRS6 共 4 个样品进行了锆石(U-Th)/He 实验分析(表 3.6):分析所有的锆石均晶形完整且无包裹体,RRS3 样品挑选了 5 颗锆石颗粒分析,实验结果显示锆石颗粒的原始年龄分别为 16.64±0.36Ma、16.85±0.36Ma、17.89±0.38Ma、15.24±0.33Ma 和 15.40±0.36Ma,校正年龄分别为 25.6±0.55Ma、24.7±0.53Ma、25.4±0.54Ma、23.1±0.50Ma 和 22.5±0.53Ma,锆石颗粒年龄值差异较小,均视为有效年龄,计算得到 5 颗锆石的平均校正年龄为 24.26±0.54Ma,代表了 RRS3 样品的锆石(U-Th)/He 年龄;对 RRS4 样品中的 5 颗锆石颗粒进行(U-Th)/He 年龄测试,实验结果显示锆石颗粒的原始年龄分别为 18.94±0.39Ma、17.87±0.41Ma、17.10±0.34Ma、20.39±0.43Ma 和 19.66±0.42Ma,校正年龄分别为 27.0±0.56Ma、25.7±0.57Ma、24.6±0.49Ma、27.4±0.58Ma 和 24.5±0.52Ma,锆石颗粒年龄值差异较小,均视为有效年龄,计算得到 5 颗锆石的平均校正年龄为 25.84±0.54Ma,代表了 RRS4 样品的锆石(U-Th)/He 年龄;在 RRS5 样品中挑选了 4 颗锆石颗粒进行(U-Th)/He 年龄分析,获得的锆石颗粒的原始年龄分别为 24.51±0.53Ma、20.09±0.36Ma、9.72±0.22Ma 和 17.40±0.35Ma,校正年龄分别为 30.8±0.67Ma、26.0±0.47Ma、12.4±0.27Ma 和 25.4±0.51Ma,除 RRS5-Z3 颗粒年龄值(校正年龄为 12.4±0.27Ma)差异较大外,其余 3 颗锆石颗粒年龄值差异较小,视为有效年龄,计算得到 3 颗锆石的平均校正年龄为 27.4±0.55Ma,代表了 RRS5 样品的锆石(U-Th)/He 年龄;由于 RRS6 样品中锆石单颗粒质量不佳,仅挑选出一颗晶形完整但不含包裹体的锆石进行(U-Th)/He 年龄分析,实验结果显示该颗锆石的原始年龄为 20.54±0.43Ma,校正年龄为 24.0±0.47Ma,样品 RRS6 锆石年龄数据较少,不进行计算仅供参考。

对红河流域中的 VN1、VN2、VN3、VN4、VN5 和 VN6 共 6 个样品进行磷灰石(U-Th)/He 测试分析,结果显示,样品 VN1 磷灰石(U-Th)/He 年龄分别为 32.6±1.6Ma、20.0±1.0Ma、20.3±1.0Ma、24.4±1.5Ma 和 25.0±1.1Ma,计算 5 颗磷灰石的平均年龄为 24.5±8.5Ma。样品 VN2 磷灰石(U-Th)/He 年龄分别为 13.2±0.2Ma、11.9±0.2Ma、6.31±0.08Ma、10.3±0.2Ma,去除 1 颗异常年龄外,其他 3 颗磷灰石得到的平均年龄为 11.5±1.3Ma。样品 VN3 磷灰石(U-Th)/He 年龄分别为 27.2±0.9Ma、96.9±3.2Ma、25.5±0.6Ma、26.3±0.7Ma 和 59.2±1.5Ma,去除 2 颗异常高年龄值外,其他 3 颗磷灰石得到的平均年龄为 26.3±0.9Ma;样品 VN4 磷灰石(U-Th)/He 年龄分别为 20.3±0.3Ma 和 28.7±0.6Ma,计算得到的平均年龄为 24.2±7.3Ma。样品 VN5 磷灰石(U-Th)/He 年龄分别为 14.9±0.3Ma、6.78±0.25Ma、13.3±0.2Ma 和 13.0±0.2Ma,去除 1 颗异常年龄计算得到的平均年龄为 13.7±1.0Ma。样品 VN6 磷灰石(U-Th)/He 年龄分别为 17.6±0.4Ma、130.6±3.2Ma、18.6±0.4Ma 和 17.4±0.4Ma,去除 1 颗异常年龄计算得到的平均年龄为 17.9±0.6Ma。

锆石(U-Th)/He 年龄略高于磷灰石(U-Th)/He,测试结果表明样品 VN1 锆石(U-Th)/He 年龄分别为 27.02±0.56Ma、25.68±0.57Ma、24.6±0.49Ma、27.37±0.58Ma 和 24.51±0.52Ma,计算 5 颗锆石的平均年龄为 25.8±1.3Ma。样品 VN2 锆石(U-Th)/He 年龄分别为 32.2±0.7Ma、26.8±0.5Ma、13.8±0.3Ma、26.9±0.5Ma,去除 1 颗异常年龄外,其他 3 颗锆石得到的平均年龄为 28.6±3.1Ma。样品 VN3 锆石(U-Th)/He 年龄分别为 24.6±

0.5Ma、28.5±0.5Ma、26.3±0.5Ma 和 26.6±0.5Ma，4 颗锆石得到的平均年龄为 26.5±1.6Ma；样品 VN5 锆石(U-Th)/He 年龄分别为 25.1±0.6Ma、22.0±0.5Ma、21.2±0.5Ma 和 25.1±0.6Ma，计算得到的平均年龄为 23.4±2.0Ma。样品 VN6 锆石(U-Th)/He 年龄分别为 23.1±0.5Ma、22.2±0.5Ma、21.1±0.5Ma、23.7±0.6Ma 和 20.6±0.5Ma，计算得到的平均年龄为 22.1±1.3Ma。

表 3.6　红河流域锆石(U-Th)/He 实验结果

样号	颗粒	^{4}He (ncc)	质量/ mg	U/ ($\times 10^{-6}$)	Th/ ($\times 10^{-6}$)	Sm/ ($\times 10^{-6}$)	Th/U	[eU]/ ($\times 10^{-6}$)	FT	原始年龄/Ma	±σ/ Ma	校正年龄/Ma	±σ/ Ma
RRS3	Z1	0.145	0.006 1	4.6	20.3	202.1	4.38	9.4	0.67	16.64	0.36	25.6	0.55
RRS3	Z2	0.228	0.004 8	6.6	30.5	304.8	4.59	13.8	0.65	16.85	0.36	24.7	0.53
RRS3	Z3	0.221	0.003 7	10.9	48.2	408.9	4.43	22.2	0.64	17.89	0.38	25.4	0.54
RRS3	Z4	0.71	0.006 5	20.7	90.6	637.1	4.37	42	0.69	15.24	0.33	23.1	0.5
RRS3	Z5	0.557	0.006 3	16.2	63.1	583.9	3.89	31	0.67	15.4	0.36	22.5	0.53
RRS4	Z1	0.808	0.017 5	9.9	21.2	120.2	2.13	14.9	0.77	18.94	0.39	27.0	0.56
RRS4	Z2	0.737	0.017 6	11.7	25.5	106.7	2.18	17.7	0.78	17.87	0.41	25.7	0.57
RRS4	Z3	0.132	0.008 2	4.8	16.6	302.7	3.42	8.7	0.73	17.1	0.34	24.6	0.49
RRS4	Z4	0.298	0.011 5	5	16.7	289.8	3.34	8.9	0.73	20.39	0.43	27.4	0.58
RRS4	Z5	0.937	0.011 1	7.5	23.8	278.9	3.16	13.1	0.75	19.66	0.42	24.5	0.52
RRS5	Z1	0.32	0.011 2	5.3	20.5	292.9	3.89	10.1	0.74	24.51	0.53	30.8	0.67
RRS5	Z2	0.603	0.007	10.9	46.2	504.1	4.24	21.8	0.73	20.09	0.36	26.0	0.47
RRS5	Z3	0.201	0.005	6.6	31.1	521.8	4.71	13.9	0.67	9.72	0.22	12.4	0.27
RRS5	Z4	0.948	0.012 7	11.3	48.5	176.4	4.29	22.7	0.77	17.4	0.35	25.4	0.51
RRS6	Z1	1.758	0.023 5	11.5	44.2	176	3.83	21.9	0.82	20.54	0.43	24.0	0.47

三、热历史模拟

为进一步分析莺歌海盆地周缘物源区的热演化历史，本次研究通过使用 HeFTy 软件进行反演模拟。HeFTy 软件是由美国得克萨斯大学奥斯汀分校地质学系 Richard A. Ketcham 教授开发的，是目前国际上利用裂变径迹、(U-Th)/He 和镜质体反射率等数据进行样品热历史重建的重要软件，可同时利用同一件样品的多种同位素测年体系的年龄数据进行热历史正演和反演模拟。本次研究主要使用其反演模拟功能，反演模拟是指在已有的热历史模型的基础上，逐个对各样品颗粒的热历史路径进行定量模拟，对开始的温度和年龄条件进行假设，计算得到相应的温度-年龄路径，揭示样品的冷却历史。

本次研究对 AFT 数据进行模拟时，使用了软件中 Ketcham 提出的退火模型，C 轴投影模型（C-axis projection）选择了 Ketcham 等（2007）5.0m，原始平均径迹长度（default initial mean track length）默认为 16.3μm，动力学参数（kinetic parameter）选取 Dpar，在 AFT 模型中导入径迹长度数据以及年龄数据（Ketcham et al.，2007）。对 AHe 数据模拟时使用 Flowers 等（2009）提出的的辐射损伤聚集和退火模型，对 ZHe 数据进行模拟时，使用了 Guenthner 等（2013）提出的锆石的 He 扩散运动模型，根据实测数据输入颗粒半径，并计算出 Radius 值，输入 U 和 Th 平均含量等关键参数，Measured Age 选项输入实测的校正 He 年龄及其误差，其他模拟参数均选择默认值。

长山流域模拟结果如图 3.3 所示，样品 CVS1 的 ZHe 模拟的年龄为 32.1Ma，实验测量年龄为 32.1±1.7Ma，Age GOF 为 1.00，代表了模拟结果的可信度较高。样品 CVS1 的模拟结果揭示了马江流域自 60Ma 以来经历了 3 期冷却阶段：53～38Ma 较快速冷却阶段，地温从约 250℃冷却到约 190℃，冷却速率约为 4℃/Ma；38～20Ma 缓慢冷却阶段，地温从 190℃冷却到约 130℃，冷却速率约为 3.33℃/Ma；20Ma 以后经历了相对快速的冷却阶段，地温从 130℃冷却到 20℃左右，冷却速率约为 5.5℃/Ma。样品 CVS2 的 ZHe 模拟的年龄为 26.8Ma，实验测量年龄为 26.9±1.4Ma，Age GOF 为 0.99，代表了模拟结果的可信度较高。样品 CVS3 的 ZHe 模拟的年龄为 42.6Ma，实验测量年龄为 42.6±2.3Ma，Age GOF 为 1.00，也代表了模拟结果的可信度较高。样品 CVS2 和 CVS3 都采自蓝江流域，揭示了蓝江不同区域的冷却历史具有差异性，其中 CVS2 样品揭示了 4 期冷却阶段：48～34Ma 缓慢冷却阶段，地温从约 250℃冷却到约 220℃，冷却速率约为 2.14℃/Ma；34～28Ma 快速冷却阶段，地温从约 220℃冷却到约 155℃，冷却速率约为 10.83℃/Ma；28～17Ma 缓慢冷却阶段，地温从约 155℃冷却到约 145℃，冷却速率约为 0.91℃/Ma；17Ma 以后快速冷却阶段，地温从约 145℃冷却到约 20℃，冷却速率约为 7.35℃/Ma。CVS3 样品揭示了 2 期冷却阶段：72～43Ma 较缓慢冷却阶段，地温从约 250℃冷却到约 170℃，冷却速率约为 2.76℃/Ma；43Ma 以后缓慢冷却阶段，地温从约 170℃冷却到约 20℃，冷却速率约为 3.49℃/Ma。样品 CVS4 的 ZHe 模拟的年龄为 36.6Ma，实验测量年龄为 36.6±2.0Ma，Age GOF 为 1.00，代表了模拟结果的可信度较高。样品 CVS4 模拟结果揭示了宋河流域自 43Ma 以来经历了 3 期冷却阶段：43～38Ma 快速冷却阶段，地温从约 250℃冷却到约 190℃，冷却速率约为 12.0℃/Ma；38～12Ma 以后缓慢冷却阶段，地温从约 190℃冷却到 155℃，冷却速率约为 1.35℃/Ma；12Ma 以后快速冷却阶段，地温从约 155℃冷却到 20℃，冷却速率约为 11.25℃/Ma。

蓝江流域样品 CVS2 和 CVS3 的低温热演化史反演结果（图 3.4）显示位于蓝江流域西北侧的样品 CVS3 从 50Ma 以来经历了快速抬升（48～24Ma）、缓慢抬升（24～16Ma）和快速抬升（16～0Ma）三个低温热演化阶段；位于蓝江流域东南侧的样品 CVS2 从 40Ma 以来也经历

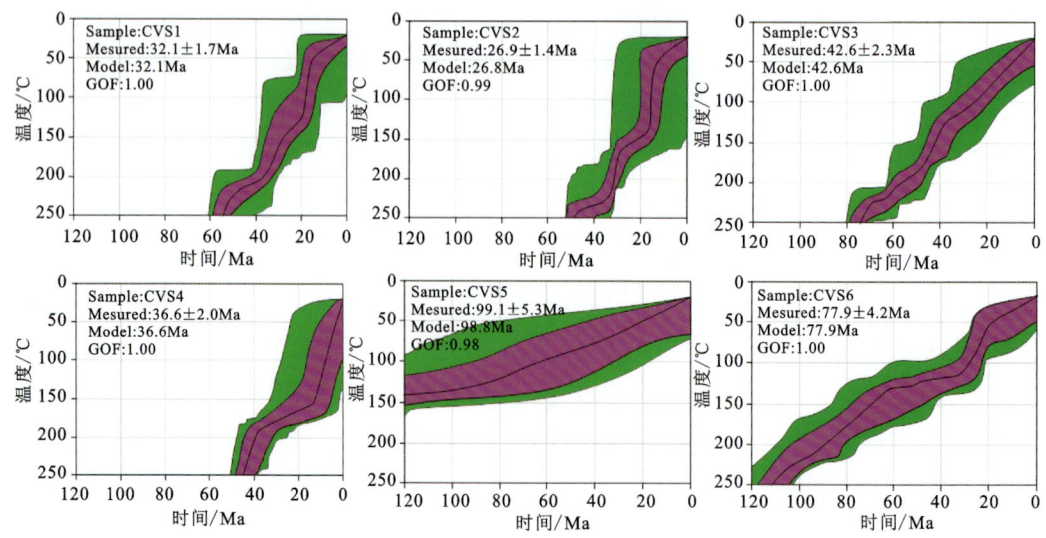

注：黑色粗线为最佳模拟线，紫色范围代表较好的拟合结果（拟合度＞0.55），绿色范围代表可接受的拟合结果（拟合度＞0.05）。

图 3.3　长山流域样品揭示的低温热演化史（HeFTy 软件）

了快速抬升（38～26Ma）、缓慢抬升（26～11.5Ma）和快速抬升（11.5～0Ma）3 个低温热演化阶段。低温热史时间-温度曲线的斜率代表了冷却的速率 V，结合越南区域的地温梯度 G（约为 35℃/km，Allen，1990；Carter et al.，2000），可以计算出样品揭示的在黄流组二段（16～11.6Ma）和一段（11.6～5.7Ma）沉积时期（T）对应的抬升剥蚀厚度 H（$H=V*T/G$）。CVS3 揭示的蓝江西北在黄流组二段和黄流组一段冷却速率分别为 2.61℃/Ma 和 5.92℃/Ma，对应的剥蚀厚度分别约为 328.4m 和 997.4m；CVS2 揭示的蓝江东南在黄流组二段和黄流组一段冷却速率分别为 0.65℃/Ma 和 4.35℃/Ma，对应的剥蚀厚度分别约为 81.9m 和 733.2m。整体来看蓝江流域样品揭示了其在黄流组二段和黄流组一段时期的平均剥蚀厚度分别为 205.15m 和 865.3m，蓝江流域在黄流组一段时期的剥蚀量约是黄流组二段时期的 4.2 倍。

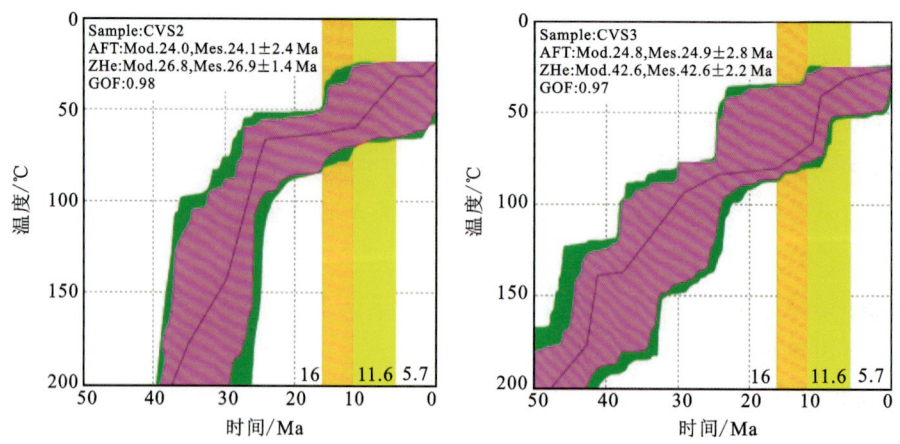

图 3.4　蓝江流域样品的磷灰石裂变径迹和锆石（U-Th）/He 隆升热演化史分析

样品 CVS5 的 ZHe 模拟的年龄为 98.8Ma,实验测量年龄为 99.1±5.3Ma,Age GOF 为 0.98,代表了模拟结果的可信度较高;样品 CVS6 的 ZHe 模拟的年龄为 77.9Ma,实验测量年龄为 77.9±4.2Ma,Age GOF 为 1.00,也代表了模拟结果的可信度较高;样品 CVS5 和 CVS6 都采自香江流域,揭示了香江不同区域的冷却历史具有差异性。CVS5 样品揭示了 2 期冷却阶段:120~82Ma 缓慢冷却阶段,地温从约 143℃冷却到约 138℃,冷却速率约为 0.13℃/Ma;82Ma 以后较缓慢冷却阶段,地温从约 138℃冷却到约 20℃,冷却速率约为 1.44℃/Ma。CVS6 样品揭示了 4 期冷却阶段:110~62Ma 较缓慢冷却阶段,地温从约 250℃冷却到约 141℃冷却速率约为 2.27℃/Ma;62~31Ma 缓慢冷却阶段,地温从约 141℃冷却到约 121℃,冷却速率约为 0.65℃/Ma;31~20Ma 快速冷却阶段,地温从约 121℃冷却到约 50℃,冷却速率约为 6.45℃/Ma;20Ma 以后较缓慢冷却阶段,地温从约 50℃冷却到约 20℃,冷却速率约为 1.5℃/Ma。长山流域的样品模拟结果揭示了该流域南部和北部冷却历史具有明显差异,以 CVS1、CVS2、CVS3 和 CVS4 北部的 4 个样品为代表,整体显示出快速冷却发生的时间晚、冷却速率较大的特征;而以 CVS5 和 CVS6 为代表的南部区域整体显示出冷却发生的时间早、冷却速率相对较小的特征(图 3.3)。

红河流域模拟结果如图 3.5 所示,样品 RRS1 的 AFT 模拟的年龄为 38.6Ma,实验测量年龄为 38.8±3.1Ma,Age GOF 为 0.98,代表了模拟结果的可信度较高;样品 RRS1 的模拟结果揭示了自 48Ma 以来经历了 2 期冷却阶段:48~37Ma 较快速冷却阶段,地温从约 153℃冷却到约 85℃,冷却速率约为 6.18℃/Ma;37Ma 以后缓慢冷却阶段,地温从 85℃冷却到约 20℃,冷却速率约为 1.76℃/Ma。样品 RRS2 的 AFT 模拟的年龄为 27.2Ma,实验测量年龄为 27.1±1.9Ma,Age GOF 为 0.98,代表了模拟结果的可信度较高;样品 RRS2 的模拟结果揭示了自 48Ma 以来经历了 3 期冷却阶段。48~26Ma 较缓慢冷却阶段,地温从约 175℃冷却到约 91℃,冷却速率约为 3.82℃/Ma;26~18Ma 缓慢冷却阶段,地温从 91℃冷却到约 80℃,冷却速率约为 1.13℃/Ma;18Ma 以后较缓慢冷却阶段,地温从约 80℃冷却到约 20℃,冷却速率约为 3.33℃/Ma。样品 RRS3 的 AHe 模拟的年龄为 38.4Ma,实验测量年龄为 38.8±3.1Ma,ZHe 模拟的年龄为 25.3Ma,实验测量年龄为 24.3±0.5Ma,Age GOF 为 0.88,代表了模拟结果的可信度较高。样品 RRS3 的模拟结果揭示了自 39Ma 以来经历了 3 期冷却阶段:39~26Ma 较快速冷却阶段,地温从约 250℃冷却到约 175℃,冷却速率约为 5.77℃/Ma;26~20Ma 较快速冷却阶段,地温从 175℃冷却到约 90℃,冷却速率约为 14.17℃/Ma;20Ma 以后较缓慢冷却阶段,地温从约 90℃冷却到约 20℃,冷却速率约为 3.5℃/Ma。样品 RRS4 的 ZHe 模拟的年龄为 25.9Ma,实验测量年龄为 25.8±0.5Ma,Age GOF 为 0.97,代表了模拟结果的可信度较高。样品 RRS4 的模拟结果揭示了自 41Ma 以来经历了 2 期冷却阶段:41~26Ma 较快速冷却阶段,地温从约 250℃冷却到约 185℃,冷却速率约为 4.33℃/Ma;26Ma 以后快速冷却阶段,地温从 185℃冷却到约 20℃,冷却速率约为 6.35℃/Ma。样品 RRS5 的 AHe 模拟的年龄为 11.7Ma,实验测量年龄为 11.5±0.2Ma,ZHe 模拟的年龄为 26.8Ma,实验测量年龄为 27.4±0.6Ma,Age GOF 为 0.87,代表了模拟结果的可信度较高。样品 RRS5

的模拟结果揭示了自 40Ma 以来经历了 3 期冷却阶段:40～25Ma 较快速冷却阶段,地温从约 250℃冷却到约 180℃,冷却速率约为 4.67℃/Ma;25～9.5Ma 快速冷却阶段,地温从 180℃冷却到约 60℃,冷却速率约为 7.74℃/Ma;9.5Ma 以后较快速冷却阶段,地温从约 60℃冷却到约 20℃,冷却速率约为 4.21℃/Ma。样品 RRS6 的 ZHe 模拟的年龄为 24.1Ma,实验测量年龄为 24.0±0.5Ma,Age GOF 为 0.98,代表了模拟结果的可信度较高。样品 RRS6 的模拟结果揭示了自 40Ma 以来经历了 2 期冷却阶段:40～24Ma 较快速冷却阶段,地温从约 250℃冷却到约 180℃,冷却速率约为 4.38℃/Ma;24Ma 以后快速冷却阶段,地温从 180℃冷却到约 20℃,冷却速率约为 6.67℃/Ma。

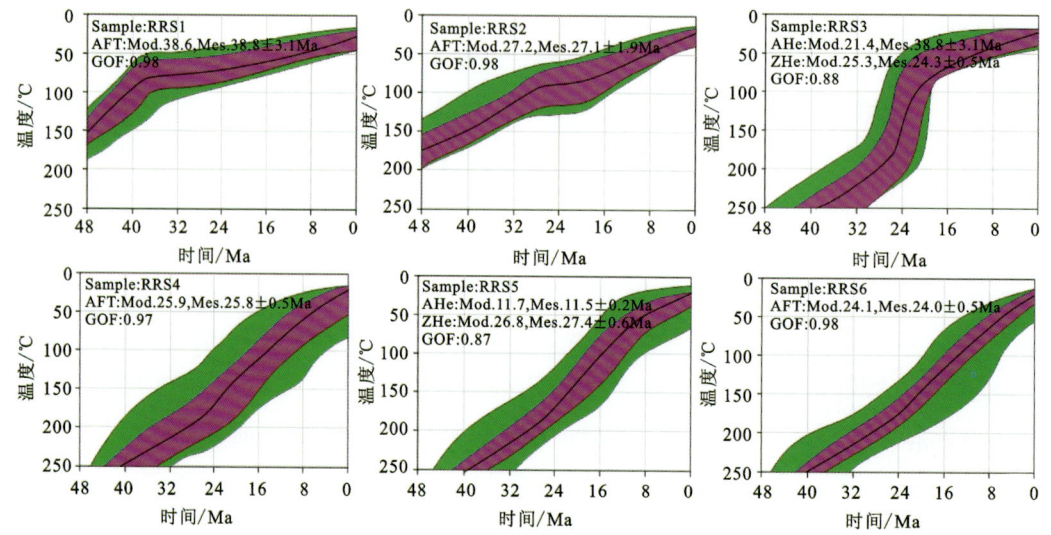

注:黑色粗线为最佳模拟线,紫色范围代表较好的拟合结果(拟合度>0.55),绿色范围代表可接受的拟合结果(拟合度>0.05)。

图 3.5 红河流域样品揭示的低温热演化史(HeFTy 软件)

根据矿物中氦元素的分布特征分别开展锆石和磷灰石 He 元素剖面的热史模拟(图 3.6,Guenthner,2021)。模拟结果显示剪切带北段地区 25～21Ma 期间快速隆升,从深度约 6km 隆升至 1km;剪切带中段地区隆升时间和距离存在差异,主要隆升期在 28～25Ma 之间;局部 14～12Ma 发生另一期隆升;哀牢山-红河剪切带内部核心模拟显示,35～28Ma 之间剪切带开始运动,快速隆升期不同地段存在显著差异(Maluski et al.,2001;Wang et al.,2020)。

结合越南区域的地温梯度约为 35℃/km,可以计算出样品揭示的在黄流组二段(16～11.6Ma)和一段(11.6～5.7Ma)沉积时期(T)对应的抬升剥蚀厚度。VN2 揭示的红河流域局部地区黄流组二段冷却速率约为 10.9℃/Ma,对应的隆升剥蚀厚度为 311.6m;而黄流组一段时期基本上没有发生隆升剥蚀。VN5 揭示红河流域剪切带在黄流组二段和黄流组一段冷却速率约为 23.6℃/Ma 和 3.55℃/Ma,对应的隆升剥蚀厚度约为 675.3m 和 101.6m。这些模拟结果显示黄流组沉积时期主要的隆升剥蚀期在黄一段期间。

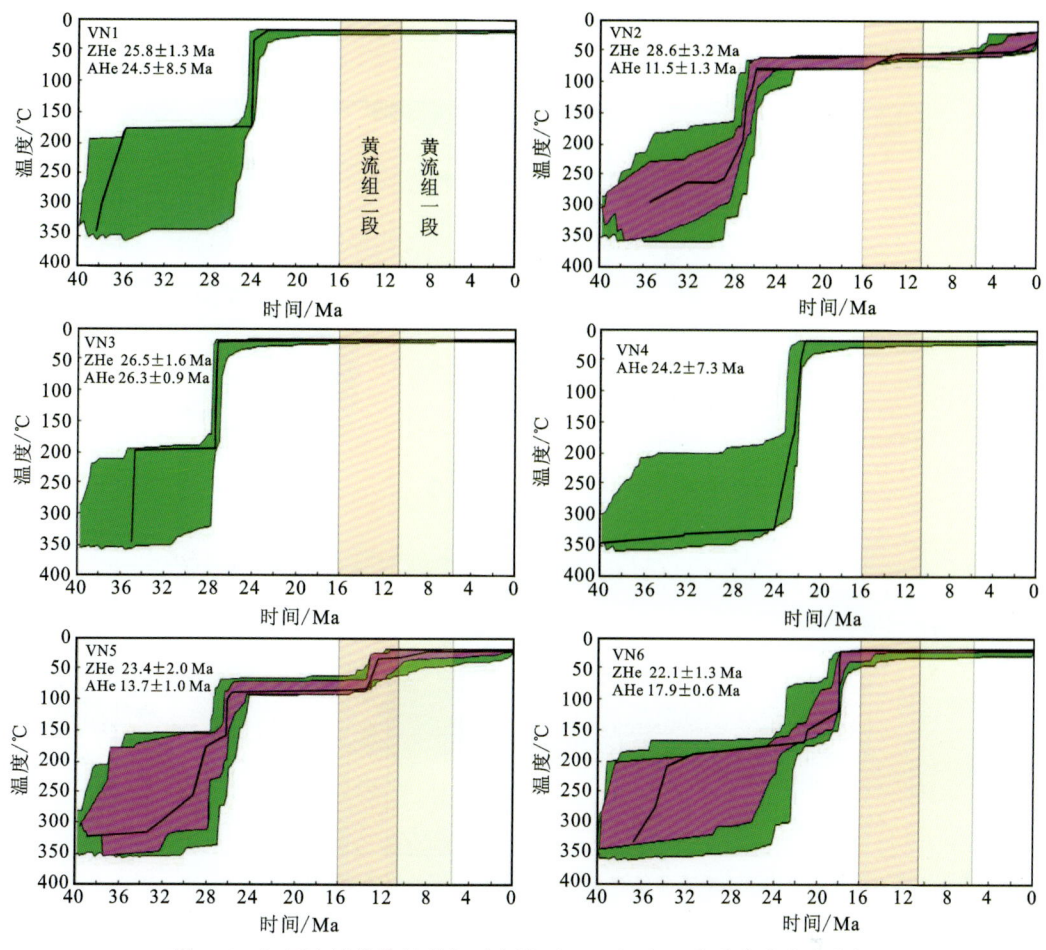

图 3.6 红河流域样品的磷灰石和锆石(U-Th)/He 隆升热演化史分析

第二节 盆外周缘物源区抬升演化

一、长山抬升剥蚀演化

通过对比分布在平面上不同位置中同一温度体系下的低温年代学年龄,可以直观地了解该区域平面空间上剥蚀变化的特征,长山流域的主要磷灰石和锆石热年代学年龄(AFT 和 ZHe)平面分布如图 3.7 所示,磷灰石 AFT 年龄(封闭温度为 60~110℃)主要集中分布在长山最南侧的秋盆河流域,AFT 数值从西向东依次为 46±9Ma、45±2Ma 和 32±2Ma(Carter et al., 2000),具有依次减小的趋势,揭示了秋盆河流域西侧的快速抬升剥蚀的时间早于东侧;而锆石 ZHe 年龄(封闭温度为 160~200℃)主要分布在马江、蓝江、宋河和香江流域,缺少贤良河和东河流域的数据,样品 ZHe 数值从北向南依次为 32.03±1.71Ma、26.92±1.44Ma、42.61±2.28Ma、36.61±1.95Ma、99.05±5.28Ma 和 77.93±4.15Ma,整体具有从北向南增大的趋势,揭示了长山流域的南部快速抬升剥蚀的时间早于北部。从锆石 ZHe 年龄与纬度的关系同样揭示出随着纬度的增大，ZHe 数值具有减小的趋势（图 3.8），低纬度区域快速抬升剥蚀的开始时间早于高纬度区域。

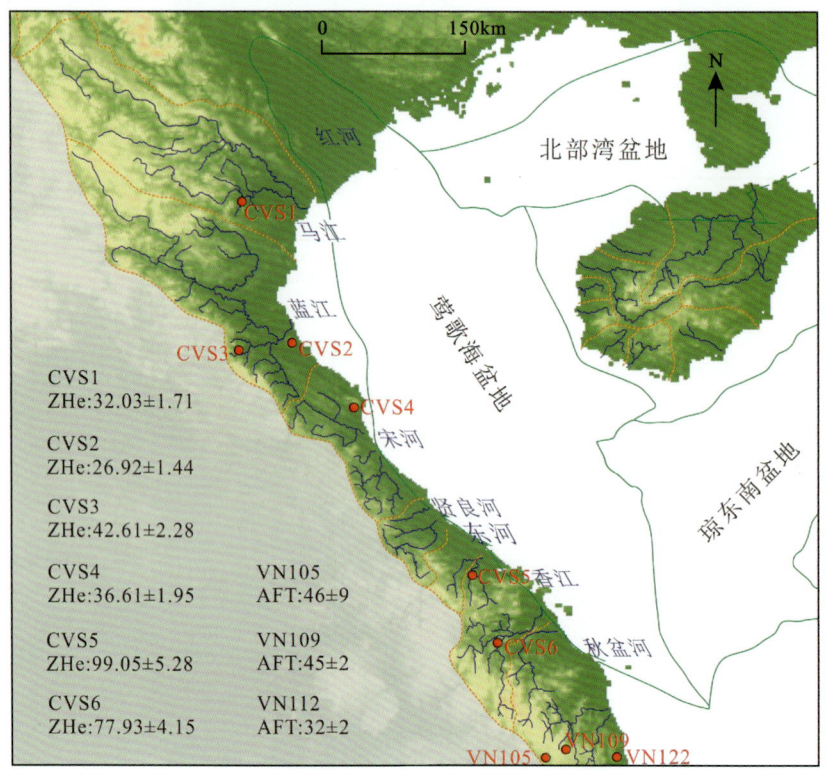

图 3.7　长山磷灰石和锆石低温热年代年龄（AFT 和 ZHe）平面分布

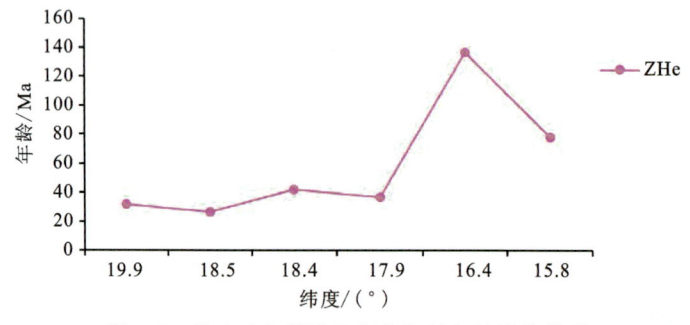

图 3.8　长山矿物低温热年代年龄与纬度的关系

将长山流域的低温热年代学数据采用核密度估计函数的方式进行统计分析，得到了多峰分布的年龄样式（图 3.9），长山流域 ZHe 年龄在 65Ma 以内具有多峰分布特征，年龄在 52.8～19.1Ma 范围内，两个主峰年龄的峰值分别为 36.1Ma 和 31.8Ma，伴随的两个次峰年龄的峰值分别为 44.5Ma 和 23.3Ma；长山流域锆石 ZHe 年龄核密度分布图揭示了其在 65Ma 之后主要发生了 3 期抬升剥蚀演化，即第一期约发生在 44.5Ma，对应于始新世中期，第二期发生在 36.1～31.8Ma 之间，对应于始新世晚期至渐新世早期，第三期约发生在 23.3Ma，对应于渐新世晚期至中新世早期。

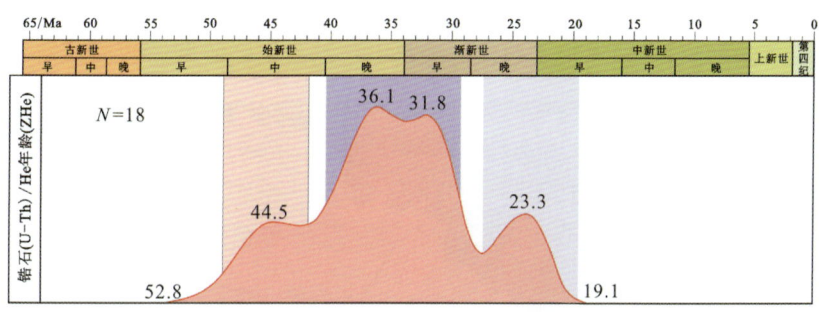

图 3.9 长山流域锆石（U-Th）/He 年龄（ZHe）统计

同样将越南南部的低温热年代学数据采用核密度估计函数的方式进行统计分析，得到的磷灰石 AFT 年龄分布样式也呈现出多峰分布特征（图 3.10），在 65Ma 以内为三峰分布特征，主峰年龄的峰值为 42.3Ma，伴随两个次峰年龄，主要次峰年龄的峰值为 31.6Ma，次要次峰年龄的峰值为 58.6Ma。越南南部 AFT 年龄核密度分布图揭示了其在 65Ma 之后主要发生了 3 期抬升剥蚀演化：第一期发生在古新世中晚期，对应的时间为 58.6Ma；第二期发生在始新世中期，对应的时间为 42.3Ma；第三期发生在渐新世早期，对应的时间为 31.6Ma。相对于锆石 ZHe 年龄体系揭示的地温变化，磷灰石 AFT 年龄揭示的是更低温度体系的抬升剥蚀演化，越南南部的 AFT 年龄核密度函数分布曲线的峰值均大于长山的 ZHe 年龄核密度函数分布曲线的对应峰值，可以推测越南南部的快速抬升剥蚀演化的时间均早于长山，从这个角度来看，越南南部和长山地区的抬升剥蚀演化具有明显的趋势，越南的快速剥蚀抬升开始于南部地区，逐渐向北部地区传递；莺歌海盆地西部重要物源区长山流域的抬升剥蚀演化主要集中在始新世和渐新世时期，此阶段长山流域的快速抬升剥蚀的沉积物质就已经开始输入到莺歌海盆地的西部。

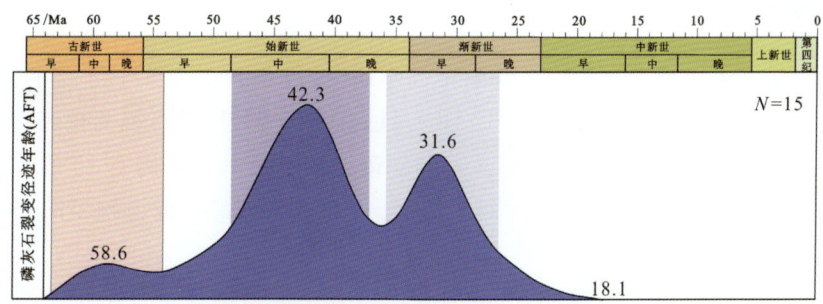

图 3.10 越南南部磷灰石裂变径迹年龄（AFT）统计

利用低温热年代学数据通过软件模拟获得的地温热演化史图，根据样品最佳模拟曲线（温度-时间曲线）的斜率大小，可以直观地反映出其经历的冷却速率；长山流域 40Ma 以来的冷却速率平面分布特征如图 3.11 所示，在北侧的马江、蓝江和宋河流域中，整体来看 CVS2 样品的温度-时间曲线斜率最大，CVS1、CVS4 和 CVS3 样品的温度-时间曲线斜率依次减小；在南侧的香江和秋盆河流域中，香江流域的 CVS5 和 CVS6 样品温度-时间曲线斜率整体要大于秋盆河样品，秋盆河流域 VN105、VN109 和 VN122 样品的温度-时间曲线斜率依次具有增大的趋势,在40Ma以来对应的流域西侧的冷却速率小于东侧。整体上长山流域具有北部的冷却速率大于南部的趋势,揭示了长山北侧具有更高的剥蚀速率。

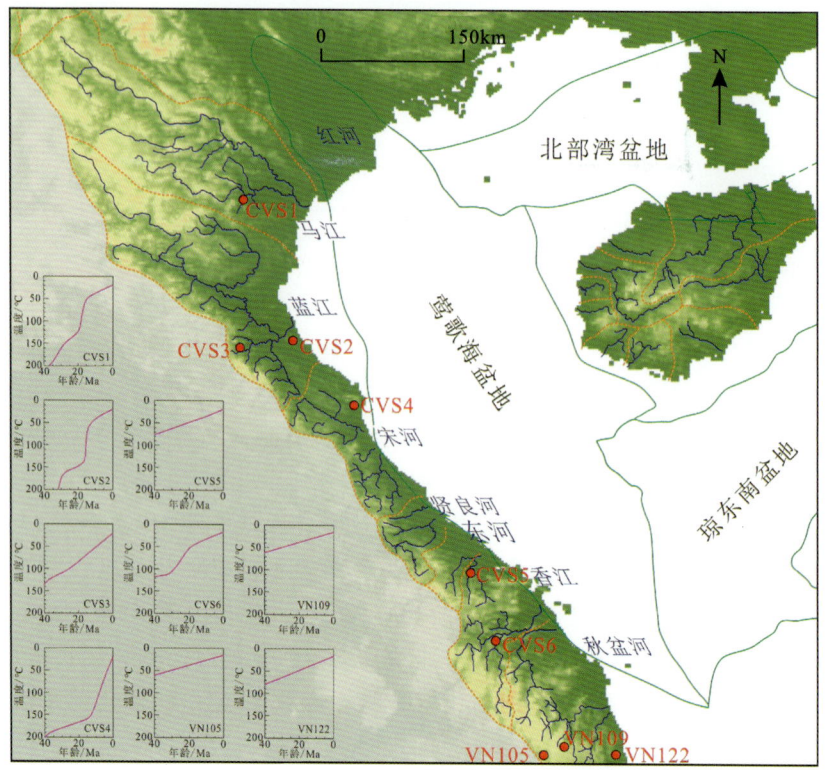

图3.11　长山流域40Ma以来剥蚀抬升变化平面分布特征

二、红河流域抬升剥蚀演化

在红河流域开展了磷灰石和锆石低温年代学研究,收集到了103个低温年代学数据,主要包括磷灰石裂变径迹年龄(AFT)和(U-He)/He年龄(AHe)、锆石裂变径迹年龄(ZFT)和(U-He)/He年龄(ZHe),具体的样品位置及其年龄类别和年龄值如图3.12所示。数据主要分布在红河的上游和中游,下游大部分属于红河三角洲平原,没有报道较多的单矿物低温热年代学年龄数据。

从样品在平面上分布的位置来看,磷灰石或锆石单矿物低温年代学年龄平面上分布均匀,覆盖了红河流域的绝大部分区域。将红河流域收集到的低温年代学年龄数据与其样品位置的纬度和经度之间的关系进行投点分析(图3.13),低温年代学年龄与纬度的关系图揭示单矿物的低温年代学年龄随着纬度的增加具有减小的趋势,最明显的是磷灰石裂变径迹年龄(AFT),在低纬度22°—22.5°范围的年龄普遍大于20Ma,随着纬度的增加,AFT年龄值逐渐减小,纬度大于23.5°范围的AFT年龄普遍小于10Ma;同样的磷灰石(U-Th)/He年龄(AHe)值、锆石裂变径迹年龄(ZFT)和(U-Th)/He(ZHe)值随着纬度增加,其数值大小也具有逐渐减小的趋势。样品低温年代学年龄值和经度的关系与纬度相反,整体上呈现出随着经度的增加,对应的单矿物低温热年代学年龄值逐渐增大的趋势。总的来说,红河流域西北部

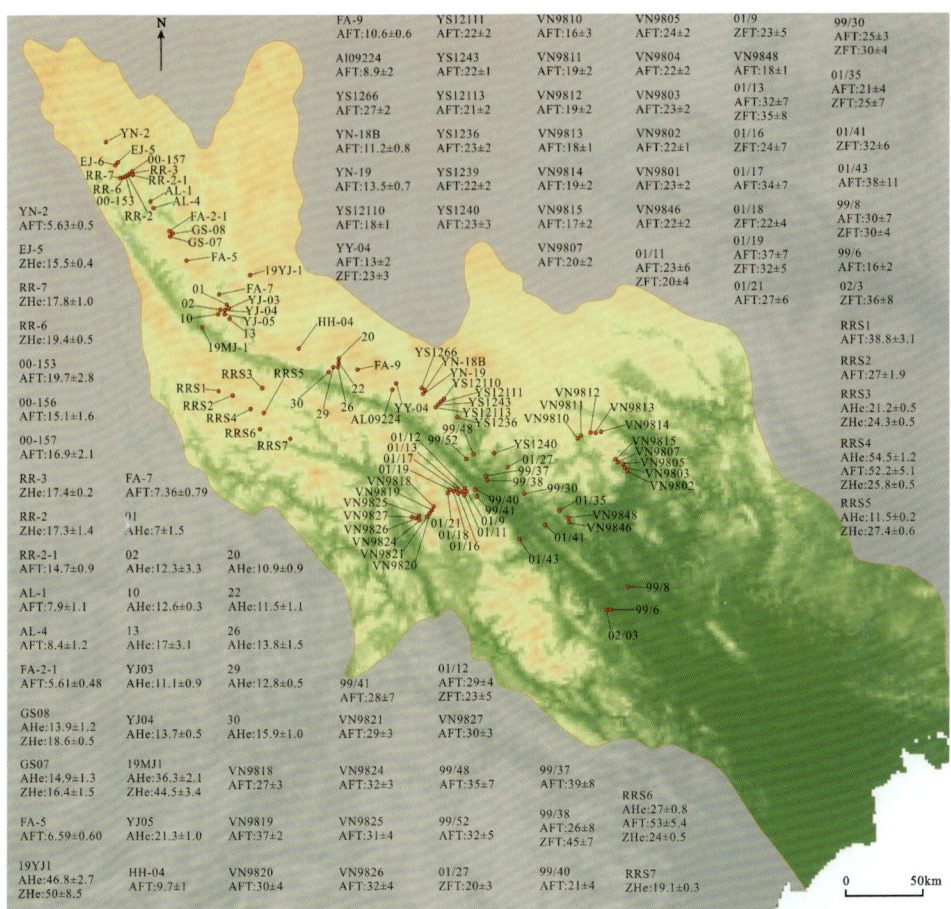

图 3.12　红河流域单矿物低温热年代年龄（AHe、AFT、ZHe、ZFT）平面分布

（数据引自万京林等，1997；李宝龙等，2012；陈小宇等，2016；Li et al.，2001；Maluski et al.，2001；
Viola et al.，2008；Chen et al.，2015；Wang et al.，2016，2020）

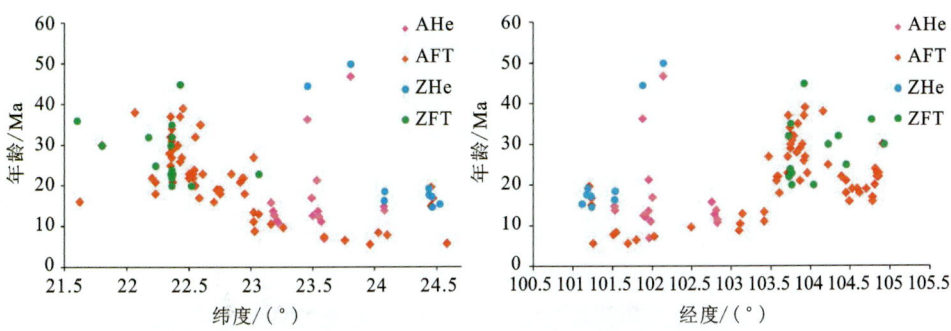

图 3.13　红河流域矿物低温热年代年龄与样品纬度和经度的关系

的上游相对于东南侧的中下游属于高纬度和低经度的区域，红河流域对应的低温热年代学年龄具有西北部的上游较东南侧的中下游低温热年代学年龄值小，红河流域的低温热年代学年龄值自下游向上游有逐渐变小的趋势（图 3.12、图 3.13）。

对红河流域收集到的4类低温热年代学数据分别采用核密度估计函数的方式进行统计分析,得到了不同的多峰分布的年龄样式(图3.14),在65Ma以来红河流域的磷灰石裂变径迹年龄(AFT)分布函数样式呈现出复杂峰分布特征(年龄分布范围为67.6~2.6Ma),两个主峰的峰值年龄分别为12.3Ma和5.6Ma,伴随了多个次峰分布,次峰的峰值年龄从老到新依次为50.1Ma、45.2Ma、36.4Ma、26.4Ma、22.5Ma、20.9Ma、19.1Ma、15.5Ma、10.2Ma、5.6Ma和4.1Ma;磷灰石(U-Th)/He年龄(AHe)分布函数样式呈现出多峰分布特征(年龄分布范围为63.7~3.3Ma),主峰年龄为21.9Ma,伴随的两个主要次峰年龄分别为18.2Ma和5.8Ma,同时还存在两个次要次峰年龄分别为13.7Ma和10.6Ma;锆石(U-Th)/He年龄(ZHe)分布函数样式呈现出复杂的多峰分布特征(年龄分布范围为54.6~10.8Ma),两个主峰年龄分别为25.3Ma和16.8Ma,伴随的3个次要峰值年龄分别为43.3Ma、30.8Ma和22.8Ma;锆石裂变径迹年龄(ZFT)分布函数样式呈现出一个单一的主峰年龄(年龄分布范围为61.2~6.3Ma),年龄峰值为22.7Ma。磷灰石和锆石单矿物多温度体系年龄显示出不同的函数分布样式,结合不同类型年龄分布函数的差异性和同一性,综合对比分析划分出红河流域在65Ma以来主要经历了6期快速抬升剥蚀阶段:第一期抬升剥蚀发生在始新世时期,主要由磷灰石的AHe年龄的3个次要峰值(50.1Ma、45.2Ma和36.4Ma)和锆石ZHe年龄的一个次要峰值(43.3Ma)确定,该抬升剥蚀阶段规模小强度弱,但持续的时间长;第二期抬升剥蚀在渐新世早期,主要由锆石ZHe年龄(次峰年龄为30.8Ma)确定,表现为抬升剥蚀规模小且时间段的特征;第三期抬升剥蚀发生在渐新世晚期和中新世早期,多种类型的年龄峰值集中分布,主要由锆石ZFT的主峰年龄值22.7Ma、锆石ZHe的主峰年龄值25.3Ma和磷灰石AFT的主峰年龄值21.9Ma确定,同时也包含了磷灰石AHe年龄的多个次要峰值年龄(26.4Ma、22.5Ma和20.9Ma),该阶段呈现出抬升规模大、强度大和持续时间长等特征,是红河流域重要抬升剥蚀阶段;第四期抬升剥蚀发生在中新世早期和中期,主要由锆石ZHe的主峰年龄(16.8Ma)、磷灰石AFT的次要峰值年龄(18.2Ma和13.7Ma)和AHe的主峰年龄(12.3Ma)确定,同时也包含两个磷灰石AHe的次要峰值年龄19.1Ma和15.5Ma,此阶段的抬升剥蚀规模和强度与第三阶段相当;第五期抬升剥蚀阶段发生在中新世晚期,主要由磷灰石的裂变径迹和(U-Th)/He年龄的次要峰值年龄(AFT和AHe分别为10.6Ma和10.2Ma)确定,该阶段的抬升剥蚀规模和强度降低,主要为第四期抬升剥蚀的延续;第六期抬升剥蚀阶段主要发生在中新世晚期和上新世,由磷灰石裂变径迹年龄分布的次峰年龄值(5.8Ma)和(U-Th)/He年龄分布的次峰年龄值(5.6Ma和4.1Ma)确定,该期的抬升剥蚀规模和强度再一次增强。单矿物低温热年代学年龄分布函数的样式揭示了红河流域发生的多期复杂的抬升剥蚀演化,不同区域的抬升剥蚀时间和强度均具明显差异。

通过HeFTy软件将低温热年代学数据拟合为样品的地温热演化史,得到样品的温度-时间演化的最佳曲线,图3.15统计了40Ma以来红河流域主要样品揭示的温度-时间演化曲线的平面展布特征,曲线的斜率大小直观地反映了该区域的冷却速率大小的变化趋势;不同位置的样品温度-时间曲线的斜率差异明显,多数样品的温度-时间斜率在不同时间段也具有明显的差异;位于红河流域上游的样品揭示的曲线斜率普遍大于下游的样品,上游的较高冷却速率对应于其更高的抬升剥蚀速率,特别是在15Ma范围内的温度-时间曲线斜率,斜率的高

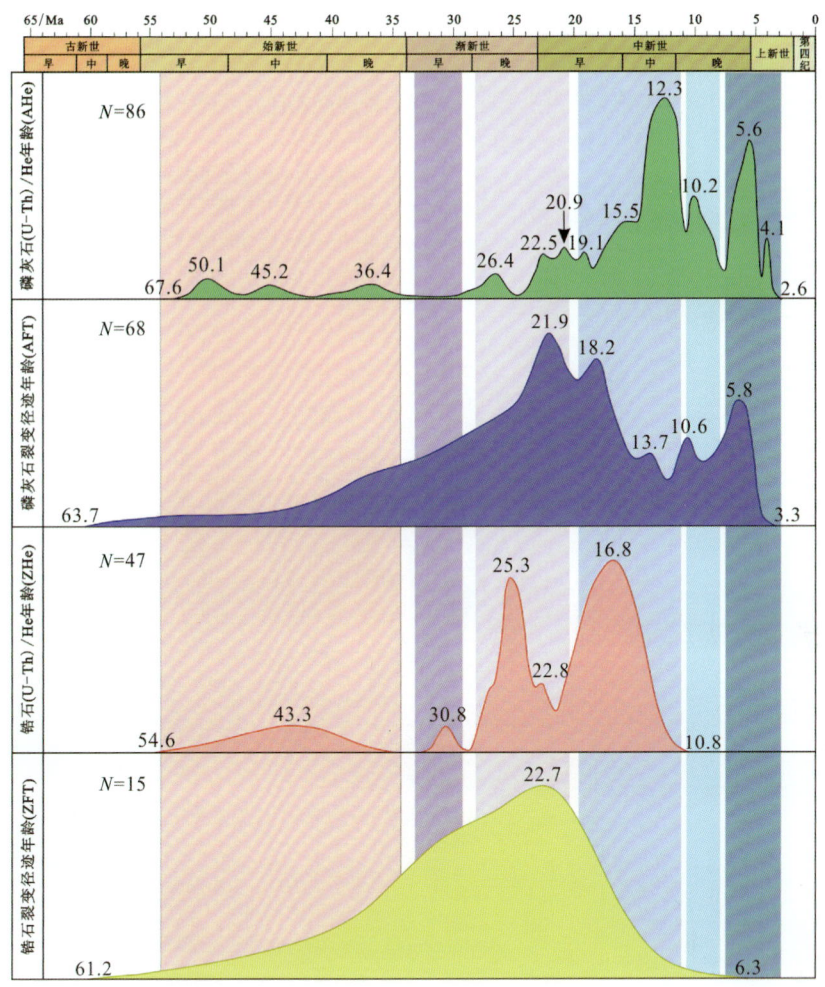

图 3.14 红河磷灰石和锆石低温热年代年龄(AHe、AFT、ZHe 和 ZFT)统计

值集中分布在红河上游,红河流域的后期(15Ma 以来)抬升剥蚀主要集中在其西北侧的上游范围。

三、海南隆起抬升剥蚀演化

前人已在海南隆起开展了大量的低温热年代学研究工作,本次研究收集到的单矿物低温热年代学数据统计如图 3.16 所示,主要有磷灰石裂变径迹年龄(AFT)、磷灰石(U-Th)/He 年龄(AHe)和锆石裂变径迹(ZFT)共 3 类单矿物低温热年代学年龄;数据在平面上主要分布在海南隆起的南侧和中部,北部地区的数据点较少。将不同位置的低温热年代学年龄与经度和纬度之间的关系进行投点分析(图 3.17),单矿物年龄与纬度之间呈现出中间纬度的年龄较大、向最低纬度和最高纬度两端具减小的趋势;样品年龄与经度之间呈现出中间经度的年龄最大、向低经度和高经度两端具有减小的趋势;整体来看海南隆起的低温热年学数据统计分析具有很明显的规律性,单矿物的热年代学年龄的高值主要分布在海南隆起的中部和南部,并向隆起的四周具有减小的趋势。

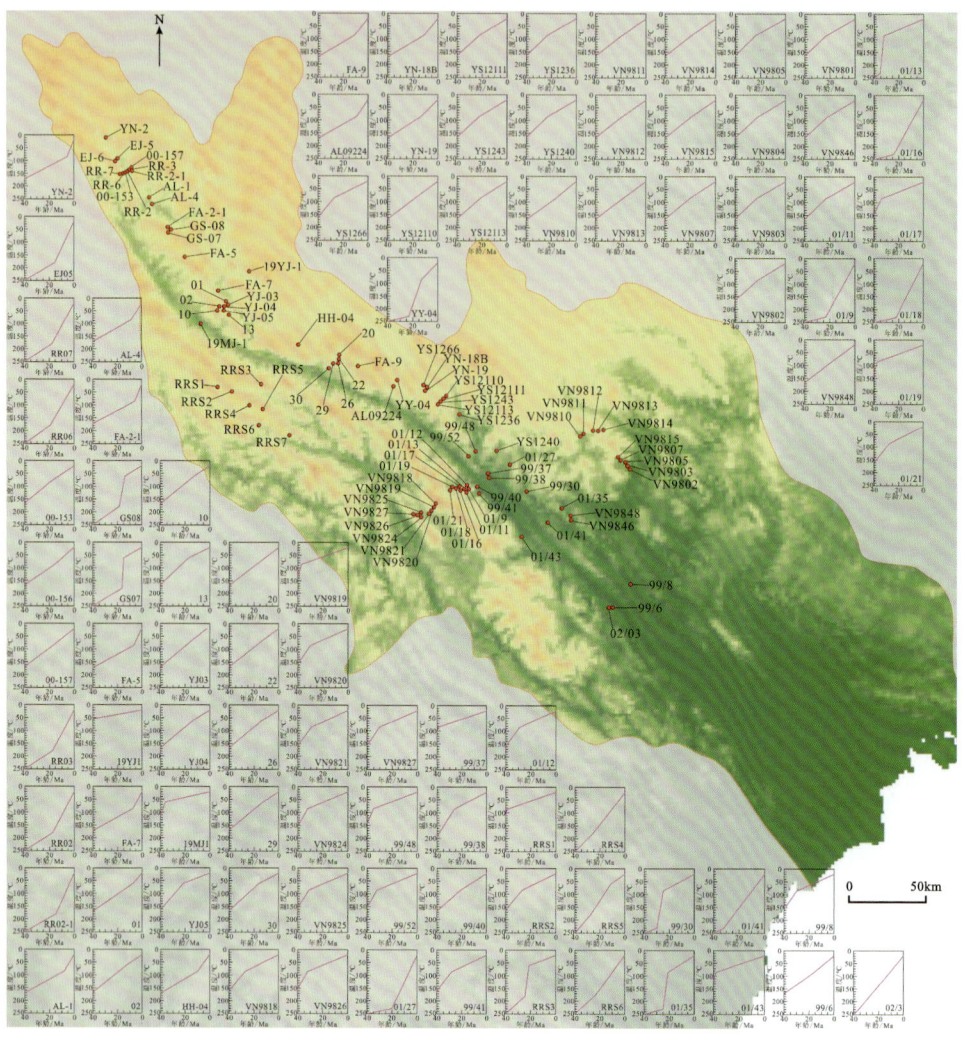

图 3.15 红河流域 40Ma 以来剥蚀抬升变化平面分布特征

海南隆起主要抬升冷却阶段的确定主要基于单矿物低温热年代学年龄分布规律,将海南隆起 3 种类别的低温热年代学年龄数据用核密度估计函数分布的方式分别进行统计分析,得到了多峰分布的年龄样式(图 3.18),在 65Ma 以内海南隆起磷灰石的(U-Th)/He 年龄(AHe)呈复杂的多峰分布特征(年龄分布范围为 50.5～11.8Ma),一个主峰的峰值年龄为 21.3Ma,伴随了多个次峰年龄,次峰年龄值分别为 38.3Ma、33.2Ma、27.8Ma 和 16.1Ma;海南隆起的磷灰石裂变径迹年龄(AFT)呈现出多峰分布的年龄样式,在 61.2～12.9Ma 范围内有 3 个集中分布的主峰年龄(峰值分别为 33.7Ma、28.5Ma 和 24.1Ma),伴随一个次峰年龄(峰值为 43.4Ma);在 65Ma 范围内海南隆起的锆石裂变径迹年龄(ZFT)呈现出一个单峰分布的样式,主峰年龄值为 56.4Ma。结合对海南隆起的单矿物低温年代学年龄进行核密度估计函数分布的分析,将海南隆起在 65Ma 以来的抬升冷却阶段划分为 4 期:第一期主要由锆石 ZFT 年龄的峰值年龄(峰值为 56.4Ma)确定,发生在古新世中期;第二期发生在始新世中期和

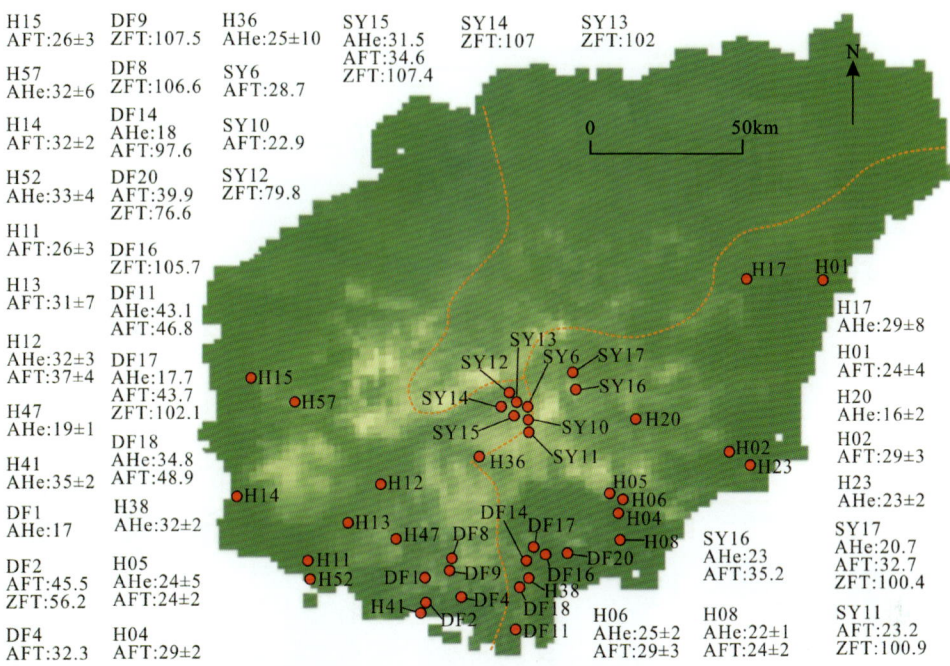

图 3.16　海南隆起磷灰石和锆石低温热年代年龄（AHe、AFT 和 ZFT）平面分布

（数据引自 Shi et al.，2011；Yan et al.，2011）

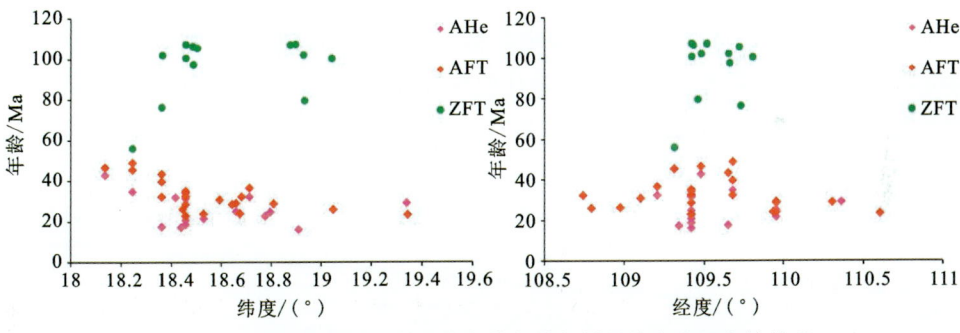

图 3.17　海南隆起矿物低温热年代年龄与样品纬度和经度的关系

晚期，主要由磷灰石 AFT 年龄的次峰年龄（峰值为 43.4Ma）和 AHe 年龄的次峰年龄（峰值为 38.3Ma）确定；第三期主要发生在渐新世时期，由磷灰石 AFT 主峰年龄（峰值为 33.7Ma、28.5Ma 和 24.1Ma）和 AHe 年龄（峰值为 33.2Ma 和 27.8Ma）共同确定；第四期发生在中新世早期，主要由磷灰石 AHe 的次峰年龄（峰值为 21.3Ma 和 16.1Ma）确定。从低温年代学的年龄分布样式的峰值特征来看，在 65Ma 以来海南隆起的 4 期抬升冷却阶段中发生在渐新世的第三期规模和强度最大，其次是中新世早期的第四期，而古新世和始新世时期的抬升冷却规模和强度最低。

物源区的抬升剥蚀演化特征决定了源-汇系统中沉积物质的总量和供应速率变化，海南隆起作为莺歌海盆地东侧唯一的物源区，其抬升冷却速率是决定莺东斜坡带沉积特征的重要

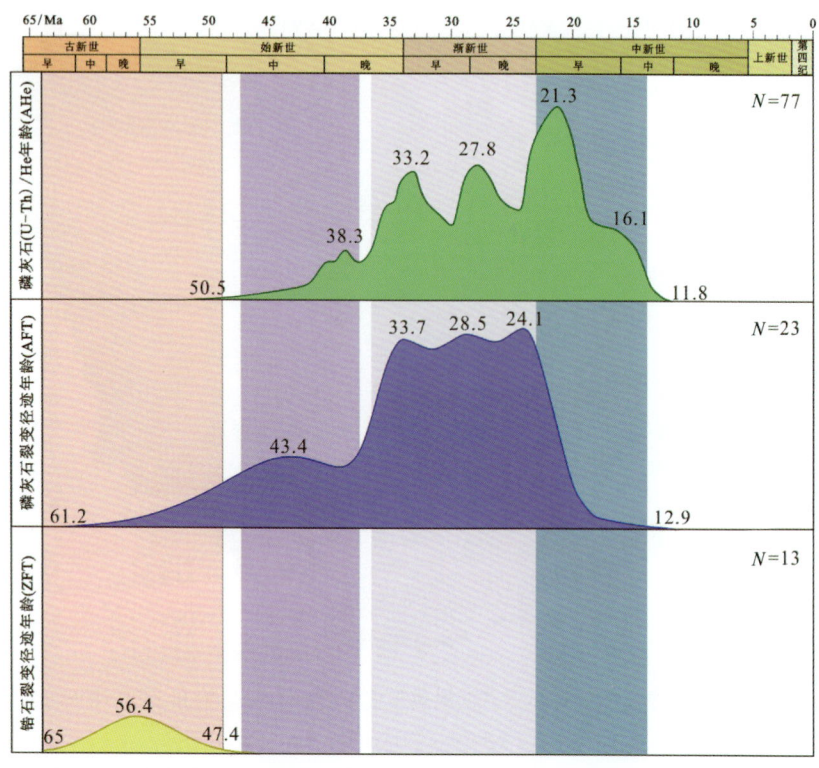

图 3.18　海南隆起磷灰石和锆石低温热年代年龄(AHe、AFT 和 ZFT)统计

因素。通过 HeFTy 软件将收集到的海南隆起低温热年代学数据转化为地温热演化史,得到的 40Ma 以来海南隆起温度-时间演化的最佳曲线统计如图 3.19 所示,通过温度-时间曲线的斜率大小可以直观地判断不同位置的抬升冷却速率的强弱。不同位置的温度-时间曲线斜率变化明显,大多数处于同一位置的样品在不同时间段温度-时间曲线的斜率变化也较大,整体来看海南隆起的南部和中部的抬升冷却速率最大,向海南隆起的四周具有减小的趋势。

四、物源指示意义

上述分析表明越南北部和长山地区重要隆升剥蚀时期发生在中新世早期至中期(黄流组一段沉积期),此时红河流域的重要隆升量集中在红河剪切带附近,剪切带外围区域隆升不明显;而蓝江流域发生了近 1km 的重要隆升,且黄流组一段时期的剥蚀量约是黄流组二段时期的 4.2 倍。莺歌海盆地东方区黄流组沉积物来源一直没有较为准确的认识。黄流组一段重力流扇体碎屑锆石 U-Pb 年龄统计数据显示 LH 井来自蓝江、红河的物源占比量分别为 67.9% 和 22.3%,DF1313 井来自蓝江、红河的物源占比量分别为 31.3% 和 64.7%(图 4.69)。本次研究通过越南北部和长山地区基岩露头样品的低温热年代学模拟,进一步证实了在黄流组一段沉积时期越南北部和长山地区存在显著的隆升剥蚀,特别是蓝江流域为盆地东方区黄流组沉积提供了丰富的碎屑物质。

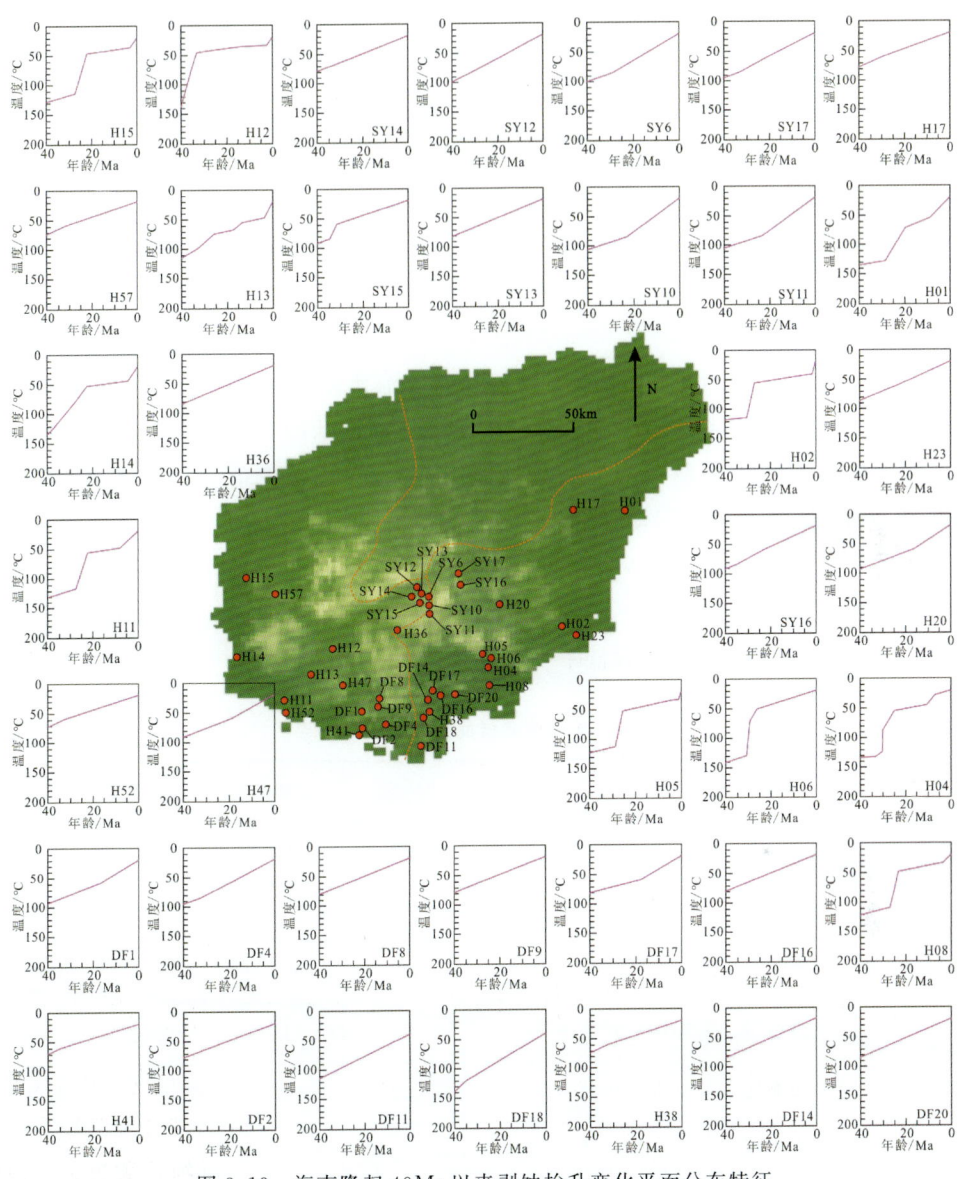

图 3.19 海南隆起 40Ma 以来剥蚀抬升变化平面分布特征

第三节 盆外周缘物源区剥蚀特征

一、物源区剥蚀速率特征

由矿物冷却温度与年龄建立的冷却曲线,可以研究某一地区的冷却历史,记录低温体系地温梯度变化的矿物揭示的冷却历史反映了地表的抬升剥蚀历史,即冷却曲线与抬升剥蚀速率相对应。通过地温演化的温度-时间曲线可以获得特定时间段(H_2-H_1)的地温变化(T_2-T_1),结合地温梯度值(G),可以得到 H_2-H_1 时间范围内剥蚀厚度 $E=(T_2-T_1)/G$,以及剥蚀速率 $V=(T_2-T_1)/[G\times(H_2-H_1)]$。根据相对未变薄的华南地壳的地温梯度值 $G=35\pm5$℃/km(Yuan et al.,2009),将莺歌海盆地周缘长山流域、红河流域和海南隆起三大物源区拟合好的温度-时间曲线记录的冷却量,按照 33.9~28.4Ma(崖城期)、28.4~23Ma(陵水期)、23~16Ma(三亚期)、16~11.6Ma(梅山期)、11.6~5.7Ma(黄流期)、5.7~1.8Ma(莺歌海期)、1.8~0Ma(乐东期)之间的地温变化差值分别转换为剥蚀厚度和剥蚀速率。

长山流域样品的温度-时间曲线转化为剥蚀速率的结果如表 3.7 所示,33.9Ma 以来 CVS1 样品揭示的剥蚀速率变化较大,三亚组的剥蚀速率最大达到 0.321 39km/Ma,莺歌海组的剥蚀速率最小,其值为 0.043 26km/Ma;CVS2 样品揭示的剥蚀速率变化也较大,从梅山组、崖城组、黄流组、三亚组、陵水组、乐东组和莺歌海组依次减小,剥蚀速率的最大值为 0.343 26km/Ma,最小值为 0.057 68km/Ma;CVS4 样品揭示的剥蚀速率整体上具有逐渐增大的趋势,莺歌海期和乐东期其附近的剥蚀速率最大(剥蚀速率值分别为 0.281 22km/Ma 和 0.291 84km/Ma);CVS3、CVS5 和 CVS6 样品揭示的剥蚀速率变化不大,整体的剥蚀速率处于低值范围内,剥蚀速率仅 CVS3 样品(乐东期 0.119 99km/Ma)、CVS5 样品(陵水期 0.111 66km/Ma)和 CVS6 样品(三亚期 0.112 49km/Ma、陵水期 0.151 02km/Ma)超过了 0.1km/Ma,其余时期的剥蚀速率都低于 0.1km/Ma。

表 3.7 长山流域样品揭示的剥蚀速率　　　　　　　　　　单位:km/Ma

起止年龄/Ma		层位	CVS1	CVS2	CVS3	CVS4	CVS5	CVS6
0	1.8	乐东组	0.057 49	0.073 12	0.119 99	0.291 84	0.041 87	0.026 25
1.8	5.7	莺歌海组	0.043 26	0.057 68	0.086 53	0.281 22	0.050 47	0.043 26
5.7	11.6	黄流组	0.177 20	0.231 50	0.098 79	0.091 46	0.048 13	0.047 66
11.6	16	梅山组	0.095 87	0.343 26	0.089 48	0.115 05	0.038 35	0.044 74
16	23	三亚组	0.321 39	0.084 36	0.092 40	0.040 17	0.040 17	0.112 49
23	28.4	陵水组	0.083 74	0.082 49	0.072 91	0.081 66	0.111 66	0.151 02
28.4	33.9	崖城组	0.178 96	0.311 89	0.051 13	0.040 90	0.046 02	0.081 81

根据红河流域样品的温度-时间曲线将其按照崖城组至乐东组的时间段转化为对应的剥蚀速率(表 3.8),RRS1 和 RRS2 样品揭示的剥蚀速率整体变化较小,除 RRS2 样品在崖城组出现最高剥蚀速率(0.127 83km/Ma)外,剥蚀速率均呈现出自崖城组向乐东组逐渐增大的趋势;RRS3 样品揭示的剥蚀速率最大值出现在陵水组(0.458 28km/Ma),远大于崖城组的剥蚀速率(0.158 5km/Ma),RRS3 样品整体上从三亚组开始揭示的剥蚀速率具有逐渐减小的趋势

(从 0.192 83km/Ma 降低至 0.073 12km/Ma);整体上 RRS4、RRS5 和 RRS6 样品揭示的剥蚀速率从崖城组至三亚组逐渐增大,再从三亚组至乐东组逐渐减小,其剥蚀速率的最大值均在三亚组,分别为 0.204 89km/Ma、0.245 06km/Ma 和 0.208 91km/Ma。

表 3.8 红河流域样品揭示的剥蚀速率　　　　　　　　　单位:km/Ma

起止年龄/Ma		层位	RRS1	RRS2	RRS3	RRS4	RRS5	RRS6
0	1.8	乐东组	0.166 85	0.104 36	0.073 12	0.119 99	0.104 36	0.119 99
1.8	5.7	莺歌海组	0.064 90	0.086 53	0.072 11	0.137 00	0.100 95	0.151 42
5.7	11.6	黄流组	0.057 20	0.095 33	0.081 03	0.162 06	0.133 46	0.176 36
11.6	16	梅山组	0.051 13	0.095 87	0.095 87	0.191 74	0.210 91	0.198 13
16	23	三亚组	0.036 16	0.064 28	0.192 83	0.204 89	0.245 06	0.208 91
23	28.4	陵水组	0.026 04	0.036 45	0.458 28	0.197 89	0.192 68	0.161 43
28.4	33.9	崖城组	0.025 57	0.127 83	0.158 50	0.127 83	0.143 16	0.138 05

物源区的剥蚀速率的变化对盆内沉积速率和沉积特征的演化具有重要的控制作用,通过将样品温度-时间曲线转化为样品不同时间段的剥蚀速率,得到了莺歌海盆地周缘物源区从崖城组至乐东组的剥蚀速率平面变化特征(图 3.20),在 33.9~23Ma(崖城组和陵水组)时期,长山流域的剥蚀速率变化较大,马江和蓝江的最大剥蚀速率分别为 0.15~0.25km/Ma 和 0.25~0.5km/Ma,而南侧的剥蚀速率普遍小于 0.1km/Ma;海南隆起的剥蚀速率最高在 0.1~0.15km/Ma 范围内,绝大多数样品的剥蚀速率在 0.05~0.1km/Ma 范围内;红河流域的剥蚀速率具有明显的分段差异性,最东南段的剥蚀速率最大,样品的剥蚀速率主要集中在 0.1~0.25km/Ma 范围内,剥蚀速率最大值大于 0.25km/Ma,红河流域中段的剥蚀速率多数在 0.1~0.15km/Ma 范围内,也有部分样品的剥蚀速率在 0.01~0.05km/Ma 范围内,而最西北段的剥蚀速率整体最低,绝大多数样品的剥蚀速率在 0.05~0.1km/Ma 范围内。23~5.7Ma 中新世时期,整体上长山流域的剥蚀速率同样延续了崖城期和陵水期的北侧高南侧低的格局,主要是剥蚀速率的最大值有所改变,特别明显的是在 11.6~5.7Ma(黄流组)时期,马江流域和蓝江流域的最大剥蚀速率大于 0.15km/Ma,是黄流期长山流域的最大剥蚀速率;海南隆起的剥蚀速率整体变化不大,绝大多数样品的剥蚀速率在 0.05~0.1km/Ma 范围内,少数样品的剥蚀速率小于 0.05km/Ma;红河流域样品揭示的剥蚀速率大小较均匀分散在全范围内,剥蚀速率大于 0.1km/Ma 的样品较渐新世时期多,绝大部分样品的剥蚀速率大于 0.05km/Ma。5.7~0Ma 上新世(莺歌海组)和更新世(乐东组),长山流域的剥蚀速率整体依然具有北高南低的特征,宋河流域的剥蚀速率大于 0.25km/Ma,是长山剥蚀强度最大的位置;海南隆起大部分样品的剥蚀速率在 0.05~0.1km/Ma,少部分样品的剥蚀速率在 0.01~0.05km/Ma;红

河流域样品揭示的剥蚀速率变化明显,西北侧的剥蚀速率最大,大于 0.25km/Ma 的样品较多,中部的剥蚀速率在 0.05~0.25km/Ma 范围内变化明显,东南侧的样品揭示的剥蚀速率相对较低,剥蚀速率小于 0.1km/Ma 的居多,整体来看这时期红河流域的剥蚀速率从东南侧向西北侧逐渐降低。

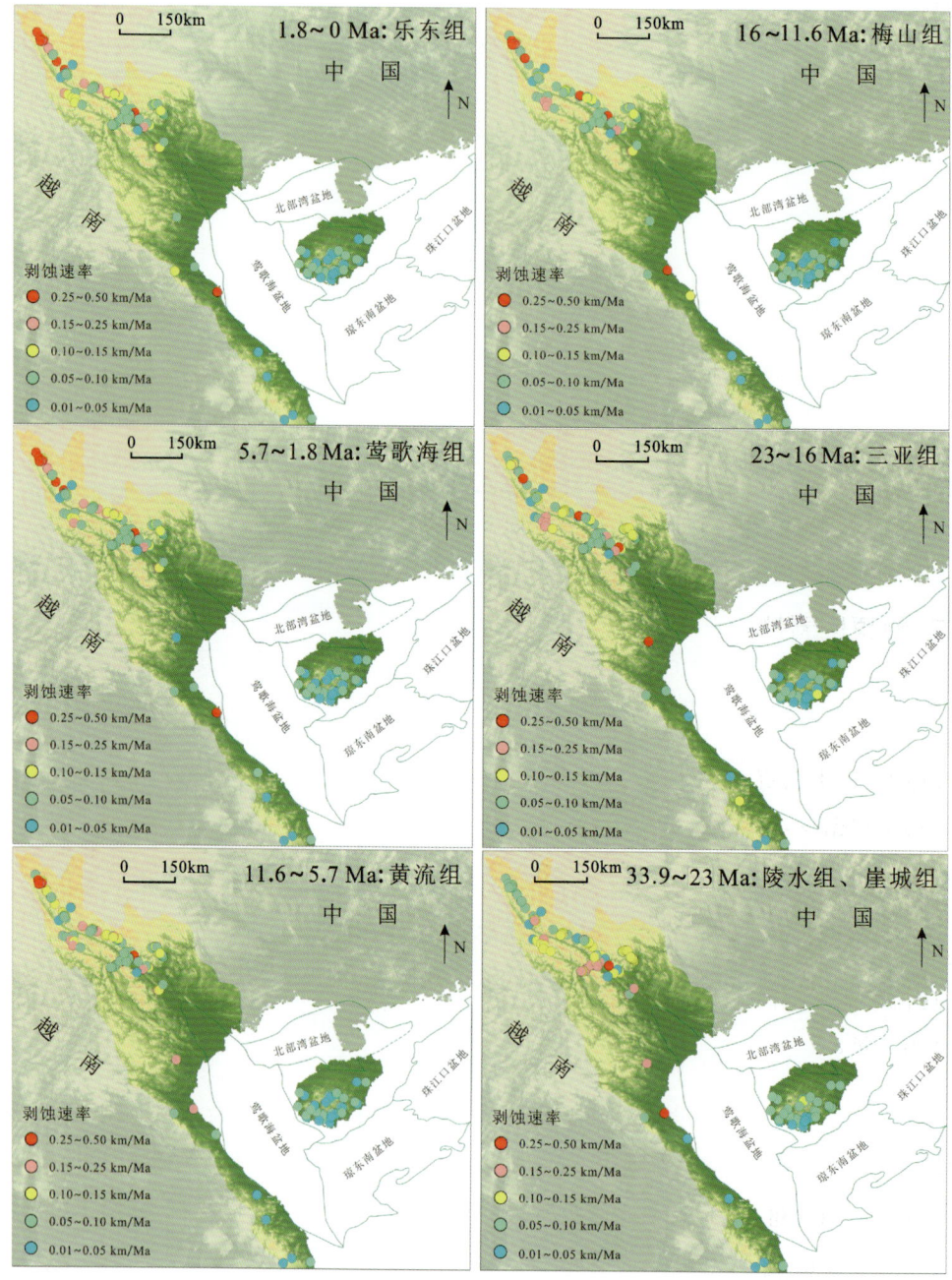

图 3.20　莺歌海盆地周缘物源区剥蚀速率平面特征

莺歌海盆地周缘不同物源区剥蚀速率差异性大,同一物源区的不同时间段的剥蚀速率也有明显的差异;本次统计分析了红河流域、长山流域和海南隆起3个物源区的平均剥蚀速率(图3.21),红河流域的平均剥蚀速率是莺歌海盆地周缘最大的物源区,从崖城组至乐东组均大于0.12km/Ma;长山流域的平均剥蚀速率从崖城组至乐东组有相对减小的趋势,但剥蚀速率均在0.08~0.11km/Ma范围内;海南隆起的平均剥蚀速率最小,崖城组至乐东组沉积时期其值均在0.05~0.06km/Ma范围内;不同物源区剥蚀速率的变化特征是其供应沉积物质能力的体现,从这个角度来看莺歌海盆地周缘物源区的物质供应能力由红河流域、长山流域和海南隆起依次降低。

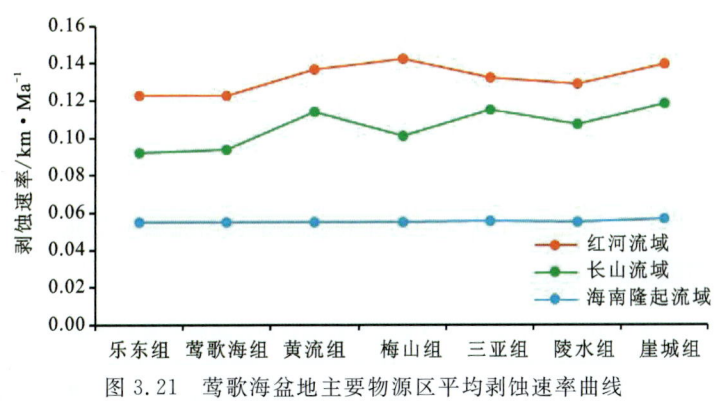

图3.21 莺歌海盆地主要物源区平均剥蚀速率曲线

二、物源区剥蚀总量特征

长山流域是莺歌海盆地西部重要的物源,新生代以来其抬升剥蚀演化为莺歌海盆地提供了大量的沉积物质,通过单矿物揭示的温度-时间曲线转换得到从崖城组至乐东组各时间段的剥蚀厚度,再乘以每个流域的面积获得了长山各单个流域对应的剥蚀量;由于长山流域的低温年代学数据少,以每个流域中样品揭示的剥蚀厚度的平均值代表了其平面范围的剥蚀厚度进行剥蚀量计算;此外由于贤良河和宋河流域没有低温年代学数据,以宋河和香江两个流域的剥蚀厚度平均值作为贤良河和东河的剥蚀厚度进行剥蚀量的计算。长山流域剥蚀量的计算结果如表3.9所示,33.9Ma以来剥蚀量由马江、蓝江、宋河、秋盆河、香江、贤良河依次减小,长山流域的北河流剥蚀量大于南部河流,整体上北部的马江和蓝江提供了长山流域绝大部分剥蚀量。

表3.9 长山河流剥蚀量计算   单位:km³

起止时间/Ma		层位	盆内体积	马江	蓝江	宋河	贤良河	东河	香江	秋盆河	长山总量
0	1.8	乐东组	37 728	7612	6324	1802	284	193	739	961	17 914
1.8	5.7	莺歌海组	99 298	16 492	13 701	3905	614	419	1600	2082	38 814
5.7	11.6	黄流组	68 749	24 950	20 727	5908	929	634	2421	3149	58 718

续表3.9

起止时间/Ma		层位	盆内体积	马江	蓝江	宋河	贤良河	东河	香江	秋盆河	长山总量
11.6	16	梅山组	70 040	18 606	15 458	4406	693	473	1805	2349	43 790
16	23	三亚组	89 290	29 601	24 592	7009	1103	752	2872	3737	69 666
23	28.4	陵水组	115 681	22 835	18 653	5407	851	580	2216	2883	53 425
28.4	33.9	崖城组	117 823	29 254	18 143	5507	866	591	2257	2904	59 522

注：盆地体积代表莺歌海盆地现今保存沉积物的总量（据 Yan et al., 2011）。

将计算得到的剥蚀量与莺歌海盆地现今保存的沉积物的总量进行对比，分析计算结果如表3.10所示，长山流域的总量在盆内沉积物中的比例在不断变化，除莺歌海期的比例为39.1%以外，其他沉积期的剥蚀量都大于45%，是盆地西部重要的物质来源；值得注意的是中新统三亚组、梅山组和黄流组剥蚀总量占盆地沉积量的比例大幅增加，黄流组时期达到了85.4%。从单个河流提供的剥蚀量的比例可以看出马江和蓝江是长山流域中提供剥蚀量最大的，而贤良河和东河提供的沉积物量很少，基本在1%以内。

表3.10 长山河流剥蚀量占莺歌海盆内沉积物总量的比值　　　　　　　　　　单位：%

起止时间/Ma		层位	长山总量	马江	蓝江	宋河	贤良河	东河	香江	秋盆河
0	1.8	乐东组	47.5	20.2	16.8	4.8	0.8	0.5	2.0	2.5
1.8	5.7	莺歌海组	39.1	16.6	13.8	3.9	0.6	0.4	1.6	2.1
5.7	11.6	黄流组	85.4	36.3	30.1	8.6	1.4	0.9	3.5	4.6
11.6	16	梅山组	62.5	26.6	22.1	6.3	1.0	0.7	2.6	3.4
16	23	三亚组	78.0	33.2	27.5	7.8	1.2	0.8	3.2	4.2
23	28.4	陵水组	46.2	19.7	16.1	4.7	0.7	0.5	1.9	2.5
28.4	33.9	崖城组	50.5	24.8	15.4	4.7	0.7	0.5	1.9	2.5

红河流域有大量的低温年代学数据，在由样品的温度-时间曲线转换得到每个位置的剥蚀量之后，在 Surfer 软件中通过插值计算得到了每个时期红河流域的剥蚀量，进一步计算了每个时期剥蚀量占盆地现今保存的总量的比例（表3.11），红河流域的剥蚀总量自崖城组到三亚组一直在增加，在三亚组之后，除了黄流期再次增加有个波动外，剥蚀总量一直在减小；从红河流域的剥蚀总量占盆内沉积物的比例来看，渐新统崖城组和陵水组其占盆内的沉积物的比例均在91%以上，中新统三亚组、梅山组和黄流组更进一步的大幅度增加（比例分别为156.4%、123.5%和161%），黄流期是33.9Ma 以来红河流域的剥蚀总量占盆内沉积物的比例中最大的，此后莺歌海期和乐东期红河的剥蚀总量占盆内沉积物的比例均有下降。

表 3.11　红河流域剥蚀量及其占莺歌海盆内沉积物总量的比值

起止时间/Ma		层位	盆内体积/km³	红河/km³	红河流域剥蚀量占盆内沉积物的比例/%
0	1.8	乐东组	37 728	30 285	80.3
1.8	5.7	莺歌海组	99 298	65 556	66.0
5.7	11.6	黄流组	68 749	110 658	161.0
11.6	16	梅山组	70 040	86 485	123.5
16	23	三亚组	89 290	139 659	156.4
23	28.4	陵水组	115 681	106 066	91.7
28.4	33.9	崖城组	117 823	109 421	92.9

同样基于海南隆起中单矿物低温年代学分析得到的温度-时间曲线,按照崖城组、陵水组、三亚组、梅山组、黄流组、莺歌海组和乐东组沉积时间段将其转化为每个时期海南隆起的剥蚀厚度,通过 Surfer 软件中的插值计算出每个时期的剥蚀量;由于海南隆起是中间高、四周低的辐射状分布的河流体系,只有海南隆起西侧的部分河流汇入莺歌海盆地,而海南隆起的南侧和北侧河流则分别汇入琼东南盆地、北部湾盆地中(图 3.2)。因此,本研究对海南隆起汇入 3 个方向的剥蚀量分别进行了计算(表 3.12)。整体上看海南隆起总的剥蚀量是逐渐降低的,在三亚期和黄流期分别有上升的趋势,在汇入 3 个方向盆地的剥蚀量中,汇入莺歌海盆地的剥蚀量是最大的,汇入北部湾盆地的剥蚀量次之,而汇入琼东南盆地的剥蚀量最少。

表 3.12　海南隆起流域汇入其周缘盆地的剥蚀量　　　　　　　　　　单位:km³

起止时间/Ma		层位	盆内体积	海南隆起总剥蚀量	汇入北部湾盆地剥蚀量	汇入琼东南盆地剥蚀量	汇入莺歌海盆地剥蚀量
0	1.8	乐东组	37 728	3244	1082	905	1258
1.8	5.7	莺歌海组	99 298	7029	2343	1960	2725
5.7	11.6	黄流组	68 749	10 633	3545	2966	4122
11.6	16	梅山组	70 040	7930	2644	2212	3074
16	23	三亚组	89 290	12 633	4215	3554	4864
23	28.4	陵水组	115 681	9702	3243	2801	3658
28.4	33.9	崖城组	117 823	10 189	3381	2650	4158

汇入莺歌海盆地的海南隆起剥蚀量分别占海南隆起剥蚀总量和现今保存在莺歌海盆地的沉积物量的比例如表 3.13 所示,海南隆起在 33.9Ma 以来剥蚀沉积物中汇入莺歌海盆地的比例变化不大,崖城期汇入莺歌海盆地的剥蚀量最高,该时期约有 40.8% 的海南隆起剥蚀量汇入莺歌海盆地,陵水组有所下降,在三亚组以后汇入莺歌海盆地的海南隆起剥蚀量占剥蚀总量的比例保持稳定;海南隆起汇入莺歌海盆地的剥蚀量占其盆内沉积总量的比例较低,渐

新统崖城组和陵水组所占比例分别为3.5%和3.2%,中新统三亚组、梅山组和黄流组所占比例分别为5.4%、4.4%和6.0%,其中黄流期来自海南隆起的剥蚀量占比是33.9Ma以来最高的,暗示海南隆起在黄流期是莺东斜坡带最重要的物源方向;莺歌海组和乐东组来自海南隆起方向的比例分别为2.7%和3.3%,占盆内总沉积物的较少部分。

表 3.13　海南隆起流域剥蚀量占莺歌海盆内沉积物总量的比值

起止时间/Ma		层位	盆内体积/km³	汇入莺歌海盆内占海南隆起剥蚀总量/%	海南隆起剥蚀量中汇入莺歌海盆地占盆内沉积物的比例/%
0	1.8	乐东组	37 728	38.8	3.3
1.8	5.7	莺歌海组	99 298	38.8	2.7
5.7	11.6	黄流组	68 749	38.8	6.0
11.6	16	梅山组	70 040	38.8	4.4
16	23	三亚组	89 290	38.5	5.4
23	28.4	陵水组	115 681	37.7	3.2
28.4	33.9	崖城组	117 823	40.8	3.5

莺歌海盆地周缘主要物源区的河流提供给莺歌海盆地的剥蚀量占盆内总沉积物量的比例如图3.22所示,红河流域的剥蚀量最大,占莺歌海盆内沉积物总量的80%以上,是盆内单个流域里供应沉积物的规模和能力最高的;其次是长山流域中的马江和蓝江物源,整体来看马江物源的供应沉积物的量在20%以上,蓝江物源的供应能力略弱于马江物源,均是莺歌海盆地重要的两个物源方向;而长山流域的宋河、贤良河、东河、香江和秋盆河以及海南隆起西侧汇入莺歌海盆内的河流的供应沉积物的能力和规模均较小,其单个河流远低于红河流域的供应量。从单个河流供应能力来看,红河是整个莺歌海盆地重要的物源,控制着盆内主要的物质来源;马江和蓝江是莺歌海盆地西部北侧主要的供应源,影响着盆内西北侧的沉积演化;海南隆起是莺歌海盆地东部唯一的物源,尽管其供应规模和能力较弱,但因其物源方向唯一性特征对莺东斜坡带沉积演化也具有主要的控制作用;长山流域的宋河、贤良河、东河、香江和秋盆河是莺西斜坡重要的物源方向,但其单个河流供应沉积物的能力和规模均较弱,控制盆地西部的沉积演化较明显。

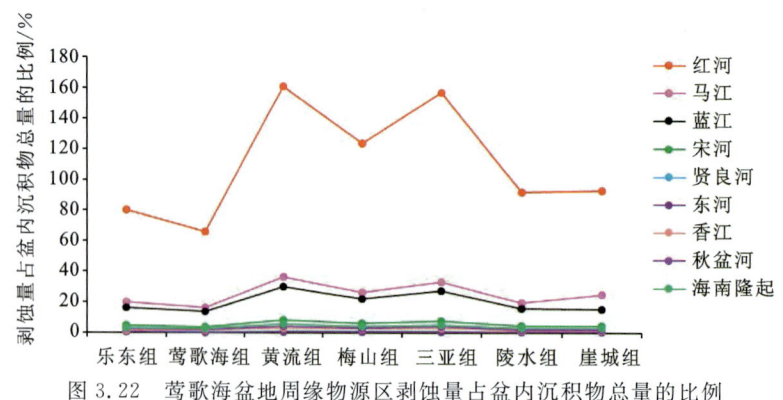

图 3.22　莺歌海盆地周缘物源区剥蚀量占盆内沉积物总量的比例

莺歌海盆地周缘红河流域、长山和海南隆起三大物源区各自的剥蚀量及其总量与盆内沉积物的总量变化曲线如图3.23所示,源自红河流域方向单个河流的沉积物在中新世时期均超过了莺歌海盆内沉积物总量,中新世时期红河流域、长山流域和海南隆起流域三者之和的总量远大于莺歌海盆内沉积物总量,推测对于莺歌海盆地来说,多出的沉积物基本上都供应给琼东南盆地;莺歌海盆地黄流组沉积物供应充足,红河流域和长山流域控制着黄流期盆地绝大部分的沉积物来源,海南隆起的沉积物主要且仅能控制莺东斜坡的沉积演化。

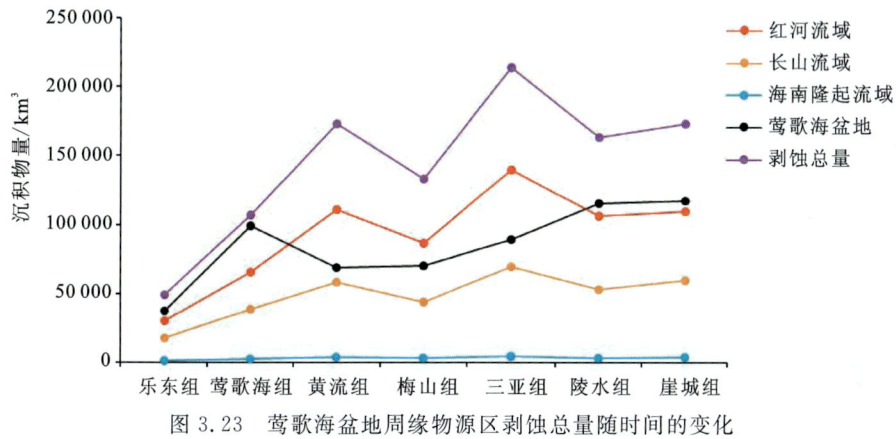

图3.23 莺歌海盆地周缘物源区剥蚀总量随时间的变化

第四章　盆内黄流组物源演化

第一节　基于元素地球化学的物源体系分析

本文采集了莺-琼结合部 A1 井、B1 井和 B2 井共 3 口钻井的黄流组砂岩样品(图 4.1),其中 A1 井采集的是 4 个砂岩岩屑样品,B1 井和 B2 井均是 4 个砂岩岩心样品,实验分析中对应的样品编号和深度如表 4.1 所示,其中对 HL2、HL5、HL9 和 HL11 四个样品进行砂岩主量元素分析,所有的样品均进行了砂岩微量元素和稀土元素分析。此外,本次所采集的钻井样品揭示的研究范围有限,主要是莺-琼结合部,为了尽可能地分析整个莺歌海盆地范围的黄流组沉积砂岩的元素地球化学特征,收集了 Sun 等(2014)、Cao 等(2015)、Zhao 等(2015)和 Li 等(2019)已经发表的黄流组砂岩的地球化学数据(图 4.1),综合本次实验数据和前人数据一起探讨莺歌海盆地黄流组砂岩沉积的元素地球化学特征。

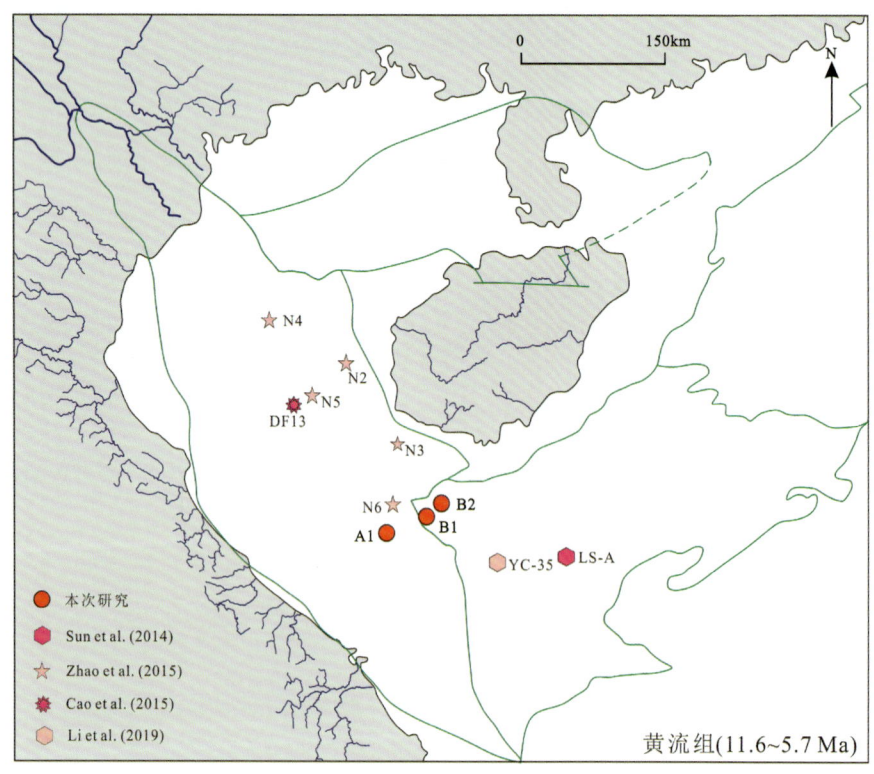

图 4.1　地球化学分析取样井位图

表 4.1　黄流组砂岩样品元素地球化学分析情况

样号	井号	岩性	来源	质量/g	取样分析井段/m		
					主量元素	微量元素	稀土元素
HL1	A1	砂岩	岩屑	27		3 654.3	3 654.3
HL2	A1	砂岩	岩屑	52	3 672.4	3 672.4	3 672.4
HL3	A1	砂岩	岩屑	14		3 798.1	3 798.1
HL4	A1	砂岩	岩屑	10		3 874.5	3 874.5
HL5	B1	砂岩	岩心	21	2 756.7	2 756.7	2 756.7
HL6	B1	砂岩	岩心	9		2 775.5	2 775.5
HL7	B1	砂岩	岩心	15		2 785.6	2 785.6
HL8	B1	砂岩	岩心	14		2 805.1	2 805.1
HL9	B2	砂岩	岩心	17	3 299.5	3 299.5	3 299.5
HL10	B2	砂岩	岩心	16		3 305.2	3 305.2
HL11	B2	砂岩	岩心	17	3 311.3	3 311.3	3 311.3
HL12	B2	砂岩	岩心	12		3 316.3	3 316.3

从黄流组主量元素归一化分布模式图(图 4.2)可以看出，HL2 样品各主量元素含量较稳定且含量相当；而 HL5、HL9 和 HL11 样品显示明显的 CaO 富集特征且 CaO 的含量依次增加，其余主量元素含量较稳定无明显的异常特征；CaO 的异常富集可能与黄流期海平面大幅下降有关，海平面下降向海岸浅水一侧的碳酸盐岩台地或生物礁广泛发育，其周缘的沉积物中 CaO 的含量也会增加，这可能是 B1 井和 B2 井的 CaO 明显富集的主要原因。

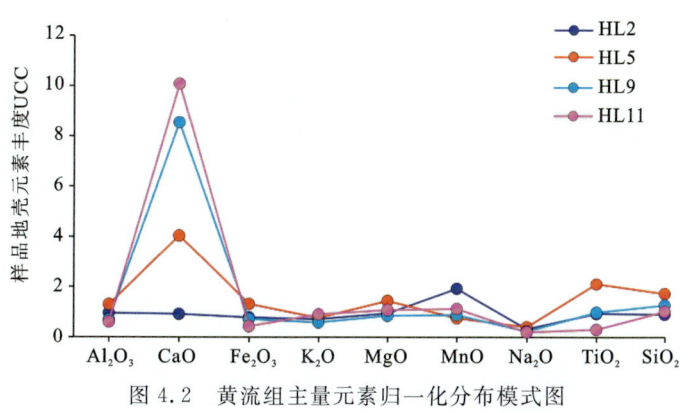

图 4.2　黄流组主量元素归一化分布模式图

对黄流组的样品进行主量元素 Ca-Si-Al 三角图投点分析，样品点主要落在富 Si 范围内，由于 Ca 的含量差异明显，使得样品点的分布比较分散；主量元素 Ca-Si-Al 三角图解指示黄流组样品主要来自硅酸质碎屑岩(图 4.3)。

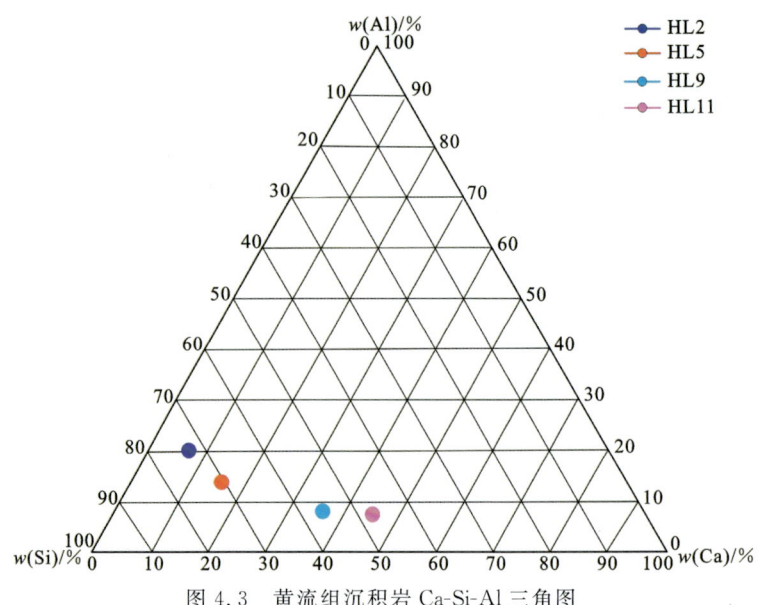

图 4.3 黄流组沉积岩 Ca-Si-Al 三角图

岩石中 Th、Zr 和 Hf 等微量元素相对稳定，不易被风化或搬运所改变，因此通常用于识别沉积岩的母岩区构造环境变化（McDonough and Sun，1995；McLennan et al.，2001）；从被动边缘环境、主动大陆边缘环境、大陆岛弧环境和大陆岛弧环境，Sc 的含量和 Sc/Cr、Ti/Zr 以及 Ba/Rb 的比值依次增加，Rb、Th 的含量以及 Th/Sc、Rb/Sr 的比值依次降低（Roser and Korsch，1988；McLennan et al.，1993）。从黄流组砂岩 Rb/Sr、Sc/Cr 和 Th/Sc 等微量元素比值来看，各个元素比值相对稳定，没有明显的异常变化特征，指示黄流组砂岩的母岩区具有稳定的构造环境（图 4.4）；此外，黄流组砂岩样品的 Zr/Th 比值在 10.12~60.12 之间，平均为 28.02，Th/Sc 比值在 1.03~4.73 之间变化，与母岩为长英质岩石的砂岩沉积具有很好的相似性（图 4.4）。

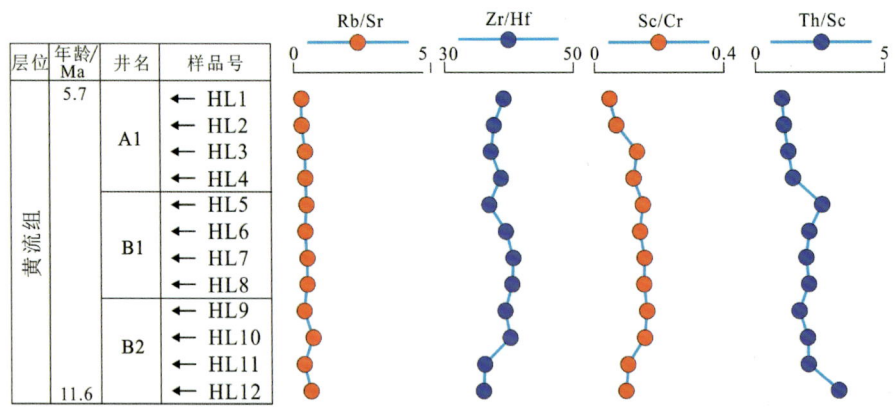

图 4.4 黄流组砂岩微量元素比值分布曲线

莺-琼结合部黄流组砂岩样品的稀土元素特征如表 4.2 所示，对于稀土元素的总含量（ΣREE）而言，除了 B1 井黄流组样品 ΣREE 值大于澳大利亚页岩（PAAS，ΣREE = 184.77×10^{-6}）以外，A1 井和 B2 井黄流组样品 ΣREE 值均小于上地壳（UCC，ΣREE =

146.37×10^{-6};Taylor and Mclennan,1985);黄流组砂岩的 LREE/HREE 比值在 8.67~9.26 范围内,以及其$(La/Yb)_N$比值在 8.83~10.59 范围内,都表明与其重稀土元素(HREE)相比较而言,轻稀土元素(LREE)呈现出明显富集的特征(表 4.2)。此外,$(La/Sm)_N$比值在 3.8~4.02 范围内,指示了黄流组砂岩的 HREE 也存在明显的分异特征。一般来说沉积在扩张海脊或海盆底部的沉积物通常呈现出负的 δCe 异常,平均 δCe 值分别为 0.29、0.58,而 δCe 值为 0.8~1.20 的沉积物主要来自陆源非碳酸盐沉积物(Murray et al.,1991);黄流组砂岩沉积的平均 δCe 值在 1.00~1.05 之间,没有明显的 δCe 异常,表明这些沉积物的平均 δCe 值与大陆边缘环境(δCe 值 0.8~1.20)中的沉积物相似(Murray et al.,1991)。

表 4.2 黄流组砂岩稀土元素特征统计表

层位	井名	ΣREE/(×10^{-6})	LREE/HREE	$(La/Yb)_N$	$(La/Sm)_N$	$(Gd/Yb)_N$	δEu	δCe
黄流组	A1	125.81	9.26	10.59	3.96	1.64	0.59	1.02
黄流组	B1	229.24	8.67	8.83	4.02	1.42	0.58	1.00
黄流组	B2	102.27	9.09	10.46	3.8	1.79	0.63	1.05
大洋岛弧[1]		58±10	3.8±0.9	2.8±0.9	—	—	1.04±0.11	—
大陆岛弧[1]		146±20	7.7±1.7	7.5±2.5	—	—	0.79±0.13	—
活动大陆边缘[1]		186	9.10	8.5	—	—	0.6	—
被动大陆边缘[1]		210	8.50	10.8	—	—	0.56	—

注:* ΣREE 代表稀土元素总量(×10^{-6});$\frac{LREE}{HREE}$ 代表轻稀土和重稀土元素含量比值;δEu = $\frac{Eu}{Eu*}$ = $\frac{2*Eu_N}{Sm_N+Gd_N}$;δCe = $\frac{Ce}{Ce*}$ = $\frac{2*Ce_N}{La_N+Pr_N}$;1 代表的数据来自 Bhatia and Crook(1986)。

前人的研究已经表明,来自海南隆起方向沉积物的稀土元素特征呈现出 LREE 富集,伴随有明显的 Eu 负异常特征(邵磊等,2010);而红河沉积物的稀土元素特征呈现出明显的 Eu 正异常(Rollinson,1993;Liu et al.,2012;Zhao et al.,2015),或 HREE 含量不稳定且伴随着 Ce 和 Eu 负异常特征(Clift et al.,2008)。本次研究区的黄流组样品稀土元素特征呈现出显著的 LREE 富集,HREE 含量稳定,且伴随着明显的 Eu 负异常特征,与海南隆起方向沉积物的稀土元素特征相似(图 4.5)。

在分析沉积物来源时,由于搬运、沉积和成岩期间不同元素的地球化学稳定性不同,使用不同元素的比值较使用单一元素含量更有效(Rollinson,1993)。从黄流组砂岩的 SiO_2-K_2O/Na_2O 图解中可以看出,其母岩主要源自活动大陆边缘环境(图 4.6a);La-Th-Sc 三角图投点分析显示,黄流组砂岩大部分样品都落在了活动(或被动)大陆边缘区域内,少部分样品在大陆岛弧区域内(图 4.6b)。沉积岩的母岩信息可以通过 La/Sc、Co/Th、Cr/V 和 Y/Ni 的比值进行投点判别,根据 Cr/V-Y/Ni(图 4.7a)和 Co/Th-La/Sc(图 4.7b)图解,研究区黄流组砂岩的大多数样品落在长英质火山岩和花岗岩区附近。综合分析认为黄流组砂岩样品与海南隆起物源相似,海南隆起是研究区黄流组沉积的重要物源区。

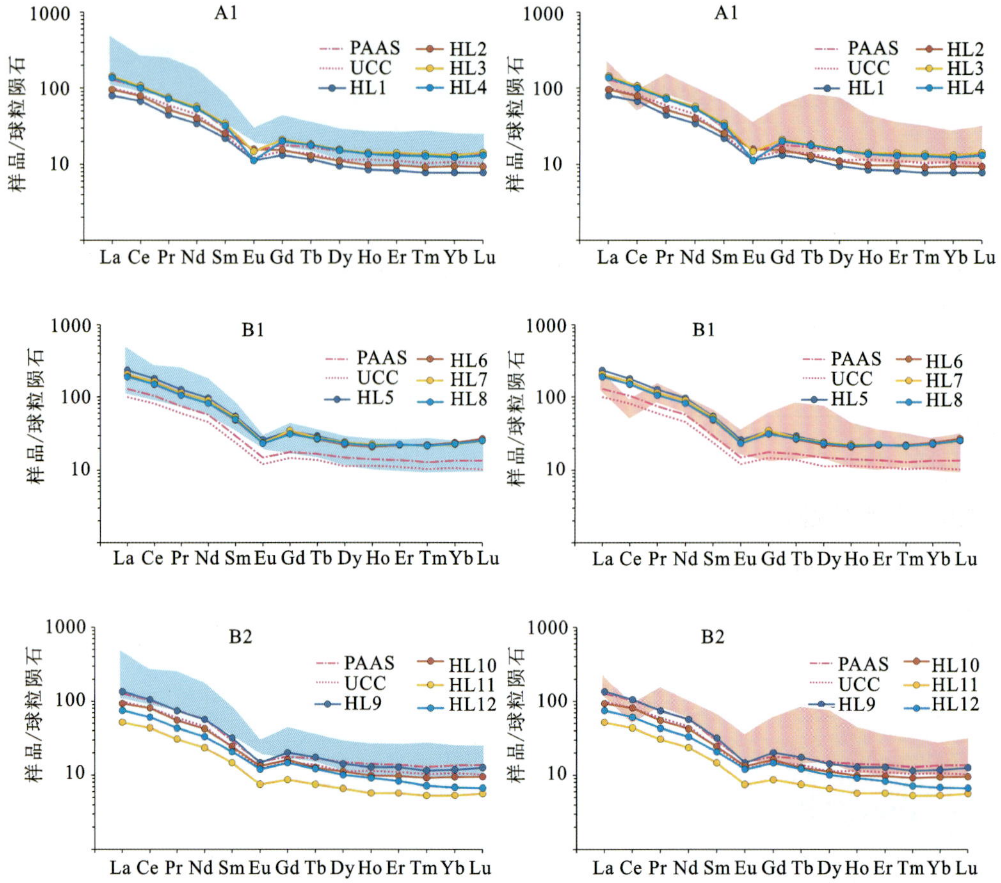

图 4.5 黄流组砂岩稀土元素配分模式图

淡蓝色代表海南隆起物源特征(据邵磊等,2010);淡红色代表红河物源特征(据 Clift et al.,2008)

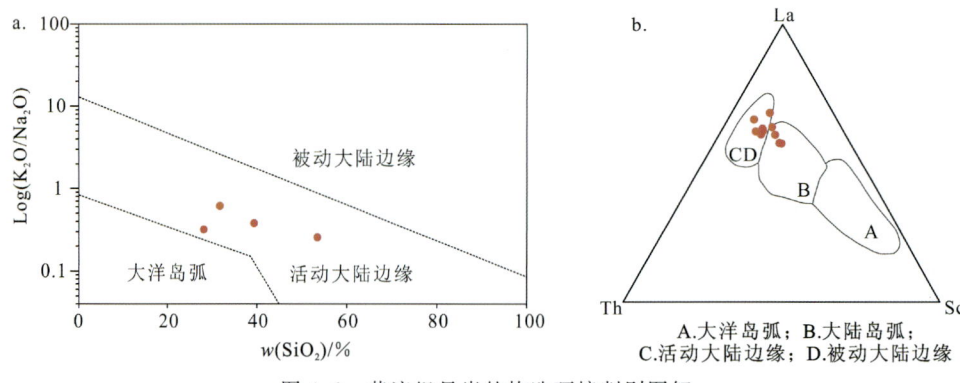

图 4.6 黄流组母岩的构造环境判别图解

基于盆地内钻井揭示的黄流组砂岩稀土元素的配分模式特征,从元素地球化学角度对莺歌海盆地黄流组的物源展布进行了定性分析(图 4.8);位于中央凹陷带的 N4 井、N5 井和 N6 井从北向南依次展布,其均呈现出 Eu 正异常特征,指示了红河物源从北向南推进的过程,而且 YC-35 井呈现的 Eu 正异常特征更揭示了红河物源能到达更远的东南方向,对莺-琼盆地

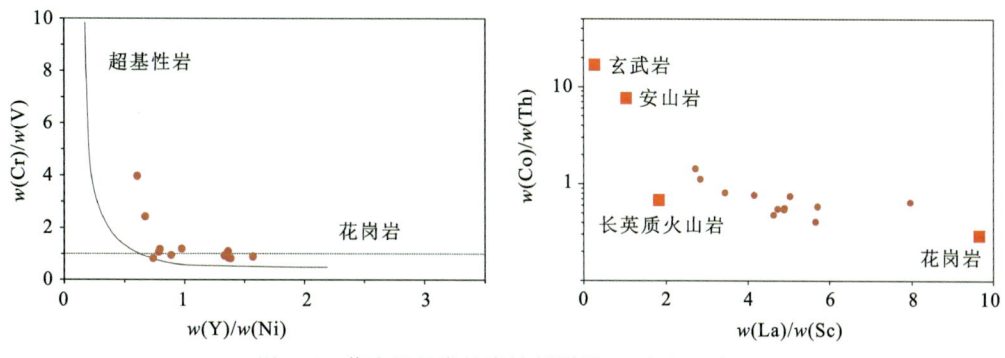

图 4.7 黄流组母岩的岩性判别图（Co/Th-La/Sc）

结合部的黄流组沉积也提供了碎屑物质；但同样位于中央凹陷带的 DF13 井和 A1 井却呈现的 Eu 负异常特征指示了其与海南隆起方向的物源具有相似的特征。莺东斜坡带北端的 N2 井呈现出与海南隆起具有类似的 Eu 负异常特征，而其南端的 N3 井呈现出与红河物源类似的 Eu 正异常特征，指示莺东斜坡带同时受海南隆起和红河方向的物源影响。总的来看，莺歌海盆地中央凹陷带的物源复杂多样，周缘多个物源为其提供碎屑物质；莺东斜坡带的黄流组沉积主要受海南隆起和红河流域两个物源方向控制（图 4.8）。

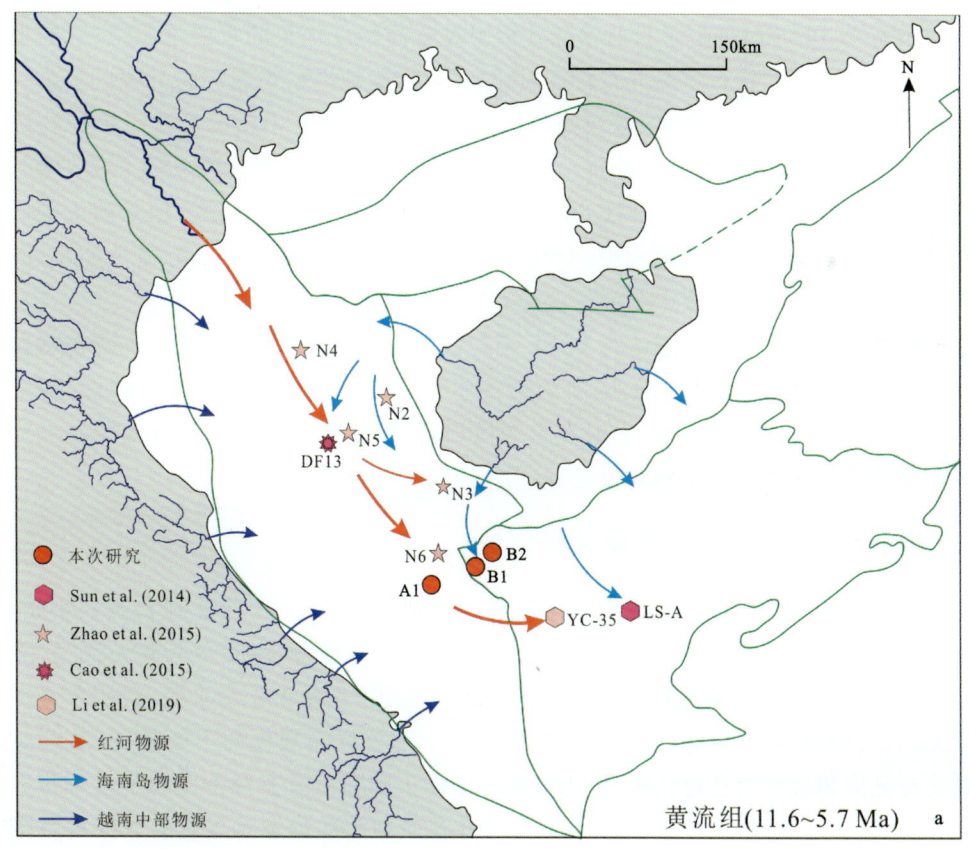

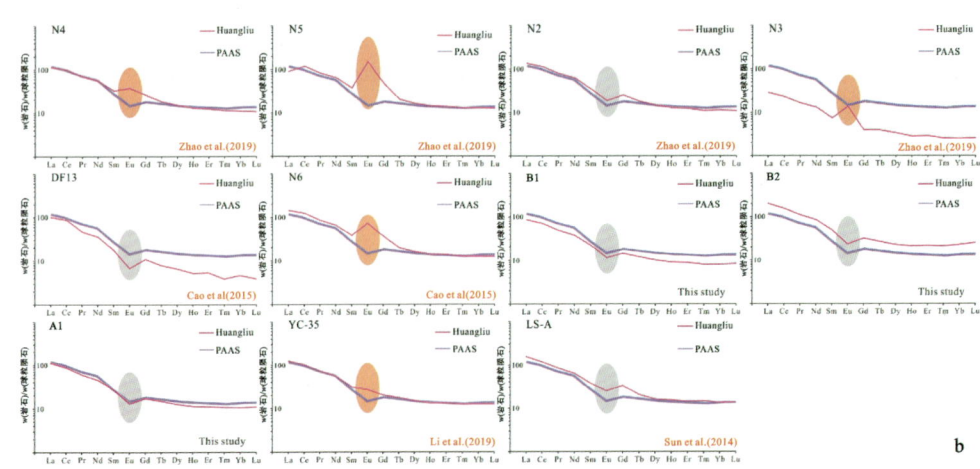

图 4.8 黄流组砂岩地球化学分析揭示的物源展布图(a)
和各钻井黄流组砂岩的球粒陨石标准化 REE 图解(b)

第二节 基于碎屑锆石的物源体系分析

碎屑锆石 U-Pb 年龄分析是目前物源分析中具有高精度优势的重要手段之一,通过沉积区与潜在物源区之间的锆石年龄分布特征对比,可以准确地揭示物源区向沉积区提供物源的路径。莺歌海盆地周缘河流众多,潜在物源区复杂多样,盆地上中新统黄流组沉积物源演化表现出多源的特征,黄流组的物源分析一直是盆内油气勘探开发的重要研究内容,同时不少学者已经揭示了其物源方向的多样性,并取得了多物源演化的定性认识。但是前人的研究多集中在单个层段或者单个构造单元中,对晚中新世物源演化的系统性分析很少涉及;同时每个物源方向对沉积区的贡献度大小也一直没有定量分析的认识。

本次物源分析所采用的碎屑锆石 U-Pb 年龄数据来源如表 4.3 中所示,主要包括盆地周缘潜在物源区的现今河流和盆内上中新统黄流组钻井样品;盆地周缘主要有西北部红河流域、西部长山和东部海南隆起共三大潜在物源区;莺歌海盆地盆内黄流组钻井样品主要分布在中央凹陷带北部区域和莺东斜坡带区域(图 4.9)。

一、碎屑锆石 U-Pb 年龄定量分析方法

在过去的近 20 年里,得益于激光原位技术的快速发展,产生了快速和精确获得锆石 U-Pb 年龄的分析技术,使得碎屑沉积岩年代学已经成为了沉积物源分析的标准手段之一(Shaulis et al.,2010);碎屑沉积岩年代学不仅可以应用于解决沉积物来源、沉积单元之间的相关性和确定沉积年龄等问题(Vermeesch,2012)。随着样品规模的不断增长,这些应用也可以解决样品间相似度的稳健比较、更小亚群年龄的识别和相对亚群占比的定量分析等问题(Andersen,2016)。与此同时,碎屑沉积岩地质年代学数据的增加对现有的数据可视化和比较的方法也提出了挑战(Vermeesch,2012,2013;Vermeesch and Garzanti,2015),而且对定量比较方法也有严格的要求。首先能够应用于多个大数据集的评估和比较分析,其次仍然需

表 4.3 本次研究涉及的锆石数据来源统计表

区域		名称	原始样号（本次样品号）	来源
盆外	红河流域	红河	VN801、RS0702	Hoang et al., 2009
			HUN-1	Wang et al., 2018
			527832	Fyhn et al., 2019
		泸江	VN501	Hoang et al., 2009
			WHT-1	Wang et al., 2018
		沱江	VN101	Hoang et al., 2009
			BLR-1	Wang et al., 2018
	长山流域	马江	MA-1	Wang et al., 2018
			527831	Fyhn et al., 2019
		蓝江	M03-24B	Usuki et al., 2013
			CA-1	Wang et al., 2018
			527830	Fyhn et al., 2019
		宋河	12061807	Jonell et al., 2017
		贤良河	527733、527726	Fyhn et al., 2019
		东河	527725、527723	Fyhn et al., 2019
		香江	527718、527702	Fyhn et al., 2019
		秋盆河	527709	Fyhn et al., 2019
	海南隆起流域	昌化江	2012CH01、2012CH02	王策等，2015
		北黎河	2012DT01	王策等，2015
		感恩河	2012GE01	王策等，2015
		望楼河	2012WL01	王策等，2015
		宁远河	2012YC01	王策等，2015
盆内	黄流组一段	B3 井	B3-h1	本次研究
		DF1313 井	DF1313-4R (DF33-h1)	Wang et al., 2014
		DF1312 井	DF1312-9R (DF32-h1)	Wang et al., 2014
		DF1112 井	DF1112-2 (DF12-h1)	Wang et al., 2014
		LH1 井	LH1 (LH1-h1)	Jiang et al., 2015
		L262 井	L262-1 (L262-h1)	Wang et al., 2015
		L11 井	L11-5 (L11-h1)	Wang et al., 2019a
	黄流组二段	A2 井	A2-h2	本次研究
		DF1312 井	DF1312-10 (DF32-h2)	Wang et al., 2014
		L262 井	L262-2 (L262-h2)	Wang et al., 2015
		L11 井	L11-12 (L11-h2)	Wang et al., 2019a

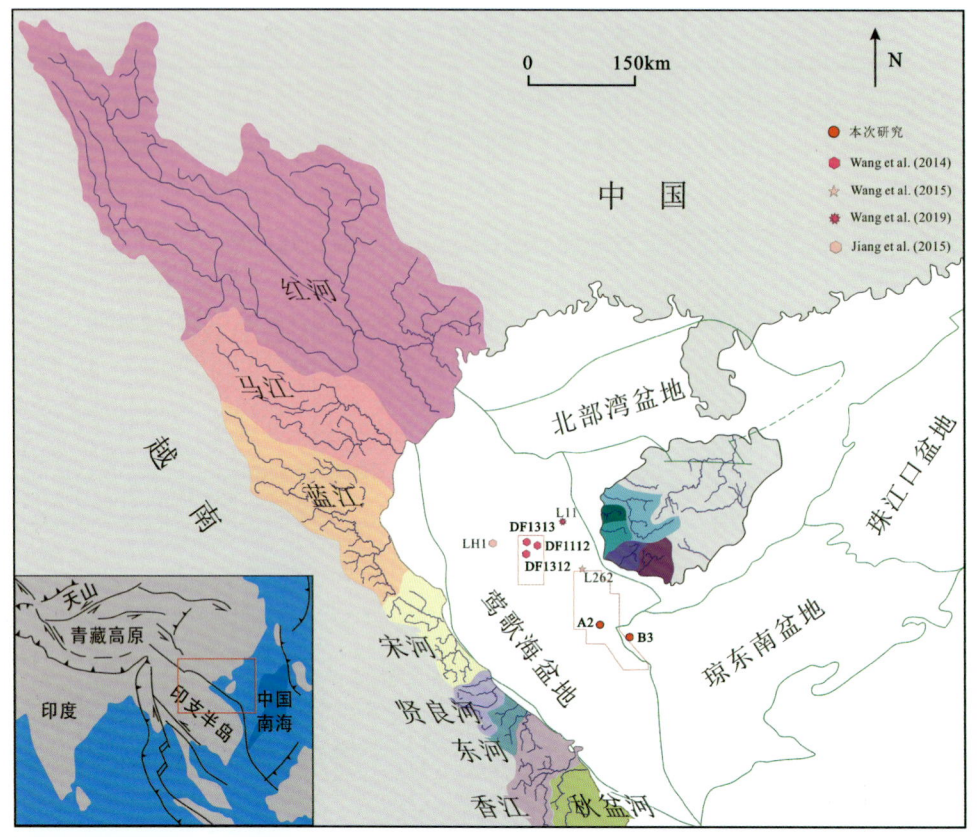

图 4.9　莺歌海盆地盆内钻井和周缘河流分布图

要满足数据集中存在的不确定性和多模态总体抽样固有的可变性共两个要求（Satkoski et al.，2013）。将年龄分布的概率密度图（PDPs）、累积分布函数（CDFs）、Q-Q 交叉对比图（Q-Q）或者核密度估计（KDEs）应用于碎屑沉积岩年龄特征的可视化比较,已经并可能继续成为对年龄数据解释的基础。然而,随着样品和样本数量的大量增加,这些可视化的方法变得越来越繁琐;例如,虽然大数据集对大陆尺度或高分辨率要求的比较分析至关重要,但对这些大数据集的解释往往依赖于整页或多页年龄分布图的视觉比较;视觉审查也不能得到样品之间的定量比较,也不能准确分析混合物源区的年龄特征,同时还增加了解释中的主观因素或近似的可能性。

以上研究指出,除了视觉审查之外,对大数据集能进行定量评估方法的需求越来越大。目前,已经有多位学者对于定量比较指标的需要给出了解决的方案,通过应用统计检验中的假设检验来确定样本是否来自相同的亲本群体,例如 Kolmogorov-Smirnov（K-S）检验和 Kuiper 检验等（Lawrence et al.，2011）。这些方法已被应用于确定两个样本群体是否可能源自相同的亲本群体,并能比较不同样本群体之间的相似程度,达到给出定量分析指标的要求;虽然相似度系数（likeness）、似然系数（similarity）和互相关系数（cross-plot R^2 values）等可替代性指标缺少明确的假设检验,但依然可以对样本间的相似程度做出定量评价（Saylor et al.，2012;2013;Satkoski et al.，2013）。

1. 基于经验分布函数的拟合优度检验

在统计学中，对于某一组数据样本判断其是否服从一个已知的分布函数，可以通过拟合优度检验方法进行检验；有一组已知数据样本为 $x_1, x_2, x_3, \cdots, x_n$，和某一已知具体的分布函数 $F^*(x)$，可以通过以下建模的方式对分布函数 $F^*(x)$ 是否为这组已知数据的真实分布进行检验：

$$\begin{cases} H_0: F(x) = F^*(x) \\ H_1: F(x) \neq F^*(x) \end{cases} \tag{4-1}$$

其中：$F(x)$ 是已知数据样本的真实分布，但由于 $F(x)$ 是未知函数，上面的检验也是未知的；对于这个问题的解决方式可以通过样本数据的经验累积分布函数 $F_n(x)$ 来实现，其经验累积分布函数定义如下：经验累积分布函数 $F_n(x)$ 是数据样本 $x_1, x_2, x_3, \cdots, x_n$ 的函数，其在 x 点的函数值表示小于或等于 x 的所有数据值在总体中的比例，其数学表达式如下：

$$F_n(x) = \frac{1}{n} \sum_{i=1}^{n} I(x_i \leqslant x) \tag{4-2}$$

其中：$I(\ )$ 为示性函数，即当输入的 x_i 小于或等于 x 时，取值为 1，否则为 0。

经验累积分布函数 $F_n(x)$ 是数据样本 x 右连续的阶梯函数，其跳跃度为 $1/n$，共有 n 个跳跃点，其数学表达式如公式(4-3)所示；而对于经验累积分布函数 $F_n(x)$ 与数据样本的真实分布函数 $F(x)$ 的关系可以通过以下定理1和定理2来进行说明。

$$F_n(x_i) - F_n(x_{i-1}) = \frac{1}{n} \tag{4-3}$$

定理1：数据样本的真实分布函数为 $F(x)$，经验累积分布函数为 $F_n(x)$，度量两者之间的差异可以表示如下：

$$D_n = \sup |F_n(x) - F(x)| \tag{4-4}$$

其中 sup 表示上确界，则有如下关系式(4-5)必然成立：

$$\lim_{n \to \infty} D_n = 0 \tag{4-5}$$

当样本量 n 趋于无穷大时，经验累积分布函数 $F_n(x)$ 收敛到样本的真实分布函数 $F(x)$；由此可见，在公式(4-1)中，用经验累积分布函数 $F_n(x)$ 替代样本真实分布函数 $F(x)$ 是合适的。当函数 $F_n(x)$ 与 $F^*(x)$ 吻合程度比较好时，那么就接受零假设 H_0；函数 $F^*(x)$ 是样本真实分布函数 $F(x)$ 的一个很好逼近。拟合优度检验的核心思想是找到一个满足既定精度要求的近似分布，但无法判断它是否等同于样本的真实分布，样本的真实分布是未知的。

对于判断经验累积分布函数 $F_n(x)$ 与样本真实分布函数 $F(x)$ 是否吻合，可以通过两个函数的统计量差异度来进行检验，如果用 $D(F_1, F_2)$ 表示两个分布 F_1 和 F_2 之间的差异则具有以下式(4-6)和式(4-7)两个性质：

当 $F_1 = F_2$ 时，$D(F_1, F_2) = 0$；反之也成立，即当 $D(F_1, F_2) = 0$ 时，$F_1 = F_2$ (4-6)

当 $D(F_1, F_2) \geqslant 0$ 时，值越大，表示两个分布 F_1 和 F_2 之间差异也越大 (4-7)

Kolmogorov 提出用经验累积分布函数 $F_n(x)$ 与已知函数 $F^*(x)$ 的最大垂直距离作为度量来对拟合优度进行检验。图 4.10 表示样本量为 5 的一组样本，将其经验累积分布函数

$F_n(x)$ 与假定已知函数 $F^*(x)$ 绘制在一起；两个函数间的最大垂直距离出现在第四阶处,约为 0.35,则这两个函数的 Kolmogoro 统计量 γ 等于 0.35；当统计量 γ 大于某个门限值 η 时,可以拒绝零假设 H_0,相当于已知函数 $F^*(x)$ 不能作为样本的真实分布函数 $F(x)$ 的合理逼近。

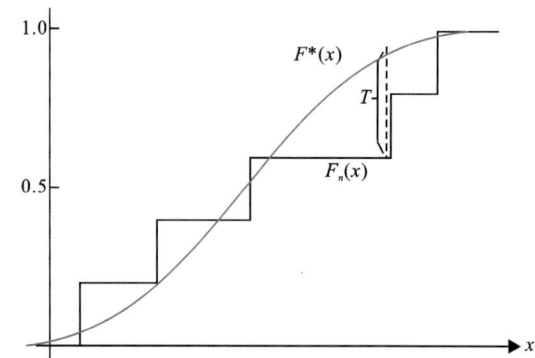

图 4.10 经验累积分布函数 $F_n(x)$、已知函数 $F^*(x)$ 和检验统计量之间的关系

检测门限 η 值可以通过给定的显著性水平 α 来确定：

$$P(\gamma \geqslant \eta \mid H_0) = \alpha, 则\ P(\gamma \leqslant \eta \mid H_0) = 1 - \alpha \tag{4-8}$$

由此可见检测门限 η 值等于统计量 γ 分布的 $1-\alpha$ 分位数；目前,通常运用蒙特卡罗仿真方法来进行分位数的 $1-\alpha$ 求解。

定理 2：假设随机变量 X,它具有连续的分布函数 $F(x) = Pr\{X \leqslant x\}$,则 $U = F(X)$ 也是随机变量,且服从 $[0,1]$ 上的均匀分布：

$$Pr\{U \leqslant u\} = Pr\{F(X) \leqslant u\} = u, \quad 0 \leqslant u \leqslant 1 \tag{4-9}$$

不管样本服从什么分布,分布函数均服从 $[0,1]$ 上的均匀分布；由此可以得到：如果分布函数 $F(x)$ 是连续分布的,则 $\sup|F_n(x) - F(x)|$ 的分布不依赖于函数 $F(x)$。

由以上分析可知,经验累积分布函数 $F_n(x)$ 的拟合优度检验统计量与待检验样本分布无关,通过与样本分布无关的性质,在求解分位数时可以利用蒙特卡罗仿真方法实现；利用任意一个服从简单分布的随机变量进行仿真统计,进而求得分位数,而不管数据样本真实服从什么分布。

Kolmogorov-Smirnov(K-S)检验包含 Kolmogorov 和 Smirnov 两个拟合优度检验方法：Kolmogorov 检验是利用经验累积分布函数 $F_n(x)$ 与已知函数 $F^*(x)$ 在垂直方向上的最大距离作为两个分布函数之间的差异度量；Smirnov 检验是由 Smirnov 于 1939 年提出 Kolmogorov 检验在两组独立样本下的实现形式；两种检验方法均是基于两个分布函数之间垂直方向的最大距离度量,统计学上经常把他们合称为 K-S 检验。

2. 碎屑锆石 U-Pb 年龄的 K-S 检验

零假设认为两个样本源自具有相同分布的同一母群体中,用非参数 K-S 检验可以检验这两个样本的分布规律是否满足零假设,即两个年龄群体的分布变化均在所期望的随机抽样假设母群体范围内变化。这个检验是基于 K-S 检验的统计量 D,D 是两个年龄样本的 CDFs 之间的最大差异值,执行完 K-S 检验后会返回一个 p 值,这个 p 值的含义是表示这两个样本符合零假设的置信水平。统计量 D 可以通过公式计算:

$$D = \sup_x | F_1(x) - F_2(x) | \tag{4-10}$$

这里的 $F_1(x)$ 和 $F_2(x)$ 是两个样本年龄的分布函数 CDFs,分别建立于对 n_1 和 n_2 两个样本群的统计分析中。置信水平 p 值是根据 Stephens(1970)提出的方法计算:

$$p(D_{odserved} > D_{critical}) = Q_{ks}(\lambda) = 2 \sum_{i=1}^{\infty} (-1)^{i-1} e^{-2i^2 \lambda^2} \tag{4-11}$$

$$\lambda = \left(\sqrt{n_e} + 0.12 + \frac{0.11}{\sqrt{n_e}} \right)$$

$$n_e = \frac{n_1 n_2}{n_1 + n_2} \tag{4-12}$$

其中约束条件为:$Q_{ks}(0) = 1$ 和 $Q_{ks}(\infty) = 0$。

因此,例如当 p 值小于 0.05 时,表示的意思是这两个样品不是源自同一母源区的置信水平可以达到 95% 以上。K-S 检验使用了两个年龄样本的累计分布函数间最大正、负差的绝对值作为检验统计量,这种方法保证了对两个年龄样本的整体累计分布函数具有同等的灵敏度,但 K-S 检验方法对样本分布在中值附近的数据具有高灵敏度特征,而对相对分布在尾部的数据则表现出低灵敏度。

3. 碎屑锆石 U-Pb 年龄的 Kuiper 检验

Kuiper 检验是一个可替代两个样本 K-S 检验的方法(Kuiper,1960),与 K-S 检验类似,Kuiper 检验也是通过检验两个年龄样本源自具有相同分布特征母群体的零假设,这个检验是基于统计量 V,V 是两个年龄样本的 CDFs 之间的最大差异值的和,执行完 Kuiper 检验后会返回一个 p 值,这个 p 值的含义是表示这两个样本符合零假设的置信水平。统计量 V 可以通过公式计算:

$$V(x) = \max_{-\infty < x < \infty} [F_1(x) - F_2(x)] + \max_{-\infty < x < \infty} [F_2(x) - F_1(x)] \tag{4-13}$$

这里的 $F_1(x)$ 和 $F_2(x)$ 是两个样本年龄的分布函数 CDFs,分别建立于对 n_1 和 n_2 两个样本群的统计分析中。置信水平 p 值是根据 Stephens(1970)提出的方法计算:

$$p(D_{odserved} > D_{critical}) = Q_{ks}(\lambda) = 2 \sum_{i=1}^{\infty} (-1)^{i-1} e^{-2i^2 \lambda^2} \tag{4-14}$$

$$\lambda = \left(\sqrt{n_e} + 0.155 + \frac{0.24}{\sqrt{n_e}} \right)$$

$$n_e = \frac{n_1 n_2}{n_1 + n_2} \tag{4-15}$$

与 K-S 检验一样,也受极限条件约束:$Q_{kp}(0) = 1$ 和 $Q_{kp}(\infty) = 0$。

Kuiper 检验与 K-S 检验类似,当 p 值小于 0.05 时,意思是这两个样品不是源自同一母源区的置信水平可以达到 95% 以上。与 K-S 检验不同的是,Kuiper 检验使用的两个年龄样本的累计分布函数间的两个最大差值之和作为统计量,这样使得 Kuiper 检验对样本分布在中值和尾部附近的数据具有同样的灵敏度。

4. 基于分位数的标准正态分布检验（Q-Q 图法）

分位数：假设来自标准正态分布的总体有 m 个样本，m 个样本从小至大为 X_1，X_2，X_3，$\cdots$，X_m 依次排列，则对于这 m 个样本的分位数可以定义为：

$$P\{X \leqslant q_i\} = \int_{\infty}^{q_i} \frac{1}{\sqrt{2\pi}} e^{-\frac{X^2}{2}} dX = p_i \tag{4-16}$$

其中 $p_i = \left(i - \frac{1}{2}\right)/n$，$i = 1, 2, 3, \cdots, m$；很明显 p_i 的值决定了 q_i 的大小（p_i 与 q_i 一一对应）。

假设总体有 n 个样本的一维数据总体 Y，原始数据按从小到大递增的顺序排列为：Y_1，Y_2，Y_3，$\cdots$，Y_n，其 n 个样本数据的对应概率值依次为：$p_1 = \left(1 - \frac{1}{2}\right)/n$，$p_2 = \left(2 - \frac{1}{2}\right)/n$，$p_3 = \left(3 - \frac{1}{2}\right)/n$，$\cdots$，$p_n = \left(n - \frac{1}{2}\right)/n$；并可以求得其对应的分位数：$q_1$，$q_2$，$q_3$，$\cdots$，$q_n$。将样本 Y 对应的 n 个数据点：(p_1, Y_1)，(p_2, Y_2)，(p_3, Y_3)，$\cdots$，(p_n, Y_n) 绘制在平面直角坐标系上，就得到了一维数据样本 Y 的 Q-Q 图。

对于样本的 Q-Q 图具有一个很明显的特征，数据点 (q_1, Y_1)，(q_2, Y_2)，(q_3, Y_3)，$\cdots$，(q_i, Y_i)，$\cdots$，(q_n, Y_n) 其分布趋势越接近一条直线，暗示其样本数据分布越接近正态分布；而数据样本接近正态分布程度的趋势可以由以下参数定量给出：

$$R_Q = \frac{\sum_{i=1}^{n}[Y_i - \overline{Y}(q_i - \overline{q})]}{\sqrt{\sum_{i=1}^{n}(Y_i - \overline{Y})^2} \cdot \sqrt{\sum_{i=1}^{n}(q_i - \overline{q})^2}} \tag{4-17}$$

而 $i = 1, 2, 3, \cdots, n$；其中 $\overline{Y}$，$\overline{q}$ 由以下关系式给出：

$$\overline{Y} = \frac{1}{n}\sum_{i=1}^{n} Y \tag{4-18}$$

$$\overline{q} = \frac{1}{n}\sum_{i=1}^{n} q_i \tag{4-19}$$

这里的 R_Q 值分布在 0~1 范围内，R_Q 值越接近 1 指示其数据点分布趋势越接近一条直线，对应的数据样本越接近标准正态分布。

5. 碎屑锆石 U-Pb 年龄的 CDF 交叉图系数 (R_{CDF}^2) 检验

通过实验室测试分析获得了两个锆石样本年龄数据，其 U-Pb 年龄数据量分别为 n 和 m。假设 $F_1(X)$ 和 $F_2(X)$ 分别是两个锆石样本年龄的累计分布函数 CDF，分别建立于对 n 和 m 两个样本群的统计分析中，其中 X 代表锆石 U-Pb 年龄的分布范围。取相同的年龄区间（常数 a）作为样本年龄的累计分布函数 CDF 的相邻自变量之间的年龄差，假设 X 的取值为：X_1，X_2，X_3，$\cdots$，X_i，$\cdots$，X_h 则有如下的关系式：

$$X_2 - X_1 = X_3 - X_2 = \frac{X_h - X_i}{h - i} = a \tag{4-20}$$

对应的两个锆石样本年龄的累计分布函数 CDF 的值分别为 $F_1(X_1)$，$F_1(X_2)$，$F_1(X_3)$，…，$F_1(X_i)$，…，$F_1(X_h)$ 和 $F_2(X_1)$，$F_2(X_2)$，$F_2(X_3)$，…，$F_2(X_i)$，…，$F_2(X_h)$；则得到共 h 个数据点分别为：$[F_1(X_1)$，$F_2(X_1)]$，$[F_1(X_2)$，$F_2(X_2)]$，$[F_1(X_3)$，$F_2(X_3)]$，…，$[F_1(X_i)$，$F_2(X_i)]$，…，$[F_1(X_h)$，$F_2(X_h)]$；类似于 Q-Q 图将所得的 h 个数据点投到平面直角坐标系中进行分析。若在平面直角坐标系中这些点分布越趋近于直线，则代表两个数据样本的相似性越大，进而可以说明对应的两个锆石样本 U-Pb 分布相似，具有相似或相同的物源区；反之，数据点分布越分散，则代表两个数据样本的差异性越大，进而可以说明对应的两个锆石样本 U-Pb 分布差异性大，不具有相似或相同的物源区特征。与 Q-Q 类似，年龄两数据样本的累计分布函数值接近直线分布程度的趋势也可以由以下参数定量给出：

$$R_{\mathrm{CDF}} = \frac{\sum_{i=1}^{h}[F_2(X_i) - \overline{F_2(X)}(F_1(X_i) - \overline{F_1(X)})]}{\sqrt{\sum_{i=1}^{h}[F_2(X_i) - \overline{F_2(X)}]^2} \cdot \sqrt{\sum_{i=1}^{h}[F_1(X_i) - \overline{F_1(X)}]^2}} \quad (4-21)$$

而 $i = 1, 2, 3, \cdots, h$；其中 $\overline{F_1(X)}$，$\overline{F_2(X)}$ 由以下关系式给出：

$$\overline{F_1(X)} = \frac{1}{h} \sum_{i=1}^{h} F_1(X_i) \quad (4-22)$$

$$\overline{F_2(X)} = \frac{1}{h} \sum_{i=1}^{h} F_2(X_i) \quad (4-23)$$

这里的 R_{CDF}^2 值分布在 0~1 范围内，R_{CDF}^2 值越接近 1 指示其数据点分布趋势越接近一条直线，对应的两个年龄数据样本越具有相似或相同的分布特征，指示其来自相似或相同源区的可能性越大。

6. 碎屑锆石 U-Pb 年龄的 PDF 交叉图系数(R_{PDF}^2)检验

碎屑锆石 U-Pb 年龄的 PDF 交叉图系数(R_{PDF}^2)是基于样本年龄概率密度函数(PDF)和核密度估算函数(KDE)的有限混合分布；混合分布是一种常用的方法来模拟由两个或多个亚群体组成的总群体分布(Miller, 2014)。由 n 个观测值计算得到的离散混合分布$[f(x)]$如下：

$$f(x) = \sum_{i=1}^{n} w_i f_i(x) \quad (4-24)$$

其中，混合比例 w_i 通常为 $1/n$，且必须满足以下关系式：

$$\sum_{i=1}^{n} w_i = 1 \quad (4-25)$$

这些表达式中，$f_i(x)$ 是 PDF 函数，其表达式如下：

$$f_i(x) = \frac{1}{\sigma_i \sqrt{2\pi}} \exp\left[-\frac{1}{2}\left(\frac{x - u_i}{\sigma_i}\right)^2\right] (\sigma > 0) \quad (4-26)$$

其中：u_i 的含义是样本锆石颗粒 U-Pb 年龄的平均值，标准差 σ_i 是基于对 U-Pb 年龄分析的不准定度。

核密度估算(KDE)是估算样本 PDF 的另一种方法,KDE 属于一种非参数的估算,因此它能适用于任何形状分布的 PDF 估算,并且在总群体分布中不需要特定类型分布的参数;KDE 的定义如下:

$$f_h(x) = \sum_{i=1}^{n} \frac{1}{nh} K\left(\frac{X-X_i}{h}\right) \tag{4-27}$$

这里的 $f_h(x)$ 就是锆石 U-Pb 年龄的核密度估算函数,h 是带宽(也叫窗口大小或平滑参数),K 是核函数,X_i 是样本锆石 U-Pb 年龄的平均值(Silverman,1986)。核估计是由 n 个组成的一般混合密度的特殊情况,典型的是组成的核完全相同(Scott,1992)。核函数(K)可以是许多函数中的任何一个,包括常见的箱形核、三角形核或高斯核等;选择合适的带宽 h 比对核函数的选择更加重要,如果带宽 h 过大,核密度 KDE 就会被过渡光滑,导致函数的分辨率的降低;如果带宽 h 过小,核密度 KDE 就会被人为的过渡粗糙,并导致具有多种模式分布的特征。核密度 KDE 还抛弃了在获得数据时不确定性(异方差)的可变性,结果可能导致相关核函数 KDE 平滑过渡或欠平滑的特征。已经有好几种方法可以来处理核函数的这个问题,包括带宽优选算法、可变带宽的自适应 KDE(LA-KDE)和反褶积技术等来处理异方差的不确定性(McIntyre and Stefanski,2011)。

相关系数(R^2_{PDF})是基于具有相同年龄范围两个样本的 PDP 或 KDE 交叉图的相关系数(Saylor and Sundell,2016),除了累计分布函数相关系数(R^2_{CDF})是基于 CDF 的区别以外,其他性质它们间具有很大的相似性;交叉图对年龄峰值的存在或缺失以及峰值的相对大小或形状的变化具有很高的灵敏度。对于具有相同年龄峰值、相同峰形和相同峰值大小的样本,它们之间的相关系数 $R^2 = 1$;而对于没有相同年龄峰值的样本,它们之间的相关系数 $R^2 = 0$;对于具有部分相同年龄峰值或者峰形或峰值大小不一样的样本,他们之间的相关系数 R^2 在 $0 \sim 1$ 范围内,且 R^2 的值随着相似性的增加而增大;此外,与传统的 CDF 交叉图相比较而言,PDP 或 KDE 交叉图的相关系数 R^2 对样本间的差异性更为灵敏,表现为其相关系数 R^2_{PDF} 值与相关概率并不是单调增加的关系。

二、周缘潜在物源区河流碎屑锆石 U-Pb 年龄谱特征

1. 红河流域碎屑锆石 U-Pb 年龄谱特征

莺歌海盆地西北部的红河流域物源区主要有红河及其泸江和沱江两条支流组成,整体呈西北向东南方向流入莺歌海盆地西北部(图4.9)。东北侧的泸江样品锆石 U-Pb 年龄谱呈现出以 401Ma 为主峰,伴随 29Ma、242Ma、734Ma、1866Ma 和 2394Ma 五个次峰为特征,年龄峰形和峰数较为简单;西南侧的沱江样品锆石 U-Pb 年龄谱呈现出 25Ma、250Ma 和 419Ma 三个年龄主峰,伴随 759Ma、1620Ma、1974Ma、2282Ma 和 2473Ma 五个次峰为特征;泸江和沱江两条主要支流的锆石 U-Pb 年龄谱最明显的差异特征主要表现在沱江的主要年龄峰数较泸江的多,在大于 1000Ma 年龄谱中沱江较泸江更多的年龄峰数且峰宽更为复杂多样(图4.11)。老街、安沛和河内为红河干流从西北向东南方向上不同位置的河砂样品,老街样品的锆石 U-Pb 年龄谱整体呈现出复杂的多峰形态,具有宽泛的年龄分布特征,锆石年龄主要集中在小于

1000Ma，有 22Ma、170Ma、275Ma、409Ma、510Ma、752Ma 和 980Ma 多个峰值密集分布的特征。此外有大于 1000Ma 的 1988～1689Ma 和 2473～2249Ma 两个宽泛年龄峰；安沛样品的锆石 U-Pb 年龄谱呈现 40Ma、235Ma 和 730Ma 三个主峰，伴随有 123Ma、614Ma、980Ma、1797Ma 和 2379Ma 多个次峰年龄；河内样品的锆石 U-Pb 年龄谱呈现 246Ma 和 416Ma 两个主峰年龄，同时有 83Ma、752Ma、1858Ma 和 2477Ma 四个次峰年龄；红河干流不同位置的样品锆石年龄谱呈现出都具有 250Ma 和 750Ma 附近主峰年龄和多个次峰年龄的继承性特征，也呈现出主峰年龄的峰宽和峰高不同及次峰年龄多样的差异性特征(图 4.11)。

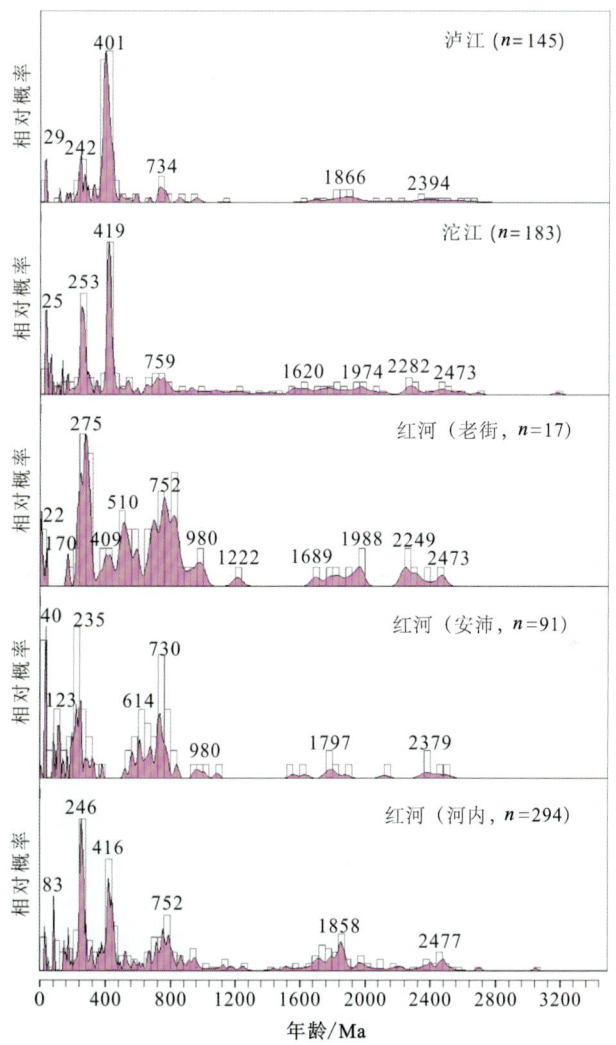

图 4.11 红河及其主要支流碎屑锆石 U-Pb 年龄谱

通过河砂碎屑锆石 U-Pb 年龄来示踪与区域水系变化相关的沉积物来源变化，可以发现，从现代红河上游老街和安沛以及下游河内采集的河砂锆石颗粒的 U-Pb 年龄谱具有许多相同的特征和年龄峰值，这表明下游河内位置红河中的大部分沉积物来自上游老街的侵蚀，即中国西南部河流上游的侵蚀，而不是下游的侵蚀。红河上游和下游位置的河砂样本之间观察到的最大差异是：河内位置的红河在400Ma时显示出明显的峰值，这与在支流泸江和沱江中观察到的峰值相匹配；由于支流泸江和沱江与老街之下的红河下游汇合，因此这种差异并不意外，也表明支流泸江和沱江对红河的大部分沉积物质做出了重大贡献（图4.11）。

利用红河干流及其支流不同位置的河砂样品进行碎屑锆石U-Pb定年分析，可以揭示红河流域的碎屑锆石U-Pb年龄分布的整体特征（图4.12）。红河流域的碎屑锆石年龄分布范围宽泛，呈现多峰分布的特征，以248Ma和414Ma两个主峰最为明显，伴随有33Ma、83Ma、166Ma、748Ma、1858Ma和2478Ma等多个次峰分布，年龄主要分布在小于1000Ma范围内的喜马拉雅期、燕山期、印支期、加里东期和晋宁期，大于1000Ma的吕梁期和扬子期也有，但其相对概率很小，呈宽泛的多峰特征；小于500Ma的年龄分布最为复杂，具有27Ma喜马拉雅期、242Ma印支期和414Ma加里东期三个主峰年龄，伴随78～165Ma燕山期多个次峰年龄特征；红河流域碎屑锆石年龄复杂，包含多期构造运动的锆石年龄，整体呈现出多峰宽泛的年龄分布特征（图4.12）。

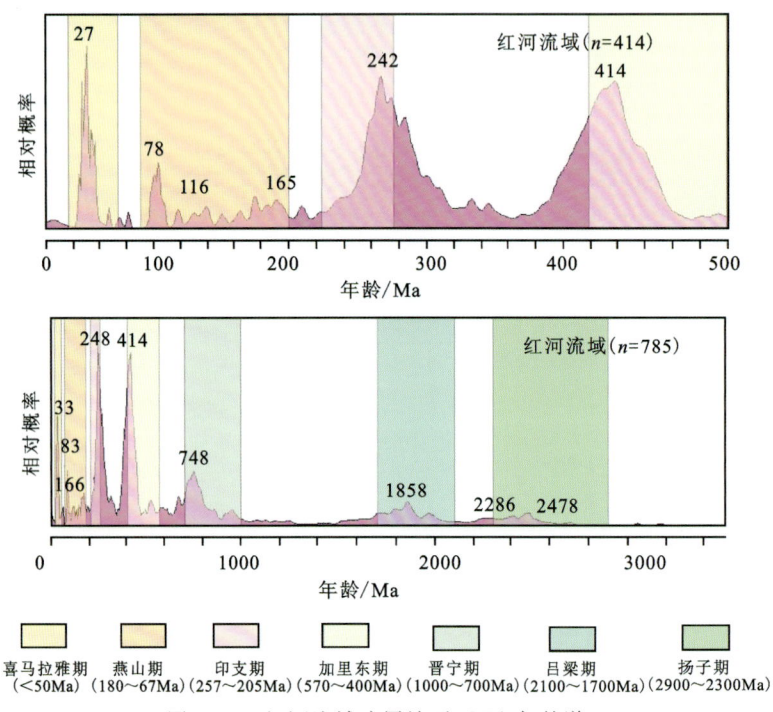

图4.12 红河流域碎屑锆石U-Pb年龄谱

2. 长山河流碎屑锆石U-Pb年龄谱特征

莺歌海盆地西部的长山流域物源区从北向南依次发育马江、蓝江、宋河、贤良河、东河、香江和秋盆河，整体呈自西向东流入莺歌海盆地莺西斜坡带；其中贤良河有Ben Hai河和Tach Han河两条主要支流组成，东河有O Lau河和Sia河两条主要支流组成，香江有Perfume河和Vu Gia河两条主要支流组成。马江样品锆石年龄谱以241Ma为主峰，伴随有422Ma和899Ma两个次峰为特征，峰形单一且具有年龄集中分布特征；蓝江样品锆石年龄谱呈现

251Ma 单一主峰分布,以 36Ma、443Ma、952Ma、1601Ma 和 2469Ma 五个次峰为特征,主峰以窄和高的峰形最为显著;宋河样品锆石年龄谱主峰为 255Ma 单峰,发育 442Ma、806Ma、967Ma、1852Ma 和 2500Ma 等多个次年龄峰,次年龄峰以宽和低的峰形为主要特征;贤良河的 Ben Hai 河支流样品锆石年龄谱呈现 259Ma 主峰,23Ma、436Ma、987Ma 和 2456Ma 多个次峰分布的特征,Tach Han 河支流样品锆石年龄谱以 264Ma 为主峰,以及 38Ma、440Ma、1881~804Ma 和 2471Ma 多个次峰为特征,在 1880~800Ma 年龄段的次峰数量不同是贤良河的两条支流最明显的差异特征;东河的 O Lau 河支流样品锆石年龄谱以 450Ma 主峰,以 766Ma、981Ma 和 1849Ma 三个次年龄峰为特征,Sia 河支流样品锆石年龄谱相对简单,以 434Ma 主峰,911Ma 和 2465Ma 两个次年龄峰为特征,1849~766Ma 年龄段的次年龄峰的数量是两条支流年龄谱最大的差异特征;香江的 Perfume 河支流样品锆石年龄谱以 434Ma 主峰,252Ma 和 975Ma 次峰年龄为特征,Vu Gia 河支流样品锆石年龄谱以 434Ma 主峰,257Ma、933Ma 和 1061Ma 次峰年龄为特征,香江的两条支流锆石年龄谱具有很好的相似性;秋盆河样品锆石年龄谱相对简单,集中分布在小于 500Ma 范围,年龄谱分布以 241Ma 主峰,337Ma 和 429Ma 次峰年龄为特征(图 4.13)。

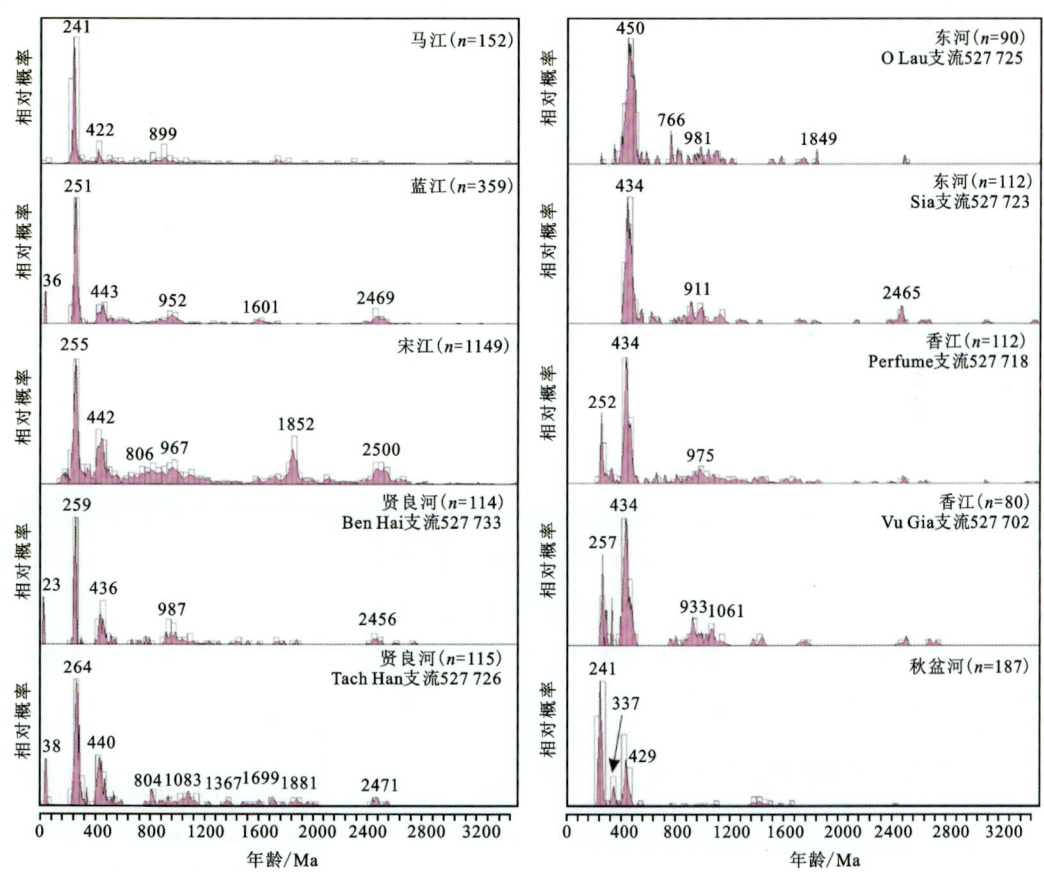

图 4.13 长山主要河流碎屑锆石 U-Pb 年龄谱

越南流域马江、蓝江、宋河、贤良河、东河、香江和秋盆河七条河流从北向南依次流入莺歌海盆地西部的莺西斜坡带,其锆石年龄谱有着不同且复杂的峰形特征;利用长山流域不同河流的河砂样品进行碎屑锆石 U-Pb 定年分析,可以揭示长山流域的碎屑锆石 U-Pb 年龄分布的整体特征(图 4.14)。

马江锆石年龄以晋宁期之后为主,吕梁期和扬子期的年龄几乎没有,在小于 500Ma 的年龄中,以 238Ma 印支期最为明显,可见 30Ma 喜马拉雅期和 416Ma 加里东期的锆石。蓝江锆石年龄分布广泛,年龄小于 500Ma 的锆石主要以 24Ma 喜马拉雅期、247Ma 印支期和 449Ma 加里东期为主,952Ma 晋宁期和 2469Ma 扬子期是蓝江锆石比较老的重要年龄,没有吕梁期的锆石分布。宋河锆石年龄分布较为复杂多样,250Ma 印支期、446Ma 加里东期、967~806Ma 晋宁期、1852Ma 吕梁期和 2500Ma 扬子期都有锆石分布,缺少喜马拉雅期和燕山期的锆石年龄。贤良河锆石年龄谱以多个年龄峰为特征,小于 500Ma 的锆石主要以 27Ma 喜马拉雅期、255Ma 印支期和 485~439Ma 加里东期多个年龄峰为主,没有燕山期的锆石,960~802Ma 晋宁期、1888Ma 吕梁期和 2471Ma 扬子期是贤良河中三期较老的锆石年龄,吕梁期和扬子期年龄的锆石含量最少。东河锆石在小于 500Ma 年龄中以 441Ma 加里东期的年龄为主,可见少量的 248Ma 印支期锆石,缺少喜马拉雅期和燕山期的锆石,971~757Ma 晋宁期是东河年龄较大锆石中的最主要的年龄峰,1752Ma 吕梁期和 2466Ma 扬子期锆石在东河锆石的含量中相对较少。香江和秋盆河锆石年龄谱之间在小于 500Ma 年龄段最为相似,锆石均主要分布在 240Ma 印支期和 428Ma 加里东期年龄段,同时在印支期和加里东期间有少量的 280Ma 和 330Ma 年龄峰值,代表了其局部的地质运动形成的锆石年龄,两条河流中均缺少喜马拉雅期和燕山期锆石;香江和秋盆河锆石年龄谱在大于 500Ma 中差异明显,965Ma 晋宁期和 2476Ma 扬子期是香江中主要的锆石年龄,而秋盆河中缺少晋宁期、吕梁期和扬子期的锆石年龄(图 4.14)。

整个长山地区的许多河流都呈现出显著的年龄峰值,这些多个年龄峰主要包括 29~37Ma 喜马拉雅期(始新世—渐新世)、262~243Ma 印支期(二叠纪—三叠纪)、462~420Ma 加里东期(奥陶纪—志留纪)。此外,所有河流中都出现了许多更广泛的前寒武纪多峰年龄群,包括 670~550Ma、1200~750Ma、1850~1700Ma 和 2500~2400Ma 的年龄群。喜马拉雅期锆石出现在马江、蓝江和贤良河等北部主要河流中;除东河外,所有河流样品中均存在大量的印支期锆石,南部的河流与北部的河流(包括红河)相比,南部的河流中印支期锆石的相对丰度通常较低;加里东期锆石在东河、香江、秋盆河和红河的河砂中最为丰富(图 4.14)。

3. 海南隆起河流碎屑锆石 U-Pb 年龄谱特征

莺歌海盆地东侧海南隆起流域有昌化江、北黎河、感恩河、望楼河、宁远河、陵水河、万泉河、南渡河、文澜河和北门河等多条河流,均发育于海南隆起中部高地,向四周呈放射状流出海南隆起,其中自北向南发育的昌化江、北黎河、感恩河、望楼河和宁远河是现今主要流入莺歌海盆地莺东地区的河流。海南隆起河流的锆石年龄谱整体都很简单,昌化江样品锆石年龄

第四章 盆内黄流组物源演化

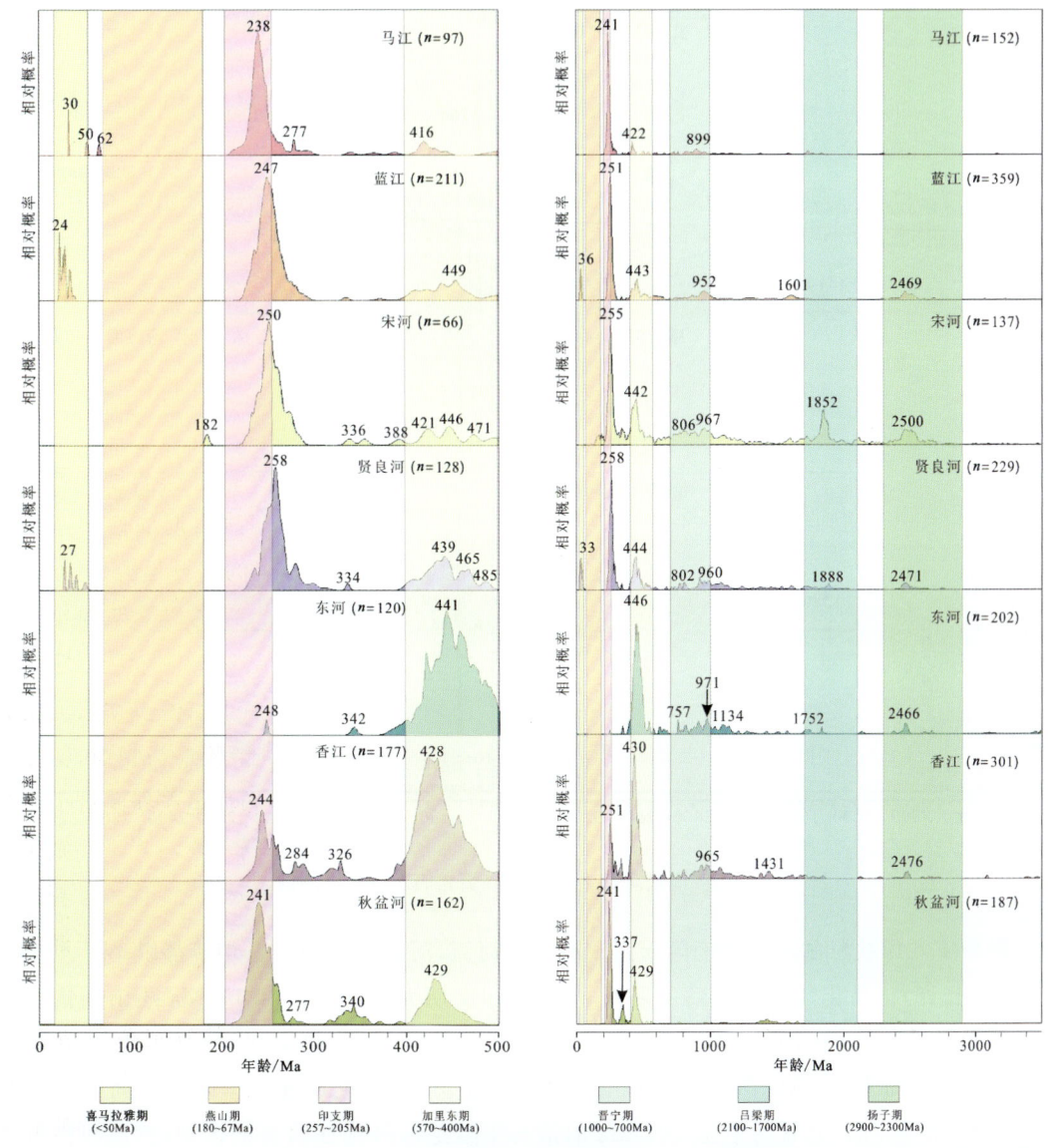

图 4.14 长山流域整体碎屑锆石 U-Pb 年龄谱

以 234Ma 为主峰年龄,伴随有 94Ma 次峰年龄;北黎河除了 231Ma 主峰年龄和 101Ma 次峰年龄外,还有 1419Ma 的次峰年龄;感恩河样品锆石年龄谱由 235Ma 的单一年龄峰组分;望楼河样品的锆石年龄谱以 87Ma 主峰年龄,235Ma 和 1386Ma 两个次峰年龄为特征;宁远河样品的锆石年龄谱以 94Ma 主峰年龄,238Ma 次峰年龄为特征;陵水河样品锆石年龄谱以 97Ma 主峰和 260Ma 次峰为主要年龄峰;万泉河样品锆石由 98Ma、159Ma 和 242Ma 三个年龄峰组成了其年龄谱;南渡河样品锆石年龄谱同样以三个年龄峰为特征,236Ma 是其主峰年龄,92Ma 和 413Ma 是两个次峰年龄,文澜河和北门河样品锆石年龄谱具有相似性特征,主峰年龄分别为 251Ma 和 241Ma,100Ma 和 429Ma 是文澜河的两个次峰年龄,101Ma 和 426Ma 是北门河的两个次峰年龄(图 4.15)。

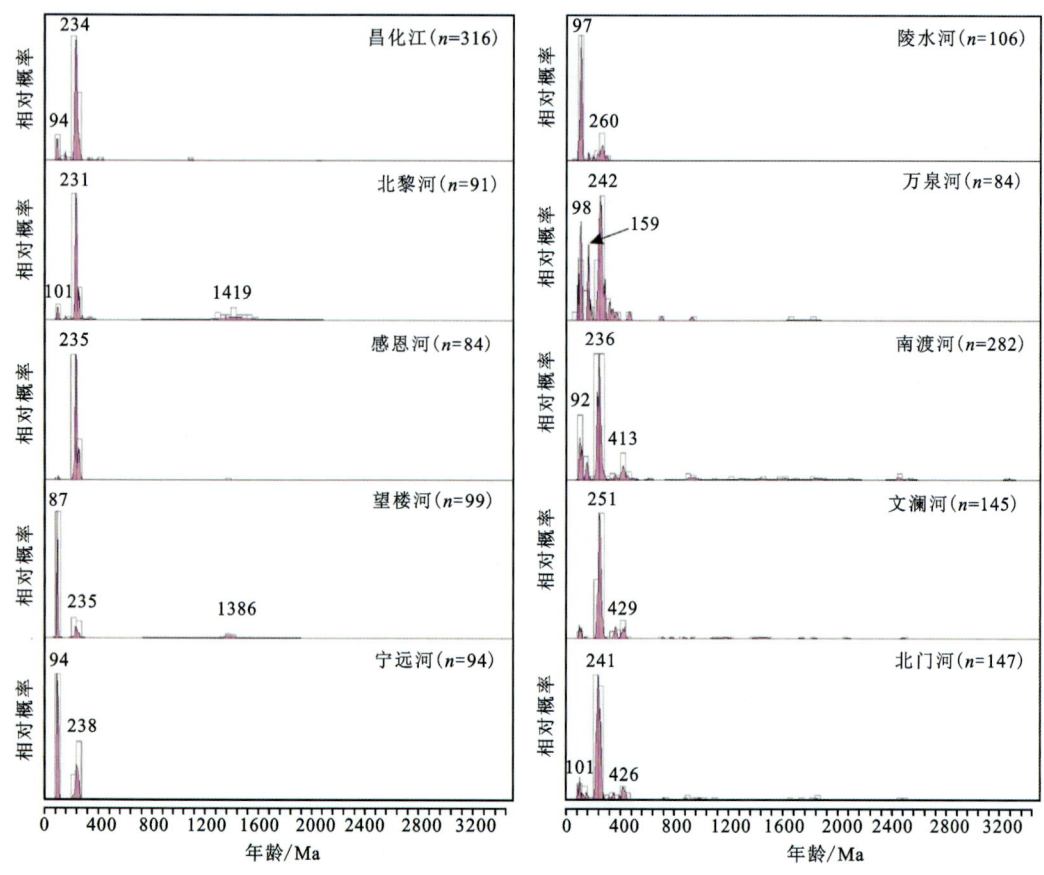

图 4.15　海南隆起主要河流碎屑锆石 U-Pb 年龄谱

现今流入莺歌海盆地的海南隆起西侧有五条河流,河流样品的锆石年龄都以小于 400Ma 为主(图 4.16)。昌化江锆石年龄主要以 236Ma 印支期为主,99Ma 和 159Ma 燕山期锆石组成了其次峰年龄,见印支期和加里东期之间的 334Ma 次峰年龄;北黎河锆石年龄以 235Ma 印支期为主,99Ma 和 160Ma 燕山期锆石组成其次峰年龄,见印支期和加里东期之间的 279Ma 和 340Ma 次峰年龄,北黎河中见 1419Ma 的锆石年龄是与昌化江明显的区别;感恩河锆石年龄谱以 234Ma 和 257Ma 印支期为主,见 100Ma 燕山期锆石;望楼河和宁远河锆石年龄谱极为相似,以 96Ma 燕山期为主峰年龄,伴随有 236Ma 印支期次峰年龄,两者最明显的区别是望楼河见 1386Ma 的锆石,而宁远河中没有大于 500Ma 年龄的锆石(图 4.16)。

三、盆内黄流组砂岩碎屑锆石 U-Pb 年龄谱特征

1. 黄流组二段砂岩碎屑锆石 U-Pb 年龄谱特征

对乐东区 A2 井黄流组二段样品进行碎屑锆石 U-Pb 年龄测定,总计分析了 90 颗锆石颗粒的年龄,其中排除了不匹配度超过 ±10% 的 12 颗锆石颗粒的年龄,78 个锆石颗粒的年龄是有效的(附表 1);A2 井黄流组二段的锆石颗粒年龄主要分布在 264~78Ma 范围内,分别对应

第四章 盆内黄流组物源演化

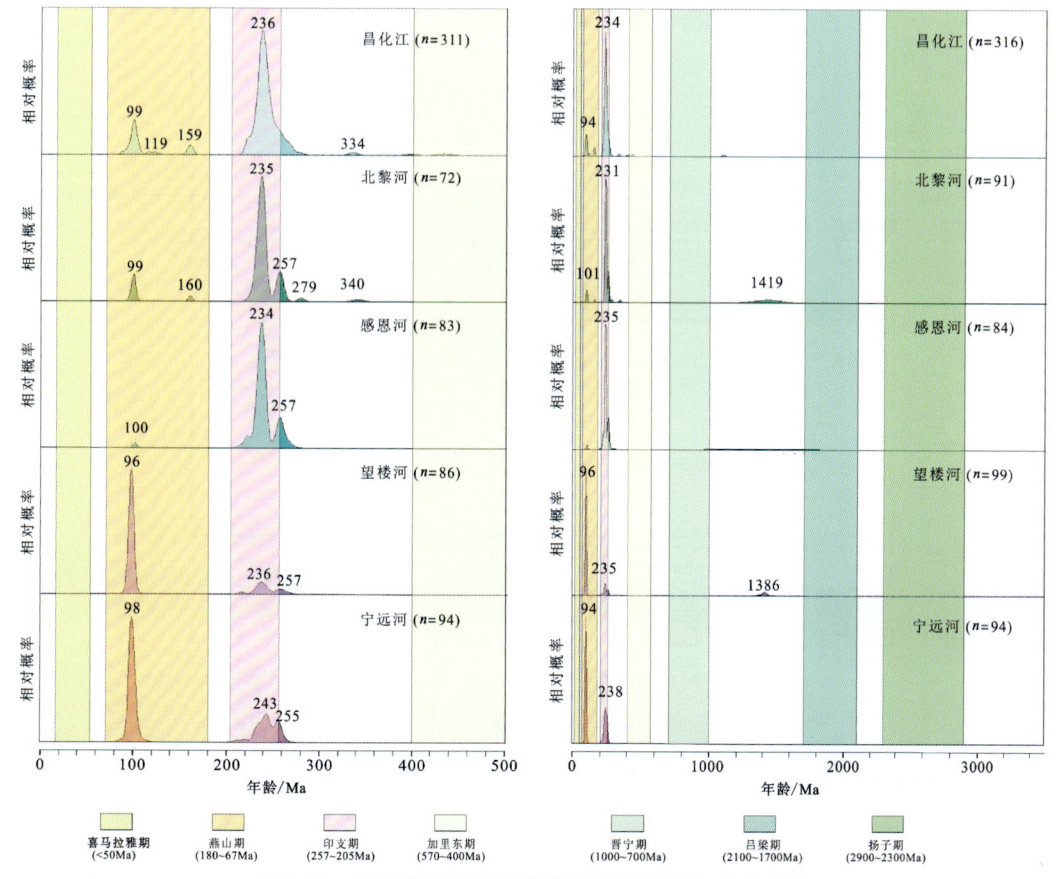

图 4.16 海南隆起西侧河流流域碎屑锆石 U-Pb 年龄谱

于二叠纪($n=4,264\pm2\sim253\pm3$ Ma)、三叠纪($n=44,250\pm3\sim230\pm3$ Ma)、侏罗纪($n=4,166\pm2\sim155\pm2$ Ma)和白垩纪($n=26,115\pm2\sim78\pm1$ Ma)。对应的碎屑锆石 U-Pb 年龄谱显示其特征峰均小于 300Ma,呈现出 99Ma 和 238Ma 两个年龄主峰特征,伴随有 78Ma 和 160Ma 两个次年龄峰,除了 238Ma 主峰年龄时期的锆石形成于印支期外,其余的峰值年龄均形成于燕山期(图 4.17)。与盆地西北方向红河流域复杂的多峰年龄差异显著,与长山河流的锆石年龄峰缺少燕山期峰值而富含加里东期锆石年龄也具有明显差异,与位于其井位东缘近源的海南隆起西部河流锆石年龄燕山期和印支期锆石年龄峰值具有极高的相似性;定性比较 A2 井黄流组二段碎屑锆石与盆地周缘的河流锆石年龄谱之间的相似性,初步可以认为海南隆起西部的河流是其最主要的物源。

东方区 DF32 井的黄流组二段样品锆石年龄谱表明,锆石年龄从 42Ma 至 2418Ma 均有分布,碎屑锆石年龄在小于 500Ma 中包含了 42Ma、171~121Ma、250Ma 和 500~399Ma 多个年龄峰,分别对应形成于喜马拉雅期、燕山期、印支期和加里东期四期重要的构造运动中;在大于 500Ma 中包含了 941~742Ma、1882Ma 和 2418Ma 重要年龄峰,分别对应形成于晋宁期、吕梁期和扬子期三期重要的构造运动中;锆石在 359~319Ma、629Ma 和 1328Ma 处的峰值年龄揭示的是形成于局部构造运动的母岩对东方区黄流组二段的贡献作用,锆石年龄谱整

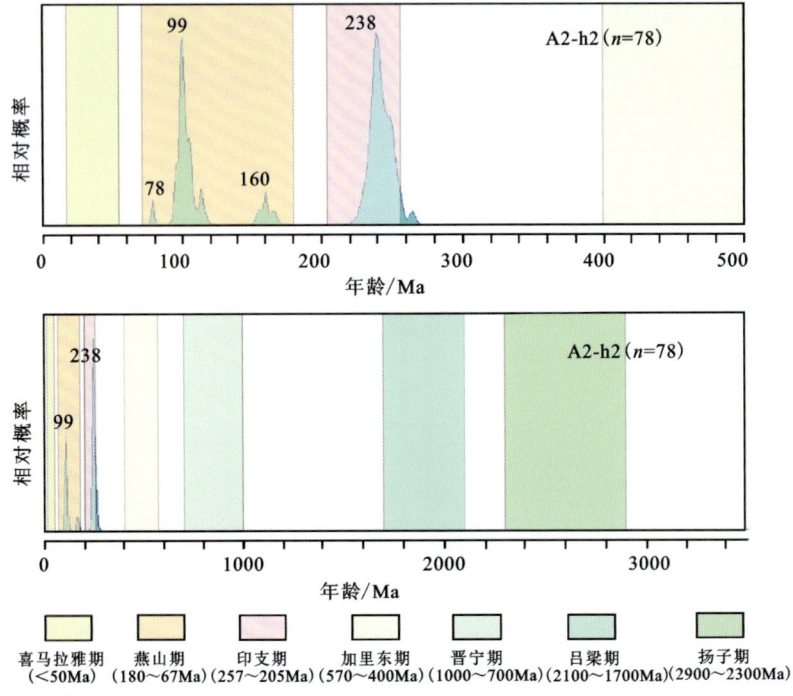

图 4.17　A2 井黄流组二段碎屑锆石 U-Pb 年龄谱

体呈现出宽泛且多峰的年龄分布特征,通常代表了多个方向物源共同作用的结果。与周缘河流的锆石年龄谱相比较,喜马拉雅期的年龄峰与西北部的红河、马江和西部的蓝江具有相似性,燕山期的年龄峰与西北部的红河和东部的昌化江具有相似性,印支期的年龄峰与周缘的红河、马江、蓝江和海岛河流均呈现出相似特征,并不能作为特征年龄峰值来判断物源方向,加里东期的年龄峰与红河和海南隆起河流的差异显著,与越南方向的马江和蓝江具有很好的相似性,对于晋宁期、吕梁期和扬子期的年龄峰只有西北部的红河方向物源与之呈现出相似性特征;从定性比较 DF32 井黄流组二段样品与其周缘河流的锆石年龄谱相似性可以看出,红河、马江、蓝江和昌化江是其主要的物源(图 4.18)。

　　莺东斜坡带北部 L11 井的黄流组二段样品锆石年龄谱,锆石年龄从 102Ma 至 2100Ma 均有分布,年龄小于 500Ma 的碎屑锆石中主要有燕山期的 102Ma、137Ma 和 155Ma 年龄峰,印支期的 250~233Ma 年龄峰,以及加里东期的 431Ma 年龄峰,缺少喜马拉雅期的锆石;年龄大于 500Ma 的碎屑锆石中主要有晋宁期的 977~732Ma 和吕梁期的 2100Ma 多个年龄峰,缺少扬子期的锆石。与周缘河流的锆石年龄谱相比较,缺少喜马拉雅期且富集燕山期和印支期锆石的特征与海南隆起的昌化江具有很大相似性,而发育加里东期、晋宁期和吕梁期锆石的特征与西北部的红河流域具有很大相似性,因此红河和昌化江是 L11 井黄流组二段重要的物源(图 4.18)。

　　莺东斜坡带中部 L262 井的黄流组二段锆石年龄谱相对简单,呈现出 101Ma 和 242Ma 两个年龄峰,分别对应于燕山期和印支期的锆石年龄,缺少喜马拉雅期、加里东期、晋宁期、吕梁期和扬子期多个年龄段的锆石;与周缘河流锆石的年龄谱相比较,L262 井黄流组二段样品的锆石年龄与其近源的海南隆起河流具有极高的相似性特征,因此海南隆起的昌化江、北黎河、

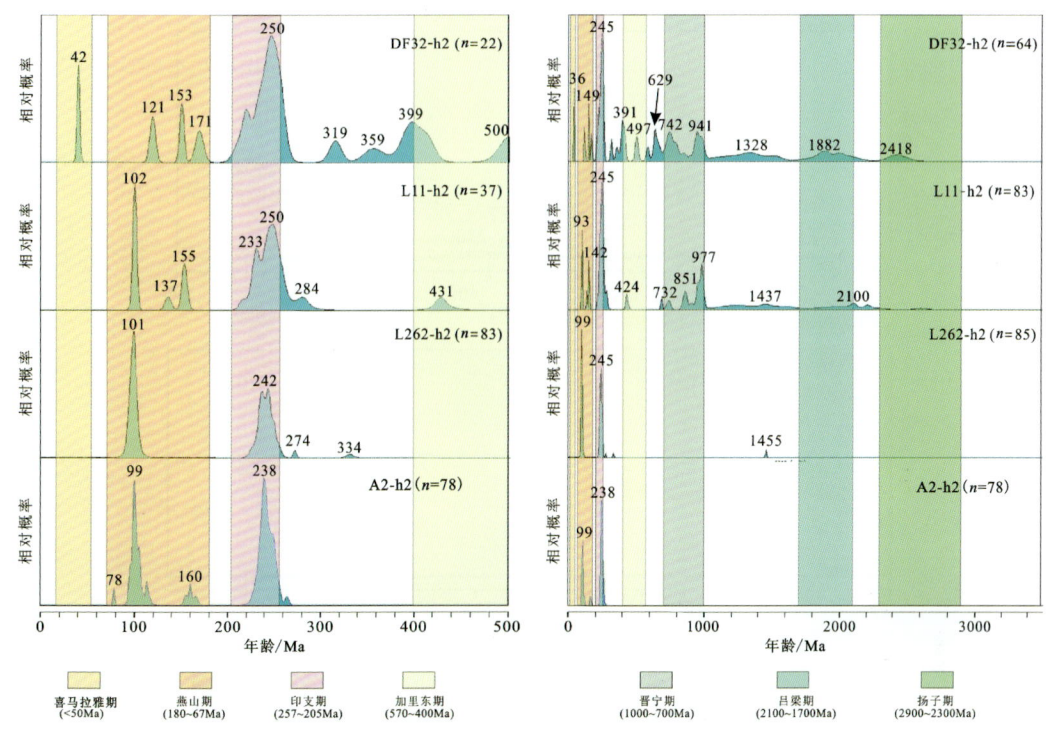

图 4.18 莺歌海盆地黄流组二段碎屑锆石 U-Pb 年龄谱

感恩河和望楼河都是其重要的潜在物源区(图 4.18)。

2. 黄流组一段砂岩碎屑锆石 U-Pb 年龄谱特征

在莺-琼结合部 B3 井黄流组一段砂岩样品中进行了 120 颗碎屑锆石 U-Pb 年龄分析,获得了碎屑锆石 U-Pb 年龄的谐和度大于 90% 的共 109 颗锆石见附表:碎屑锆石 U-Pb 年龄分布在 78~1856Ma 范围内:前寒武纪($n=5$,1856±38~545±6Ma)、二叠纪($n=9$,294±4~253±2 Ma)、三叠纪($n=55$,249±3~207±2 Ma)、侏罗纪($n=8$,169±2~149±2 Ma)和白垩纪($n=31$,123±4~78±1 Ma)。对应的碎屑锆石 U-Pb 年龄谱显示其特征峰均小于 300Ma,呈现出 96Ma 和 238Ma 两个年龄主峰特征,伴随有 77Ma、116Ma、156Ma、206Ma、267Ma 和 288Ma 多个次年龄峰,除了少数碎屑锆石形成于晋宁期和吕梁期外,绝大多数的碎屑锆石均形成于燕山期和印支期(图 4.19)。B3 井黄流组一段碎屑锆石与海南隆起西部河流锆石年龄燕山期和印支期锆石年龄峰值具有极高的相似性,与西北部红河多峰多年龄锆石和长山河流缺少燕山期锆石却富集加里东期锆石具有显著的差异,初步可以认为海南隆起西部的河流是其最主要的物源。

LH1 井位于莺西斜坡带靠近东方区一侧,其黄流组一段的碎屑锆石年龄广泛分布在 167~2517Ma 之间,年龄谱呈现出多峰复杂的形态特征,主要是形成于印支期、加里东期以及印支期和加里东期之间的锆石;燕山期的 167Ma 年龄峰、晋宁期的 864Ma 和 987Ma 年龄峰、吕梁期的 1852Ma 年龄峰和扬子期的 2517Ma 年龄峰呈低小的峰形特征,代表这些时期的锆石含量较少,同时也缺少喜马拉雅期的碎屑锆石;与其周缘的河流碎屑锆石年龄谱相比较,年龄谱

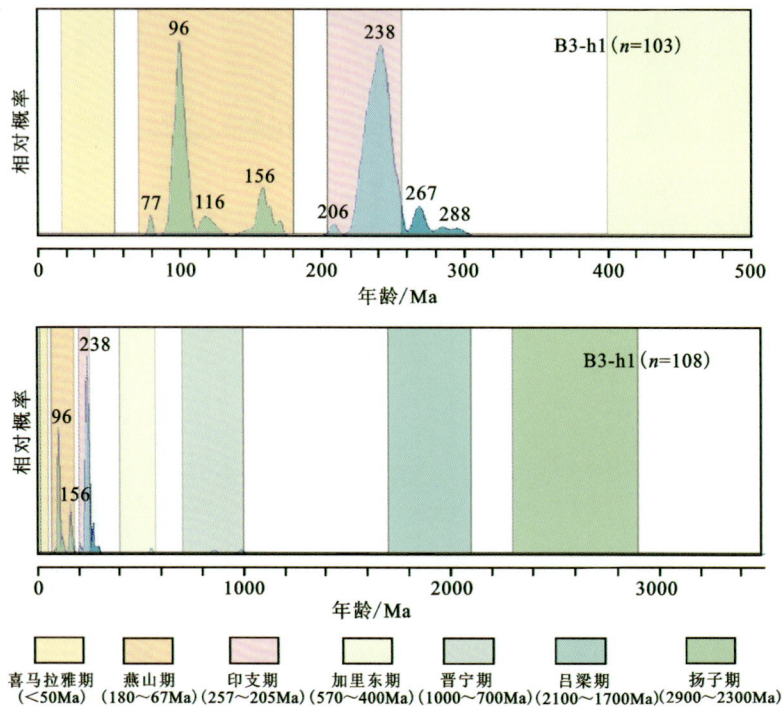

图 4.19　B3 井黄流组一段碎屑锆石 U-Pb 年龄谱

中缺少或者少量的喜马拉雅期和燕山期的锆石，同时含有大量的印支期的锆石与马江和蓝江方向的物源具有很好的相似性，而加里东期的锆石以及前寒武纪吕梁期和扬子期的锆石与红河方向的物源具有很大的相似性，年龄谱的整体特征与海南隆起的河流碎屑锆石年龄谱差异明显，因此 LH1 井黄流组一段的物源主要与红河、马江和蓝江方向紧密相关（图 4.20）。

DF12 井、DF32 井和 DF33 井均位于莺歌海盆地中央凹陷带北部的东方区，其黄流组一段的锆石年龄谱整体呈现出极大的相似性，三口井的黄流组一段碎屑锆石年龄从 100Ma 至 2500Ma 广泛分布，年龄谱呈多峰复杂的峰形特征。燕山期、印支期、加里东期、晋宁期、吕梁期和扬子期锆石都有分布，三口井之间的年龄峰形特征整体也相似，DF32 井和 DF33 井在加里东期和印支期之间分布的 276Ma、336Ma 和 369Ma 多个年龄峰是与 DF12 井最明显的区别，同时喜马拉雅期的锆石也仅仅在 DF33 井的黄流组一段中有分布，这些差异性的特征可能指示与红河物源方向的相似性从 DF12 井、DF32 井和 DF33 井依次增强；印支期和加里东期的锆石年龄峰与马江和蓝江也具有很大的相似性，燕山期的年龄多峰形态特征与海南隆起昌化江同样具有很大的相似性（图 4.20）。

L11 井位于莺东斜坡带的北部，其黄流组一段的碎屑锆石年龄主要分布在燕山期的 100Ma、136Ma 和 162Ma 年龄峰以及印支期的 243Ma 年龄峰附近，同时也见晋宁期的 823Ma 和 937Ma 以及吕梁期的 1903Ma 年龄峰；考虑到 L11 井北边是红河流域，东南侧是昌化江，燕山期和印支期年龄峰的特征与昌化江极具相似，而晋宁期和吕梁期的年龄峰的特征与红河流域年龄具有很高的相似性（图 4.20）。

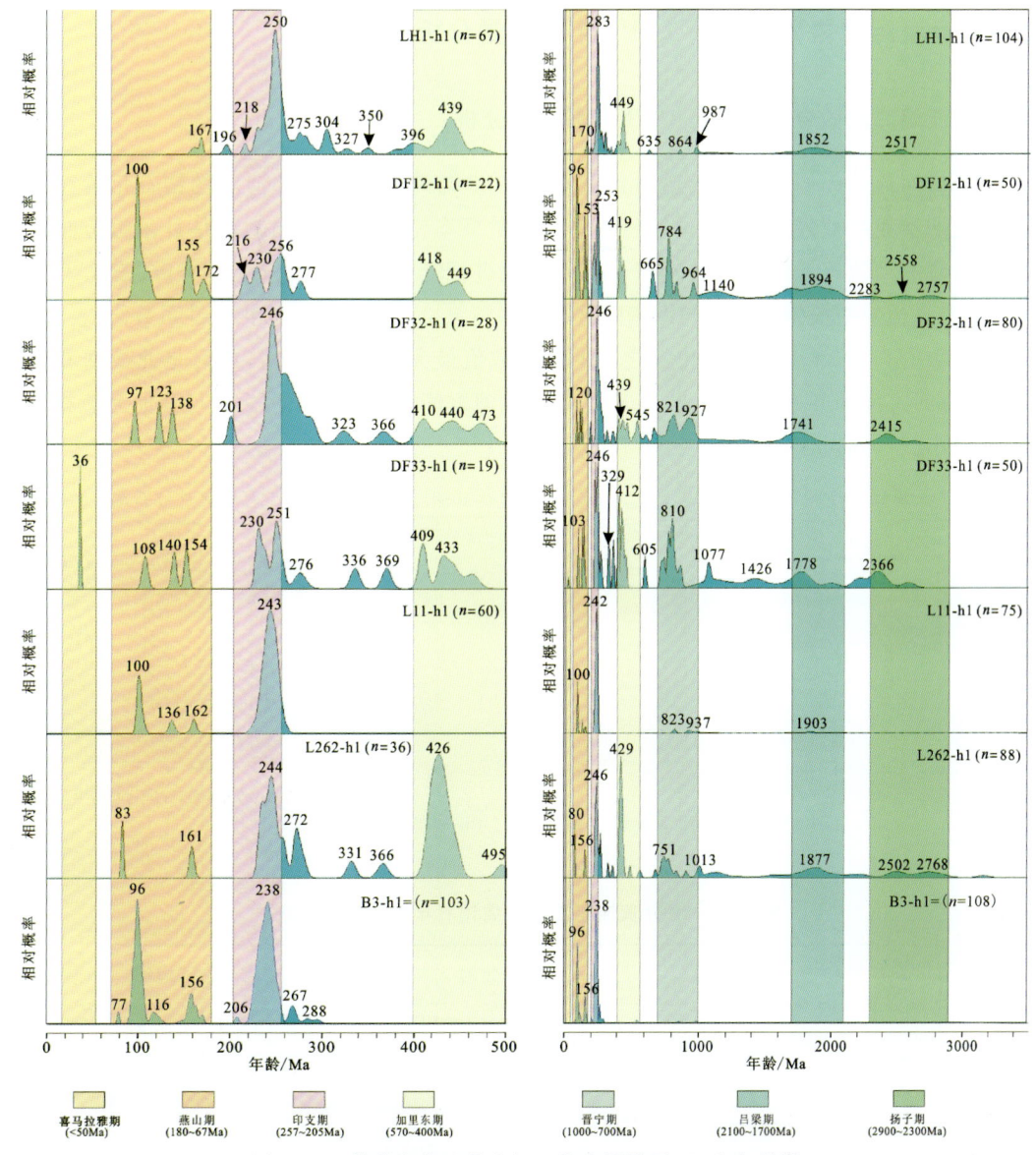

图 4.20 莺歌海盆地黄流组一段碎屑锆石 U-Pb 年龄谱

L262 井位于莺东斜坡带中部,从 L262 井黄流组一段碎屑锆石年龄谱中可以看出,燕山期的 83Ma 和 161Ma 年龄峰、印支期的 244Ma 年龄峰以及加里东期的 426 年龄峰是其主要的年龄峰,燕山期的年龄峰与海南隆起河流的年龄峰相似,印支期的年龄峰与马江或蓝江的年龄峰具有相似性。此外黄流组一段中也有晋宁期 1013~751Ma 的年龄峰、吕梁期 1877Ma 年龄峰以及扬子期 2768~2502Ma 的年龄峰,加里东期以及更老的晋宁期、吕梁期和扬子期与红河流域的年龄峰呈现出很好的相似性特征。因此,L262 井黄流组一段的潜在物源方向主要有红河、马江、蓝江以及海南隆起西北侧的河流(图 4.20)。

四、黄流组砂岩碎屑锆石 U-Pb 年龄定量分析

1. 黄流组二段砂岩碎屑锆石 U-Pb 年龄定量分析

与周缘河流的碎屑锆石年龄谱对比可知,A2-h2 与海南隆起西部河流的锆石年龄在燕山期和印支期富集特征最为相似,通过将其锆石年龄概率密度函数和核密度估计函数分布与海南隆起西侧的河流碎屑锆石年龄对应的分布函数进行统计学系数定量统计分析(图 4.21),得到了 A2 井黄流组二段锆石年龄与海南隆起西侧各河流锆石年龄之间的相似性系数值(表 4.4),从统计系数值来看,A2-h2 与昌化江之间的各系数值最大,宁远河次之,随后是北黎河和望楼河,与感恩河之间的各系数值最小,特别是与感恩河之间的 R^2_{PDP} 和 R^2_{KDE} 值与其他河流相比其值明显较小。

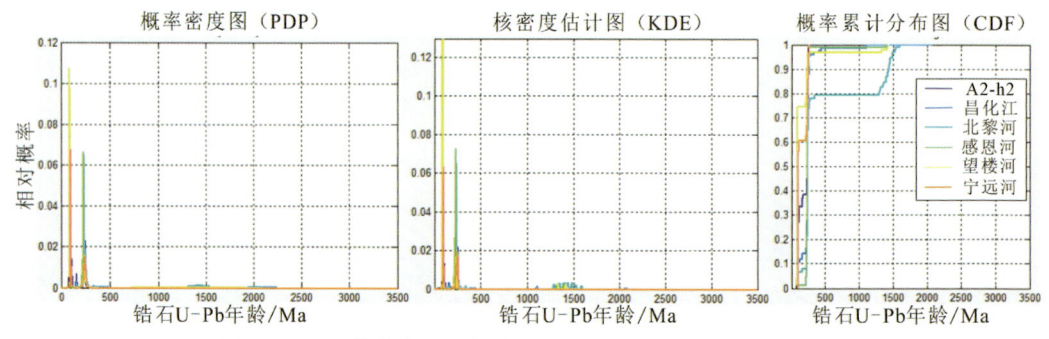

图 4.21 A2 井黄流组二段锆石 U-Pb 年龄与周缘河流对比图

表 4.4 A2 井黄流组二段碎屑锆石年龄统计系数表

分布函数	统计系数	昌化江	北黎河	感恩河	望楼河	宁远河
概率密度函数(PDP)	R^2_{PDP}	0.73	0.53	0.25	0.47	0.56
	相似度	0.68	0.50	0.42	0.49	0.62
	似然系数	0.89	0.74	0.70	0.75	0.88
核密度估计函数(KDE)	R^2_{KDE}	0.70	0.49	0.19	0.47	0.50
	相似度	0.67	0.48	0.38	0.46	0.60
	似然系数	0.89	0.71	0.67	0.74	0.87

将 A2-h2 与海南隆起西侧河流之间的锆石年龄分布差异性特征以投点的形式在二维空间下进行可视化分析(图 4.22),应力函数 Stress=0.080 706(图中 Stress 用 S 表示)指示了分析结果的可信度较高,2D-MDS 图实线指示了 A2-h2 与昌化江之间的锆石年龄分布特征相似度最高,与北黎河、望楼河和宁远河之间的虚线指示了相似度次之,而与感恩河之间的相似度最差;A2-h2 源于昌化江、北黎河、望楼河和宁远河。

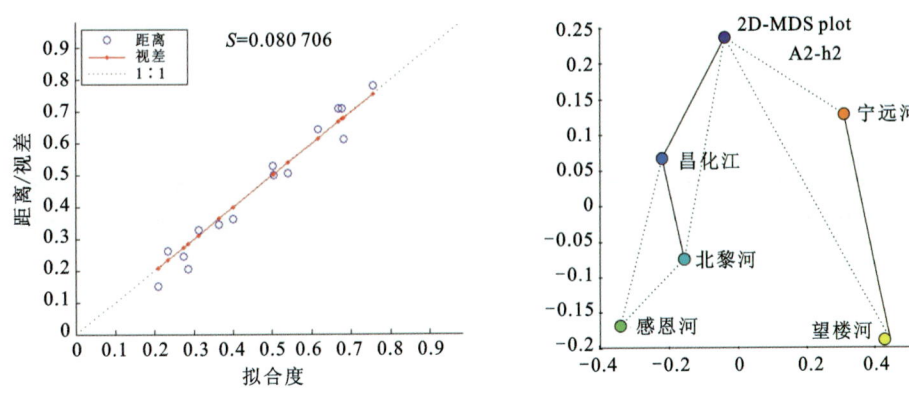

图 4.22　A2 井黄流组二段锆石 2D-MDS 分布图

DF32-h2 与周缘具有相似性的红河、马江、蓝江、昌化江、北黎河、感恩河碎屑锆石年龄进行统计学系数定量比较分析(图 4.23);对比分析的结果如表 4.5 所示,DF32-h2 井与红河、马江和蓝江互相关性系数(R_{PDP}^2、R_{KDE}^2)、相似度和似然系数数值均比海南隆起的昌化江、北黎河和感恩河大,且与红河对应的系数均较大;除了 DF32-h2 与昌化江在互相关性系数(R_{PDP}^2＝0.38)比北黎河和感恩河大很多以外,与昌化江、北黎河和感恩河的统计学系数值均呈现出较低值。

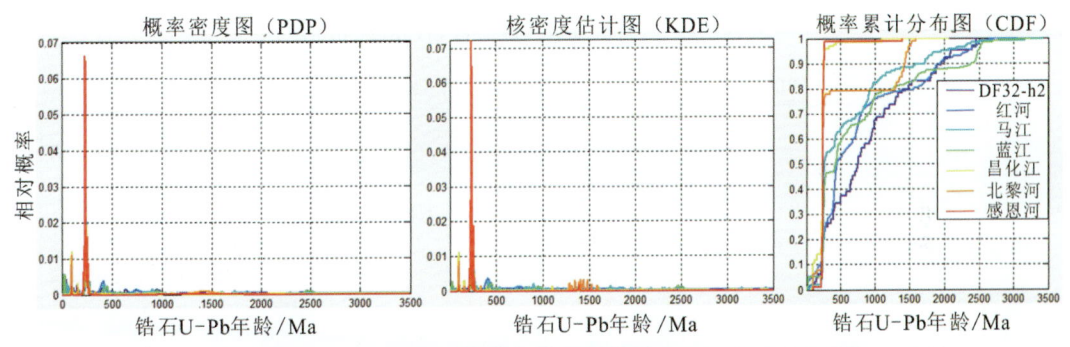

图 4.23　DF32 井黄流组二段锆石 U-Pb 年龄与周缘河流对比图

表 4.5　DF32 井黄流组二段碎屑锆石年龄统计系数表

分布函数	统计系数	红河	马江	蓝江	昌化江	北黎河	感恩河
概率密度函数(PDP)	R_{PDP}^2	0.47	0.50	0.46	0.38	0.25	0.28
	相似度	0.61	0.47	0.48	0.21	0.26	0.19
	似然系数	0.84	0.75	0.73	0.43	0.47	0.41
核密度估计函数(KDE)	R_{KDE}^2	0.32	0.05	0.18	0.03	0.02	0.02
	相似度	0.63	0.36	0.42	0.11	0.11	0.05
	似然系数	0.88	0.57	0.67	0.27	0.27	0.19

DF32-h2 与周缘潜在物源区的碎屑锆石年龄之间的相似性以 2D-MDS 方式进行分析（图 4.24），应力函数在 $S=0.051\ 764$ 的情况下，DF32-h2 与红河最为相似，与马江和蓝江次之，与昌化江、北黎河和感恩河差异明显。

将 L11-h2 与红河、马江、蓝江、昌化江、北黎河和感恩河进行统计学参数定量对比分析（图 4.25），分析结果如表 4.6 所示：L11-h2 与红河、马江和昌化江之间的 R^2_{PDP} 值分别为 0.48、0.47 和 0.50，大于其与蓝江、北黎河和感恩河之间的 R^2_{PDP} 值（分别为 0.35、0.34 和 0.29）；R^2_{KDE} 值也具有类似的特征，L11-h2 与红河、马江和昌化江之间的 R^2_{KDE} 值（分别为 0.54、0.54 和 0.48）大于其与蓝江、北黎河和感恩河之间的 R^2_{KDE} 值（分别为 0.46、0.33 和 0.35）；L11-h2 与红河、马江和蓝江之间的系数值大于与海南隆起流域之间对应的系数值。

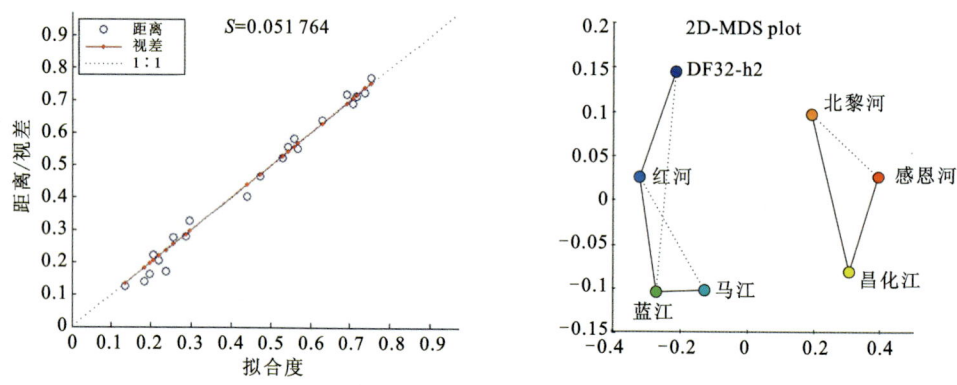

图 4.24　DF32 井黄流组二段锆石 2D-MDS 分布图

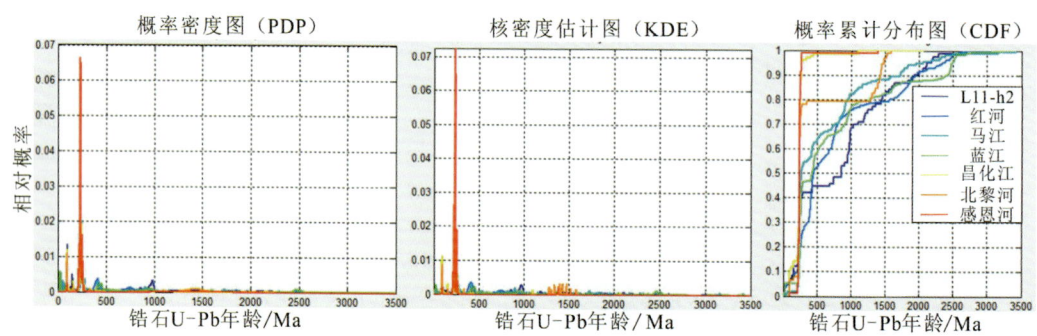

图 4.25　L11 井黄流组二段锆石 U-Pb 年龄与周缘河流对比图

表 4.6　L11 井黄流组二段碎屑锆石年龄统计系数表

分布函数	统计系数	红河	马江	蓝江	昌化江	北黎河	感恩河
概率密度函数（PDP）	R^2_{PDP}	0.48	0.47	0.35	0.50	0.34	0.29
	相似度	0.42	0.52	0.50	0.38	0.21	0.28
	似然系数	0.72	0.76	0.69	0.60	0.44	0.54
核密度估计函数（KDE）	R^2_{KDE}	0.54	0.54	0.46	0.48	0.33	0.35
	相似度	0.42	0.43	0.45	0.34	0.26	0.25
	似然系数	0.69	0.64	0.65	0.56	0.40	0.47

2D-MDS图直观地比较了L11-h2与周缘河流之间的相似性特征(图4.26),L11-h2与红河最相似,与蓝江、马江和昌化江次之,与北黎河和感恩河差异明显。

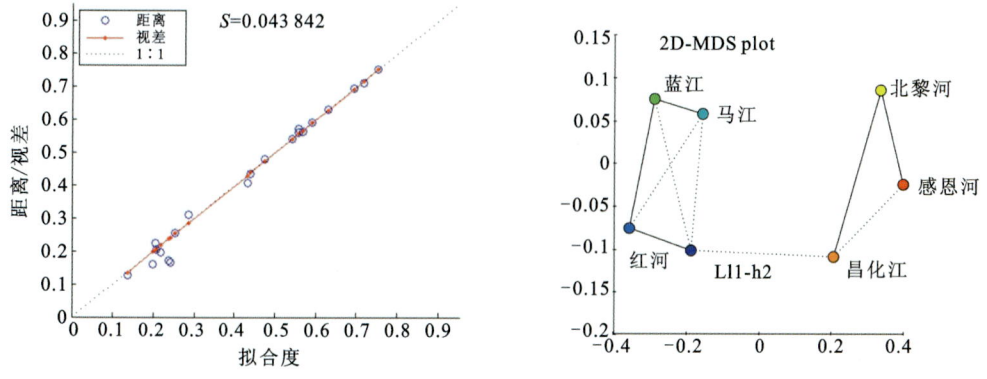

图4.26 L11井黄流组二段锆石2D-MDS分布图

锆石年龄谱显示L262-h2与海南隆起河流具有极高的相似性,对它们的碎屑锆石年龄进行统计学系数定量分析(图4.27),结果如表4.7所示。L262-h2与昌化江和望楼河之间的各个系数值最大,与北黎河的系数值大于其与感恩河的系数值,与宁远河和望楼河的系数值类似,但宁远河在L262井更远的东南侧。

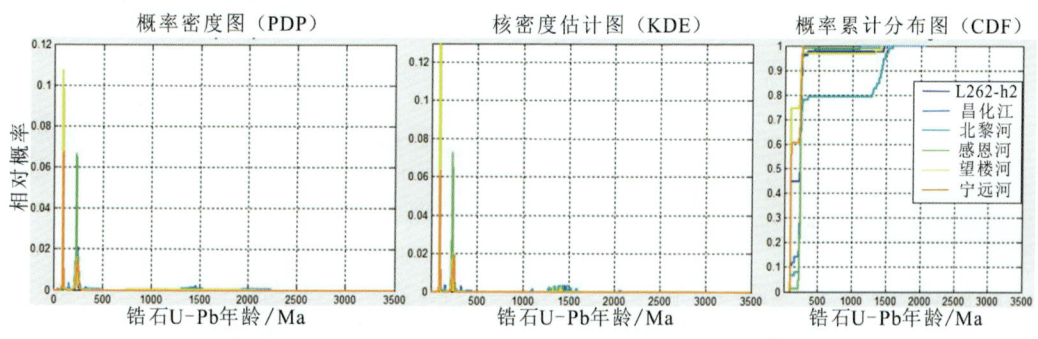

图4.27 L262井黄流组二段锆石U-Pb年龄与周缘河流对比图

表4.7 L262井黄流组二段碎屑锆石年龄统计系数表

分布函数	统计系数	昌化江	北黎河	感恩河	望楼河	宁远河
概率密度函数(PDP)	R^2_{PDP}	0.54	0.49	0.30	0.60	0.55
	相似度	0.62	0.46	0.43	0.57	0.74
	似然系数	0.86	0.74	0.71	0.86	0.64
核密度估计函数(KDE)	R^2_{KDE}	0.42	0.31	0.23	0.60	0.42
	相似度	0.56	0.41	0.39	0.55	0.41
	似然系数	0.82	0.69	0.67	0.82	0.59

L262-h2与海南隆起西侧河流之间的相似性进行2D-MDS图投点分析(图4.28),L262-h2与昌化江、望楼河最相似,与北黎河、感恩河和宁远河相似性次之。

1. 黄流组一段砂岩碎屑锆石 U-Pb 年龄定量分析

B3 井位于莺-琼盆地结合部东侧，B3-h1 呈现出小于 300Ma 的多峰年龄复杂特征，定性的比较与红河、长山流域的锆石年龄谱都有显著的差异性，与海南隆起的河流碎屑锆石年龄有很大的相似性。B3-h1 与海南隆起西侧河流的锆石年龄进行统计学参数定量对比分析（图 4.29），其分析结果如表 4.8 所示：B3-h1 与昌化江的系数值最大，与北黎河、望楼河和宁远河的系数值次之，概率密度函数显示与感恩河的 R^2_{PDP}、相似度和似然系数分别为 0.31、0.41 和 0.51，小于其他 4 条河流间的对应系数值；B3-h1 与感恩河间的统计系数具有较低值特征。

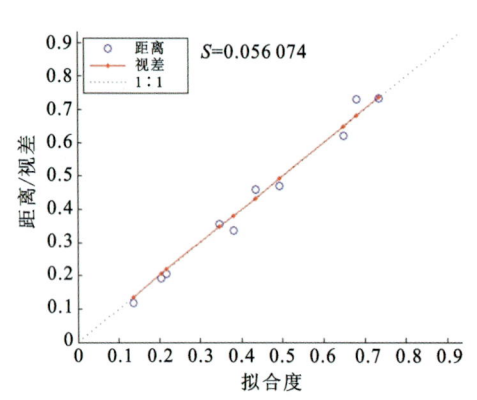
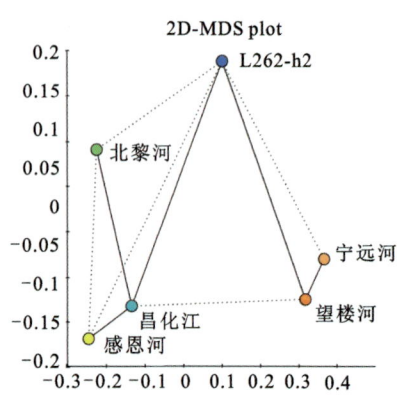

图 4.28　L262 井黄流组二段锆石 2D-MDS 分布图

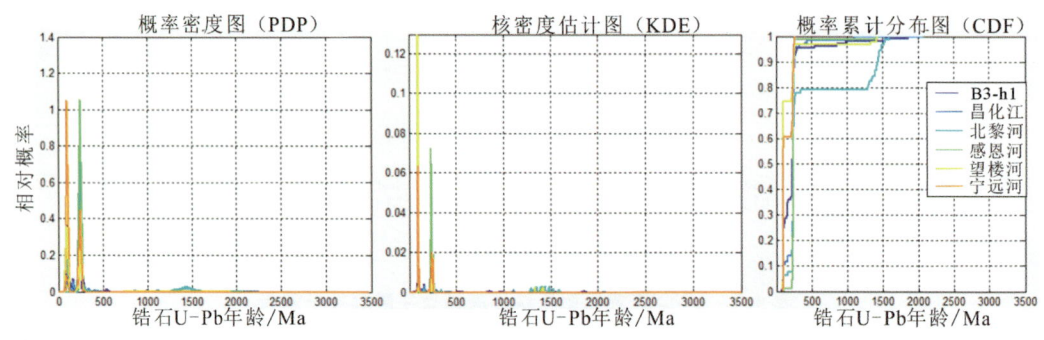

图 4.29　B3 井黄流组一段锆石 U-Pb 年龄与周缘河流对比图

表 4.8　B3 井黄流组一段碎屑锆石年龄统计系数表

分布函数	统计系数	昌化江	北黎河	感恩河	望楼河	宁远河
概率密度函数（PDP）	R^2_{PDP}	0.78	0.57	0.31	0.53	0.58
	相似度	0.70	0.50	0.41	0.52	0.57
	似然系数	0.89	0.75	0.54	0.75	0.83
核密度估计函数（KDE）	R^2_{KDE}	0.74	0.54	0.51	0.51	0.56
	相似度	0.66	0.46	0.37	0.57	0.55
	似然系数	0.88	0.71	0.42	0.75	0.81

将 B3-h1 与海南隆起西侧河流进行 2D-MDS 图可视化分析(图 4.30),B3-h1 与昌化江最相似,与北黎河、望楼河和宁远河次之,与感恩河差异明显。

锆石年龄谱定性对比分析显示 LH1-h1 与红河、马江、蓝江具有很好的相似性,对它们之间的锆石年龄分布特征进行统计学定量对比分析(图 4.31),分析结果如表 4.9 所示。LH1-h1 与红河、马江和蓝江间的相关性系数值均较大,其中与蓝江的互相关系数为高值($R^2_{\text{PDP}}=0.77$、$R^2_{\text{KDE}}=0.73$),与昌化江呈现出最低值。

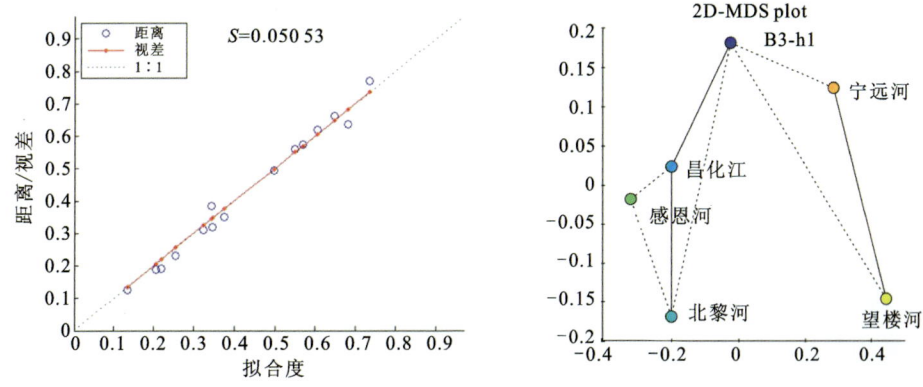

图 4.30 B3 井黄流组一段锆石 2D-MDS 分布图

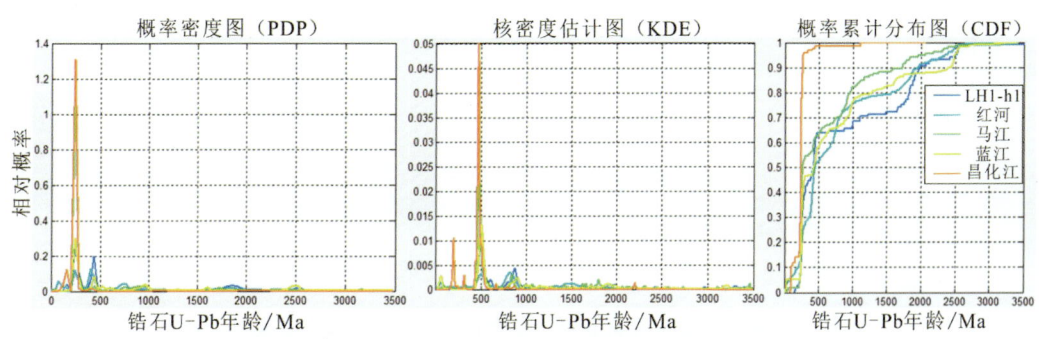

图 4.31 LH1 井黄流组一段锆石 U-Pb 年龄与周缘河流对比图

表 4.9 LH1 井黄流组一段碎屑锆石年龄统计系数表

分布函数	统计系数	红河	马江	蓝江	昌化江
概率密度函数(PDP)	R^2_{PDP}	0.58	0.57	0.77	0.35
	相似度	0.55	0.19	0.62	0.07
	似然系数	0.83	0.86	0.88	0.49
核密度估计函数(KDE)	R^2_{KDE}	0.48	0.58	0.73	0.36
	相似度	0.61	0.56	0.70	0.47
	似然系数	0.59	0.58	0.63	0.45

对 LH1-h1 与红河、马江、蓝江和昌化江的相似性进行投点分析(图 4.32),与红河、蓝江的相似度最大,与马江次之,与昌化江均有明显的差异性。

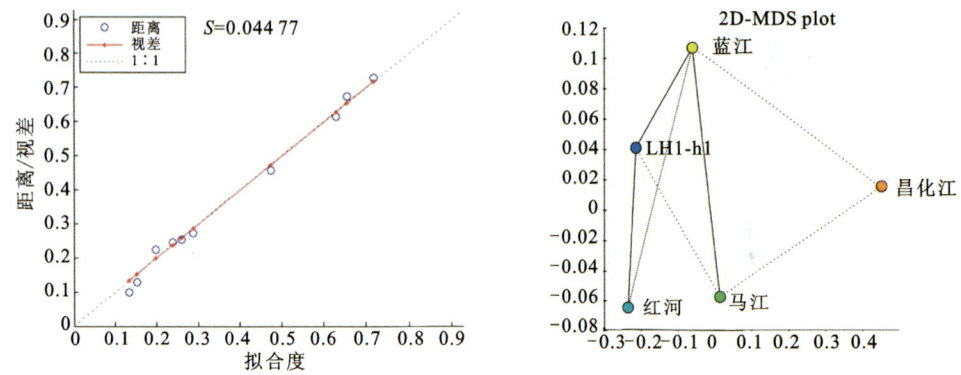

图 4.32　LH1 井黄流组一段锆石 2D-MDS 分布图

锆石年龄谱定性对比分析显示 L11-h1 与红河、马江、蓝江和昌化江具有相似性特征,它们进行统计学参数定量对比分析(图 4.33)。表 4.10 展示对比分析的结果:L11-h1 与昌化江的 R^2_{PDP} 值达到了 1.00,与红河之间的 R^2_{PDP} 和 R^2_{KDE} 分别为 0.89 和 0.82,与马江、蓝江之间的统计系数值较小。

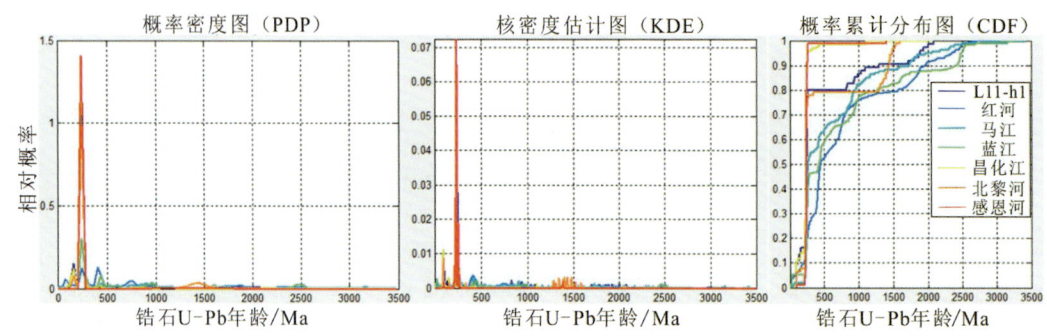

图 4.33　L11 井黄流组一段锆石 U-Pb 年龄与周缘河流对比图

表 4.10　L11 井黄流组一段碎屑锆石年龄统计系数表

分布函数	统计系数	红河	马江	蓝江	昌化江
概率密度函数(PDP)	R^2_{PDP}	0.89	0.28	0.43	1.00
	相似度	0.65	0.25	0.17	0.81
	似然系数	0.75	0.52	0.61	0.81
核密度估计函数(KDE)	R^2_{KDE}	0.82	0.45	0.58	0.86
	相似度	0.51	0.31	0.34	0.59
	似然系数	0.74	0.52	0.53	0.81

L11-h1 与红河、蓝江和马江之间的 2D-MDS 图直观显示了锆石年龄分布的相似性特征(图 4.34),L11-h1 与昌化江、红河最相似。

从锆石年龄谱定性比较看 DF33-h1 与红河、马江、蓝江以及海南隆起西侧部分河流具有相似性,对其进行统计学系数定量分析(图 4.35),分析结果如表 4.11 所示。从年龄概率分布

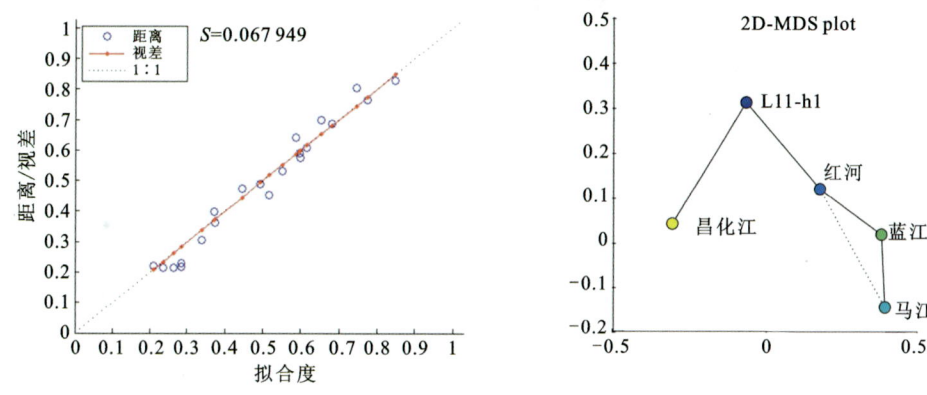

图 4.34　L11 井黄流组一段锆石 2D-MDS 分布图

函数统计系数值来看,与红河的互相关系数、相似度和似然系数分别为 0.42、0.60 和 0.78,与蓝江的互相关系数、相似度和似然系数分别为 0.38、0.53 和 0.69,与马江的互相关系数、相似度和似然系数分别为 0.26、0.23 和 0.65,DF33-h1 与红河、蓝江和马江的相似性依次减弱;昌化江在 DF33-h1 与海南隆起河流的相似性定量分析中表现出相关系数值最大特征。

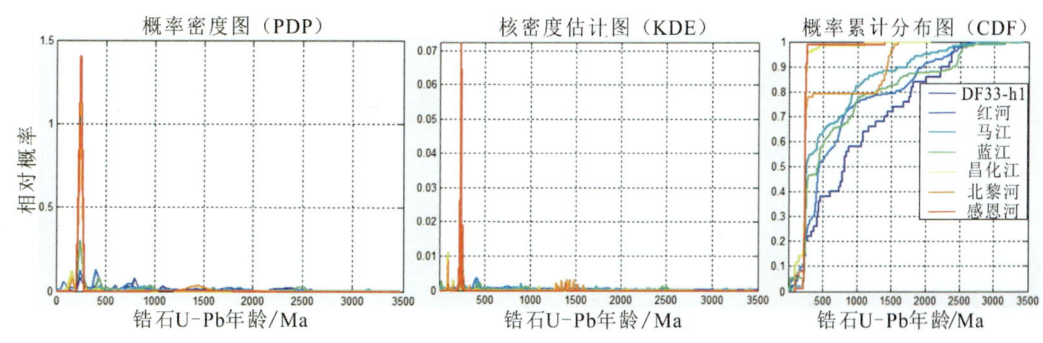

图 4.35　DF33 井黄流组一段锆石 U-Pb 年龄与周缘河流对比图

表 4.11　DF33 井黄流组一段碎屑锆石年龄统计系数表

分布函数	统计系数	红河	马江	蓝江	昌化江	北黎河	感恩河
概率密度函数(PDP)	R^2_{PDP}	0.42	0.26	0.38	0.21	0.15	0.13
	相似度	0.60	0.23	0.53	0.21	0.07	0.00
	似然系数	0.78	0.65	0.69	0.44	0.35	0.37
核密度估计函数(KDE)	R^2_{KDE}	0.32	0.05	0.18	0.08	0.02	0.02
	相似度	0.62	0.35	0.41	0.10	0.10	0.05
	似然系数	0.87	0.56	0.66	0.26	0.17	0.18

将 DF33-h1 与潜在物源区的锆石年龄之间的相似性特征以 2D-MDS 图投点的形式分析(图 4.36),DF33-h1 与红河的相似性最好,与蓝江、马江次之,与昌化江有一定的相似性,与北黎河和感恩河没有相似性。

将 DF32-h1 与红河、马江、蓝江、昌化江、北黎河和感恩的锆石年龄分布特征进行统计系数定量对比分析(图 4.37),对比分析结果如表 4.12 所示。从概率密度函数的互相关系数来看,DF32-h1 与蓝江、红河和马江对应的值分别为 0.68、0.56 和 0.48,比昌化江、北黎河和感恩河之间的互相关系数值(分别为 0.33、0.22 和 0.23)大很多,同时相似度系数与似然系数也都指示了 DF32-h1 与蓝江、红河和马江的相似性大于海南隆起西部的河流;锆石年龄核估计函数统计分析整体上与概率密度函数统计分析结果相同,唯一的区别是 DF32-h1 与红河的 R_{KDE}^2 值(0.42)大于与蓝江的 R_{KDE}^2 值(0.38),但数值的差异性较小。

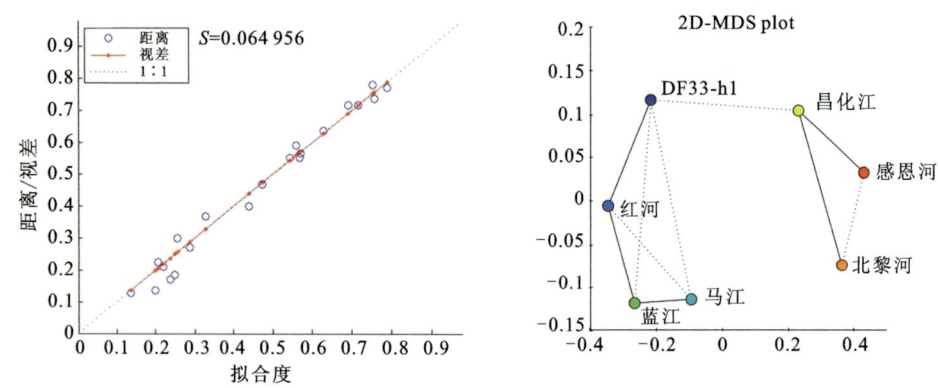

图 4.36　DF33 井黄流组一段锆石 2D-MDS 分布图

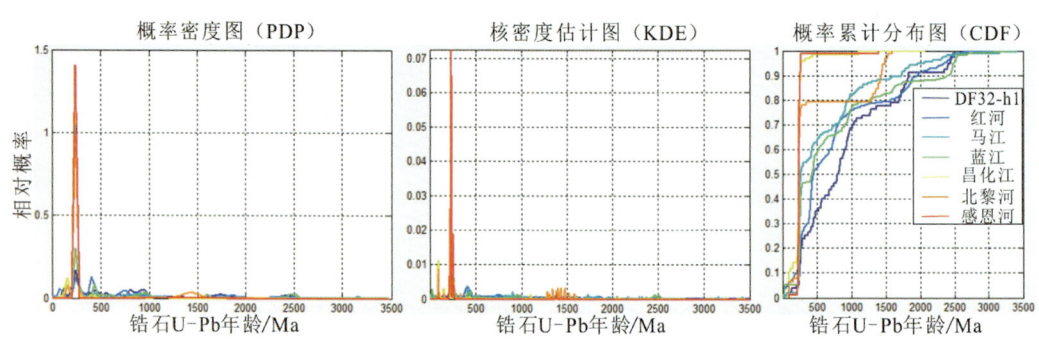

图 4.37　DF32 井黄流组一段锆石 U-Pb 年龄与周缘河流对比图

表 4.12　DF32 井黄流组一段碎屑锆石年龄统计系数表

分布函数	统计系数	红河	马江	蓝江	昌化江	北黎河	感恩河
概率密度函数(PDP)	R_{PDP}^2	0.56	0.48	0.68	0.33	0.22	0.23
	相似度	0.59	0.34	0.58	0.12	0.04	0.04
	似然系数	0.95	0.86	0.85	0.60	0.57	0.51
核密度估计函数(KDE)	R_{KDE}^2	0.42	0.35	0.38	0.26	0.22	0.22
	相似度	0.63	0.36	0.42	0.13	0.10	0.05
	似然系数	0.88	0.57	0.67	0.27	0.27	0.18

将 DF32-h1 与周缘河流的碎屑锆石年龄之间相似性特征以投点的形式进行可视化分析(图 4.38),DF32-h1 与蓝江、红河相似性最大,与马江、昌化江相似性次之,与北黎河、感恩河相似性小。

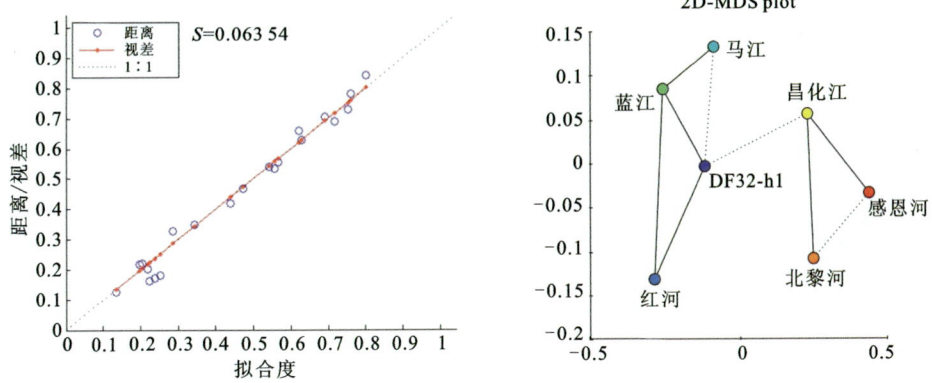

图 4.38　DF32 井黄流组一段锆石 2D-MDS 分布图

对 DF12-h1 与潜在物源区河流锆石年龄特征进行统计参数定量对比分析(图 4.39),对比分析结果如表 4.13 所示。从锆石年龄概率密度函数对比分析来看,DF12-h1 与红河、蓝江和马江的互相相关系数(R^2_{PDP})分别为 0.43、0.42 和 0.37,对应的相似度和似然系数也依次减小;相对于北黎河和感恩河,DF12-h1 与昌化江的统计参数值较大,年龄核密度估计函数也显示相似的结果。

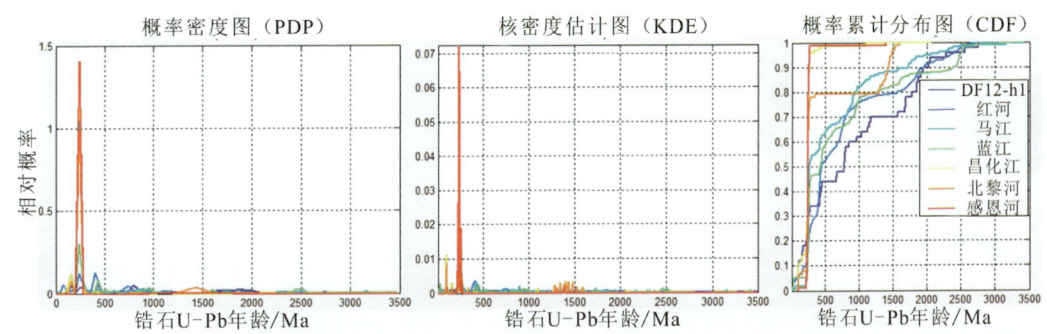

图 4.39　DF12 井黄流组一段锆石 U-Pb 年龄与周缘河流对比图

表 4.13　DF12 井黄流组一段碎屑锆石年龄统计系数表

分布函数	统计系数	红河	马江	蓝江	昌化江	北黎河	感恩河
概率密度函数(PDP)	R^2_{PDP}	0.43	0.37	0.42	0.22	0.16	0.15
	相似度	0.59	0.41	0.53	0.14	0.03	0.02
	似然系数	0.69	0.62	0.67	0.39	0.29	0.25
核密度估计函数(KDE)	R^2_{KDE}	0.48	0.37	0.40	0.15	0.03	0.03
	相似度	0.66	0.35	0.42	0.22	0.11	0.06
	似然系数	0.90	0.57	0.67	0.29	0.18	0.20

基于 2D-MDS 图对 DF12-h1 和周缘河流的锆石年龄分布特征以投点的形式进行可视化分析(图 4.40),DF12-h1 与红河、蓝江最相似,与马江、昌化江相似性次之,与北黎河、感恩河相似性最差。

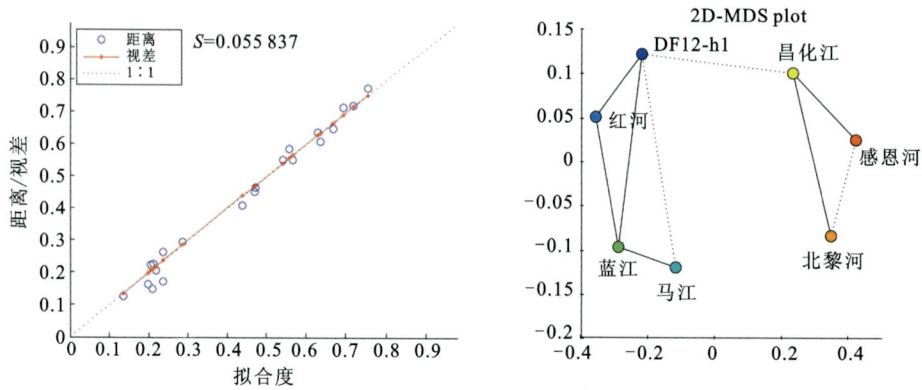

图 4.40　DF12 井黄流组一段锆石 2D-MDS 分布图

L262-h1 锆石年龄谱显示的多峰复杂特征与周缘多条河流具有相似性,对其进行了统计参数定量对比分析(图 4.41),分析结果如表 4.14 所示。从概率密度函数和核密度估计函数都呈现了 L262-h1 与红河的相似性最好,与蓝江的相似性次之,与昌化江、北黎河、感恩河和望楼河相似性也较好,与马江的相似性最差。

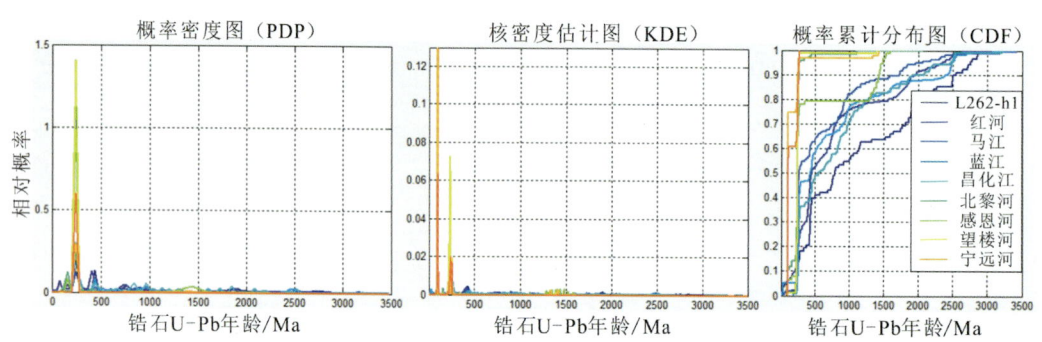

图 4.41　L262 井黄流组一段锆石 U-Pb 年龄与周缘河流对比图

表 4.14　L262 井黄流组一段碎屑锆石年龄统计系数表

分布函数	统计系数	红河	马江	蓝江	昌化江	北黎河	感恩河	望楼河
概率密度函数(PDP)	R^2_{PDP}	0.62	0.32	0.51	0.41	0.40	0.39	0.38
	相似度	0.64	0.20	0.54	0.30	0.32	0.30	0.28
	似然系数	0.91	0.43	0.78	0.69	0.65	0.55	0.38
核密度估计函数(KDE)	R^2_{KDE}	0.62	0.25	0.43	0.35	0.30	0.32	0.30
	相似度	0.64	0.37	0.43	0.17	0.13	0.13	0.19
	似然系数	0.84	0.53	0.69	0.40	0.31	0.32	0.28

图 4.42 是将 L262-h1 与其周缘河流之间的锆石年龄分布特征以投点的形式分析结果：L262-h1 与红河相似性最好，与蓝江、昌化江、感恩河和望楼河相似性次之，与马江、北黎河相似性最差。

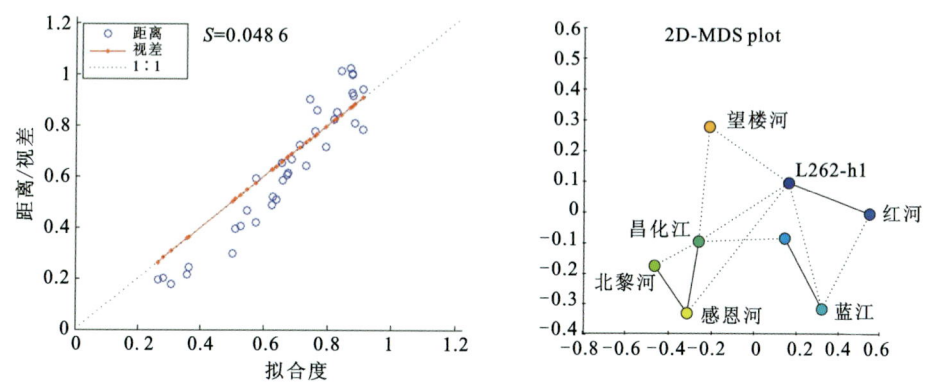

图 4.42　L262 井黄流组一段锆石 2D-MDS 分布图

第三节　黄流组砂岩的混源体系解译

一、基于 Inverse Monte Carlo 模型的正演模拟方法

从激光剥蚀电感耦合等离子体质谱法（LA-ICPMS）问世以来，碎屑锆石 U-Pb 地质年代学数据集的样品数量和样本大小都急剧增加（Vermeesch and Garzanti，2015），这项技术已成为对从源到汇问题感兴趣的地球科学家首选方法，包括沉积量估算、沉积物路径确定、古地理或古地貌重建和地层最大沉积年龄界定等，这些问题都需要详细的沉积物来源分析（Perez and Horton，2014）。早期碎屑锆石 U-Pb 年龄分布的解释主要基于给定地质环境中是否存在源区锆石分布特征的定性比较，通常通过垂直叠加的有限混合分布图（概率密度图 PDP 或核密度图 KDE）上的竖线突出显示；但这种方法存在许多问题，其中最明显的问题主要体现在两个方面：一是对相同的样本数据，不同的解释者给出的解释结果可能不一样，存在解释者偏见；二是碎屑锆石 U-Pb 年龄概率密度图（PDP）或核密度图（KDE）中可能使得较大和较小的年龄出现过度平滑的情况，这会增加对物源特征误解的潜在风险。此外，随着样本数量的急剧增大，碎屑锆石 U-Pb 年龄数据管理逐渐成为了一个更紧迫的问题，庞大的数据量或多页的年龄谱图使得解释者无从下手，仅仅依靠人的视觉对比锆石 U-Pb 年龄分布特征往往会不尽完善。

近几年来，越来越多的定量技术已用于对比多个碎屑锆石 U-Pb 年龄数据集之间的分布特征（Saylor et al.，2013；Satkoski et al.，2013；Vermeesch，2013；Saylor and Sundell，2016）。得益于这些方法的广泛应用，使得对混合物源区碎屑锆石 U-Pb 年龄进行定量解译的技术也得到了发展。在具有大量沉积物经过再循环过程的地质环境中，定量解译不同物源方向沉积物质之间的混合比例尤为重要，例如判断碎屑沉积物主要来自物源区剥蚀和风化作用,还是其他早期碎屑沉积岩经过再循环沉积作用,对于碎屑成岩储层物性的分析至关重要(Perez and Horton,2014)。基于源区锆石 U-Pb 年龄的分布特征,结合不同源区的相对露头面积,按照源区相对露头面积比作为混合比例,可以对混合物源的汇区碎屑岩锆石 U-Pb 年龄进行预测分析(Amidon et al.,2005);另一个解译混合物源碎屑锆石 U-Pb 年龄特征的思路是通过基于模型的对比来确定潜在源区的混合比例(Saylor et al.,2013),目前比较成熟的方法是基于逆蒙特卡罗正演建模(reverse Monte Carlo model)的定量解译物源混合比例的方法(Sundell and Saylor,2017;图 4.43)。

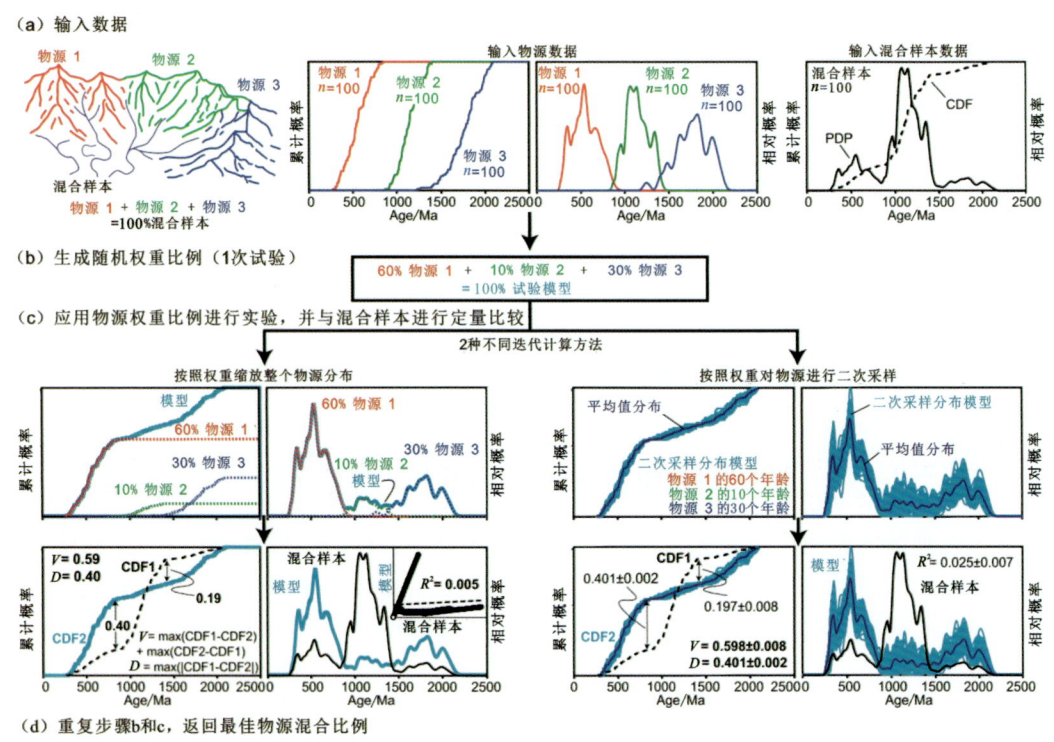

图 4.43　逆蒙特卡罗正演模型运行模拟步骤(据 Sundell and Saylor,2017 修改)

(a)有三个方向物源的混合样本地质模型;潜在物源方向的锆石年龄累积分布图(CDF,左)和概率密度图(PDF,中),混合样品包括三个方向物源样本,每个物源样本的年龄为 100 个;右侧显示了来自物源 1 的 20%、物源 2 的 70% 和物源 3 的 10% 组成的混合样本年龄分布特征(CDF 和 PDF)。(b)进行一次三个方向物源样本模拟的随机加权比例。(c)从(b)步骤中随机生成的权重应用于模型(左),或转换为从物源年龄分布中随机二次抽样的年龄百分比(右);使用 KS 检验 D 统计量、Kuiper 检验 V 统计量和互相关系数 R 对模型试验(蓝色)与混合样本(黑色)进行定量比较。当对 CDF 或 PDP(左)应用随机加权时,结果产生一个单一值,但当基于二次抽样源年龄(右)时,给出一个范围(显示为平均值和标准偏差)。(d)重复步骤(b)和(c)直到达到用户指定的次数(试验次数),并返回迭代计算得到的最佳模型拟合百分比。

逆蒙特卡罗正演模型可以用两种不同的方法来构建汇区混合物源碎屑锆石 U-Pb 年龄分布模型,以便与不同物源区的样本碎屑锆石 U-Pb 年龄分布特征进行比较。利用构建模型进行汇区混合碎屑锆石 U-Pb 年龄定量解译的方法大致分为两个步骤,首先是基于逆蒙特卡罗模型随机生成不同源区的权重来构建汇区人工混合的碎屑锆石 U-Pb 年龄特征,然后通过人工混合的碎屑锆石 U-Pb 年龄分布特征与实验测试分析得到的汇区实测混合碎屑锆石 U-Pb 年龄分布特征进行对比分析。用户可以在对比分析过程中指定进行定量比较的次数(试验次数),有三种统计学方法可以实现该过程的定量对比分析:基于锆石 U-Pb 年龄累积分布函数 CDF 通过 Kolmogorov-Smirnov 检验(K-S 经验)和 Kuiper 检验分别计算统计量 D 和统计量 V,以及基于有限锆石 U-Pb 年龄概率密度图(PDF)或核密度图分布(KDE)计算交叉图系数 R_{PDP}^2。第一种构建汇区混合物源锆石 U-Pb 年龄分布模型的方法是通过随机生成的权重来缩放每个源区碎屑锆石 U-Pb 年龄的 CDF 或 PDF 分布,并将它们按照比例混合相加,生成单个样本锆石 U-Pb 年龄的 CDF 或 PDP 分布作为汇区人工混合锆石 U-Pb 年龄的分布(Saylor et al., 2013)。第二种方法将不同源区每次随机生成的比例转换为不同源区年龄的个数(整数),再按照不同源区年龄的个数从每个源区锆石 U-Pb 年龄样本中进行二次抽样,将抽样得到锆石 U-Pb 年龄的混合样本进行混合相加作为汇区人工混合锆石 U-Pb 年龄的分布(Licht et al., 2016)。

在逆蒙特卡罗正演建模结果约束下,通过此方法来构建汇区混合物源碎屑锆石 U-Pb 年龄分布模型是可行的,同时可以结合正演优化程序,使得整个通过模型构建汇区混合物源碎屑锆石 U-Pb 年龄分布模型的计算过程是高效的。在逆蒙特卡罗正演模型结果的约束下,有两种不同的方法实现优化:第一种方法是一种迭代正演模型,它根据逆蒙特卡罗模型结果的平均值和标准偏差来确定不同源区的权重范围,并将该范围扩大到 10 倍左右,并在相对误差水平在 1% 的水平上输出最佳人工混合模型的源区权重值;第二种优化方法是利用基于 MATLAB optimization Toolbox TM 的内点约束非线性优化算法,在这种方法中该函数最小化算法试图最小化人工混合与汇区实测的锆石 U-Pb 年龄之间的差异,定量指标包括基于锆石 U-Pb 年龄 CDF 分布通过 K-S 检验和 Kuiper 检验分别计算的统计量 D 和 V 值,以及基于有限锆石 U-Pb 年龄概率密度图(PDF)计算的交叉图系数 R_{PDP}^2。用户指定的逆蒙特卡罗正演模型结果的最佳拟合数(源区贡献的平均值)用作初始值,然后通过内点算法迭代计算以找到最小函数值,这些值中的最低值输出为最佳拟合模型。

以锆石 U-Pb 年龄概率密度图(PDF)为例,样本锆石 U-Pb 年龄的分布特征可以通过关系式(4-28)表达:

$$P(x) = \sum_{i=1}^{N}(1/2\sigma_i\sqrt{2\pi})e^{-(x-u_i)^2/2\sigma_i^2} \tag{4-28}$$

其中:σ_i 为颗粒年龄误差 1σ;u_i 为颗粒年龄的平均值;x 为给定颗粒的年龄值。

$$\varphi_a P(A) + \varphi_b P(B) + (1-\varphi_a-\varphi_b)P(C) = P(D) \tag{4-29}$$

其中:$P(A)$、$P(B)$ 和 $P(C)$ 是混合比例,分别为 φ_a、φ_b 和 $(1-\varphi_a-\varphi_b)$ 的源区锆石年龄 PDF 分布,以此创建下游汇区锆石年龄混合 $P(D)$。其中 φ_a 和 φ_b 都必须是正小数,且 $\varphi_a + \varphi_b \leq 1$。要使等式(4-29)成立,还必须满足两个基本假设:①下游汇区锆石年龄混合 $P(D)$ 组成中,必须是只有组分 $P(A)$、$P(B)$、$P(C)$ 三个方向的源区锆石年龄 PDF 分布;②所有的样本锆石年龄 PDF 分布,必须是真实的潜在年龄分布的准确表示。

在确定汇区锆石年龄混合 $P(D)$ 中 $P(A)$、$P(B)$ 和 $P(C)$ 各组分所占比例的迭代方法中,将各组分 PDF 以每一种可能的 φ 值组合起来,直到得到的人工混合 PDF 与实测混合 PDF 的不匹配度(4-30)最低:

$$\left[\left(\sum_{i=1}^{N}|\text{PDF}_{人工}-\text{PDF}_{实测}|\right)/2\right]\times 100 \quad (4\text{-}30)$$

不匹配度最低的 φ 值组合就是 $P(A)$、$P(B)$ 和 $P(C)$ 各个所代表的源区锆石在汇区混合锆石中所占的比例。

二、黄流组二段砂岩混源体系解译

昌化江、北黎河、望楼河和宁远河是 A2-h2 物源方向,利用逆蒙特卡罗模型对其不同物源方向的相对贡献度进行定量解译(图 4.44),由昌化江、北黎河、望楼河和宁远河的锆石年龄按照一定的比例混合生成的混合模型与 A2-h2 锆石年龄累计概率分布函数具有极好的吻合度;昌化江、北黎河、望楼河和宁远河为 A2-h2 提供物质相对含量分别为:61.5%、1.8%、9.2% 和 27.5%(图 4.45)。

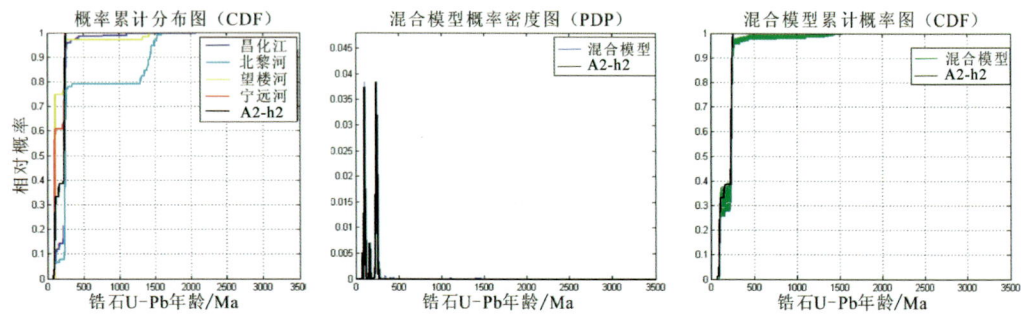

图 4.44 A2 井黄流组二段正演模型特征

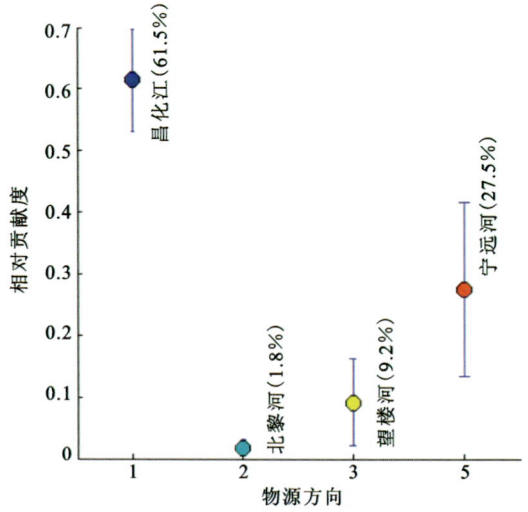

图 4.45 A2 井黄流组二段混合物源相对贡献度分布

利用逆蒙特卡罗模型计算红河、马江和蓝江为 DF32-h2 提供碎屑物质的相对含量(图 4.46),

物源的贡献度如图 4.47 所示，DF32-h2 中来自红河、马江和蓝江物源的相对量分别为 49.1%、29.6% 和 21.3%。

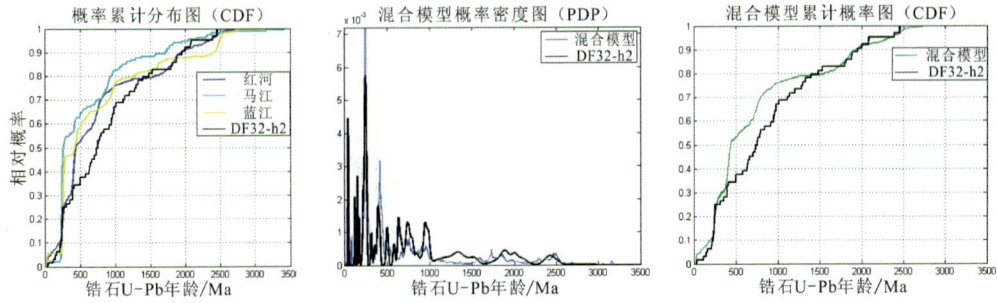

图 4.46　DF32 井黄流组二段正演模型特征

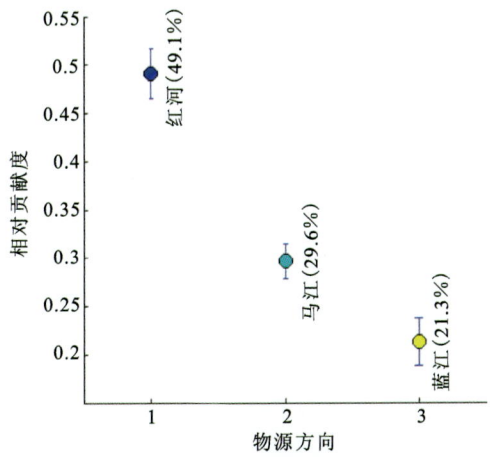

图 4.47　DF32 井黄流组二段混合物源相对贡献度分布

利用模型计算红河、马江和昌化江为 L11-h2 提供碎屑物质量（图 4.48），红河、马江和昌化江提供物质的相对含量分别为 43.8%、18.6%、37.6%（图 4.49）。

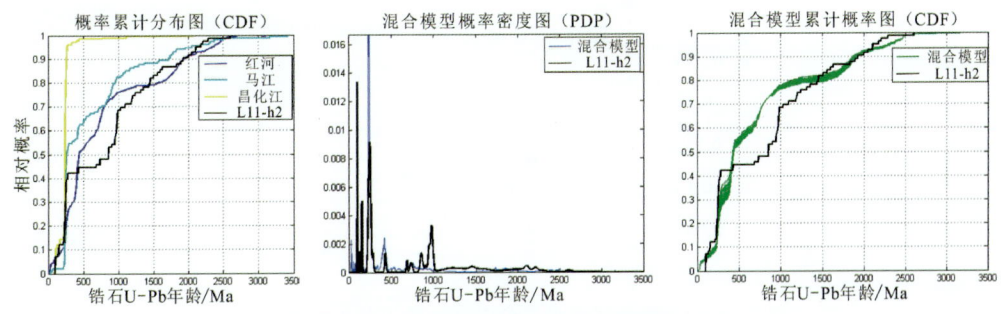

图 4.48　L11 井黄流组二段正演模型特征

利用模型计算昌化江、北黎河、感恩河和望楼河为 L262-h2 提供碎屑物质量的相对含量（图 4.50），L262-h2 中来自昌化江、北黎河、感恩河和望楼河的碎屑物质量分别为 32.1%、13.5%、15.4% 和 39%（图 4.51）。

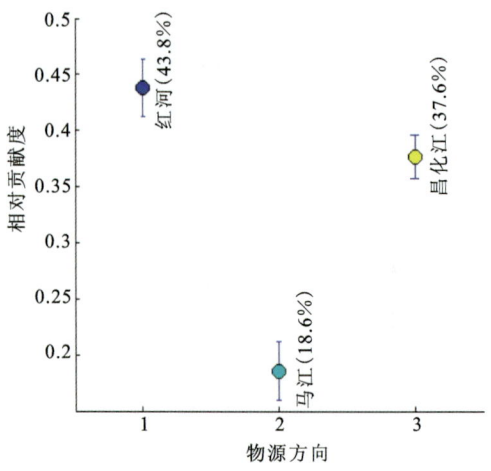

图 4.49　L11 井黄流组二段混合物源相对贡献度分布

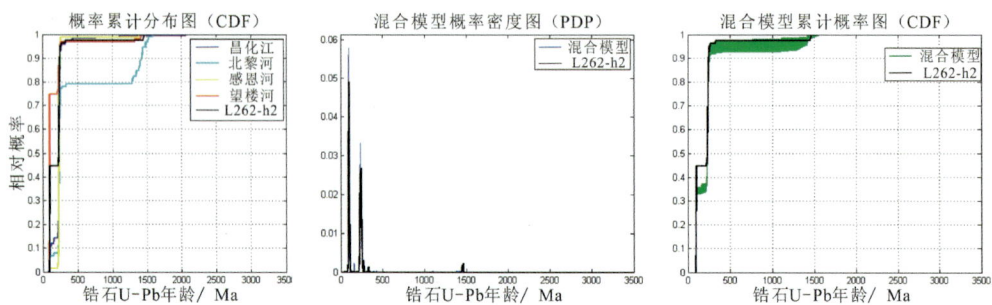

图 4.50　L262 井黄流组二段正演模型特征

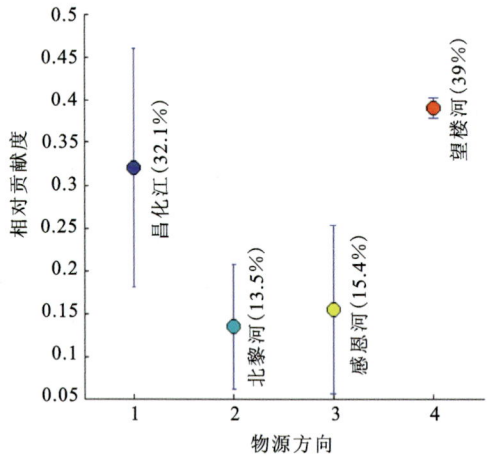

图 4.51　L262 井黄流组二段混合物源相对贡献度分布

三、黄流组一段砂岩混源体系解译

利用逆蒙特模型计算潜在物源方向的河流为 B3-h1 提供碎屑物质的相对含量(图 4.52)，结果显示昌化江、宁远河、望楼河和北黎河提供的相对物质量分别为 64.1%、27.7%、5.3% 和

2.9%(图 4.53)。

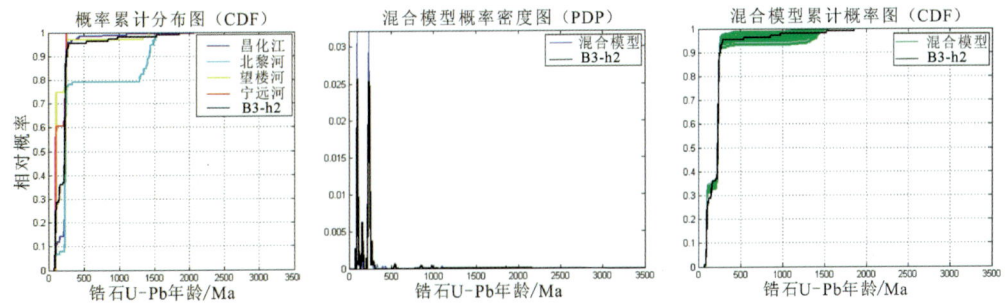

图 4.52 B3 井黄流组一段正演模型特征

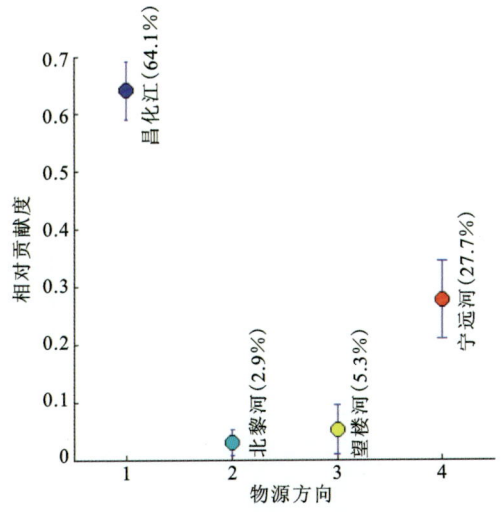

图 4.53 B3 井黄流组一段混合物源相对贡献度分布

利用模型计算不同物源方向对 LH1-h1 的相对供应量(图 4.54),红河、马江和蓝江对其的贡献度大小分别为 22.3%、9.8% 和 67.9%(图 4.55)。

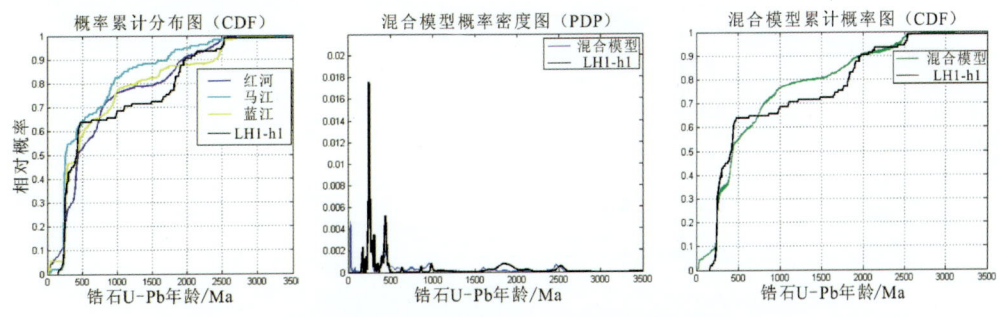

图 4.54 LH1 井黄流组一段正演模型特征

不同物源方向为 L11-h1 提供碎屑物质的量由模型计算得到(图 4.56),结果显示红河、昌化江对 L11-h1 的贡献度大小分别为 35% 和 65%(图 4.57)。

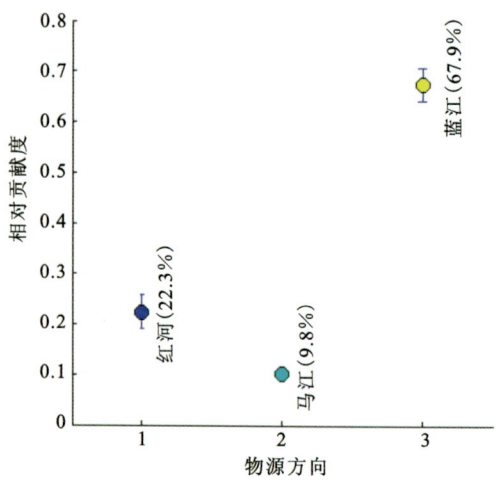

图 4.55　LH1 井黄流组一段混合物源相对贡献度分布

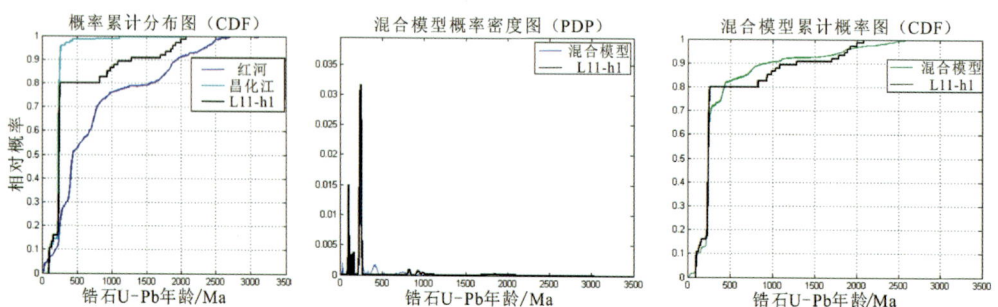

图 4.56　L11 井黄流组一段正演模型特征

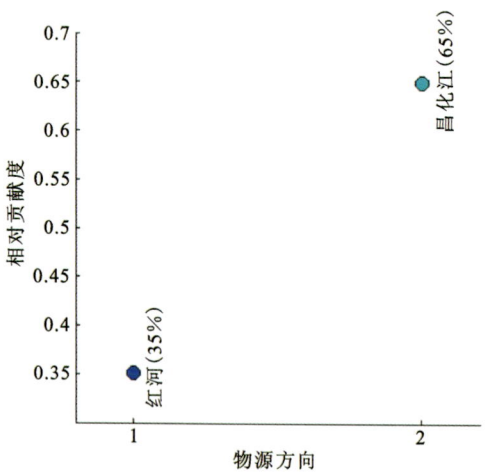

图 4.57　L11 井黄流组一段混合物源相对贡献度分布

利用模型定量计算红河、马江、蓝江和昌化江对 DF33-h1 的贡献度（图 4.58），红河、马江、蓝江和昌化江含量分别为 64.7%、3.5%、31.3% 和 0.5%（图 4.59）。

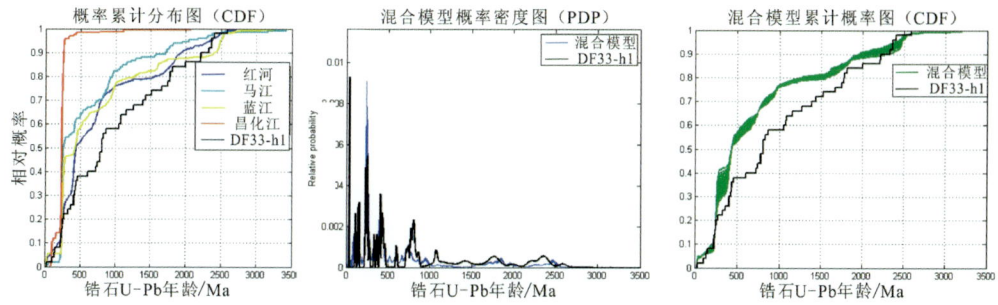

图 4.58　DF33 井黄流组一段正演模型特征

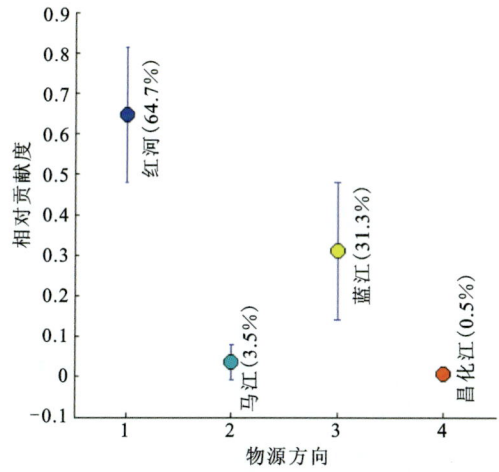

图 4.59　DF33 井黄流组一段混合物源相对贡献度分布

利用逆蒙特卡罗模型计算 DF32-h1 的不同物源贡献度大小(图 4.60),红河、马江、蓝江和昌化江为其提供的相对量分别为 36.1%、5.8%、57% 和 1.1%(图 4.61)。

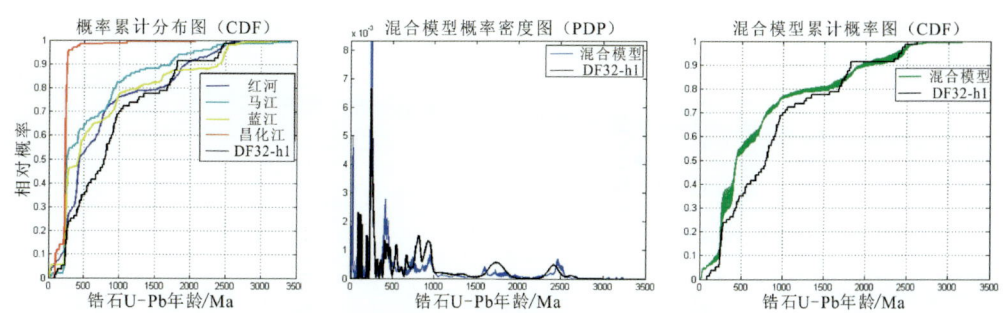

图 4.60　DF32 井黄流组一段正演模型特征

利用逆蒙特卡罗模型计算 DF12-h1 来自红河、马江、蓝江和昌化江的贡献度(图 4.62),结果显示其相对含量分别为 36.8%、4.8%、57.6% 和 0.8%(图 4.63)。

L262-h1 中来自红河、蓝江、昌化江、北黎河、感恩河和望楼河的相对贡献度大小由逆蒙特卡罗模型计算得到(图 4.64),结果显示为 L262-h1 供应的碎屑物质相对含量分别是 87.1%、5.3%、3.2%、2.0%、1.6% 和 0.8%(图 4.65)。

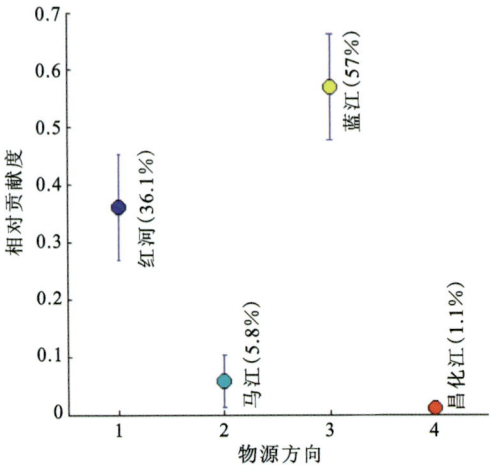

图 4.61　DF32 井黄流组一段混合物源相对贡献度分布

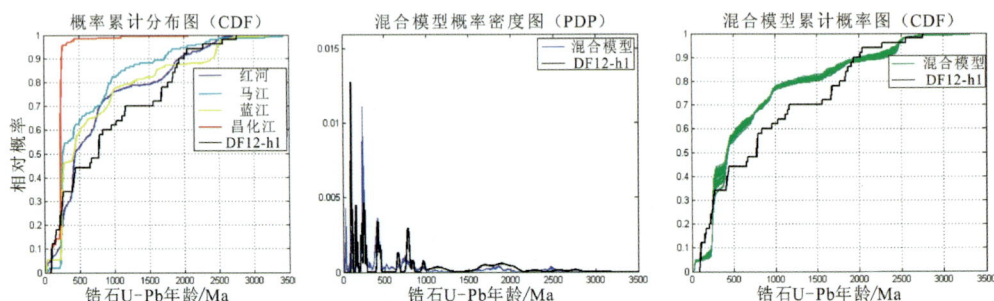

图 4.62　DF12 井黄流组一段正演模型特征

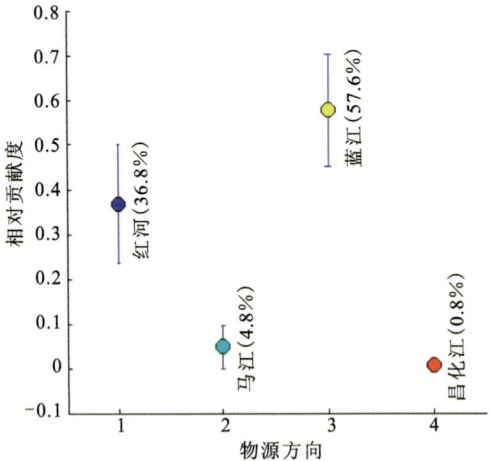

图 4.63　DF12 井黄流组一段混合物源相对贡献度分布

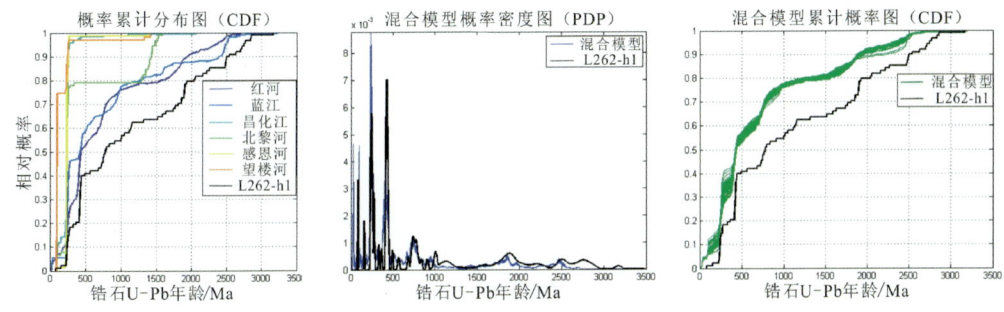

图 4.64　L262 井黄流组一段正演模型特征

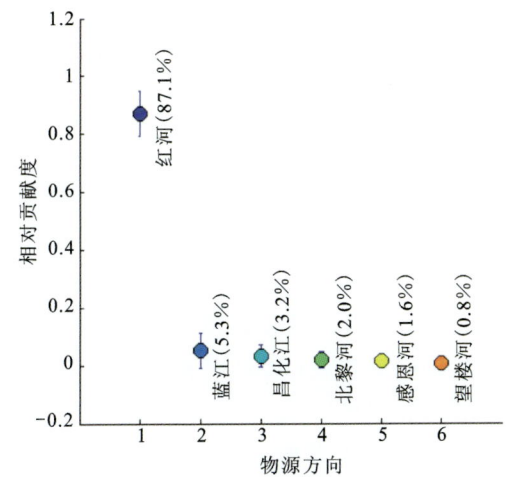

图 4.65　L262 井黄流组一段混合物源相对贡献度分布

第四节　盆内物源时空演化分析

一、黄流组二段物源演化分析

钻井岩心碎屑锆石 U-Pb 定年揭示了莺歌海盆地在黄流组二段时期的物源演化特征,盆地的中央凹陷和莺东斜坡区域在整体上有西北方向源自越南的红河、马江和蓝江,以及东侧发育在海南岛西部的昌化江、北黎河、感恩河、望楼河和宁远河两大物源方向。在黄流早期沉积时期,红河和马江物源主要供应给 DF32 井和 L11 井附近,蓝江物源供给 DF32 井附近;昌化江物源主要供给 L11 井、L262 井和 A2 井附近,北黎河物源主要供给 L262 井附近,感恩河物源主要供给 L262 井附近,望楼河物源主要供给 L262 井和 A2 井附近,宁远河物源主要供给 A2 井附近(图 4.66)。

莺歌海盆地黄流组二段碎屑锆石 U-Pb 定年分析的钻井主要分布在莺东斜坡、和中央凹陷带西北侧东方区,利用碎屑锆石 U-Pb 年龄进行多物源方向混源沉积解译分析,恢复了汇区黄流组二段中混源沉积体的物源方向展布特征:DF32 井揭示中央凹陷带西北侧的东方区混

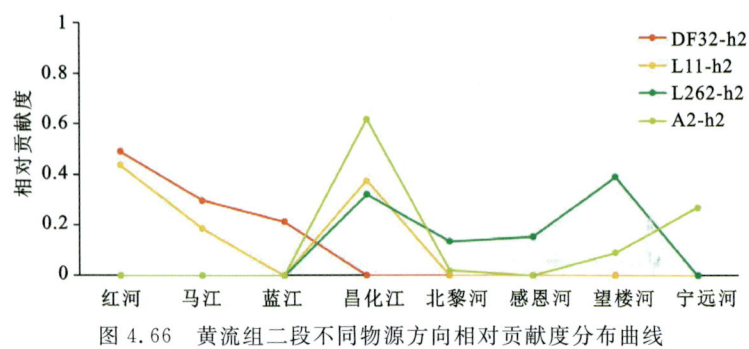

图 4.66 黄流组二段不同物源方向相对贡献度分布曲线

合沉积体的物源方向特征,锆石年龄物源解译的结果显示红河、马江和蓝江为东方区黄流组二段沉积提供大量的碎屑物质,以红河流域的远源物源为主(49.1%),马江和蓝江提供的碎屑物质量次之(分别为29.6%和21.3%),莺歌海盆地中央凹陷带西北侧黄流组二段沉积属于混源区,并受控于红河、马江和蓝江三个物源方向。莺歌海盆地莺东斜坡带物源展布较复杂,表现为西北段、中段和东南段三个区域具有明显差异:西北段以L11井黄流组二段揭示的结果来看,物源方向主要有红河、昌化江和马江三个方向(贡献度分别为43.8%、37.6%和18.6%),红河和马江流域物源丰富,能大量的搬运到离物源区较远的莺东斜坡西北段沉积,因L11井与昌化江距离近且昌化江是海南隆起西侧流域规模最大的河流,也能为莺东斜坡西北段黄流组二段沉积提供大量的碎屑物质;L262井揭示了莺东斜坡中段黄流组二段物源方向主要有昌化江、北黎河、感恩河和望楼河,望楼河和昌化江提供最主要的碎屑物质(贡献量分别为39%和32%),望楼河因与L262井距离近且流域规模较大能为莺东斜坡中段黄流组二段提供大量碎屑物质,虽然昌化江距离最远,但其流域规模大能为L262井提供大量碎屑物质,其次是感恩河和北黎河提供的碎屑物质相当(分别为15%和14%);A2井位于莺东斜坡东南段,从利用A2井黄流组二段碎屑锆石U-Pb年龄进行物源方向定量解译分析,结果显示昌化江、宁远河、望楼河和北黎河是A2井黄流组二段的碎屑物质主要来源(分别为62%、27%、9%和2%),同样昌化江规模大能为相对距离较远的莺东斜坡东南段提供大量的碎屑物质,宁远河和望楼河距离A2井更近但流域规模较小提供碎屑物质的能力次之,北黎河即属于流域规模小又距离A2井更远提供少量的碎屑物质。

莺歌海盆地莺东斜坡带在黄流组二段的物源方向主要包括红河、马江以及海南隆起西部河流(昌化江、北黎河、感恩河、望楼河和宁远河),对于莺东斜坡带东南段的乐东区物源方向主要是海南隆起西部的河流,在A2井黄流组二段揭示的碎屑物质供应量从昌化江、宁远河、望楼河和北黎河依次减小,而西北部红河、马江等大规模水系提供的碎屑物质仅在莺东斜坡的西北段有分布,海南隆起西部近物源控制了乐东区黄流组二段的沉积物供应量(图4.66和图4.67)。

二、黄流组一段物源演化分析

基于碎屑锆石U-Pb定年数据利用逆蒙特卡罗模型定量解译混源沉积区的物源演化,分析得到了莺歌海盆地黄流组一段物源演化特征(图4.68),西北部红河、马江和蓝江流域,以及东部昌化江、北黎河、感恩河、望楼河和宁远河流域是中央凹陷和莺东斜坡带两大物源方向。

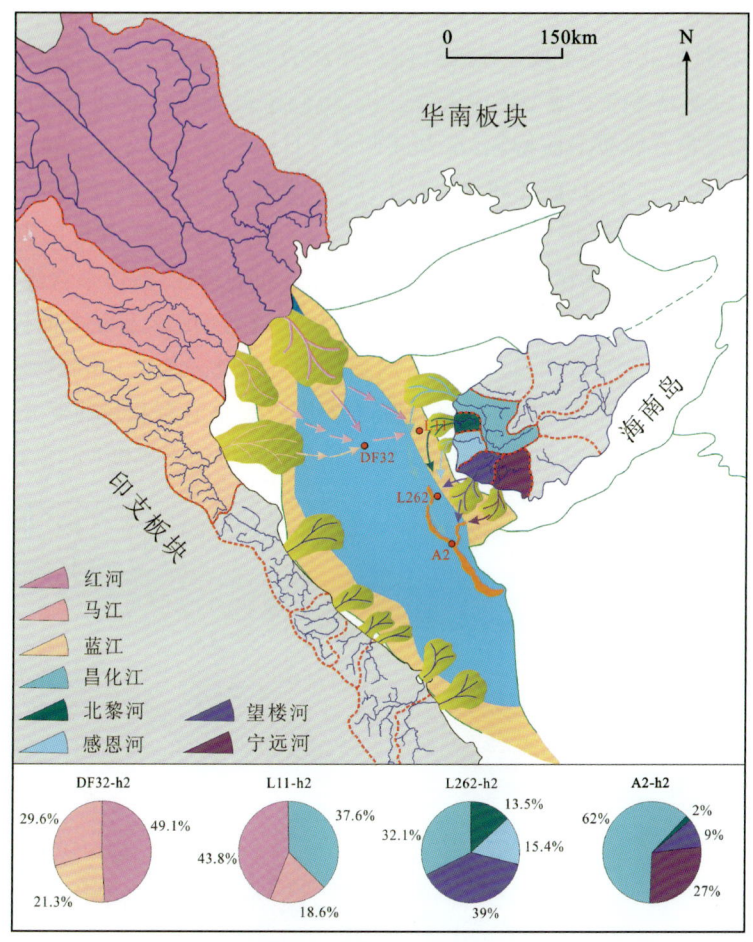

图 4.67　莺歌海盆地黄流组二段物源演化平面图

莺歌海盆地黄流组一段沉积期，红河物源主要供给 LH1 井、DF32 井、DF33 井和 DF12 井以及 L11 井、L262 井附近，马江物源供给 LH1 井、DF32 井、DF33 井和 DF12 井附近，蓝江物源供给 LH1 井、DF32 井、DF33 井、DF12 井和 L262 井附近，昌化江物源供给 L11 井、L262 井和 B3 井附近，北黎河和感恩河物源供给 L262 井附近，望楼河物源供给 L262 井和 B3 井附近，宁远河物源供给 B3 井附近（图 4.68）。

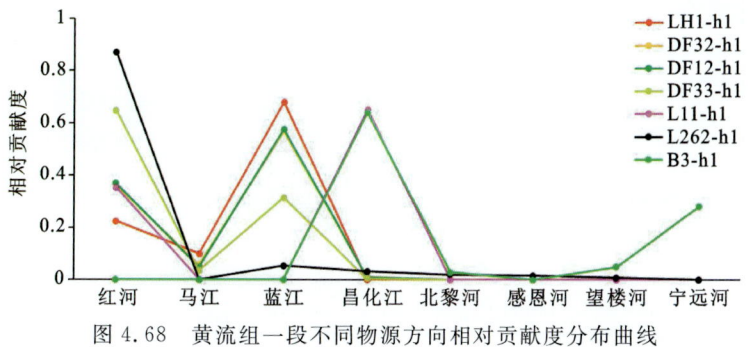

图 4.68　黄流组一段不同物源方向相对贡献度分布曲线

莺歌海盆地黄流组一段碎屑锆石 U-Pb 定年分析的钻井主要分布在中央凹陷带的西北部东方区、莺东斜坡带的北段和中段以及莺一琼结合部的北部（图 4.69），利用钻井岩心碎屑锆石 U-Pb 年龄通过逆蒙特卡罗模型混源解译分析，得到了黄流组一段沉积时期莺歌海盆地东方区和莺东斜坡去物源展布平面特征：东方区西侧 LH1 井揭示了莺西斜坡西北侧物源主要来自红河、马江和蓝江方向，且蓝江和红河是 LH1 井黄流组一段最主要的碎屑物质供应河流（蓝江、红河和马江流域的碎屑物质供献度分别为 67.9%、22.3% 和 9.8%）。东方区 DF33 井、DF32 井和 DF12 井共同揭示了该区具有混合物源方向的特征，整体来看红河、蓝江和马江为东方区提供碎屑物质，其中靠近西侧的 DF32 井和东侧的 DF12 蓝江方向提供的碎屑物质更多（贡献度分别为 57% 和 57.6%），红河方向提供的碎屑物质次之（碎屑物质供应量占比分别为 36.1% 和 36.8%），马江方向提供的碎屑物质占比较低（占总沉积量的百分比分别为 5.8% 和 4.8%），东侧海南隆起西北部的昌化江提供极少的碎屑物质（0.8% 和 1.1%）；北侧的 DF33 井

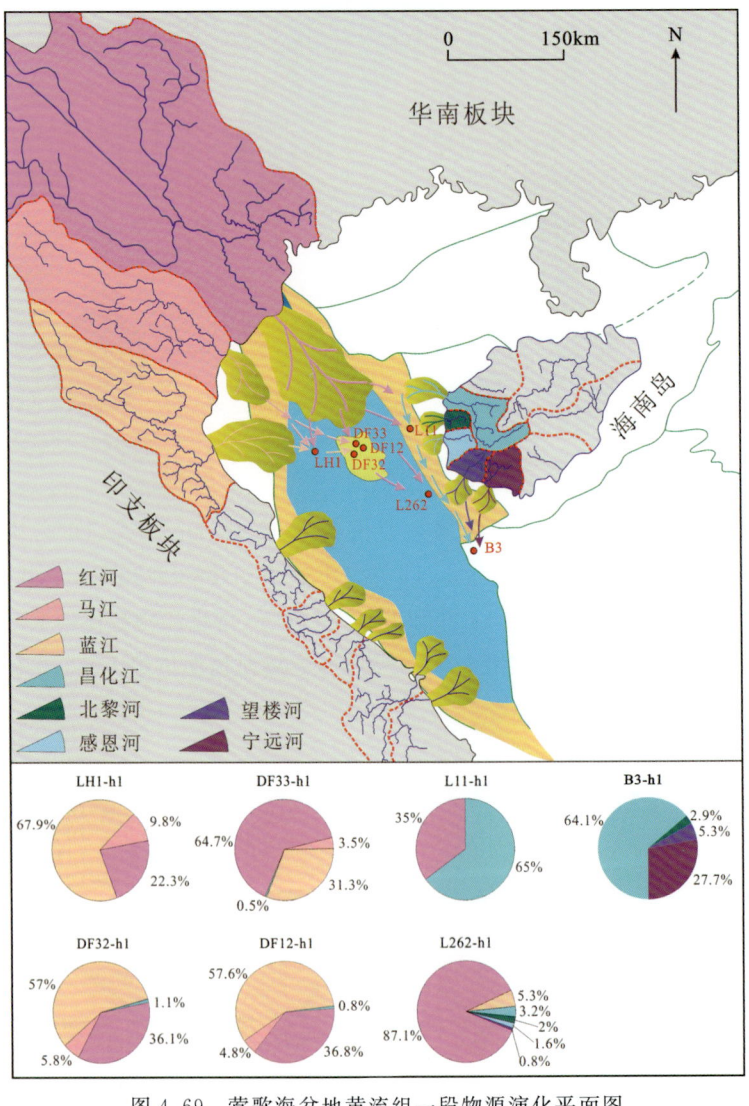

图 4.69 莺歌海盆地黄流组一段物源演化平面图

揭示了红河、蓝江、马江和昌化江提供碎屑物质量依次减少(分别为 64.7%、31.3% 和 3.5%、0.5%);东方区北侧更靠近红河物源,来自红河物源的碎屑物的量较南侧更多,而南侧更靠近蓝江物源方向,沉积演化主要受蓝江物源控制,整体上东方区黄流组一段的沉积受红河、蓝江和马江物源共同控制,不同位置的主要物源方向有轻微差异。莺东斜坡西北段黄流组一段物源方向特征由 L11 井揭示,L11 井碎屑锆石 U-Pb 定年分析结果显示黄流组一段沉积主要有昌化江和红河两大物源(碎屑物质的供应量占比分别为 65% 和 35%);位于莺东斜坡中段的 L262 井揭示了该地区黄流组一段沉积物源方向特征,L262 井黄流组一段碎屑锆石定年分析显示红河是其最主要的物源方向(占比高达 87.1%),蓝江也提供了少量的碎屑物质(约 5.3%),同时距离 L262 井更近的昌化江、北黎河、感恩河和望楼河提供的碎屑物质量占比分别为 3.2%、2%、1.6% 和 0.8%。B3 井位于莺—琼结合部北部,其黄流组一段的碎屑锆石 U-Pb 年龄揭示了井附近物源主要来自海南隆起西侧的河流,其中昌化江、宁远河、望楼河和北黎河提供的碎屑物质量依次减小,占总沉积碎屑的量分别为 64%、28%、5% 和 3%。红河是莺东斜坡带黄流组一段重要的物源,海南隆起西侧的昌化江对莺东斜坡西北段较中段沉积影响更大。

莺歌海盆地中央凹陷北部黄流组一段沉积主要受红河、蓝江、马江和昌化江四个物源方向控制,是多种物源方向汇集的混源沉积区;对于中央凹陷北侧的东方区黄流组一段物源演化既有相似性又有差异性,相似性表现在东方区所有钻井岩心碎屑锆石年龄显示红河和蓝江是最重要的物源区,同时沉积也受马江和昌化江物源影响;差异性表现在东方区北侧沉积来自红河物源的沉积物较多,而东方区南侧由蓝江物源提供碎屑物质的量增大(图 4.69)。

第五章 浅海重力流沉积特征

第一节 东方区浅海重力流扇体沉积特征

一、重力流扇体沉积微相识别标志及特征

1. 岩石学特征

对东方区黄流组一段重力流扇体沉积的钻井取心段进行岩性观察,显示其整体特征表现为连续性好、厚度大和成分纯度高的细粒砂岩沉积,沉积岩颜色主要呈现为灰色和灰白色,也可见深灰色;肉眼识别的岩性主要有细砂岩、粉砂岩、含泥屑细砂岩、粉砂岩夹细砂质泥岩等;结合岩心薄片的镜下光学特征,将砂岩分为岩屑石英细砂岩和岩屑石英粉砂岩两类。

(1)岩屑石英细砂岩。岩屑石英细砂岩中的碎屑颗粒含量占主要部分,其含量在70%~75%范围内,其中石英、岩屑和长石的含量分别为75%~85%、10%~19%和2%~8%(图5.1中DF32和DF34井)。从镜下薄片观察还可以看出,岩屑石英细砂岩以分选性中等至较差为特征,碎屑颗粒的磨圆程度中等,主要呈现出次棱角状至次圆状特征;填隙物中主要是呈泥晶状或粉晶状的铁方解石和铁白云石;长石颗粒受溶蚀作用改造形成了长石铸模孔、粒间孔和溶蚀残余孔等,石英加大边对储层物性具破坏性的成岩作用极少,总体来说后期成岩作用对储层物性的改善具有积极作用;从颗粒间的接触关系上看,碎屑颗粒整体呈现出点接触关系,表现为颗粒支撑的微观结构特征(图5.2)。

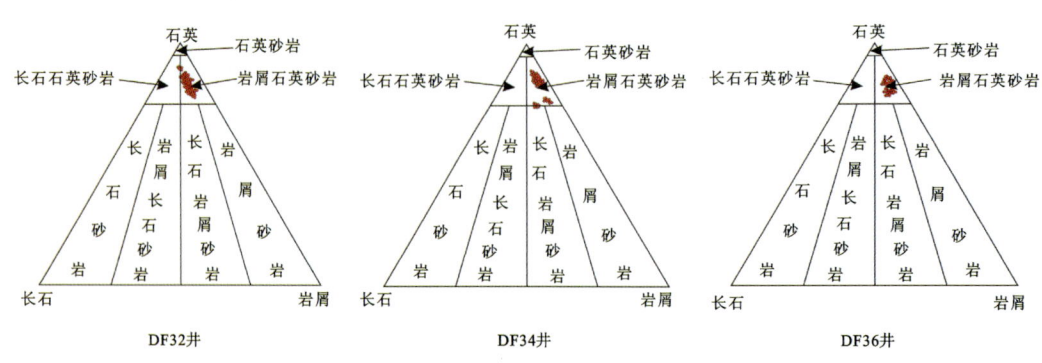

图 5.1 东方区黄流组一段高效储集体的砂岩类型

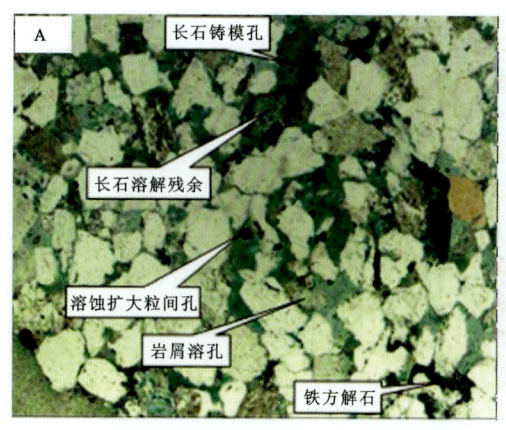 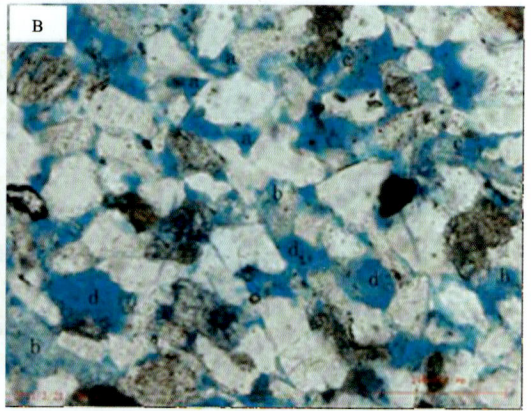

(A)DF32 井,3 044.5m,单偏光,岩屑石英细砂岩, 孔隙发育,连通性好

(B)DF36 井,3 034.81m,单偏光,岩屑石英极细砂岩,孔隙发育

a.长石溶孔;b.岩屑溶孔;c.长石铸模孔;d.长石溶解残余。

图 5.2　岩屑石英细砂岩微观结构特征

(2)岩屑石英粉砂岩。岩屑石英粉砂岩中的碎屑颗粒含量占主要部分,其含量在 70％～75％范围内,长石的含量相对稳定,为 11％～16％;岩屑的含量较低,为 10％～16％(图 5.1 中 DF36 井)。岩心薄片镜下揭示了其分选性较好,碎屑颗粒的磨圆程度中等,呈现出次棱角状至次圆状特征;颗粒间以铁白云石和白云石组成的填隙物为主,局部与碎屑颗粒发生胶结或交代作用;接触关系以点接触为主,表现为颗粒支撑结构(图 5.2B)。

2.沉积构造特征

东方区黄流组一段重力流扇体中的沉积构造类型多样,主要发育有块状层理、波状层理和平行层理等层状构造,火焰状构造、负荷构造和球枕构造等同生变形构造;此外在层面上还可见冲刷面和生物遗迹构造等。

(1)块状层理。块状层理呈现出物质均匀、结构和组分没有差异的均质构造;普遍认为块状层理形成于碎屑物质在快速堆积过程中,各种不同的组分来不及分异,碎屑物质垂向加积沉积而成;在洪积物、浊积物和冰积物中碎屑物质由于水动力条件的骤变常常发育块状层理。东方区黄流组一段重力流扇体中发育大规模的厚层块状层理构造,DF32 井在 3 043.75～3 050.00m 段的灰白色细砂岩中发育大规模的块状层理,DF36 井在 2 861.90～2 878.50m 段的灰色极细砂岩中除了发育少量平行层理外均发育块状层理构造(图 5.3、图 5.4),大规模的块状层理构造揭示了东方区黄流组一段的重力流扇体沉积形成于快速堆积的浊流沉积中。

(2)平行层理。平行层理主要由与层面平行碎屑颗粒大小不同的纹层或不同重矿物的纹层叠覆构成,主要出现在较强水动力条件下,高流态中形成的粗细分离顺层展布的纹层状砂岩中,经常发育在河流、海滩和重力流水道等急流或高能沉积环境形成的细砂岩和中砂岩沉积中。岩心观察揭示了在东方区重力流扇体沉积中发育大量平行层理,与块状层理发育的岩性具有较好的匹配性,也主要发育在细砂岩和极细砂岩中;在 DF36 井 2 861.90～2 878.50m 段的灰色极细砂岩沉积中平行层理与块状层理垂向叠置发育(图 5.4),在 DF32 井 3 038.42～

图 5.3　DF32 井 3 043.75～3 050.00m 取心段灰白色细砂岩中块状层理特征

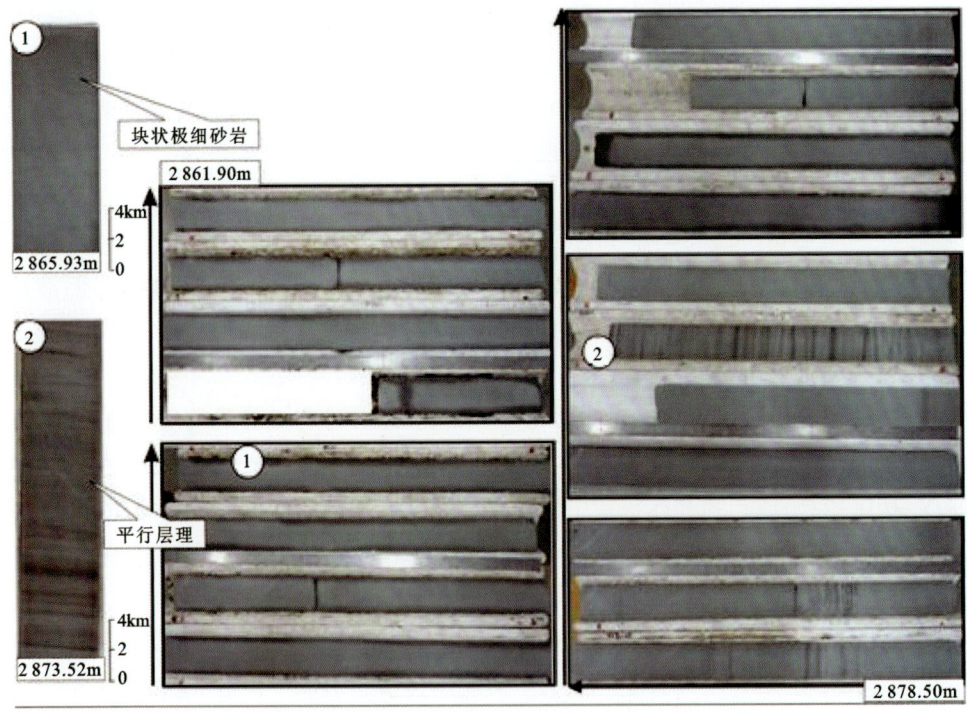

图 5.4　DF36 井 2 861.90～2 878.50m 取心段极细砂岩中块状层理与平行层理组合特征

3 042.42m 段的灰白色细砂岩沉积中同样在底部发育块状层理,上部发育平行层理(图 5.5);块状层理和平行层理垂向叠置出现在东方区重力流扇体中,反映了其沉积整体具有重力流沉积特征。

第五章 浅海重力流沉积特征

图 5.5　DF32 井 3 038.42～3 042.42m 取心段灰白色细砂岩中块状层理与平行层理组合特征

（3）波状层理。波状层理的形态特征是纹层界面似波浪起伏展开，或薄层的泥岩层与砂岩层呈波状互层展开；波状层理形成于具波浪振荡的沉积介质中，主要发育在泥、砂同时供应和水动力强弱交替的环境中。波状层理在东方区黄流组一段重力流扇体沉积岩心中少见，仅在 DF32 井 3 034.75m 处极细砂岩段中发育（图 5.6A）。

（4）负载构造与火焰状构造。负载构造主要发育在砂泥互层的沉积环境中，当砂岩层覆盖在含水塑性泥岩层之上，由于上覆砂岩层超负载或差异负载作用引起下伏泥岩层发生差异流动，导致砂岩层塌陷到下伏泥岩层中形成瘤状凸起；火焰状构造与负载构造常伴随出现，不同的是火焰状构造是泥岩层在差异负载作用下砂泥层之间进行垂向流动过程中向上侵入砂岩层中，形成向上排列的舌形构造。在 DF32 井岩心中同时发育负载构造与火焰状构造（图 5.6A），反映了其形成于快速堆积的砂泥互层的沉积环境中。

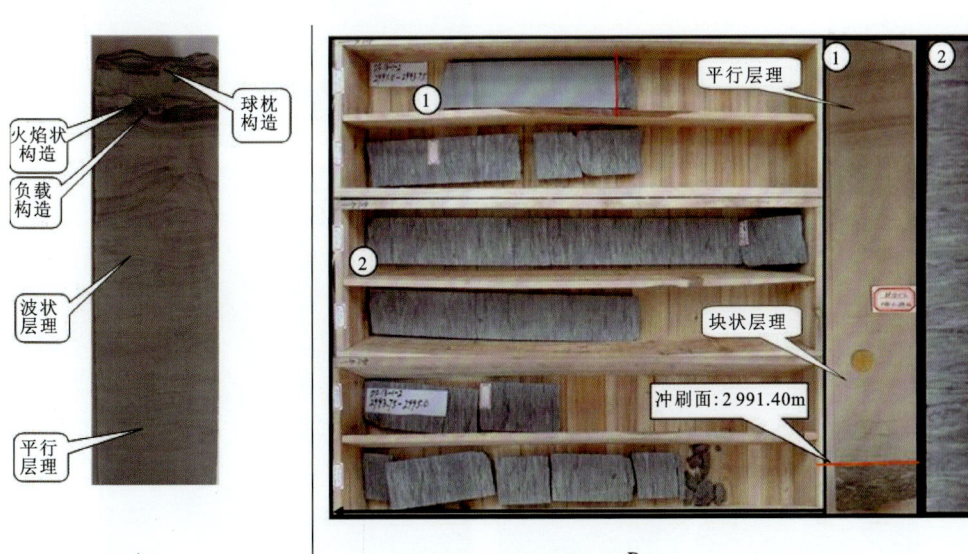

图 5.6　DF32 井中同时发育负载构造与火焰状构造
（A）DF32 井 3 034.40～3 034.75m，波状层理、负载构造、火焰状和球枕构造；
（B）DF32 井 2 991.10～2 995.00m 取心段的冲刷面构造以及生物遗迹构造

(5)球枕构造。球枕构造属于同生变形构造类型,形成于砂岩层陷入泥岩中形成的椭球状或球状砂质沉积体,也常发育在砂泥互层的沉积环境中,由差异负载作用形成。DF32 井 3 034.40～3 034.75m 段的岩心上可见球枕构造(图 5.6A),同样反映了其形成于快速堆积的环境中,具有重力流沉积特征。

(6)冲刷面构造。在水动力条件较强的沉积环境中,高速的流体会对其下伏沉积物进行冲刷或侵蚀形成凹凸不平的冲刷面,常发育在河道或重力流水道沉积中。岩心观察揭示了东方区黄流组一段重力流沉积体中发育冲刷面构造,在 DF32 井 2 991.40m 左右处的冲刷面构造,发育在细砂岩底部,与下伏粉砂质泥岩夹粉砂岩之间为突变接触(图 5.6B),反映了沉积时期水动力条件的变化。

(7)生物遗迹构造。生物的运动、觅食和居住等活动在沉积物的表面或内部产生并保存下来的各种痕迹构造统称为生物遗迹构造。DF32 井 2 907.42～2 913.82m 取心段揭示了大量的生物潜穴和强烈的生物扰动构造(图 5.7),指示沉积时期的水深属于浅海范围。

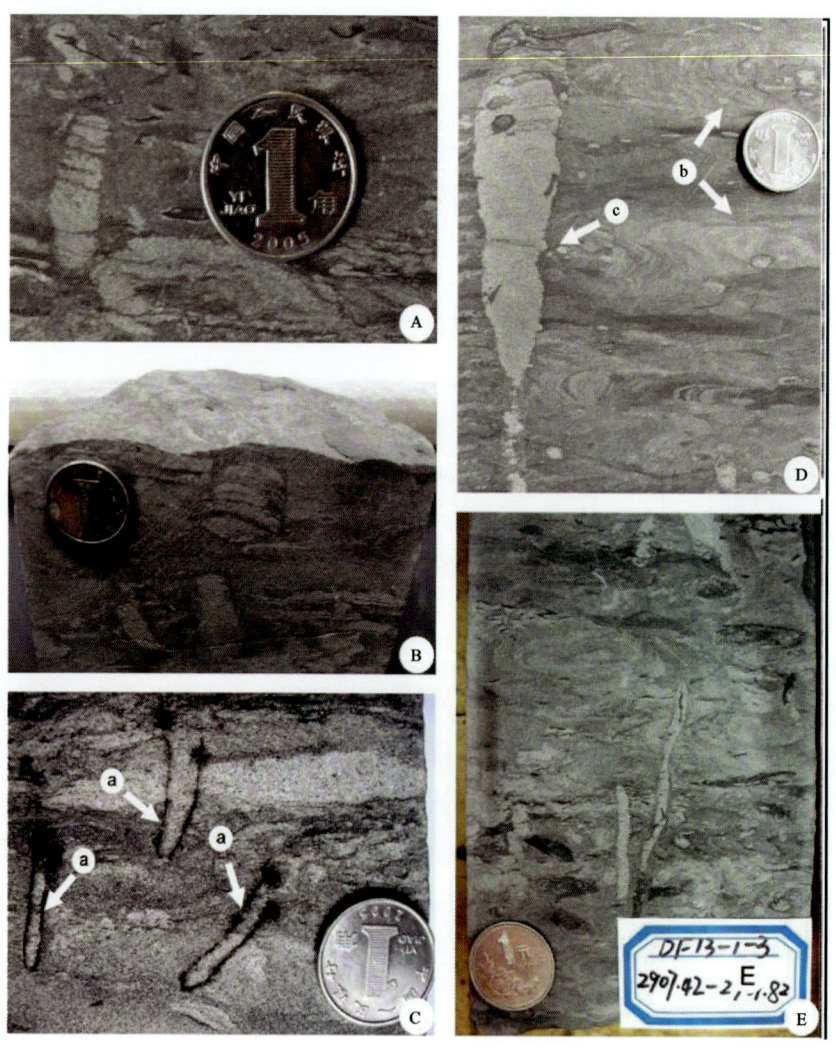

图 5.7　DF32 井 2 907.42～2 913.82m 取心段生物遗迹构造

3. 粒度分布特征

东方区黄流组一段钻井岩心粒度资料进行粒度分布直方图、粒度累积曲线、概率累积曲线和 C-M 图解分析。DF34 井 2 867.0m 和 2 870.1m 井深两个样品粒度分布在 1.5～12φ 区间内,主要集中在 4～10φ 范围,粒度累积曲线均呈现出宽缓的曲线形态,指示了分选较差的特征。概率累积曲线分别呈低斜的"两段式"和"三段式",但悬浮次主体的占比均在 70% 左右,跳跃次主体含量在 30% 左右,滚动次主体的含量少可忽略不计,整体呈现出分选性差的重力流沉积特征(图 5.8)。DF32 井 3 104.0m 和 3 116.0m 井深两个样品以及 DF95 井 3 336.0m 和 3 358.0m 井深两个样品粒度分布特征相似,粒度大小集中分布在 4～10φ 范围,粒度累计曲线呈现出宽缓的特征,指示对应井位井深段的沉积岩具分选性较差的特征。概率累积曲线均呈现低斜的"三段式",同样以悬浮次主体的含量最大(70% 左右),跳跃次主体的含量次之(25% 左右),滚动次主体的含量最少(小于 5%),指示其具有细粒重力流沉积特征(图 5.8)。

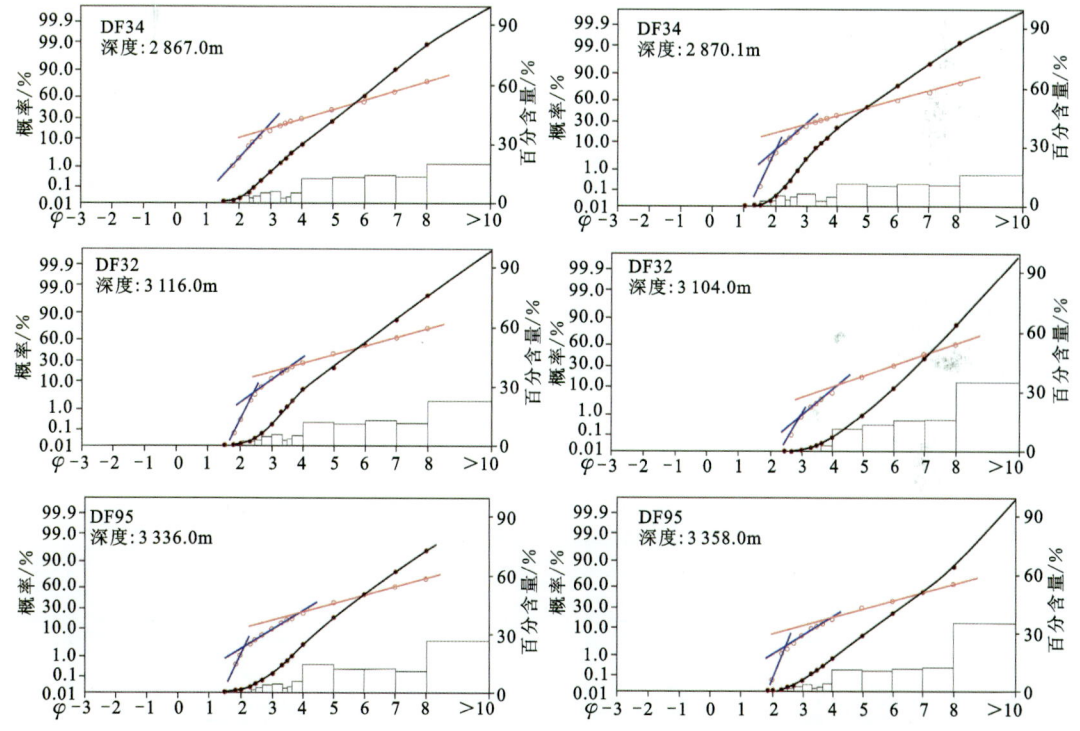

图 5.8　东方区 DF34 井、DF32 井和 DF95 井黄流组一段砂岩粒度直方图、累计曲线和概率累计曲线特征

粒度 C-M 图中 C 是样品粒度累计分布曲线颗粒含量为 1% 处对应的粒径值,与样品中粒径最大的颗粒相当,指示沉积介质搬运的最大能量;M 是粒度累计分布曲线颗粒含量为 50% 处对应的粒径值,与样品中颗粒粒径的平均值相当,指示沉积介质搬运的平均能量。对东方区 DF14 井 2914～2998m 井段的 24 个样品、DF32 井 2 980.05～3120m 井段的 36 个样品、DF34 井 3 863.64～2 871.17m 井段的 8 个样品、DF36 井 2820～2920m 井段的 30 个样品、DF95 井 3322～3358m 井段的 10 个样品和 DF96 井 3170～3240m 井段的 6 个样品进行了粒

度 C-M 图解分析(图 5.9),仅 DF14 井样品点落在递变悬浮段(Q-R 段)和均匀悬浮段(R-S 段),其余井段的样品点均落在均匀悬浮段(R-S 段),所有井段的样品点排列均大致与 $C=M$ 基线平行,指示样品具有以悬浮颗粒为主的重力流沉积特征。

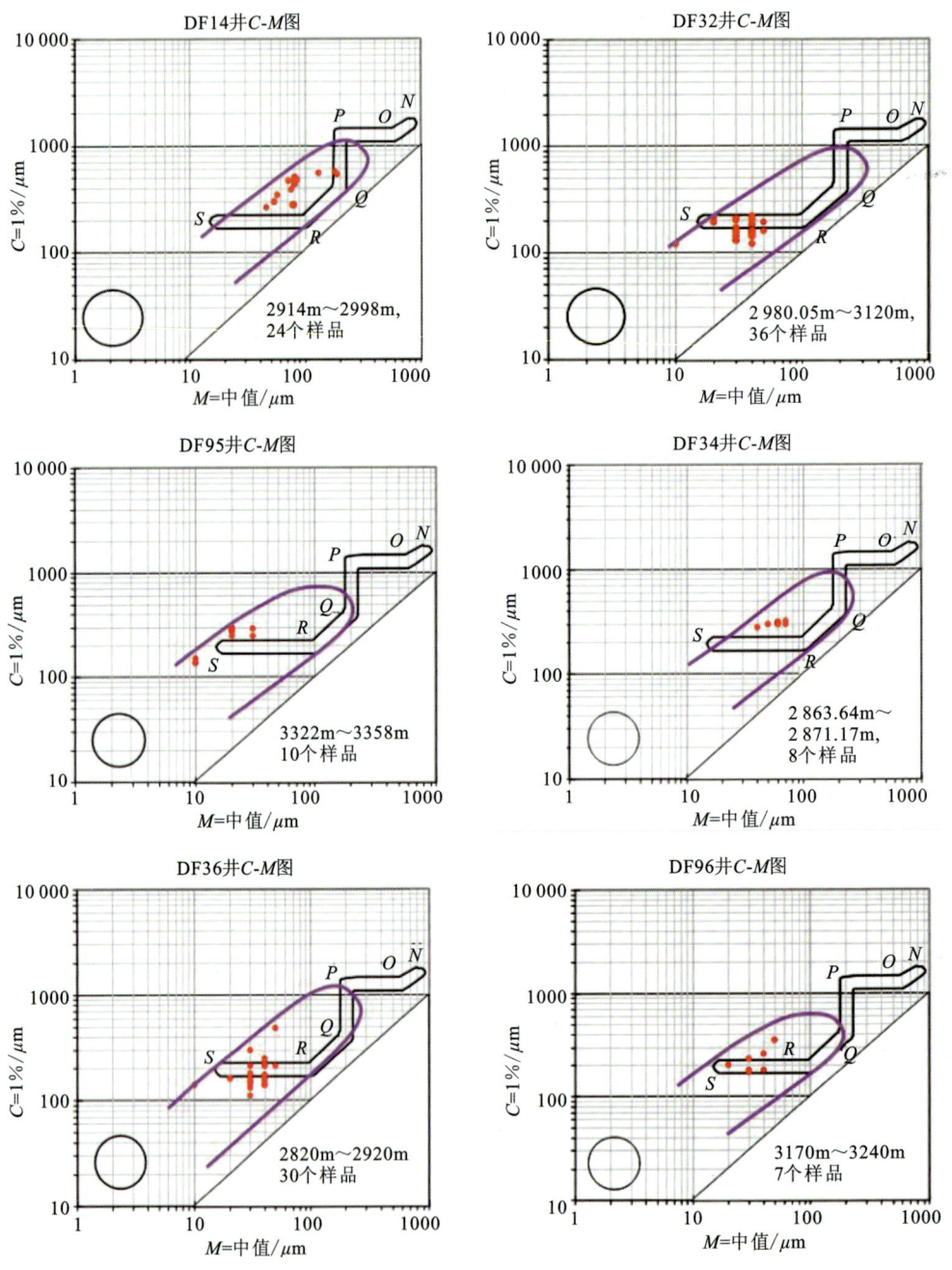

图 5.9 东方区 DF14 井、DF32 井、DF95 井、DF34 井、DF36 井和 DF96 井黄流组一段砂岩粒度 C-M 图解

4. 测井相特征

总结东方区黄流组一段的钻井岩性组合及对应的 GR 测井曲线特征,共有五种典型的测井相类型:高幅大型齿状箱形、高幅齿化钟形或圣诞树形、中-高幅小型齿化箱形组合、中幅小型齿化箱形与锯齿形组合和低幅指形(图 5.10)。

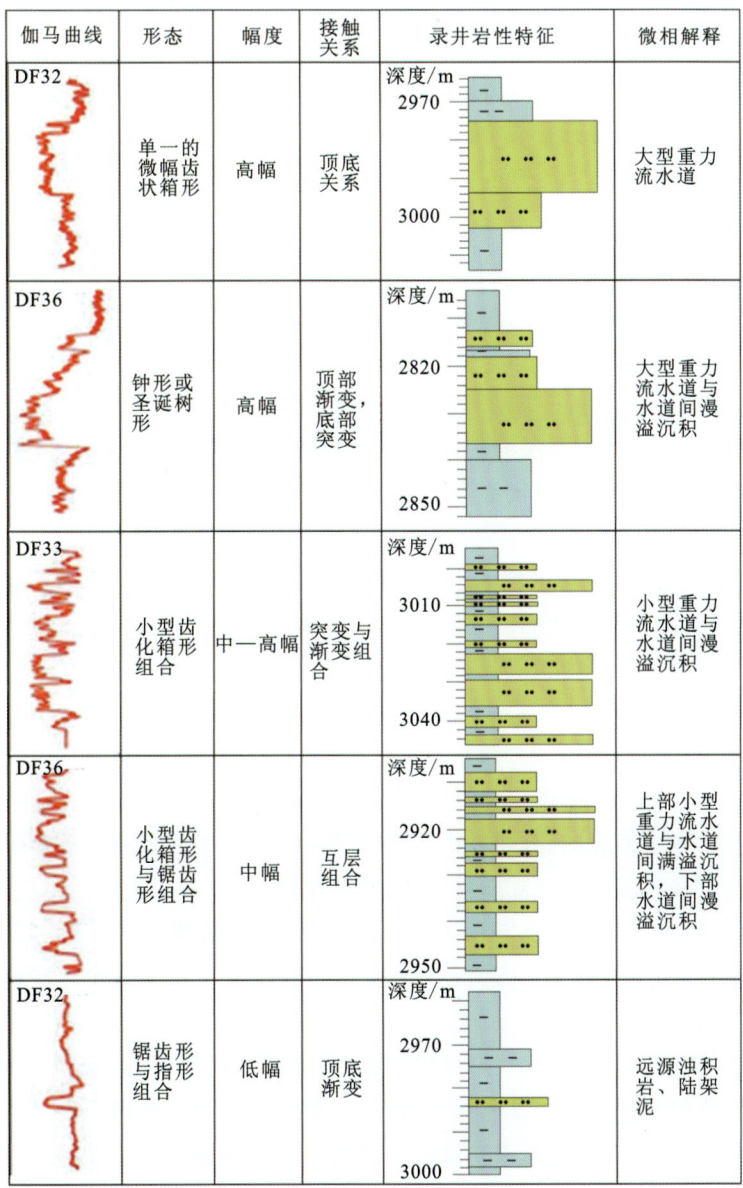

图 5.10　东方区黄流组一段典型测井响应特征与沉积微相解释

高幅大型齿状箱形:GR 曲线呈现出单一的微小齿化的大型箱形特征,曲线值的变化幅度较大;对应的岩性为大型厚层块状细砂岩,厚度大部分在 20m 左右,最后可达 87m,底部为粉砂岩或泥岩,顶部为粉砂岩质泥岩沉积;对应深度段顶底界面处的 GR 曲线幅值和岩性特征都为突变接触的关系,代表了强水动力条件下沉积的厚层单一细砂岩体,最可能是大型重力流水道沉积的产物。

高幅齿化钟形或圣诞树形:GR曲线呈现出钟形或圣诞树形特征,曲线局部齿化现象明显,曲线的最大值与最小值变化明显,对应的为高幅变化特征。岩性组合特征:下部厚层块状细砂岩、中部粉砂岩以及顶部泥质粉砂岩与粉砂质泥岩组合,层段的顶部渐变为泥岩沉积,而底部与泥岩段为突变接触;底部的GR曲线幅值和岩性组合为突变接触,顶部为渐变接触,反映了水动力条件逐渐变弱的沉积环境,最可能的代表了大型重力流水道与水道间漫溢沉积。

中—高幅小型齿化箱形组合:GR曲线呈现出下部为小型箱形,上部为齿化小型箱形,曲线的幅值变化为中—高幅度特征;岩性主要为小型薄层细砂岩与粉砂岩、泥质粉砂岩与粉砂质泥岩互层,细砂岩的厚度一般在2~6m之间,细砂岩层与底部的泥岩为突变接触,顶部渐变为泥岩接触;GR曲线特征和岩性组合表现为底部突变接触,顶部渐变接触的特征,对应的水动力条件也具前期强、后期减弱的变化趋势,最可能是小型重力流水道与水道间漫溢沉积的产物。

中幅小型齿化箱形与锯齿形组合:GR曲线整体表现为低幅特征,呈小型齿化箱形与锯齿形组合的样式;对应的岩性段下部以薄层粉砂岩与泥岩互层为主,上部以薄层细砂岩与粉砂岩、泥质粉砂岩及粉砂质泥岩互层为主;顶底均呈现渐变接触的特征,对应水动力条件前期较弱,而后期具有增强的趋势,表现出底部的水道间漫溢沉积和顶部的小型重力流水道与水道间漫溢沉积组合的特征。

低幅指形:GR曲线表现为低幅的指形特征,岩心主要是泥岩与泥质粉砂岩互层,夹薄层粉砂岩或细砂岩;对应段顶底的GR曲线特征和岩性组合均为渐变接触,与浅海中远源的陆架泥中夹浊积砂沉积特征最为相似。

5. 地震相特征

选取最能揭示东方区黄流组一段重力流扇体沉积地震反射特征的西南-东北向和西北-东南向两条近似垂直的地震剖面(图5.11),从西南-东北向地震剖面上呈现出目的层地震反射同相轴主要具有强振幅丘形杂乱反射特征,局部连续性好,中间位置的厚度最大,向两侧具有逐渐变薄的趋势;在底界面上具有水道下切的反射特征,黄流组一段与二段接触面呈现出凹凸不平的形态特征,主要是沉积体内部发育的大量水道对下伏黄流组二段地层的顶界面产生了下切侵蚀作用所导致(图5.11a);在西北-东南向地震剖面上呈现出多种形态的同相轴反射特征:西北端的强振幅收敛的尖灭形反射特征,中部的强振幅杂乱的丘形反射特征,东南端的强振幅连续性好的平行席状或发散状反射特征,剖面中部的黄流组一段与二段之间的界面呈现出凹凸不平的特征,同样是由于水道对下伏黄流组二段地层的顶界面进行下切侵蚀造成(图5.11b)。总体来看,东方区黄流组一段的重力流扇体发源于西北侧,向东南方向展布,主体以水道化的重力流沉积为主,前段具有明显的朵叶体沉积特征。

利用高分辨率的三维地震资料,对东方区黄流组一段重力流扇体沉积主体的地震反射特征进行进一步的识别。依据同相轴的振幅强弱、连续性特征和相互接触关系,重力流扇体水道沉积的反射特征主要有以下三种类型:连片状连续展布的小型分支水道复合体、垂向上相

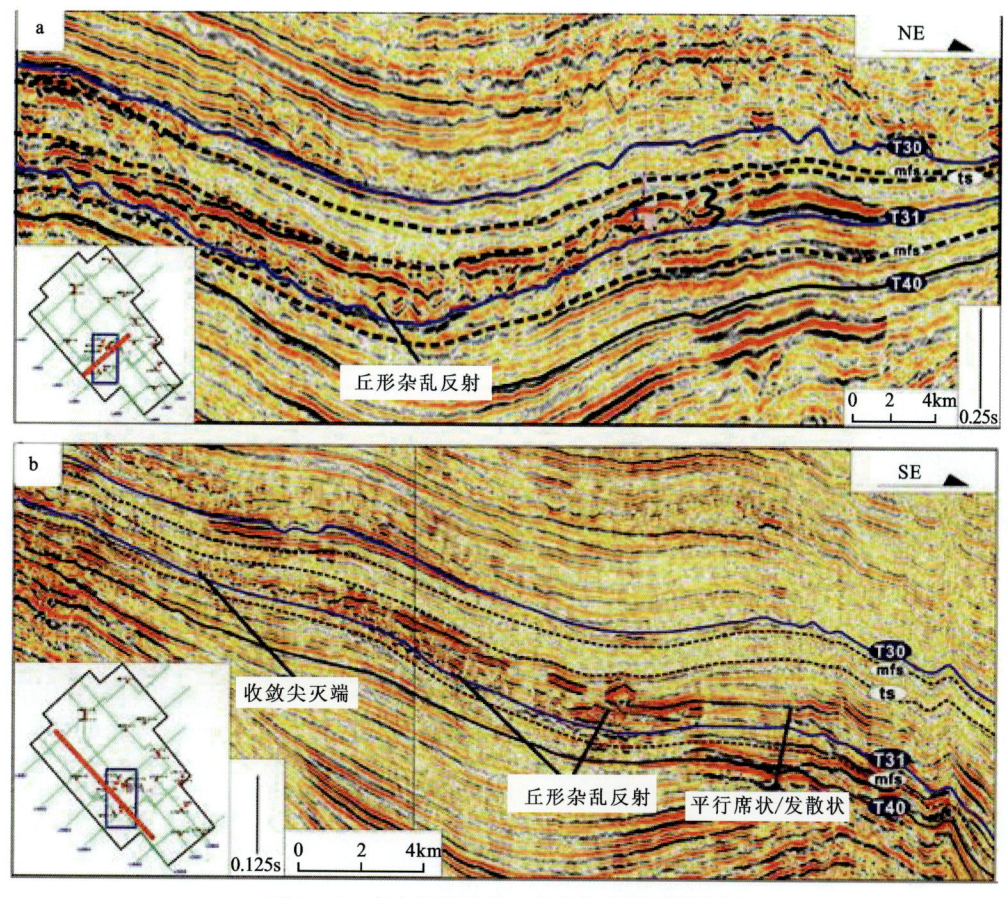

图 5.11 东方区黄流组一段整体地震反射特征

互叠置的多期小型分支水道复合体和继承性发展的单一大型主干水道(图 5.12)。各种水道沉积组成了重力流扇体的主体,在扇体的根部和中部主要发育单一大型主干水道和垂向上相互叠置的多期小型分支水道复合体,在扇体的远端主要发育小型分支水道连片分布的复合体。

二、重力流扇体沉积微相类型划分

通过对东方区黄流组一段沉积体的岩石学特征、原生沉积特征、粒度分布特征、测井相和地震相特征的综合分析,认为东方区黄流组一段主要发育有重力流扇体沉积和浅海沉积两种类型,重力流扇体沉积发育中扇和外扇两种沉积亚相,其中中扇亚相是重力流扇体沉积的主体,主要可细分为辫状水道、水道间漫溢沉积和天然堤三种沉积微相;外扇亚相发育在重力流扇体的远端,主要包含了远源浊积岩和陆架泥两种沉积微相类型。浅海砂坝和陆架泥两种沉积微相组成了浅海沉积的主体。典型钻井揭示不同类型的沉积微相之间的对应关系如表 5.1 所示。

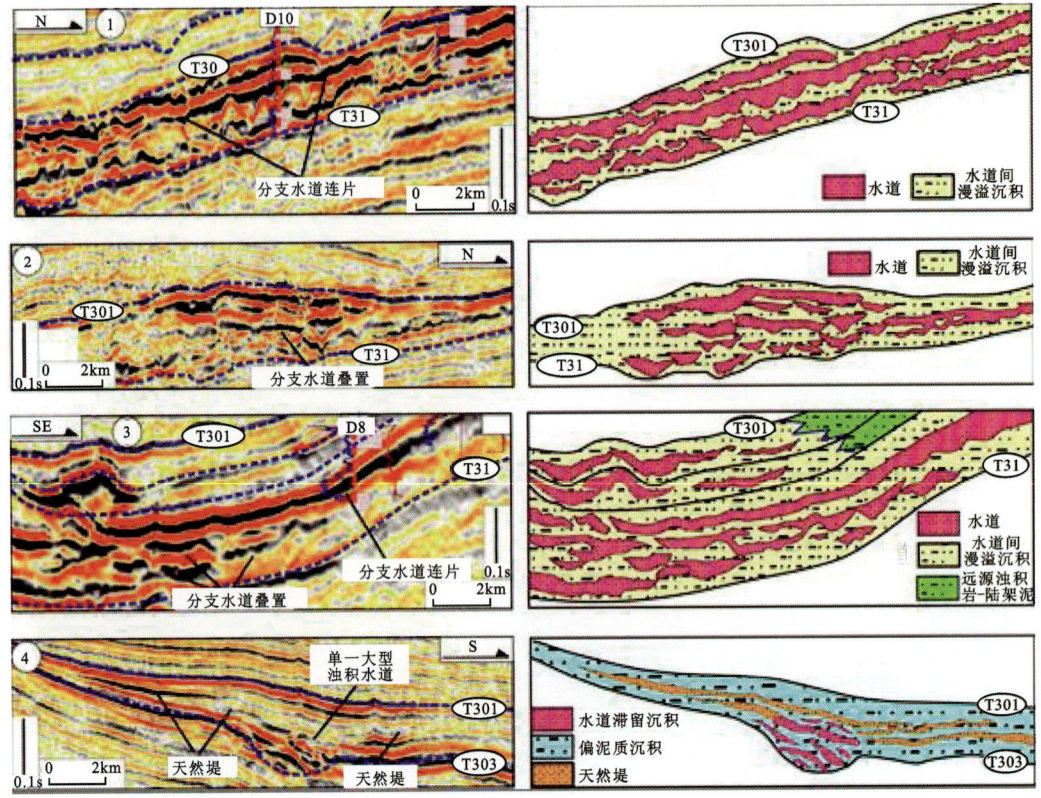

图 5.12 东方区黄流组一段地震反射特征及沉积微相解释

表 5.1 东方区黄流组一段沉积相、沉积亚相及沉积微相划分方案

沉积相	沉积亚相	沉积微相	典型钻井
重力流扇体沉积	中扇	辫状水道	DF14、DF32、DF34、DF36
		水道间漫溢沉积	DF33
		天然堤	未钻遇,根据地震反射特征确定
	外扇	远源浊积岩	DF32
浅海沉积	外浅海	浅海砂坝	DF111、DF12
		陆架泥	DF94、DF32、DF34、DF36

1. 重力流扇体沉积

大陆边缘的河流携带大量碎屑物质形成河流三角洲或扇三角洲,沉积物常在三角洲向海一侧通过二次搬运后,在不同的海底地形中形成多种类型的砂岩沉积体。东方区黄流组一段重力流扇体沉积发育在莺歌海盆地的西侧,属于边缘海盆地中的浅海重力流范畴,通过岩心、测井和地震等资料综合分析,可以将东方区黄流组一段的重力流扇体沉积划分出中扇和外扇

两个沉积亚相类型。其中中扇亚相可以划分为辫状水道、水道间漫溢沉积和天然堤三种沉积微相,中扇亚相的辫状水道组成了重力流扇体的主体,主要发育质纯厚层的细砂岩,是油气富集的优质储集体;外扇亚相可以细分为远源浊积岩和陆架泥两种沉积微相,主要位于辫状水道的末端,在平坦的海底上具席状展布的朵叶体形态。

(1)辫状水道:重力流扇体沉积中最发育的沉积微相,从地震剖面反射来看具有规模大、厚度大和连续性好等发育特征,主要表现为连片状连续展布的小型分支水道复合体、垂向上相互叠置的多期小型分支水道复合体和继承性发展的单一大型主干水道(图5.12)。从测井相特征来看,辫状水道的GR曲线主要表现为高幅大型齿状箱形、高幅齿化钟形或圣诞树形和中—高幅小型齿化箱形组合特征(图5.10),对应的岩性主要为灰白色细砂岩、灰白色含泥屑细砂岩和灰色极细砂岩,砂岩层平均厚度在20m左右,最厚的砂岩层可达87m;辫状水道砂岩的分选磨圆和成分成熟度中等,颗粒的粒度较粗,形成于水动力较强的环境中,对其下伏地层具有一定的侵蚀下切作用,辫状水道中主要发育块状层理、平行层理和冲刷面沉积构造;归因于辫状水道微相砂体规模大、厚度厚以及储层物性好等特点,是莺歌海盆地东方区油气富集的主要场所,已经成为该地区最重要的油气储集体(图5.13)。

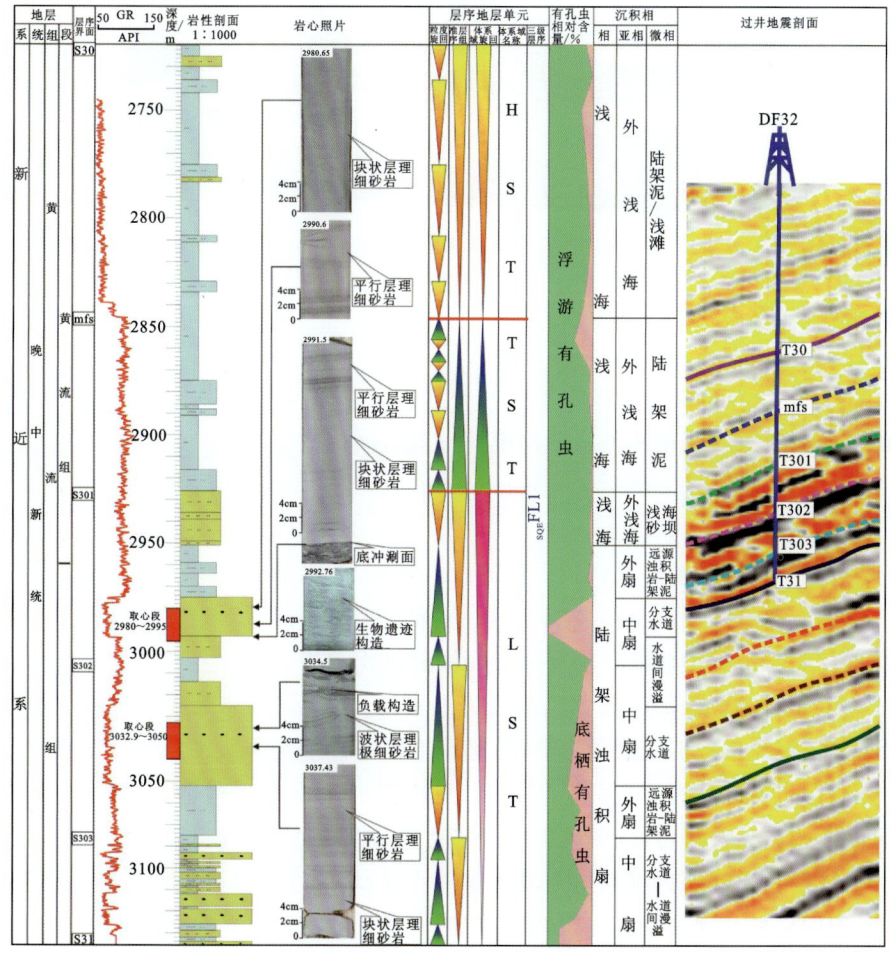

图 5.13　东方区黄流组一段 DF32 井单井沉积微相分析

(2)水道间漫溢沉积:岩性上主要是深灰色的粉砂岩或泥质粉砂岩夹薄层粉砂质泥岩,沉积构造以丰富的生物遗迹为特征,主要发育生物潜穴和生物扰动构造;在 GR 曲线上呈现出中幅小型齿化箱形与锯齿形组合特征;水道间漫溢沉积与辫状水道同时发育,但水道间漫溢沉积的规模和厚度小于辫状水道微相。

(3)天然堤:辫状水道中的水流溢出水道范围后,以悬浮为主的相对细粒碎屑物质由于水动力条件的变化,沿水道的边缘沉积下来,在多次漫溢沉积作用下水道边缘沉积体垂向叠加厚度逐渐增厚,在水道的两侧形成天然堤沉积微相;岩性主要是粉砂岩夹泥岩,沉积构造以波状层理、平行层理为主(图 5.14)。东方区黄流组一段重力流扇体沉积的钻井岩心没有钻遇到天然堤沉积,但在地震剖面上呈现了其地震反射特征,在辫状水道的两侧以中-弱振幅较连续的楔状反射为特征的沉积体就是天然堤沉积微相,在横切面上与水道一起整体呈"海鸥状"特征(图 5.12)。

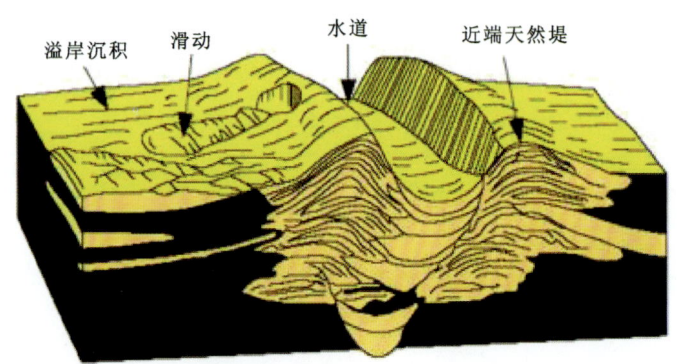

图 5.14 水道-天然堤结构图(据 Roberts et al.,1996)

(4)远源浊积岩:主要发育在水道沉积的末端向外一侧,岩性以深灰色粉砂岩或泥质粉砂岩夹薄层粉砂质泥岩为主,以透镜体的形态为主,在 GR 测井曲线上呈现出低幅的指形特征;地震剖面上以扇体末端的亚平行或发散状同相轴反射特征为主;主要是由低能量的浊流沉积而成,远源浊积岩是重力流扇体外扇亚相中最主要的沉积微相。

2. 浅海沉积

浅海是指海岸线以外地势开阔较平坦的浅水海域,海水深度在 20~200m 范围内变化,属于大陆架区域,主要的水动力包括波浪、离岸流、潮汐流和密度流。东方区黄流组一段沉积属于陆架浅海沉积,共识别出浅海砂坝和陆架泥两种沉积微相。

(1)浅海砂坝:在波浪、潮汐流和风暴浪等强水动力作用下,陆源砂质沉积物被带到远离海岸线的陆架区沉积形成孤立的浅海砂坝,平面上浅海砂坝与岸线平行或斜交展布。浅海砂坝的岩性以灰白色粉砂岩夹薄层的泥岩为主,见大量的生物遗迹构造,对应的 GR 曲线呈现出中-低幅值微幅齿化箱形特征(图 5.15)。在地震剖面上浅海砂坝具有强振幅和中-高连续性地震反射特征,由于浅海砂坝横向上具有连续性好、均质性好及砂层厚度较大等特征,也是浅海陆架沉积中重要的油气富集场所,为东方区天然气勘探的重要目标。

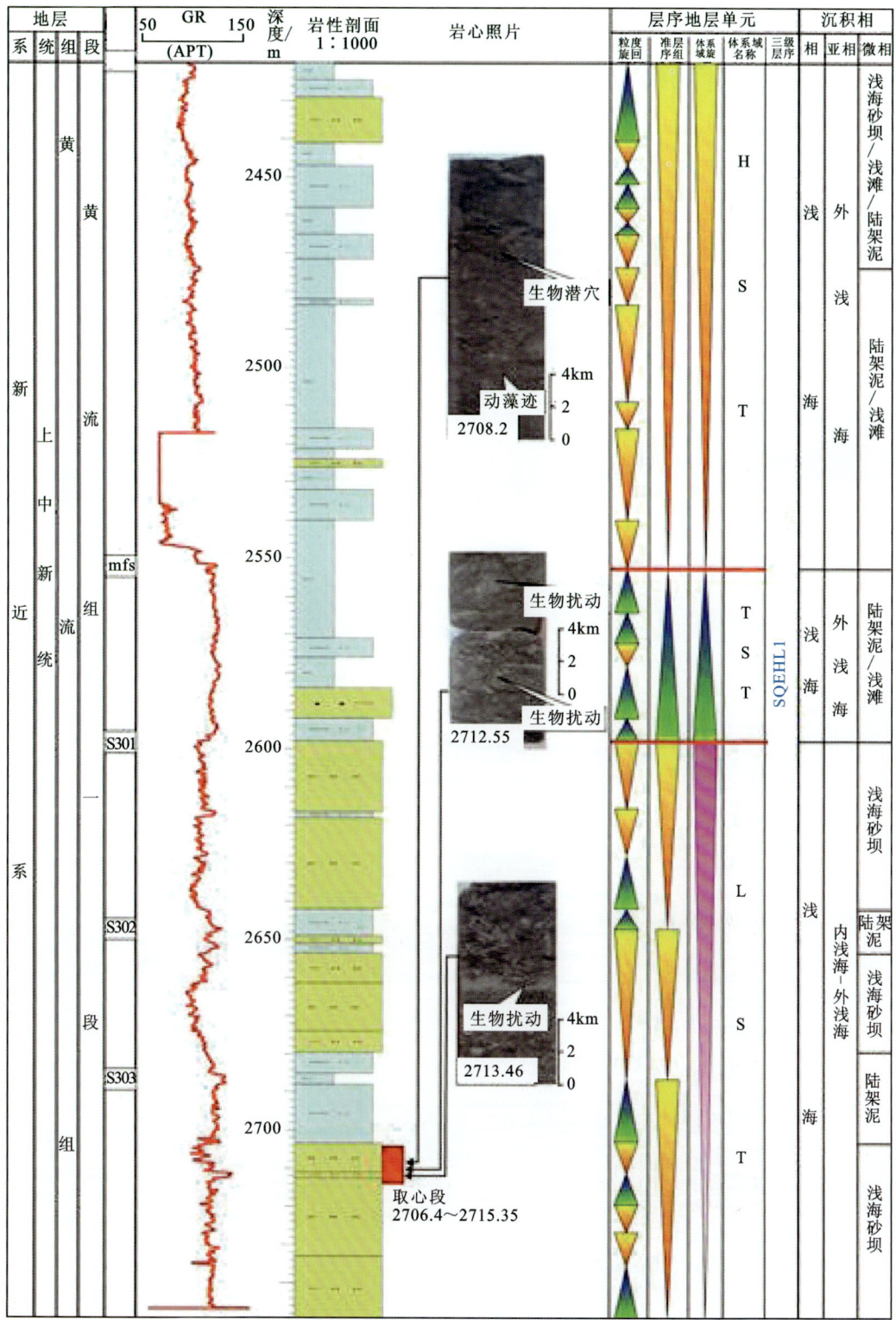

图 5.15　DF12 井单井沉积微相分析及过井地震剖面特征

（2）陆架泥：陆架泥沉积的岩性主要以灰黑色的泥岩或粉砂岩质泥岩为主，夹有薄纹层状的粉砂岩，主要发育平行层理或水平层理，GR 曲线为低幅度的齿状形态（图 5.16）；地震剖面上以中-强振幅、高频、连续性好的席状反射为主，也有部分呈现出弱振幅杂乱反射的地震特征（图 5.17）。

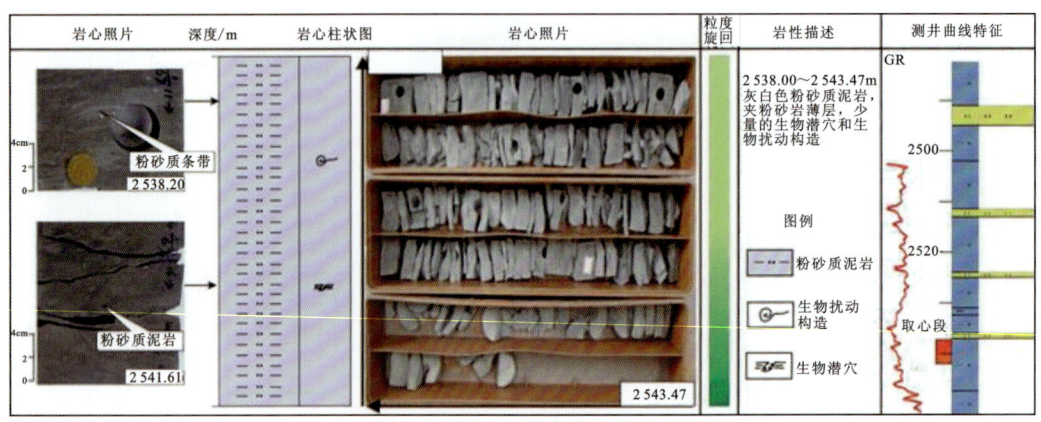

图 5.16　DF12 井黄流组一段 2 538.00～2 543.47m 取心段陆架泥岩心及测井曲线特征

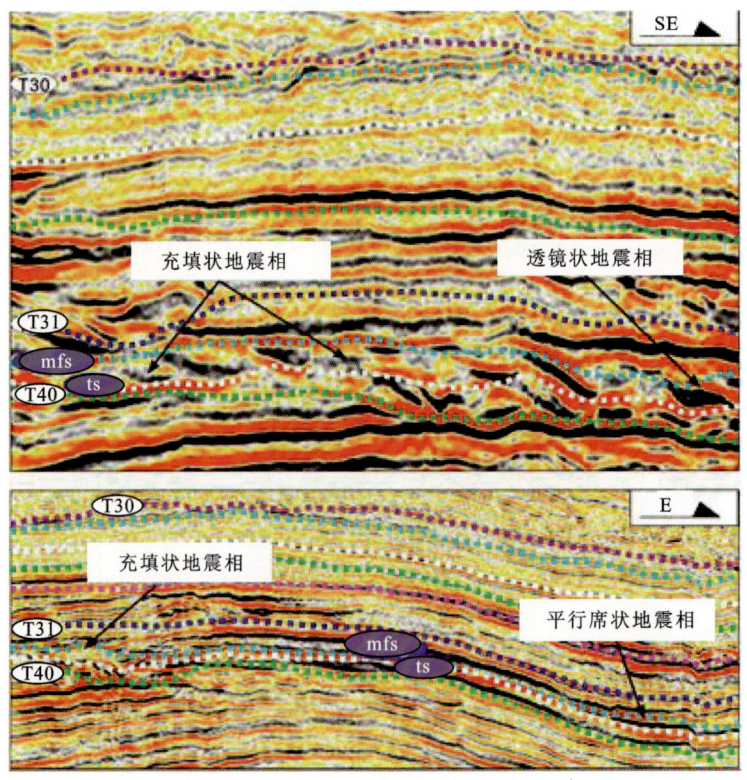

图 5.17　东方区黄流组一段陆架泥沉积的典型地震反射特征

三、重力流扇体沉积微相时空展布特征

1. 黄流组一段层序划分特征

经过对莺歌海盆地东方区黄流组一段的钻井、测井和地震资料的分析,确定了黄流组一段的层序单元划分方案(图5.18)。将黄流组一段的顶底界面分别解释为S30和S31两个三级层序界面,完整的三级层序内部以S301和mfs两个体系域界面为界自下向上细分为低位体系域(LST:S31—S301)、海侵体系域(TST:S301—mfs)和高位体系域(HST:mfs—S30);在低位体系域中识别出S303和S302两个四级层序界面,将低位体系域划分为自下而上的Ps3(S31—S303)、Ps2(S303—S302)、Ps1(S302—S301)共三个准层序组单元。

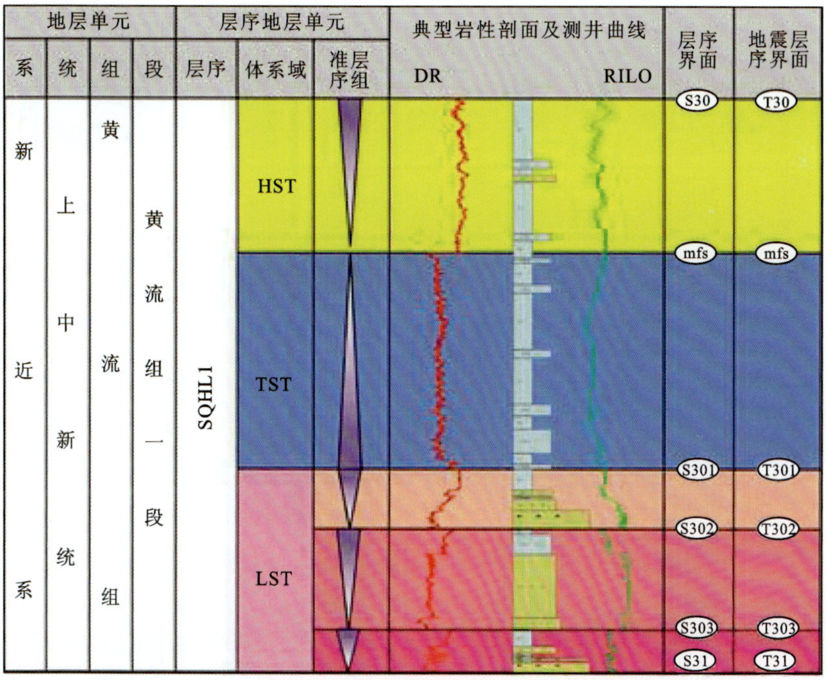

图5.18 东方区黄流组一段高精度层序地层单元划分方案

东方区DF32井钻穿了黄流组一段,获得了黄流组一段完整的地质资料,其内部层序发育特征是东方区黄流组一段单井层序特征的典型实例(图5.19)。黄流组一段顶部和中部以厚层泥岩和粉砂质泥岩为主,夹少量粉砂岩,底部以厚层单砂体状的细砂岩为主,含有少量粉砂岩。该段构成了一个独立完整的三级层序,低位体系域(LST)、海侵体系域(TST)和高位体系域(HST)均发育;同时在低位域根据岩性粒度和测井旋回组成的变化,可以完整地识别出Ps3(T31—T303)、Ps2(T303—T302)和Ps1(T302—T301)三个准层序组;该层序低位域沉积相在垂向上变化较大,三个准层序组均发育重力流扇体中扇亚相,其中Ps3准层序组主要发育小型分支水道和水道间微相,Ps2和Ps1准层序组发育规模较大的浊积水道微相和水道间沉积,低位体系域的顶部发育浅海砂坝沉积。东方区黄流组一段的浅海重力流沉积主要发育

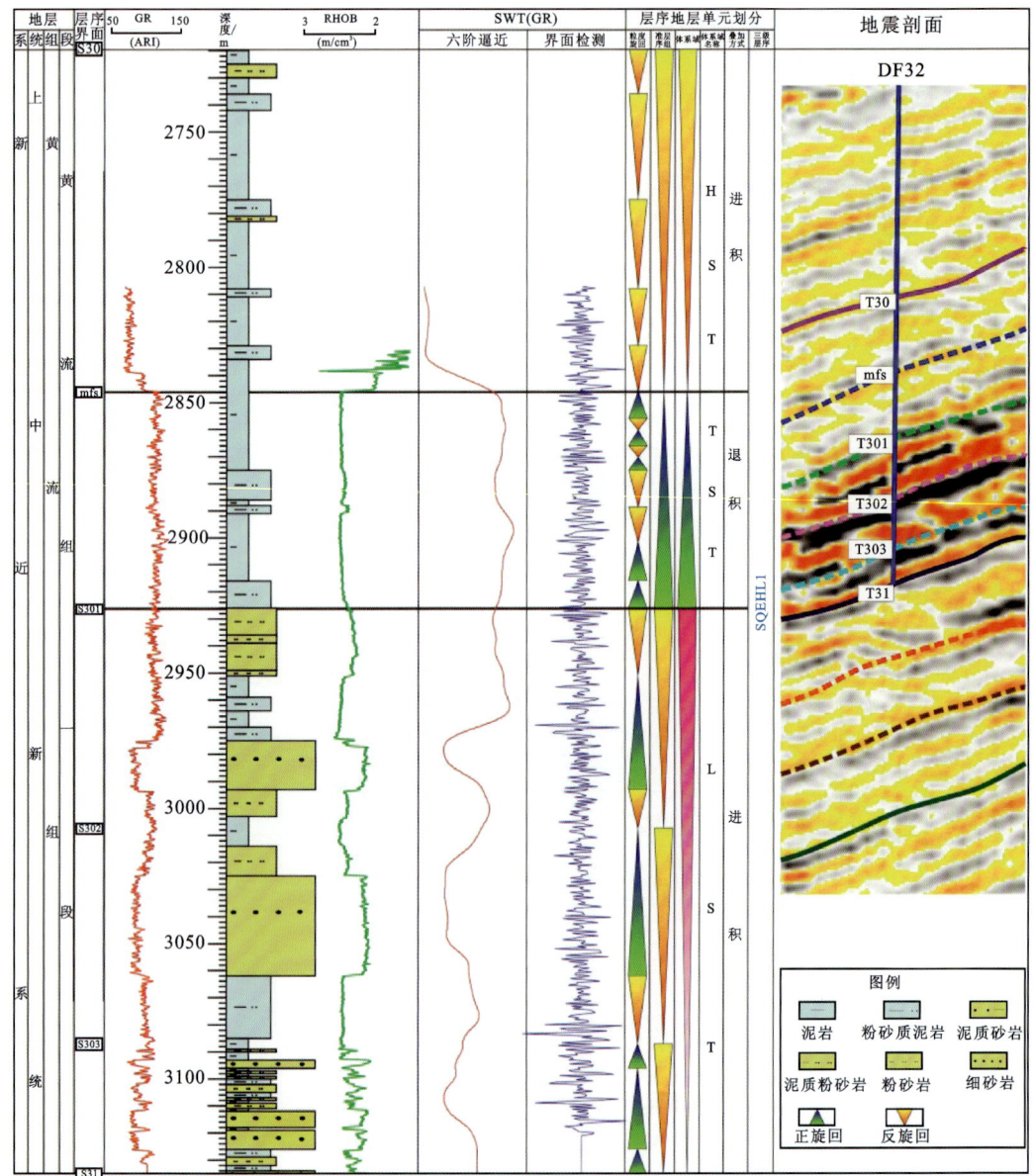

图 5.19 东方区 DF32 井黄流组一段层序地层特征

在低位体系域中,其发育的过程可以划分为三个期次,分别对应低位体系域的 Ps3、Ps2 和 Ps1 三个准层序组(图 5.19)。

2. 典型连井剖面沉积微相解释

在东方区选取了西南-东北向(DF32、DF36、DF11 和 DF12 连井)、西北-东南向(DF33、DF14、DF34、DF36 和 DF111 井)和近东西向(DF95、DF96 和 DF94 连井)共三条连井剖面进行了黄流组一段高精度层序地层划分,并结合对应的过井地震剖面反射特征开展了井-震综合对比解释,在层序格架内进行了沉积及其展布分析。

DF32、DF36、DF11 和 DF12 连井(图 5.20)：重力流扇体沉积仅发育在低位体系域中，发育三个期次的扇体沉积体与 Ps3、Ps2 和 Ps1 三个准层序组之间一一对应。从剖面揭示的结果来看，重力流扇体在以 DF11 井为界的西南侧发育，主要以辫状水道和水道间漫溢沉积为

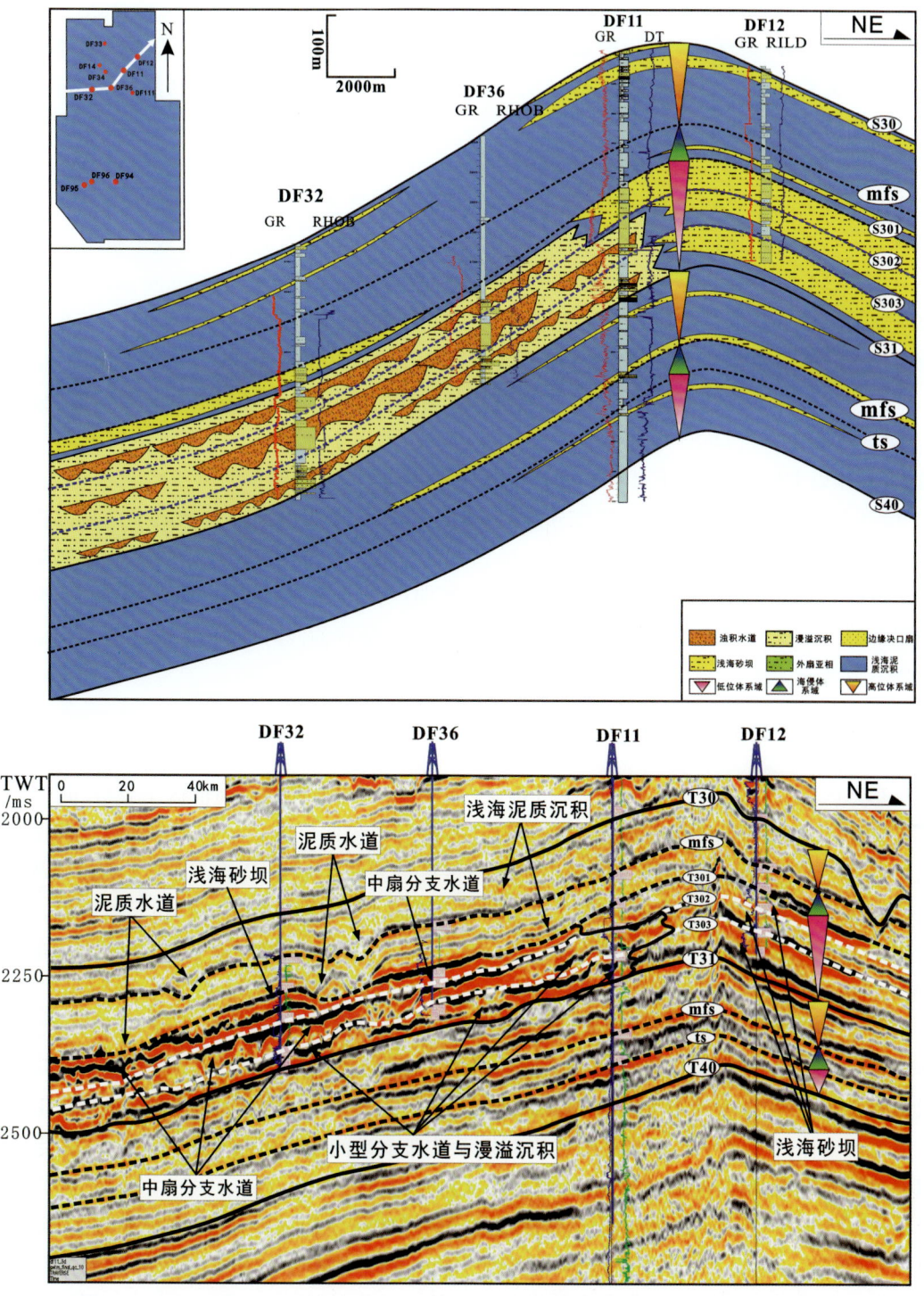

图 5.20　DF32、DF36、DF11 和 DF12 连井及过井地震剖面黄流组一段沉积微相精细解释

主;地震剖面上呈现出中—强振幅,低频和丘形地震反射特征,对下伏地层具有下切侵蚀作用。三期重力流扇体沉积均在低位域体系内具继承性发育的特征,不同期次的重力流扇体均以辫状水道和水道间漫溢沉积为主体,辫状水道以连片连续分布的水道复合体为特征;同一准层序组内辫状水道的规模大致一致,不同准层序组内辫状水道的规模差异明显,Ps3 内的水道规模最小,Ps2 内的水道规模最大,Ps1 内的水道规模介于前两期水道之间。扇体的垂向演化可以大致划分为初始蕴育期、快速发展期和稳定发展期三个阶段,分别与 Ps3、Ps2 和 Ps1 三个准层序组一一对应。

DF33、DF14、DF34、DF36 和 DF111 井(图 5.21):重力流扇体主要发育在低位体系域中,在西北侧以辫状水道和水道间漫溢沉积为主,向东南侧过渡为外扇沉积,到 DF111 井为浅海砂坝沉积。辫状水道以连片连续展布为特征,其与水道间漫溢沉积一起构成了重力流扇体沉积的主体;DF14 井显示出 Ps1 内发育的辫状水道规模最大,厚度可达 87m 左右,最大可能是该时期的辫状水道的主水道发育位置;DF34 井和 DF36 井大致揭示了该剖面重力流扇体沉积中辫状水道垂向演化特征,Ps3 内发育的水道厚度为 2~6m,Ps2 内发育的水道厚度为 15~36m,Ps1 内发育的水道厚度为 15~34m,整体分为初始蕴育期、快速发展期和稳定发展期。

DF95、DF96 和 DF94 连井(图 5.22):重力流扇体发育的三个准层序组中以 Ps3 的厚度最大,整体以 DF96 井和 DF94 井附近分别发育两个连片连续分布的大型辫状水道为特征,DF95 井和 DF96 井揭示的水道厚度分别为 34m 和 75m,地震剖面上显示出中—强振幅较连续的丘形或亚平行特征;Ps2 内仅在剖面的西侧发育单一的辫状水道,在剖面中部和东侧发育小规模的水道漫溢沉积,陆架泥沉积在该沉积期内占主体部分;Ps1 内早期的水道沉积已经完全消失不见,在 DF95 井和 DF96 井附近发育呈透镜状的浅海砂坝,大部分的沉积以发育陆架泥为主。

3. 初始蕴育期沉积微相平面展布特征

东方区黄流组一段低位体系域 Ps3 准层序组的层间均方根振幅高值区主要分布在西侧、东北侧和东南侧三个位置,其余范围内的均方根振幅均为低值区域(图 5.23);均方根振幅属性的高值区与富砂区对应,通过均方根振幅高值区的范围勾绘出 Ps3 重力流扇体展布特征;对东方区 Ps3 内辫状水道进行地震资料精细解释和追踪,综合东方区测井相—地震相—均方根振幅属性与沉积微相之间的对应特征,确定了东方区 Ps3 内的各沉积微相平面展布特征(图 5.24)。

在黄流组一段低位体系域的 Ps3 准层序组沉积期,东方区的海水深度属于浅海陆架沉积环境,在相对海平面下降的低水位期重力流扇体沉积开始发育;从东方区的西侧发育了西北-东南向和西南-东北向两个大型辫状水道沉积,西北-东南向的辫状水道沉积规模较大;Ps3 内的重力流扇体沉积发育有中扇亚相中的辫状水道和水道间漫溢沉积和外扇亚相中的远源浊积岩和陆架泥沉积,其中辫状水道和水道间漫溢沉积构成了重力流扇体的主体部分,在中扇周缘发育外扇沉积,外扇亚相呈狭小的环带状分布在中扇亚相之外;沉积规模更大的西北-东南向的辫状水道延伸到研究区最南端,DF95 井和 DF96 井揭示的辫状水道细砂岩沉积厚度分别为 50m 和 70m,而西南-东北向的辫状水道最远延伸至 DF11 井附近,该钻井揭示的辫状

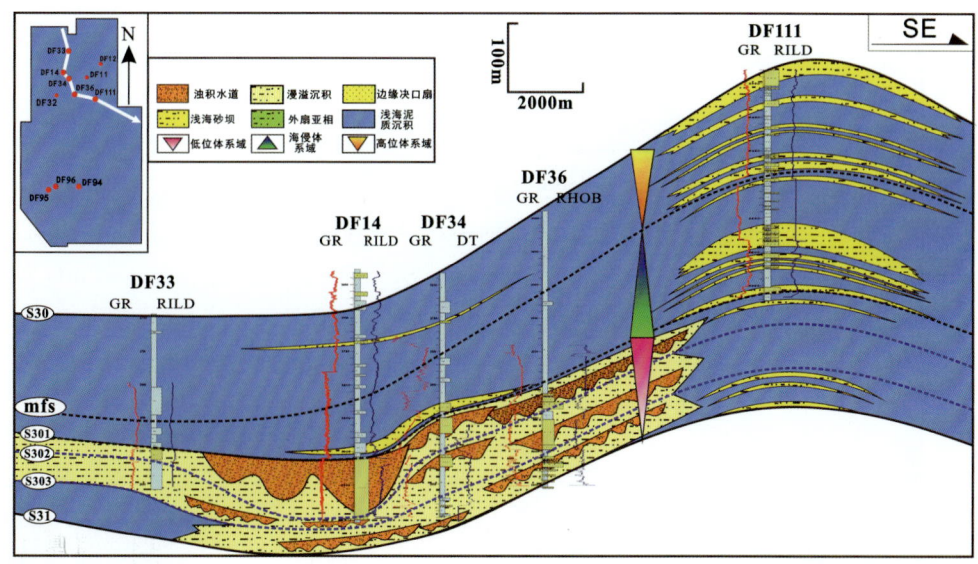

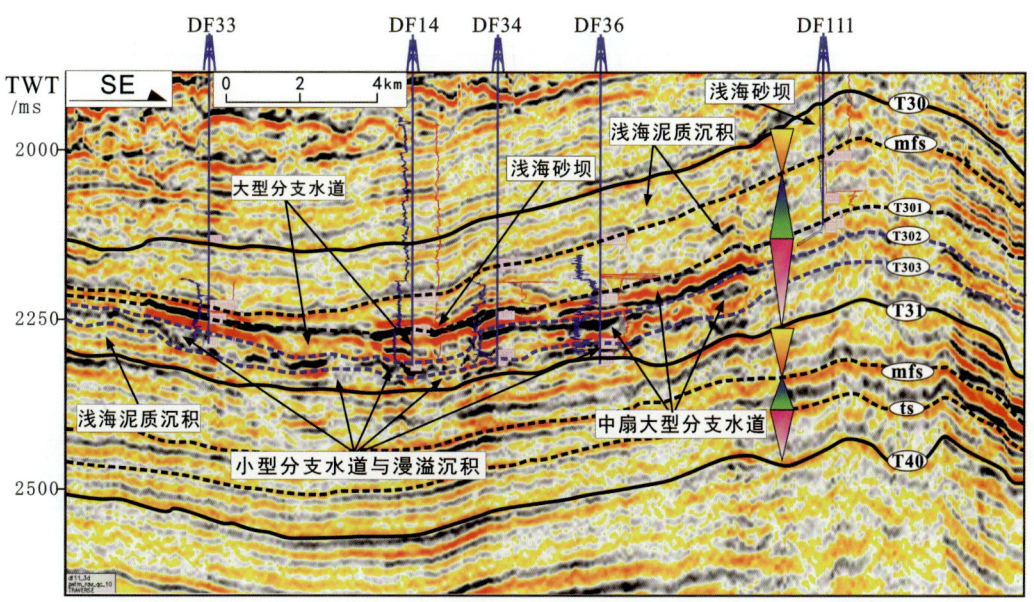

图 5.21　DF33、DF14、DF34、DF36 和 DF111 连井及过井地震剖面黄流组一段沉积微相精细解释

水道规模较小,主要为薄层的细砂岩夹粉砂质泥岩沉积,厚度约 10m,可能是水道的末端或小型分支水道沉积(图 5.24)。

4. 快速发展期沉积微相平面展布特征

Ps2 准层序组的层间均方根振幅高值区的分布范围更大,除了东方区的西南侧区域是均方根振幅低值区域外,其他区域的均方根振幅都是高值区(图 5.25)。均方根振幅属性的高值区与富砂区对应,通过均方根振幅高值区的范围勾绘出 Ps2 重力流扇体展布特征。对东方区

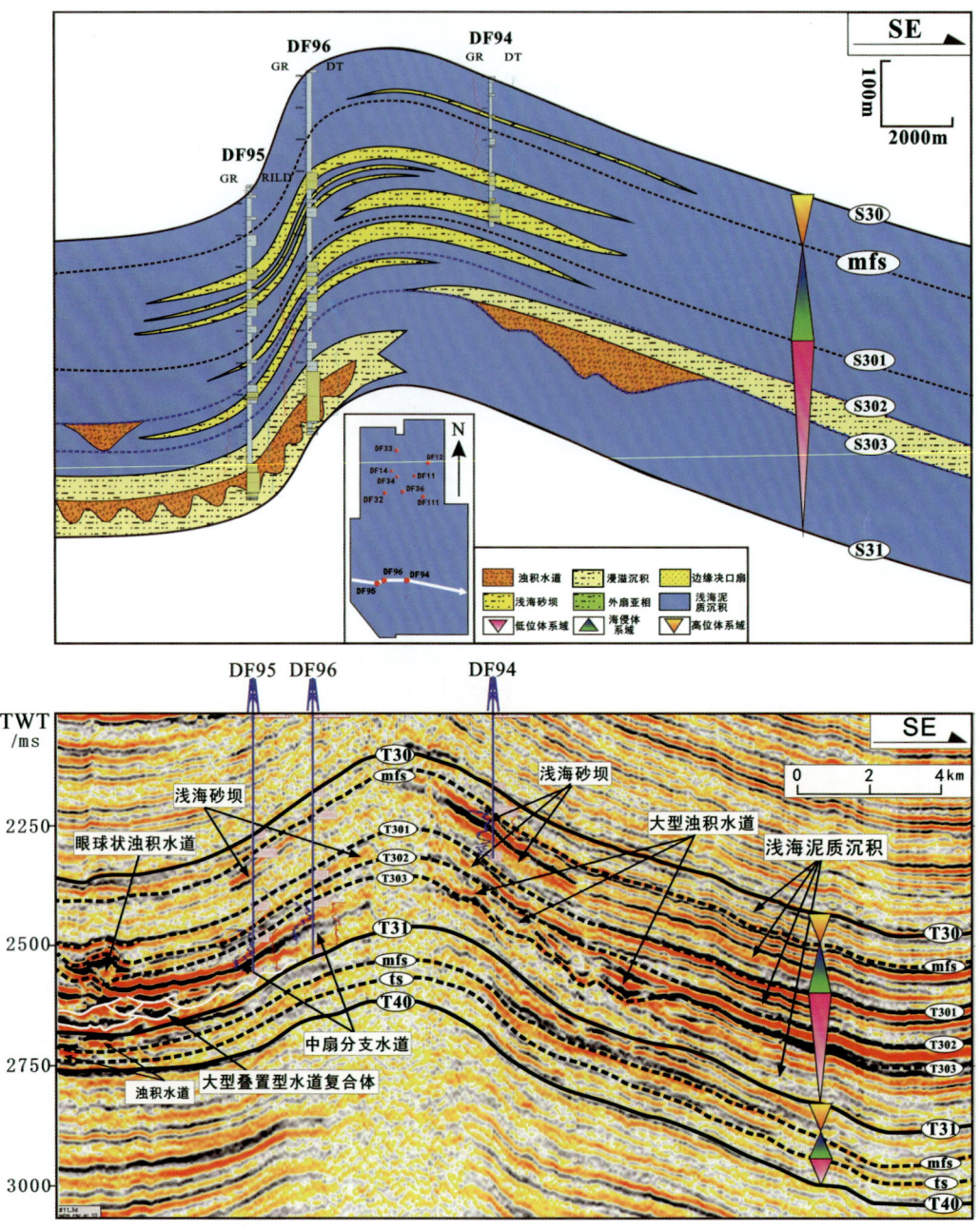

图 5.22 DF95、DF96 和 DF94 连井及过井地震剖面黄流组一段沉积微相精细解释

Ps2 内的辫状水道进行了地震资料精细解释和追踪,确定了 Ps2 内辫状水道的平面分布范围和形态,综合东方区测井相—地震相—均方根振幅属性与沉积微相之间的对应特征,对东方区 Ps2 内沉积微相进行了追踪解释(图 5.26)。

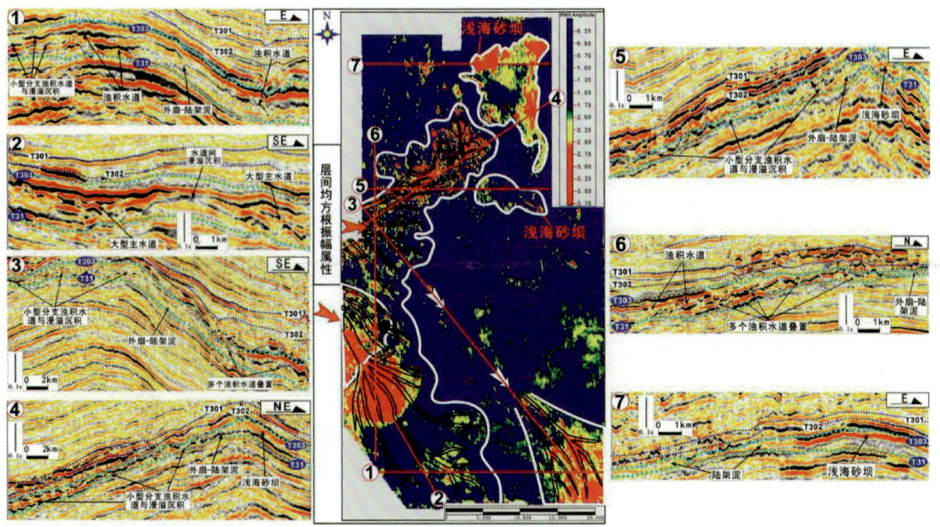

图 5.23 东方区黄流组一段 Ps3(S31—S303)准层序组地震属性—地震相—沉积相综合解释

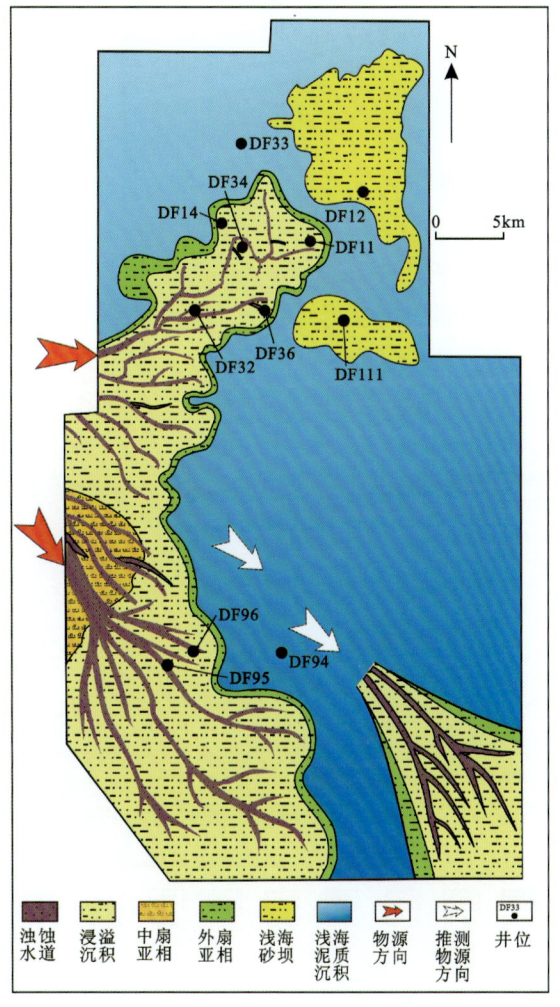

图 5.24 东方区黄流组一段 Ps3 准层序组沉积微相空间配置

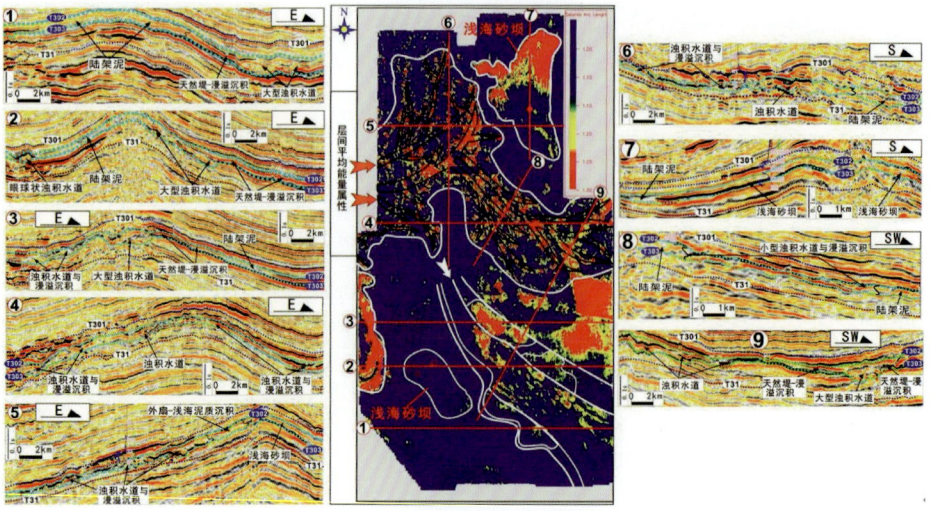

图 5.25　东方区黄流组一段 Ps2(S303—S302)准层序组地震属性—地震相—沉积相综合解释

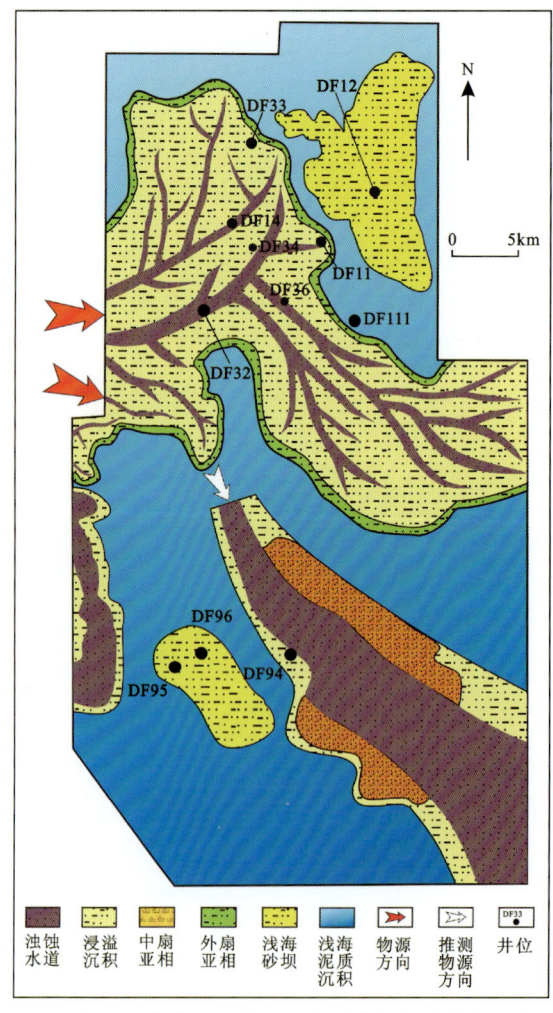

图 5.26　东方区黄流组一段 Ps2 准层序组沉积微相空间配置

黄流组一段低位体系域 Ps2 准层序组发育期,东方区仍然处于浅海陆架沉积区,海平面的下降导致水深进一步变浅,大规模浅海重力流扇体沉积继承性的在东方区发育,重力流扇体主要发育中扇中的辫状水道和水道间漫溢沉积微相以及外扇中的远源浊积砂和陆架泥微相沉积;Ps2 时期的沉积展布特征较 Ps1 时期变化明显,辫状水道的方向以西南-东北向为主,最远处延伸至 DF33 井和 DF11 井附近,在 DF36 井附近辫状水道分支向东南方向延伸,在该方向发育了规模较大的中扇沉积,重力流扇体沉积以中扇的辫状水道和水道间漫溢沉积为主体,而外扇亚相同样以狭窄的环带状围绕中扇亚相发育;在扇体的东南方向上发育一条西北-东南向大规模的水道沉积体,岩性主要是厚层的细砂岩沉积,在地震剖面上呈现出强振幅丘形杂乱反射特征,对下伏沉积具有下切现象,在水道的两侧发育天然堤和水道漫溢沉积微相(图 5.25)。

5. 稳定发展期沉积微相平面展布特征

东方区钻井资料和地震解释揭示了 Ps1 准层序组时期重力流扇体的展布特征(图 5.27),均方根振幅属性的高值区与富砂区对应,通过均方根振幅高值区的范围勾绘出 Ps1 重力流扇体展布特征;综合岩心观察确定了 Ps1 期重力流扇体沉积的中扇辫状水道和水道间漫溢沉积微相与外扇亚相的平面展布特征(图 5.28)。

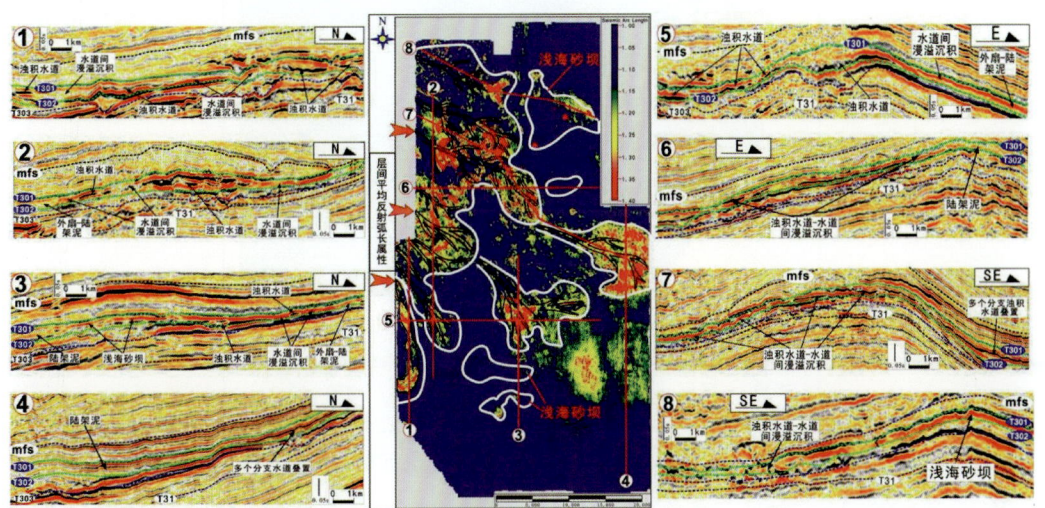

图 5.27 东方区黄流组一段 Ps1(S302—S301)准层序组地震属性—地震相—沉积相综合解释

Ps1 准层序组发育期,东方区重力流扇体沉积继承性发育,呈西北-东南向展布,在东南延伸方向发育两个小型重力流扇体。扇体沉积由辫状水道和水道间漫溢沉积微相构成,外扇亚相以狭窄的环带状包围中扇亚相沉积(图 5.28)。

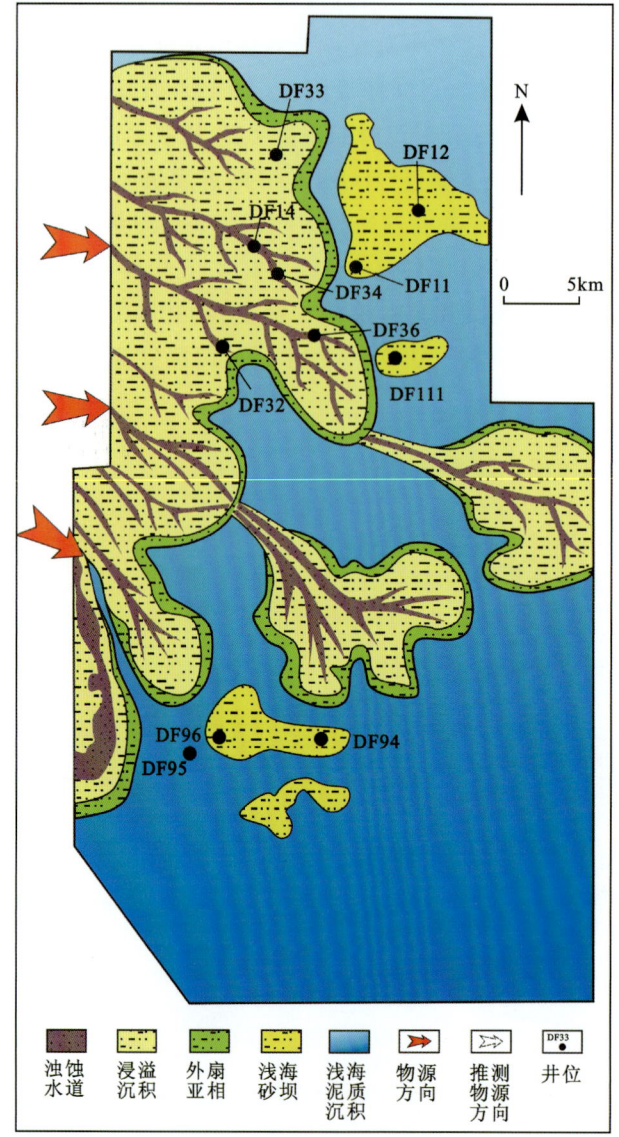

图 5.28　东方区黄流组一段 Ps1 准层序组沉积微相空间配置

四、重力流扇体沉积发育模式

1. 海平面变化

海平面的变化是控制海相沉积体系发育的重要因素,前人的研究揭示了绝大多数的斜坡扇、盆底扇和海底扇等重力流扇体沉积均发育在海平面下降的低水位期,海侵体系域和高位体系域中发育大型重力流沉积的实例不多见,仅在一些特殊的沉积背景下发育,大型重力流沉积的发育与海平面下降密切相关。从海平面相对变化的曲线图可以看出,新生代莺歌海盆地与南海的海平面变化趋势一致,与全球海平面变化趋势也整体相似(图 5.29)。黄流组沉积时期海平面持续下降,在新生代时期是莺歌海盆地海平面下降幅度最大的一次;黄流组一段沉积时海岸线相对向南盆地中心一侧移动,浅海范围进一步向南缩小,在相对低水位期间陆架边缘在河流的入海口发育了一系列三角洲沉积,由于水深较浅,来自三角洲或陆架剥蚀的碎屑沉积物大量向陆架浅海区搬运和沉积;东方区黄流组一段重力流扇体沉积发育在其低位体系域中,正是相对海平面下降为其提供了大型重力流沉积发育的有利水深环境。

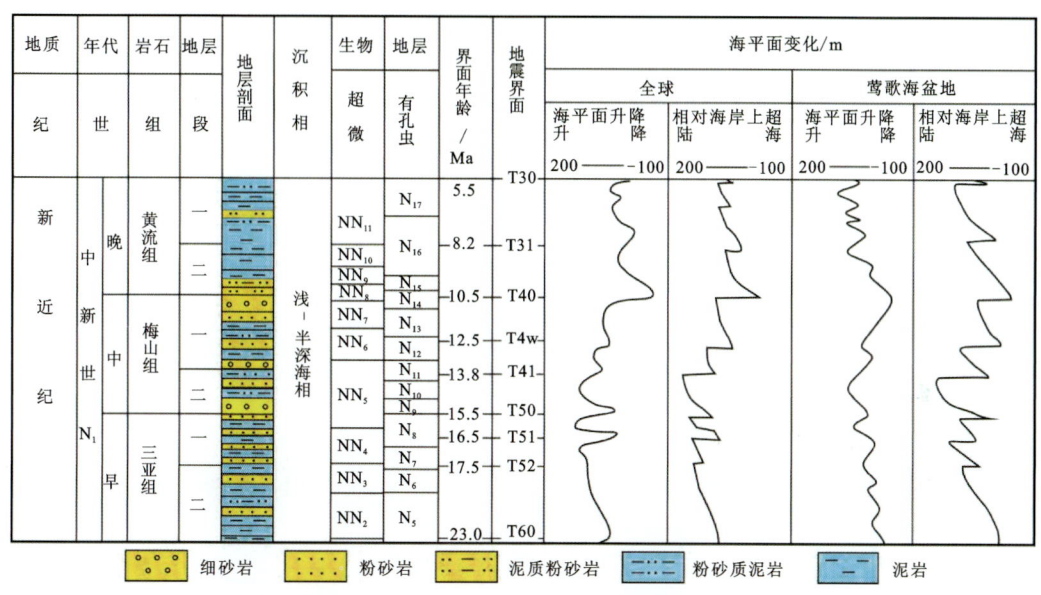

图 5.29 莺歌海盆地及全球海平面变化曲线图(据陈杨等,2019 修改)

2. 物源供应

物源区碎屑物质丰富程度及供应速率对重力流扇体沉积发育特征具有决定性作用。尽管在地质历史时期具备强烈的构造运动、大规模的洪水、地震和风暴潮等触发重力流形成的外界条件,如果物源区没有充足的碎屑物质供给,也不会发育大规模的重力流扇体沉积;物源区与沉积区的距离也影响重力流扇体沉积特征,远距离的物源区碎屑物质经历长距离的搬运,碎屑颗粒分选和磨圆进一步改善,沉积形成细粒的重力流沉积的样式和结构与近物源粗粒的重力流沉积具有明显差异;不同物源区的物质组成不同,供应的碎屑颗粒成分特征不同,以及碎屑颗粒在搬运过程中受到筛选作用的强弱差异都对重力流扇体沉积储层物性有影响。莺歌海盆地是一个多物源的海相沉积盆地,对莺歌海盆地周缘水系发育特征、潜在物源的剥蚀演化特征和沉积区黄流组一段砂岩沉积物源追踪分析,认为盆地西北部的东方区黄流组一段具有三方向的物源,西侧以蓝江物源为主,西北部以红河和马江物源为主,东部以海南隆起西部的昌化江物源为主,对东方区黄流组一段重力流扇体沉积的锆石物源分析认为,物源主要来自西部的蓝江、马江和西北部的红河物源,少部分来自东部的昌化江物源,均以搬运距离远的碎屑颗粒为特征,西北部的红河、西部蓝江和马江水系规模较大,为重力流扇体沉积提供了充足的碎屑物质。

3. 构造坡折带特征

坡折类型对于沉积物的体积分配和沉积相带的分异具有明显的影响,对层序内部扇体充填特征和砂体类型具有明显的控制作用。根据坡折形成的控制因素差异将其划分为沉积坡折和构造坡折两种类型,沉积坡折形成于沉积物质由于在沉积过程发生堆积导致地形坡度发生突变的位置,构造坡折形成于断层活动导致地形坡度发生突变的位置;根据断层的规模和活动的差异将构造坡折划分为断层坡折和挠曲坡折两种类型,断层坡折主要发育在同沉积断层长期活动导致的地形突变位置,挠曲坡折主要发育在下伏断层的差异性活动导致的上覆地层坡度突变位置。根据地震剖面上的断层和地层解释分析,黄流组沉积在莺歌海盆地莺西斜坡带与凹陷带之间以发育挠曲坡折为特征(图5.30);挠曲坡折在剖面上呈大规模向上凸起的变形带,凸起变形带的上侧发育大型低位三角洲前积体,凸起变形带的下侧发育大型重力流扇体沉积(低位扇),挠曲坡折的发育控制了沉积相带的分异,控制形成了东方区黄流组一段的重力流扇体沉积。

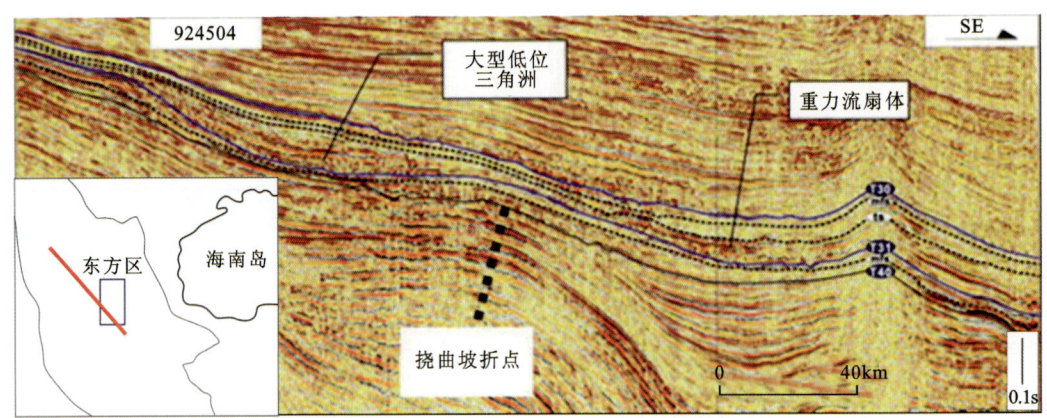

图 5.30 莺歌海盆地东方区黄流组挠曲坡折带特征

4. 古地貌形态特征

古地貌是控制沉积相带发育和分布的重要因素之一,沉积相带的发育与古地貌形态密切相关,沉积期古地貌的恢复可以直观显示出当时地形隆凹格局,斜坡展布范围及坡度变化特征等,对于沉积模式的建立具有指导性的意义。莺歌海盆地黄流组一段的古地貌图揭示了整体以莺东斜坡和莺西斜坡中间夹两个凹陷的古地貌格局,莺东斜坡带展布范围宽且坡度小,整体以平缓的大斜坡为特征,莺西斜坡展布范围狭长且坡度大,整体以陡峭的小斜坡为特征;东西两斜坡中间夹的两个凹陷分别为西北方向临高凸起带内的次级凹陷和东南方向的中央凹陷,两凹陷中间被近东西向的低凸起隔开,西北方向的次级凹陷沉降幅度小,整体以平坦的古地貌为特征,东南方向的中央凹陷沉降幅度大,整体以陡峭的斜坡为特征;对于黄流组一段重力流扇体沉积发育的东方区主要位于中央凹陷带北侧的斜坡范围内,以分隔两个凹陷的低凸起为界,向东南方向的斜坡在达到中央凹陷内部之前,发育的坡度较缓的低幅度斜坡构成了东方区重力流扇体沉积的古地貌主体;黄流组一段沉积期,东方区处于莺西斜坡至中央凹陷区的"二台阶"上,在古地势相对平缓的地貌上具有较大沉降速率,这种古地貌和构造特征为莺歌海盆地东方区黄流组一段发育大型的重力流扇体沉积提供了有利沉积背景(图5.31)。

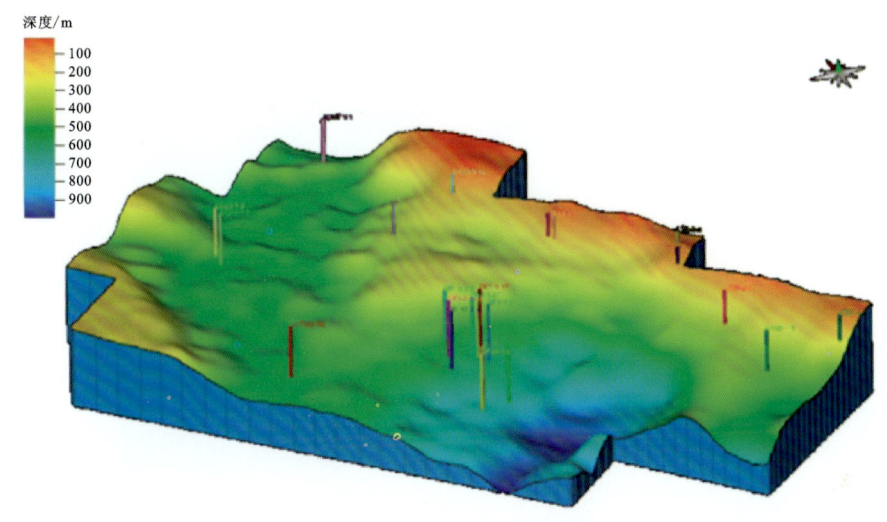

图5.31 莺歌海盆地黄流组一段底界面古地貌图

5. 东方区重力流扇体发育模式

莺歌海盆地东方区黄流组一段浅海重力流扇体沉积是在海平面大幅度下降、多方向物源充足供应、挠曲坡折发育和有利古地貌形态等多种因素联合控制下形成(图5.32)。黄流组沉积初期海平面开始下降,到黄流组一段沉积时期海岸线向海一侧海退幅度增大,整个中央凹陷区的水深为40～100m,莺歌海盆地整体属于浅海陆架沉积背景,海平面下降促使河流三角洲向凹陷中央一侧推进得更远。东方区重力流扇体砂岩碎屑锆石U-Pb定年分析揭示了其碎屑物质主要来源于红河、蓝江、马江和昌化江,具有每个方向物源的相对贡献度依次减小的趋势,昌化江方向的物源贡献度仅占很小一部分(约1%)。整体来看,蓝江、红河和马江为东方区黄流组一段低位体系域沉积提供了多方向的物源,为重力流扇体沉积发育保证了充足的物源供应;从莺西斜坡带向中央凹陷区方向上由于黄流组下伏隐伏断裂的差异活动使得黄流组二段地层呈上拱的弯曲特征,黄流组二段顶界面在变形幅度较大处形成了挠曲坡折,挠曲坡折的下倾方向由于坡度骤降(最大可达6°),为周缘河流三角洲前缘沉积向东方区推进形成重力流扇体提供了触发的坡度条件。东方区黄流组一段重力流扇体沉积发育在坡度较缓的斜坡上,整体属于莺西斜坡向中央凹陷区的"二台阶"范围,靠近凹陷区的斜坡沉降速率大,为重力流扇体沉积提供了充足的可容纳空间。

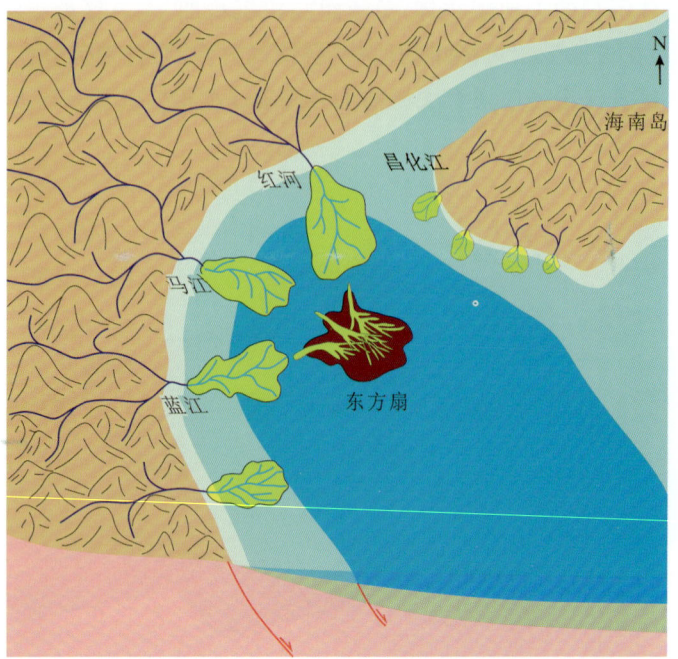

图 5.32　莺歌海盆地东方区黄流组一段重力流扇体沉积模式

第二节　乐东区浅海重力流水道沉积特征

一、重力流水道沉积微相识别标志及特征

1. 岩石学标志

砂岩主要由物源区母岩经风化破碎形成的砂级碎屑颗粒堆积胶结而成，砂岩的母岩类型可能多种多样，建立砂岩的分类标识是认识沉积体沉积特征中重要的一步。通过岩心薄片计算了乐东区重力流水道内砂岩的矿物组成（图 5.33）；碎屑成分中主要由石英、长石和岩屑组成，其中石英的含量在 48%～84% 之间，平均为 65%；长石的含量在 10%～25% 范围内，平均为 14%；岩屑的含量在 6%～38% 范围内，平均为 21%；通过砂岩成因三端元图解分类投点分析表明乐东区重力流水道沉积以长石岩屑砂岩为主，其次为长石石英砂岩（图 5.33 a）。乐东区重力流水道沉积砂岩的岩屑碎屑主要包括岩浆岩、变质岩和沉积岩三类；其中岩浆岩的组分最高，岩浆岩的含量在 40%～93% 范围内，平均值为 74.2%；变质岩的组分次之，含量最高可达 57%，平均值为 23%；沉积岩的组分最少，含量在 1.6%～7.1% 范围内，平均值为 2.8%。砂岩岩屑成岩三端元图解可以看出，乐东区重力流水道砂岩的岩屑以岩浆岩为主，暗示着其母岩类型主要来自岩浆岩（图 5.33b）。

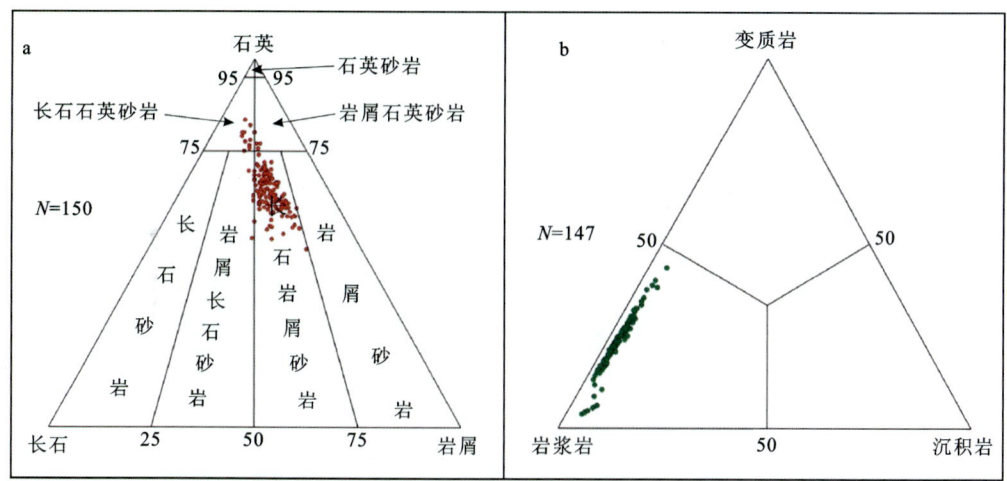

图 5.33 A2 井黄流组二段矿物三端元图解

a.砂岩成因分类图解;b.岩屑成因分类图解

2. 原生沉积构造标志

乐东区取心段为 A2 井 4 165.00-4 174.27m(图 5.34),岩心上可识别块状层理、鲍马序列、冲刷面和泥砾等典型的重力流沉积构造。块状砂岩中含砾明显,分选性较差,反映近源堆积的特征,存在后期砂岩冲刷早期泥岩现象(Ⅱ级冲刷面),后期砂岩冲刷早期砂岩现象,表现为强水动力沉积环境(Ⅰ级冲刷面)。

Ⅰ级冲刷面:钻井深度为 4 173.8~4 174.27m,岩性为灰白色中砂岩,块状构造,该段的特征为可见黑色泥质颗粒,呈现长条状,轴向长度小于 3mm,颗粒指示出良好的定向性(图 5.34a);钻井深度为 4 173.25~4 173.8m,与下伏层段岩性保持一致,均为块状中砂岩,该段泥质颗粒含量明显减少;钻井深度为 4 172.86~4 173.25m,以中粗砂岩为主,粗砂岩为主的块状构造内可见形状不规则的灰白色的钙质胶结团块,含有少量泥质;钻井深度为 4 172.86~4 174.27m 下部发育含砾中砂岩,中部发育砾状块状粗砂岩,岩性变化接触界面均为Ⅰ级冲刷面(图 5.34)。

泥砾沉积:钻井深度为 4 172.26~4 172.57m,以块状灰色含砾中砂岩为特征,可见黑色泥砾,泥砾的最大粒径达 3.5cm(图 5.34b)。

钙质胶结:钻井深度为 4 171.05~4 171.32m,块状灰白色中砂岩,肉眼可见胶结光洁面,滴稀盐酸后起泡,为钙质胶结(图 5.34c)。

鲍马序列:钻井深度为 4 170.01~4 170.45m,从底向顶依次为块状含砾中砂岩、平行层理中砂岩、黑色泥岩、发育交错层理的细砂岩与泥岩互层、水平层理泥质粉砂岩(图 5.34d)。该段下部以灰白色中砂岩沉积为主,发育含细泥屑的块状层理;上部以灰黑色泥质沉积为主。根据上部沉积构造由下至上可细分为三个亚段。下亚段(4 170.12~4 170.15m)约 3cm 厚,为灰黑色泥岩。中亚段(4 170.04~4 170.12m)约 8.5cm 厚,为泥岩沉积,夹粉砂岩条带,连续性较差,见液体逃逸轨迹切穿现象,呈现典型的液化流沉积特征,也可见生物扰动现象;

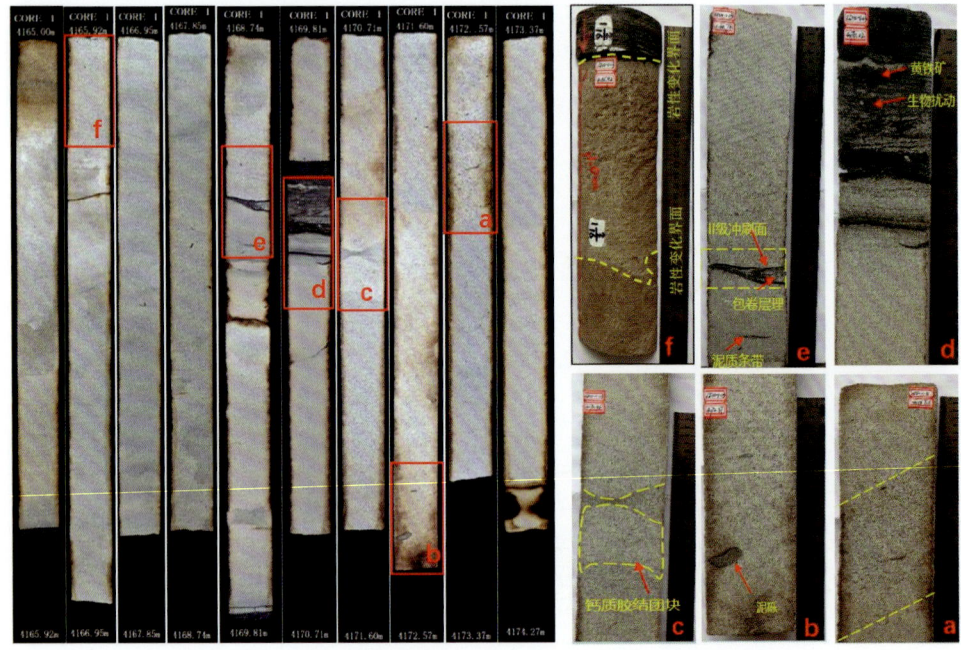

图5.34　A2井黄流组二段(4 165～4 174.27m)典型岩心照片

4 170.04m处见薄层的砂质条带,在砂质条带与泥岩接触面见大量的黄铁矿。上亚段(4170～4 170.04m)约3.5cm厚,黑色泥岩,均质性较差,肉眼可见泥岩与粉砂质泥岩互层叠置,成层性较差,接触界面为不规则特征。

Ⅱ级冲刷面:钻井深度为4 168.94～4 169.06m,为灰色含砾中砂岩,见规模较小的包卷层理和Ⅱ级冲刷面(图5.34e);灰白色含泥砾中砂岩沉积冲刷早期灰黑色泥质粉砂岩沉积,岩性变化处以Ⅱ级冲刷面接触。该段的下部灰白色中砂岩沉积中可见泥砾和泥质条带。

平行层理:钻井深度为4 165.89～4 166.17m,呈现出下段、中段和上段三部分岩性变化特征。下段岩性为灰白色粗砂岩,沉积构造整体以块状构造为特征;中部岩性为灰白色中砂岩,块状沉积构造,局部发育钙质胶结团块;顶部岩性为黑色泥岩,沉积构造以平行层理为特征(图5.34f)。

3. 粒度分布特征

碎屑颗粒的粒度受到搬运介质、搬运方式及沉积环境等因素的控制,碎屑颗粒粒度的分布和分选性是搬运能力的反映,是判断沉积时的流体性质和水动力条件的良好标志。乐东区A2井黄流组二段重力流水道沉积砂岩的粒度概率累积曲线图整体呈现出弧形特征,为低斜的两段式,揭示以悬浮次总体为主,含少部分的跳跃次总体,分选性差,具重力流沉积的粒度分布特征(图5.35);跳跃次总体的含量约15%,曲线斜率在45°左右,呈现出分选性较好的特点,粗截点在$\varphi=1$左右,细截点在$\varphi=2.7$左右;悬浮次总体的含量大于65%,曲线斜率在20°左右,指示碎屑颗粒分选较差,粗截点在$\varphi=2.8$左右,细截点在$\varphi=8.2$左右;总体的特征为水动力能量变化较大,具有较强的湍流特征。

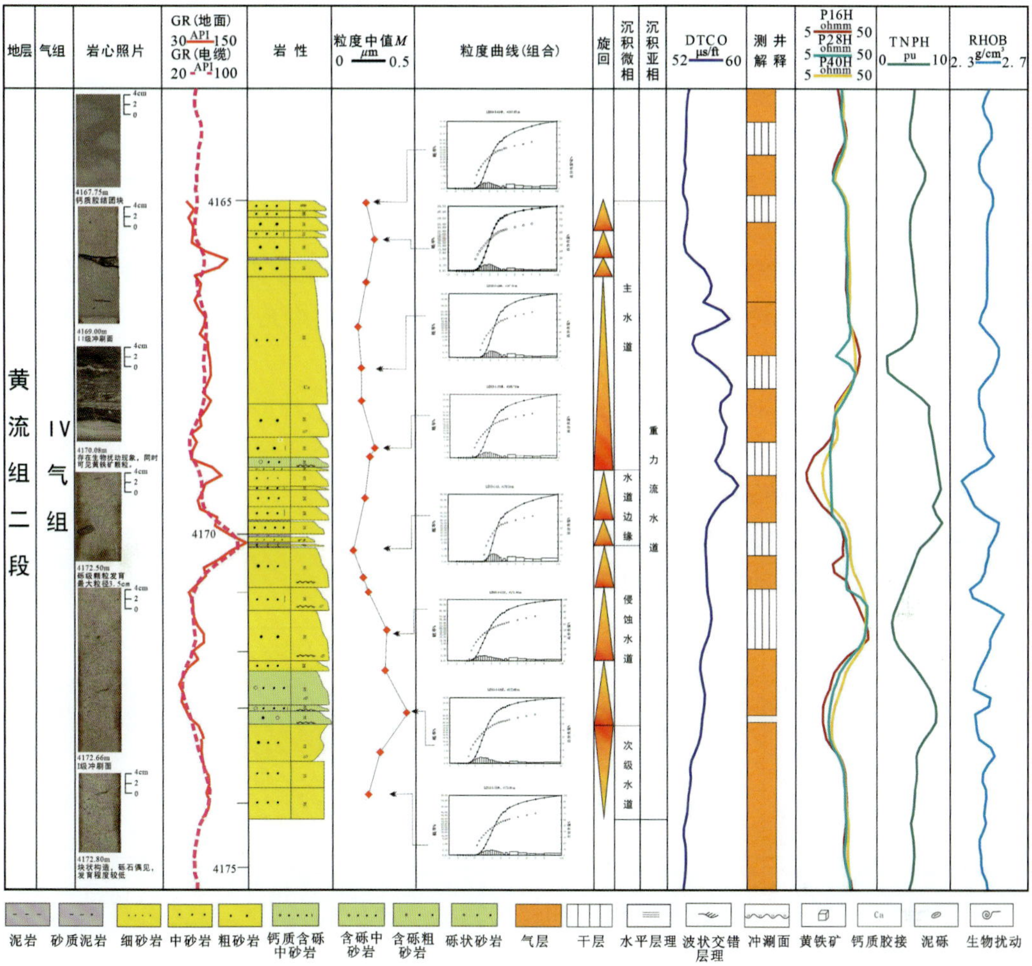

图 5.35 A2 井黄流组二段岩心段单井柱状图

对乐东区 A2 井黄流组二段砂岩样品进行粒度 C-M 图投点分析,样品点均落在均匀悬浮段(R-S 段),C 和 M 值变化幅度较小,点分布均大致与 C=M 基线平行,揭示其以悬浮颗粒为主的重力流沉积特征(图 5.36)。

4. 测井相特征

乐东区黄流组二段测井 GR 曲线形态主要有:高幅齿状箱形、高幅平直箱形、高幅弱齿化箱形、高幅漏斗形、箱形+漏斗形、中幅箱形、指形、微幅指形+齿形、互层钟形、低幅平直形、低幅齿形,测井相特征

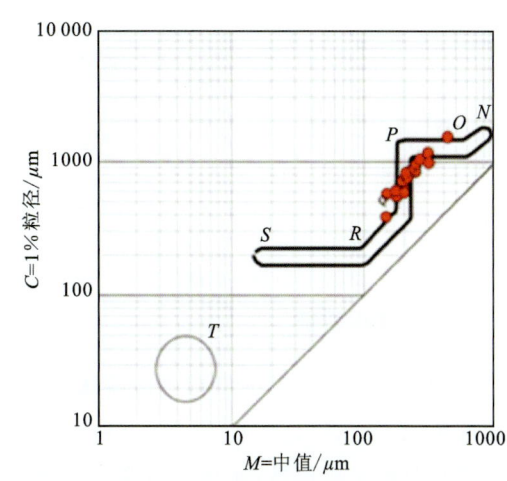

图 5.36 乐东区 A2 井黄流组二段砂岩粒度 C-M 图

揭示 5 类沉积微相（图 5.37）。

侵蚀水道：以高幅箱形 GR 曲线为特征；曲线上下幅度稳定，指示物源充足和水动力稳定条件下的快速堆积的沉积产物；齿化曲线指示水动力不稳定。

主水道：GR 曲线以高幅平直箱形和弱齿化箱形为特征，高幅平直箱形曲线上下幅度稳定，顶底多为突变接触；高幅弱齿化曲线具有下部大向上变小的正韵律特征，是水流能量逐渐减弱或物源供给减少的标志。

次级水道：GR 曲线以高幅漏斗形、箱形＋漏斗形以及中幅箱形为特征；漏斗形呈下部幅度小，向上变大的反韵律特征，反映水流能量逐渐加强和物源供给充分，具顶部突变接触，而底部渐变特征；中幅箱形反映中等稳定的水动力条件。

水道边缘：GR 曲线以指形、微幅指形＋箱形以及互层钟形三种形态为主。指形代表较强水动力环境中形成的中—小厚度的沉积；微幅指形—齿形下部突变接触，上部渐变接触，指示水动力逐渐减弱，物源供给减少的特征。

海相泥：GR 曲线以低幅的齿形和平直形为主，与泥岩基线类似；平直形代表稳定的水动力环境，齿化形代表轻微动荡的水动力环境。

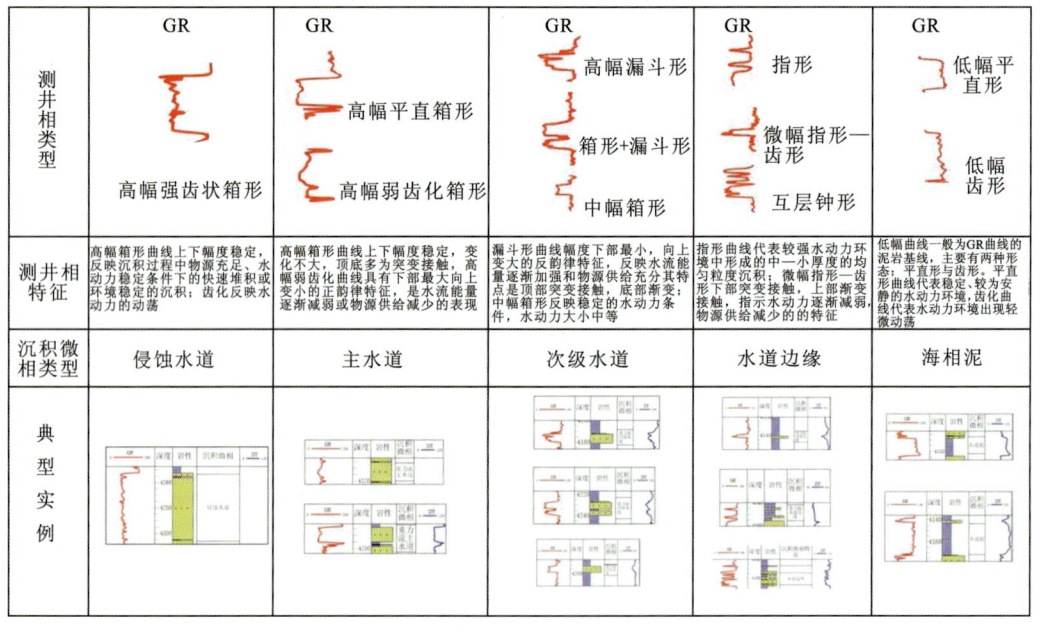

图 5.37　乐东区重力流水道测井相特征

5. 地震相特征

地震相是特定的沉积相或地质体的地震反射特征响应，特定沉积体的地震反射特征与其相邻单元不同，综合代表了产生其地震反射特征的沉积物岩性组合、内部结构和沉积特征等。地震相分析主要包括：相单元外部几何形态、内部反射结构、反射同相轴的连续性、振幅、频率、同相轴接触关系等特征。

对四个垂直水道和一个顺水道地震剖面进行地震反射特征分析（图 5.38），对乐东区重力流水道沉积共识别出五类地震相：

地震相一：地震反射特征表现为强反射，强连续性，同相轴清晰，属于限制性水道沉积，一般表现为限制性水道底部的沉积。

地震相二：弱-中反射，弱连续，侵蚀—主水道沉积。

地震相三：弱-中反射，中-强连续性，主—次级水道沉积。

地震相四：强反射，强连续性，同相轴呈层状，主—次级水道沉积。

地震相五：强反射，强连续性，被后期水道切割，主—次级水道残存沉积。

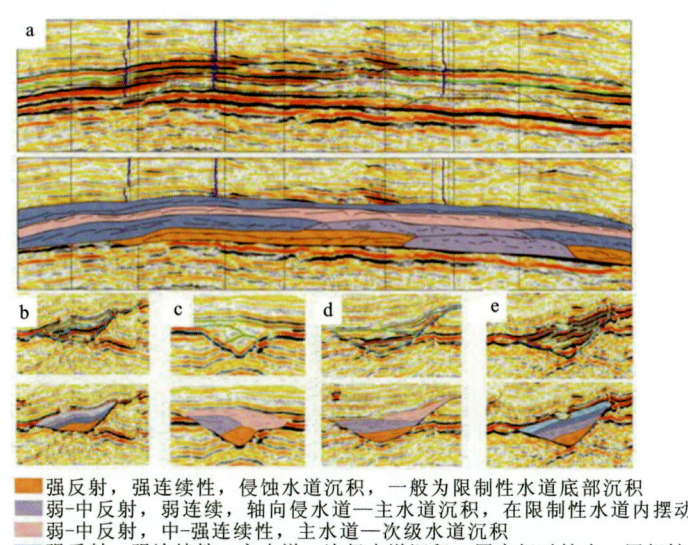

图 5.38 乐东区水道重力流地震相特征

二、重力流水道沉积微相类型划分

在海洋钻井油气勘探中，取岩心通常比陆地勘探更困难；沉积相的分析主要依据重点井少量的岩心观察，厘定其发育的沉积相类型及沉积环境等，结合测井曲线资料，确定沉积相类型与测井曲线形态的对应关系特征，基于测井相特征对其他钻井进行沉积相分析，最终对沉积体的沉积过程和微相类型进行精细识别与分析。据岩心观察揭示的沉积构造特征、砂岩概率累积曲线和粒度 C-M 图，综合判断乐东区以发育重力流水道沉积为特征。结合测井曲线和地震反射特征，对乐东区发育的重力流水道沉积微相进行了系统分析和划分：侵蚀水道、主水道、次级水道、水道边缘以及海相泥五类沉积微相（图 5.39）。

侵蚀水道：以灰白色块状粗砂岩、中砂岩和含砾中砂岩为主，底部可见 Ⅰ 级冲刷面，具形成于强水动力条件的特征；GR 曲线呈现出高幅值微齿化箱形特征，箱形曲线幅值稳定，顶底多为突变接触，厚度普遍大于 15m。

主水道：以灰白色块状粗砂岩、中砂岩和含砾中砂岩为主，底部可见 Ⅱ 级冲刷面，具形成于较强水动力条件的特征；GR 曲线呈现出高幅值弱齿化箱形或平直箱形特征，层厚在 10～15m 范围内。

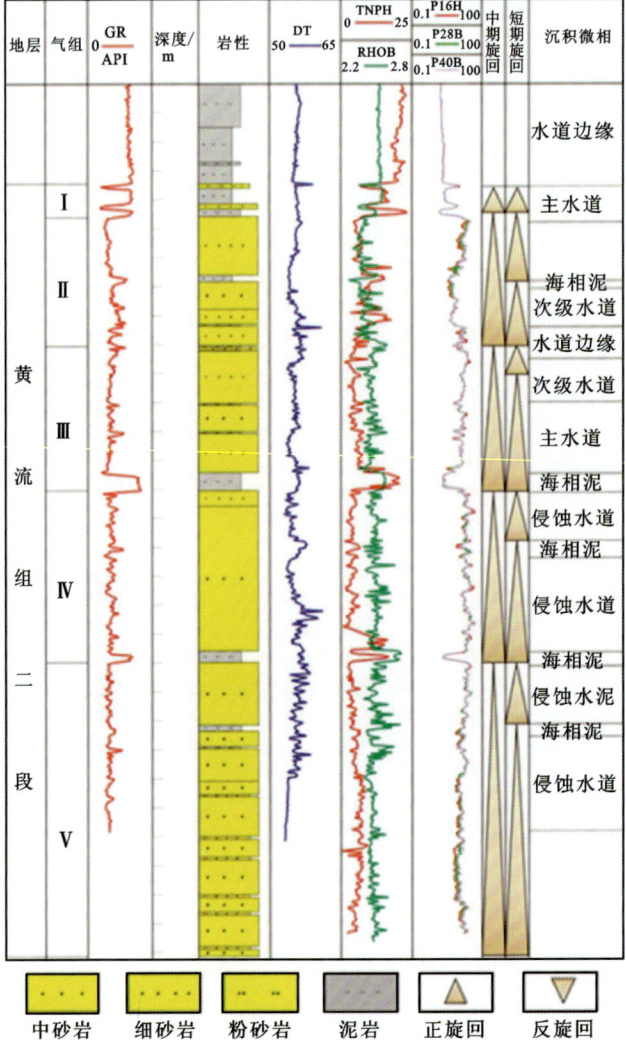

图 5.39 乐东区 A2 井黄流组二段单井沉积微相柱状图

次级水道：以灰白色块状细砂岩和中砂岩为主；GR 曲线呈现中幅微齿化指形和漏斗形曲线特征，GR 曲线顶部突变接触，底部渐变接触，次级水道的层厚相对主水道更薄，层厚在 5～10m 范围内。

水道边缘：以灰白色细砂岩和粉砂岩为主，GR 曲线呈现高幅值指形或钟形特征，也可见微幅值齿形特征，水道边缘微相的厚度多小于 5m。

海相泥：以灰黑色粉砂质泥岩和黑色泥岩为主，沉积构造多发育平行层理或水平层理；GR 曲线呈低幅值的泥岩基线特征，低幅值无齿化平直形或低幅值微齿化齿形；层厚差异大，少部分的厚度小于 1m，大部分的海相泥厚度大于 20m。

三、重力流水道沉积微相时空展布特征

1. 重力流水道内部结构解剖

在地震均方根振幅属性图（图 5.40）和地震剖面（图 5.41）上可以清晰显示研究区重力流水道主要由东、西两支水道组成；西支水道呈西北-东南向展布，形态表现出径直特征；东支水道发育自东北方向，由初始的东北-西南走向段，向西南方向分叉为东南-西北走向和西北-东南走向两段，东北-西南走向段呈现出低至中等的弯曲度，弯曲度平均为 1.35，而东南-西北走向和西北-东南走向两段呈现出近直线的特征，弯曲度接近为 1.0。

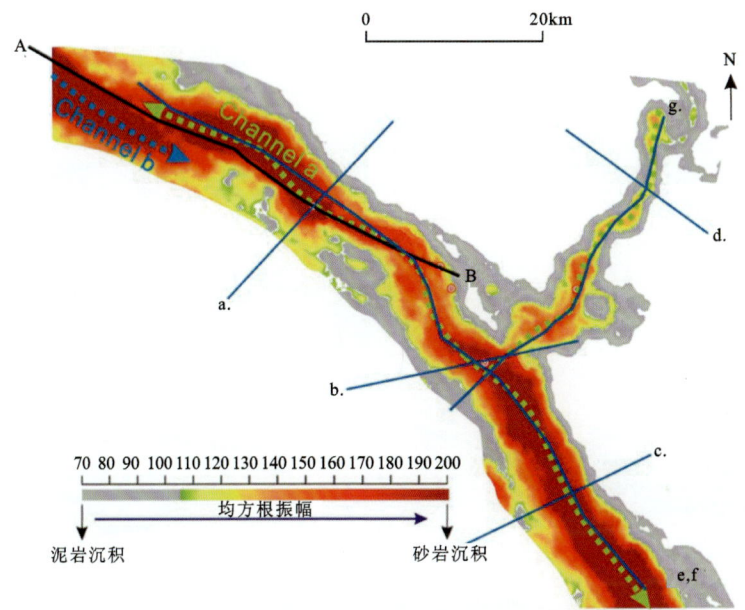

图 5.40　乐东区黄流组二段均方根属性显示重力流水道平面特征

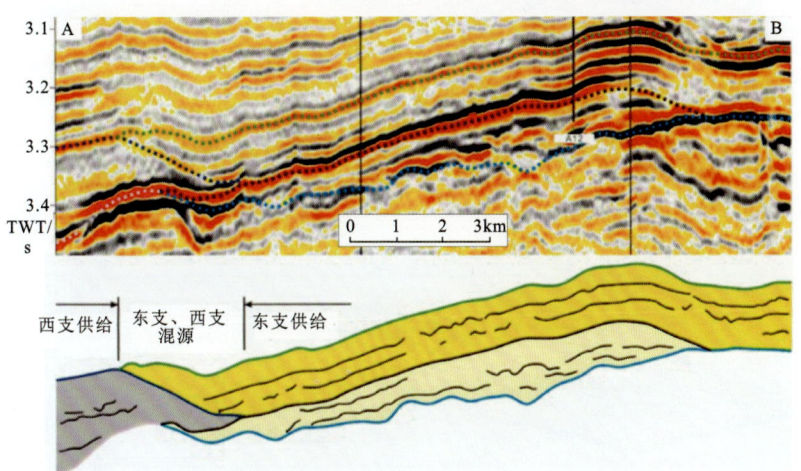

图 5.41　重力流水道垂向地震反射特征（剖面位置见图 5.40）

利用三维地震数据对重力流水道的主要部分进行内部结构和充填过程解剖分析，根据剖面上地震相和水道叠加模式将重力流水道分为三个阶段(图5.42g)：第一阶段大致可以由六个厚度大但横向展布规模小的单元组成(图5.42f)；该阶段的水道分叉区域地震剖面呈现弱振幅和杂乱反射层(图5.42中b. S1-2；d. S1-1；e. S1-2, S1-3；g. S1-2)；随着沉积物被带到更远的距离，重力流水道在地震反射剖面上呈现中高振幅和连续的反射特征(图5.42中a. S1-5；e. S1-6)。第二阶段主要包括东支水道东北-西南走向段的弱至中等振幅和不连续反射体(图5.42)，以及西支水道东北-西南走向段的中至高振幅连续反射体(图5.42a、c、e)；内部单元显示出空间分布相对较大的规模，但厚度小于第一阶段；第二阶段的沉积物在水道分叉区域仍显示出较高比例的砂质成分(图5.42b)，但在远端水道中，这一比例显著降低(图5.42a)。第三阶段包括两个具有中高振幅和连续反射特征的内部沉积单元，与垂直厚度相对较小的前两阶段相比，第三阶段的水道沉积体显示出最大的尺度空间分布(图5.42a、c、e和g)。

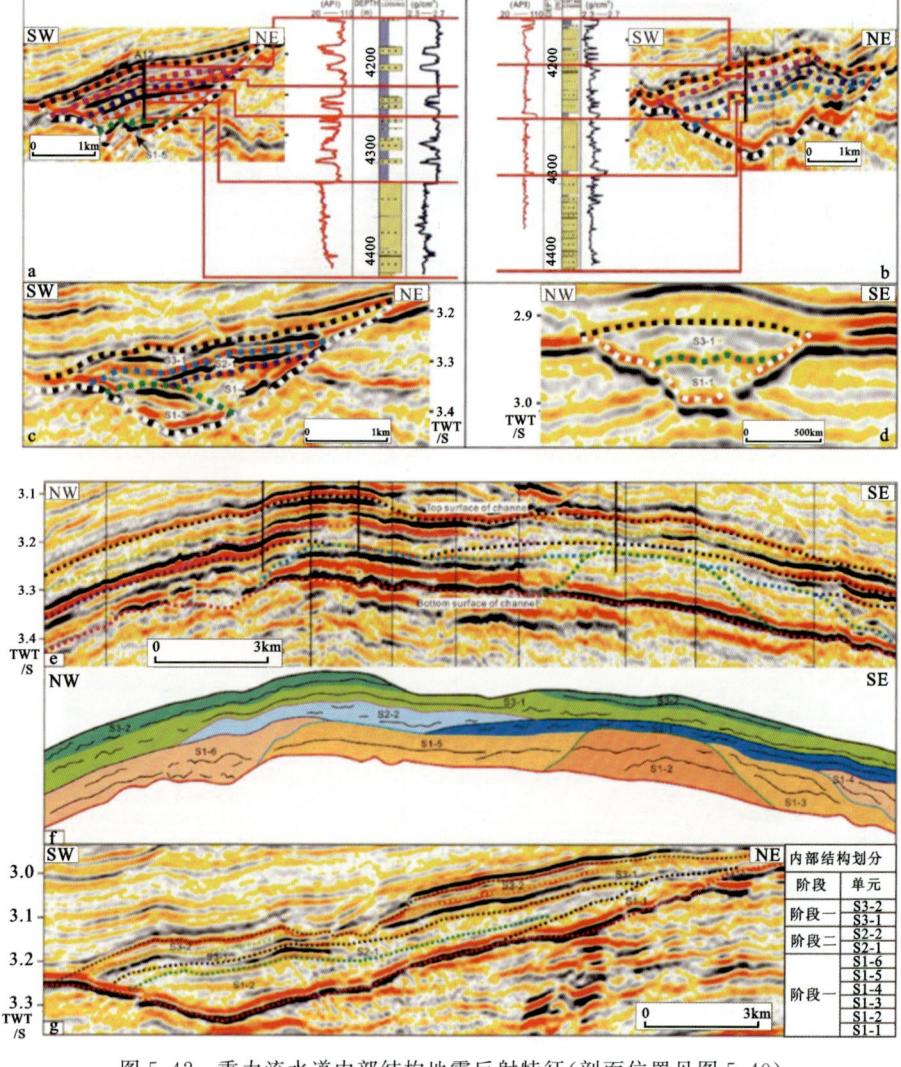

图5.42 重力流水道内部结构地震反射特征(剖面位置见图5.40)

2. 重力流水道发育期次

分析乐东区黄流组二段地层发育和岩相组合特征,经过地震剖面上的层序内部界面解释,本研究以解释的 5 个气组级的地层为框架,利用地震反射变化特征和钻井资料进一步细划了气组小层,共 11 个小层(表 5.2,图 5.43)。

表 5.2　乐东区重力流水道高精度地层单元细分表

沉积期次	5 个气组(研究院)	11 个小层(本次研究)
填平消亡期	Ⅰ气组	Ⅰ-1
	Ⅱ气组	Ⅱ-1
	Ⅲ气组	Ⅲ-1
持续发育期	Ⅳ气组	Ⅳ-2
		Ⅳ-1
初始形成期	Ⅴ气组	Ⅴ-6
		Ⅴ-5
		Ⅴ-4
		Ⅴ-3
		Ⅴ-2
		Ⅴ-1

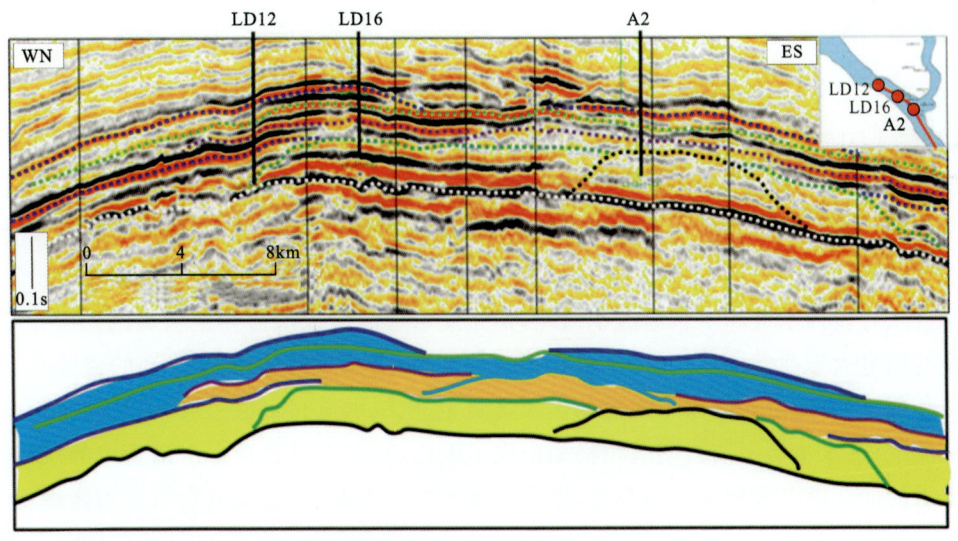

初始形成期:沉积体紧贴水道底面上发育,水道展布范围最小;
持续发育期:在下部沉积体上加积叠置;
填平消亡期:沉积体水道覆盖范围达到顶峰,沉积体将水道填平

图 5.43　顺重力流水道走向剖面地层结构图

综合黄流组二段的11个小层（表5.2）与地震剖面上的反射特征（图5.42），将重力流水道从底至顶依次划分出初始形成期（V气组：6个小层）、持续发育期（Ⅳ气组：2个小层）和填平消亡期（Ⅰ、Ⅱ、Ⅲ气组：3个小层）共3个沉积期次（图5.43），与重力流水道内部结构的三阶段对应；初始形成期水道对下伏地层底部有下切侵蚀作用，水道展布的范围较小，局限于古地貌的沟槽区；持续发育期水道继承性发育，沉积的厚度相对较薄，但水道整体的差异性更弱；填平消亡期水道展布的范围较小，水道从底至顶岩性上泥岩的层数和厚度具有向上增大的趋势。

在乐东区精细小层划分的基础上，对钻遇黄流组二段重力流水道典型的4口钻井进行了连井分析，LD12、LD16、A2 和 LD10 连井剖面覆盖了西支水道、东支水道及其交汇区，结合对应的过井地震剖面地震反射特征开展了精细的井—震综合对比解释，最后对乐东区黄流组二段重力流水道在小层格架内进行了沉积微相解释及展布特征分析（图5.44）。

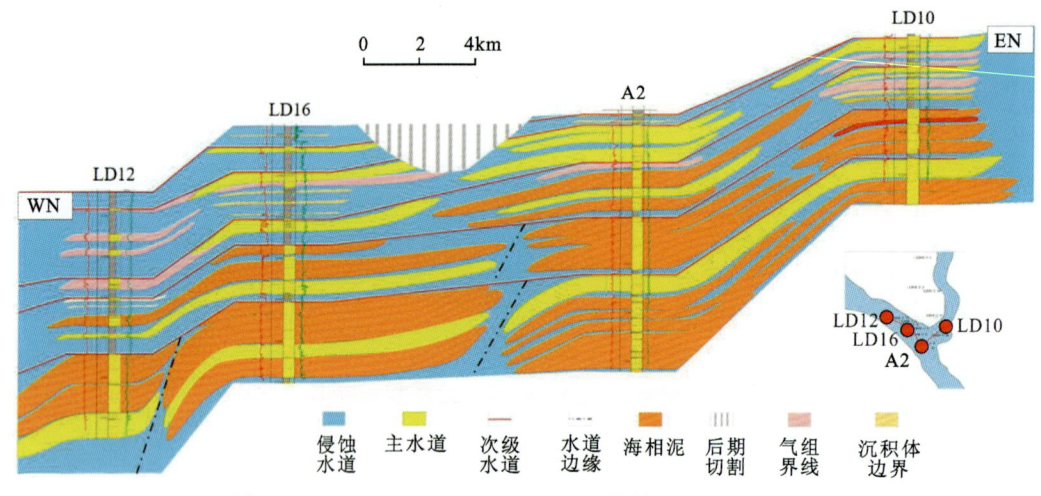

图 5.44　LD12、LD16、A2 和 LD10 连井剖面沉积微相解释

LD12、LD16、A2 和 LD10 连井剖面重力流水道的初始发育期、持续发育期和填平消亡期各小层沉积均发育，除了在初始发育期 V-1、V-5 和 V-6 小层在连井剖面范围内不发育外，其余各小层均发育；水道初始发育期以侵蚀水道微相为主要沉积微相类型，部分位置发育小规模的主水道微相沉积，侵蚀水道发育的厚度和展布的规模远大于主水道沉积；水道持续发育期继承性发育侵蚀水道和主水道沉积微相，但东支水道的侵蚀水道和主水道沉积微相的规模和厚度均明显大于西支水道，西支水道在 LD12 井附近东南侧与交汇区发育的侵蚀水道和主水道具相似特征，而西北侧以小规模的主水道微相、次级水道和水道边缘微相为特征，主要发育海相泥沉积；水道填平消亡期沉积格局出现了变化，转变为以发育主水道为主的沉积面貌，西支水道的西北段以海相泥沉积为主，发育小规模的主水道、次级水道和水道边缘微相沉积，西支水道的东南侧和东、西支水道的交汇区以主水道沉积为主，沉积初期继承性发育小规模的侵蚀水道沉积。连井剖面揭示了乐东区黄流组二段水道3个沉积阶段中不同沉积微相展布的特征，从早期以水动力条件强的侵蚀水道沉积为主到后期水动力条件弱的次级水道和海相泥沉积为主，与水道的沉积发育阶段相匹配（图5.44）。

3. 初始形成期沉积微相平面展布特征

重力流水道初始形成期对应于Ⅴ气组单元,进一步划分为6个沉积小层;黄流组二段时期相对海平面较低,陆源碎屑物质供应充分,重力流水道主要发育在陆架古地貌的低区,在较强水动力条件下,携带的碎屑物质颗粒较大,对下伏地层具有明显的下切侵蚀作用(图5.45)。

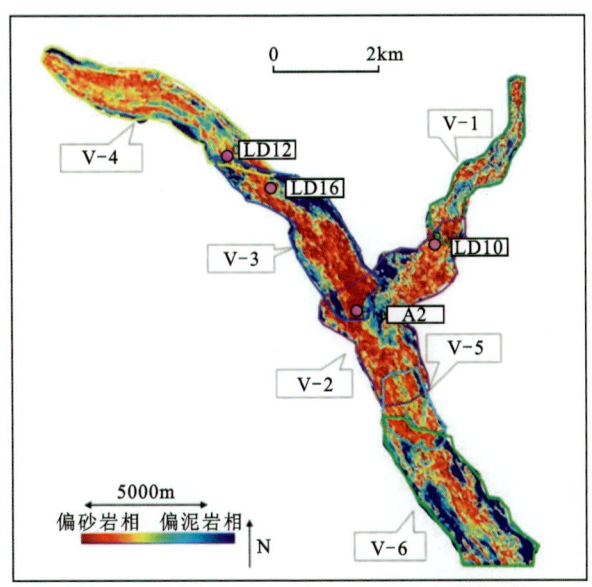

图 5.45　重力流水道初始形成期各沉积小层平面展布特征

沉积小层Ⅴ-1发育于东支水道底部,从地震剖面上看整体以中强振幅、中等连续地震反射特征为主。该沉积小层的最大沉积厚度位于该沉积体中段,内部可识别出两期重力流水道沉积;垂直水道的地震剖面上沉积体整体形态呈现Ⅴ型地震反射特征,指示重力流水道对下伏地层具明显下切侵蚀作用,沉积小层的厚度在平面稳定展布(图5.46)。

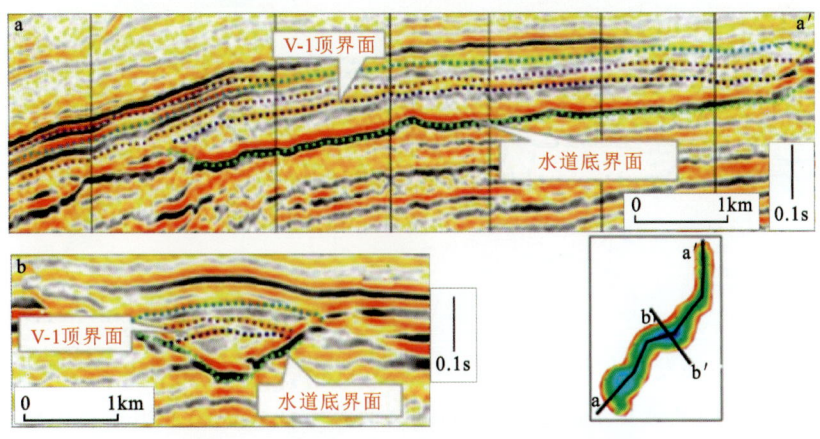

图 5.46　沉积小层Ⅴ-1地震剖面反射特征图

沉积小层Ⅴ-2的展布范围进一步扩大,地震反射特征与其邻近小层特征具有明显的差异,整体呈现出弱振幅反射,弱连续性,中等频率的地震反射特征;该沉积小层主要是早期东支重力流水道进入两支水道交汇区的初始沉积体,东北方向来的粗碎屑物质在交会区展布方向变为截然相反的两个方向,沉积体开始向西北和东南两个方向发育(图5.47)。

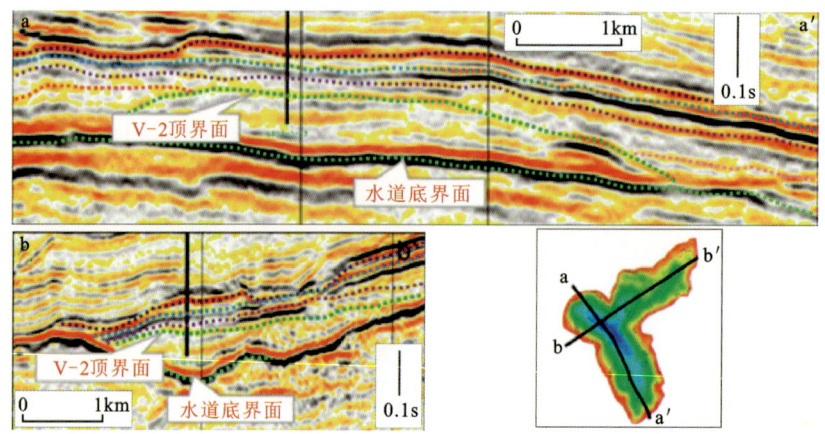

图 5.47 沉积小层 V-2 地震剖面反射特征图

沉积小层 V-3 主要由西支水道沉积而成,在地震剖面上该小层整体呈现强振幅、高连续、中频率的地震反射特征;顺物源方向上的剖面揭示小层中间厚,首尾两端逐渐变薄至尖灭,垂直于物源方向剖面上以宽缓的 U 型为特征,对下伏地层有下切侵蚀作用(图5.48)。

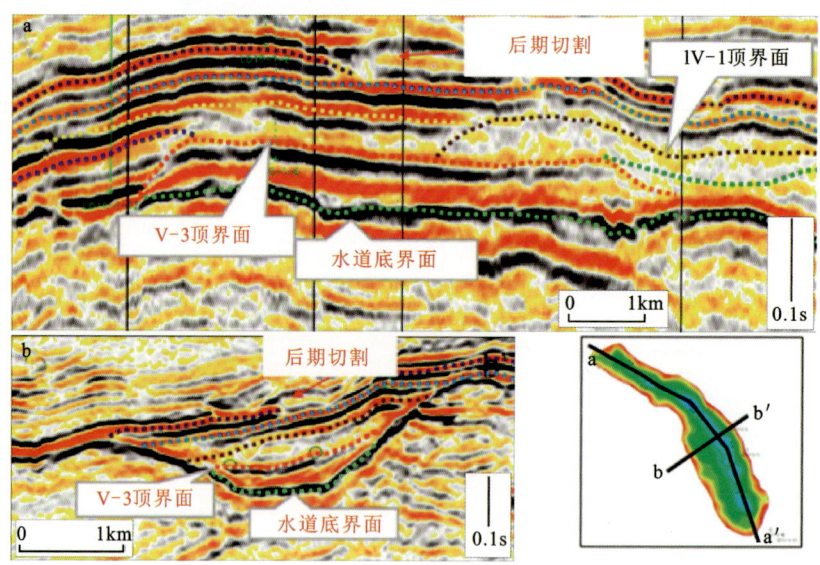

图 5.48 沉积小层 V-3 地震剖面反射特征图

沉积小层 V-4 主要发育在西支水道范围,地震剖面上该小层呈现出强振幅、高连续、中等频率的地震反射特征;从垂直于水道走向的地震剖面上看,该小层沉积呈现出宽缓的 U 型特征,对下伏地层具有下切侵蚀作用,平面上该小层的均匀展布,呈弯度较小的条带状展布(图5.49)。

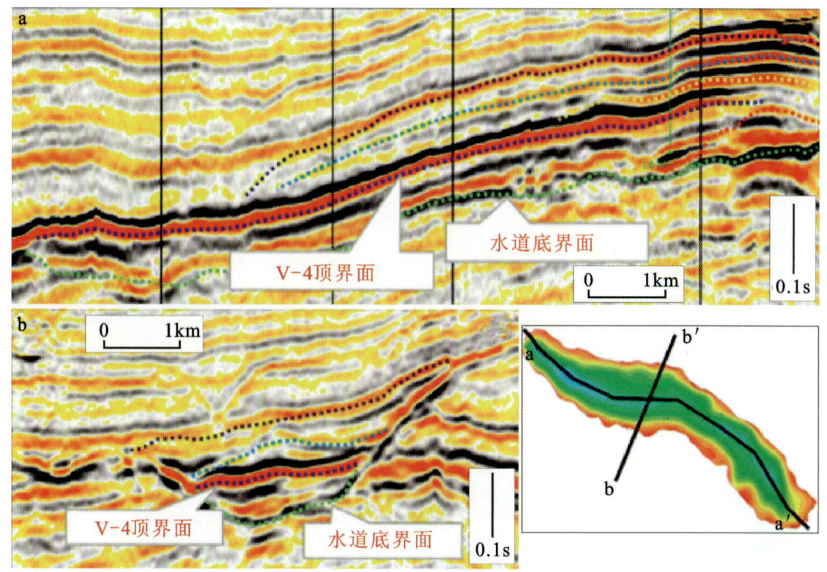

图 5.49 沉积小层 V-4 地震剖面反射特征图

沉积小层 V-5 空间上主要分布在两支水道交汇区东南侧的主水道内,地震剖面上整体具有弱振幅、低连续性、中-低频率的地震反射特征;垂直物源方向剖面上显示宽缓的 V 型特征,下切侵蚀下伏地层作用较强,顺物源方向的剖面上具明显的前积反射特征,沉积小层是碎屑物质向东南方向推进并下切侵蚀下伏地层的沉积模式下形成(图 5.50)。

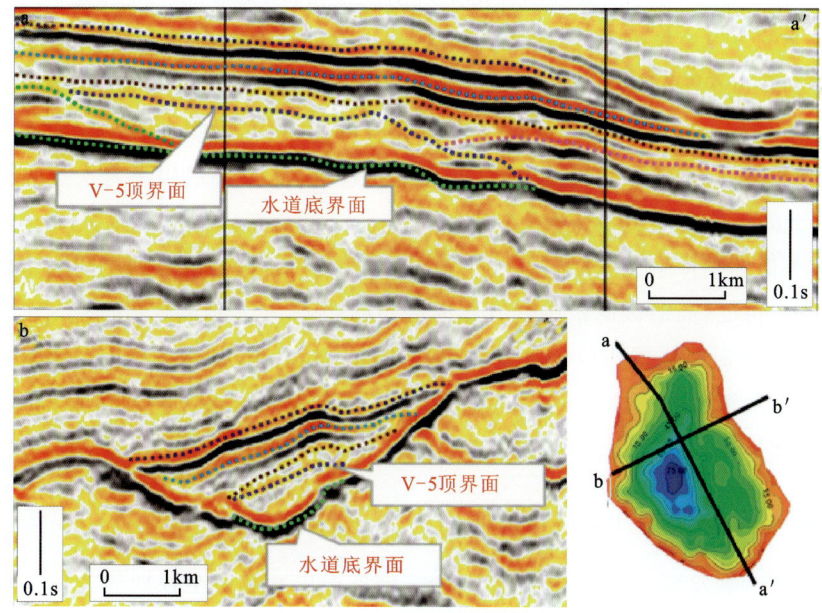

图 5.50 沉积小层 V-5 地震剖面反射特征图

沉积小层 V-6 空间上分布在主水道的最东南端,沉积小层平面上较平直,呈狭长的条带状分布,地震反射以中-强振幅、中连续性、高频率的特征为主;水道的横截面上呈现出宽缓的不对称 U 型地震反射特征,纵剖面以前积地震反射为主,该小层厚度向东南方向具增大的趋势(图 5.51)。

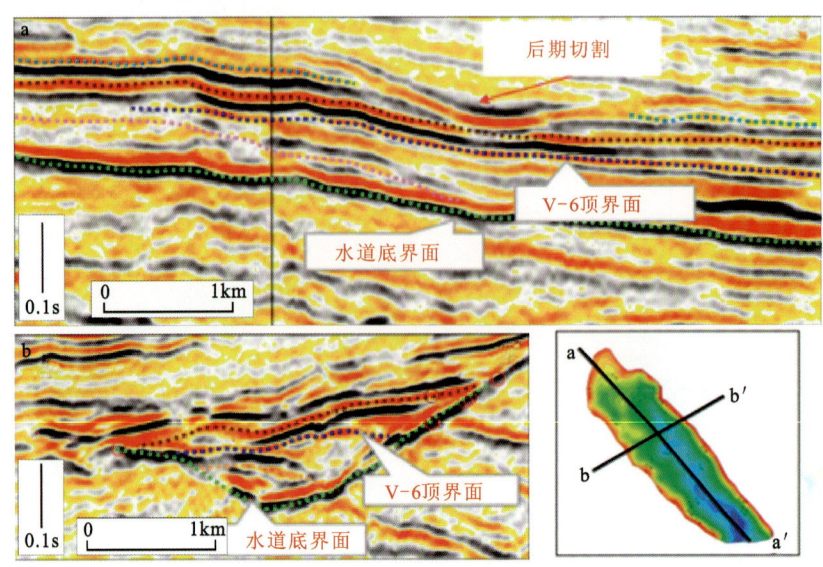

图 5.51 沉积小层 V-6 地震剖面反射特征图

乐东区重力流水道初始发育期 6 个小层,层间均方根振幅属性揭示了其内部沉积体的平面展布特征,结合各小层的厚度平面展布图,对其沉积微相平面分布特征进行了分析(图 5.52),V-1 和 V-2 小层的层间均方根振幅属性都呈现出高值特征,对应的厚度具有中间厚两侧薄的特征,但平面上的厚度整体变化不大,V-1 和 V-2 小层以发育东支水道为主,水道的东北段以发育侵蚀水道和水道边缘微相为特征,向水道的西南端变为以发育主水道和水道边缘微相为特征;V-3 小层的层间均方根振幅属性呈现出低值特征,从厚度图来看东支和西支水道厚度差并不明显,水道的交汇区向东南侧厚度有增厚的趋势,V-3 小层以发育次级水道和水道边缘微相为主,此时西支水道开始发育,东支和西支水道在交汇区合并为一条主水道向东南侧展布,重力流水道的整体形态这时候开始形成;V-4、V-5 和 V-6 小层的层间均方根振幅属性都呈现出高值的特征,高值区的范围具有逐渐增大的趋势,从水道厚度图的平面分布来看,V-4、V-5 和 V-6 小层的最厚位置均位于水道的交汇区及其东南侧,整体来看重力流水道三小层的沉积以发育侵蚀水道和水道边缘微相位置,在水道的东南侧末端发育小规模的主水道沉积,侵蚀水道规模和延伸范围具逐渐增大的趋势(图 5.52)。

4. 持续发育期沉积微相平面展布特征

重力流水道持续发育期对应于Ⅳ气组单元,该沉积单元从底至顶划分为Ⅳ-1 和Ⅳ-2 两个沉积小层;重力流水道规模更大,顺水道方向延伸更远,利用地震资料追踪解释显示Ⅳ-1 沉积小层发源于东支水道,先向西南方向的交汇区展布,后顺主水道的走向向东南方向延伸;Ⅳ-2 沉积小层发源于西支水道,向东南方向延伸,仅在西支水道范围展布,没有达到水道的交汇区,相对平面上展布范围较小(图 5.53)。地震剖面上均呈现中-强振幅、高连续性、中频率的

第五章 浅海重力流沉积特征

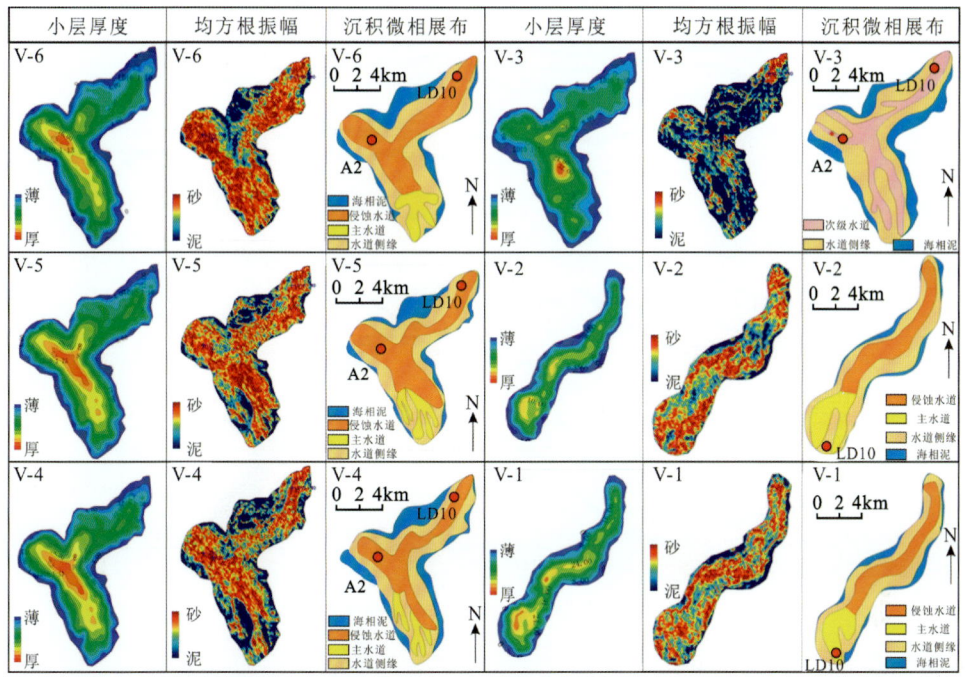

图 5.52 重力流水道初始形成期 Ⅴ-1、Ⅴ-2、Ⅴ-3、Ⅴ-4、Ⅴ-5 和 Ⅴ-6 小层沉积微相展布

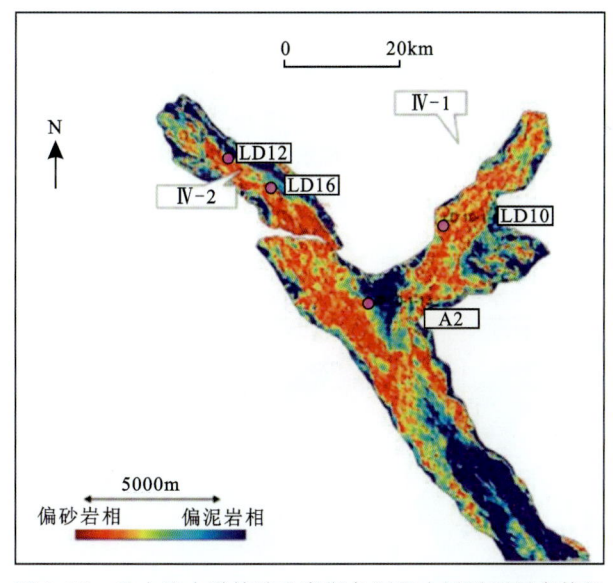

图 5.53 重力流水道持续发育期各沉积小层平面展布特征

地震反射特征,顺水道延伸方向可见前积反射特征,垂直水道走向的剖面显示出不对称的宽缓 U 型反射特征,与下伏地层角度不整合接触,持续发育期水道能量较大,下切侵蚀作用明显(图 5.54)。

乐东区重力流水道持续发育期 2 小层的沉积相平面分布特征主要结合其层间均方根振幅属性和厚度图分析(图 5.55),Ⅳ-1 小层层间均方根振幅属性高值区主要分布在西支、东支

· 149 ·

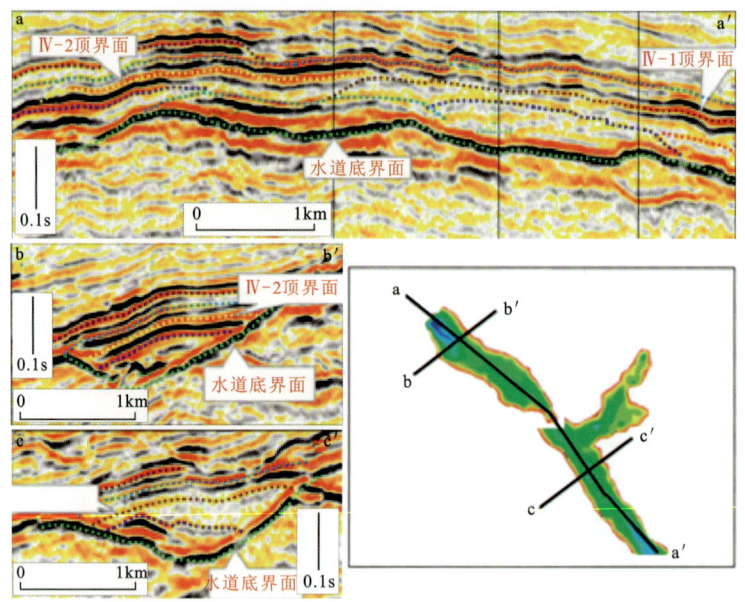

图 5.54 沉积小层Ⅳ-1和Ⅳ-2地震剖面反射特征图

和交汇区的西北侧,对应的小层最厚的分布范围与均方根振幅属性高值区具有很高的吻合度,Ⅳ-1小层在西支、东支和交汇区的西北侧以发育侵蚀水道和水道边缘微相为主,重力流水道的东南侧以发育小规模的主水道和水道边缘微相为特征,主要还是以海相泥沉积为主,Ⅳ-1小层的沉积特征继承了Ⅴ-6小层的模式,但重力流水道发育的规模显著降低;Ⅳ-2小层层间均方根振幅属性高值区分别范围增大,在水道西北段和东南段都属于高值区域,层厚平面图显示东支水道不发育,最厚的区域在水道的东南侧,厚度分布平面上差异较小,Ⅳ-2小层在东南侧以发育大规模的侵蚀水道和水道边缘微相为主,西北段以发育小规模的主水道和水道边缘微相为特征。

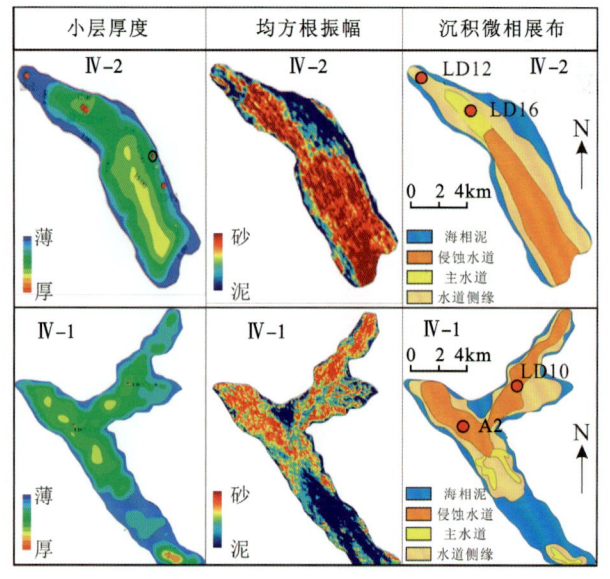

图 5.55 重力流水道持续发育期Ⅳ-1和Ⅳ-2小层沉积微相展布

5. 填平消亡期沉积微相平面展布特征

填平消亡期对应于Ⅲ、Ⅱ和Ⅰ三个气组,分别对应Ⅲ-1、Ⅱ-1 和Ⅰ-1 三个小层,是重力流水道发育的末期,水道的规模逐渐减小的阶段;地震资料追踪解释了三个沉积小层的发育规模(图5.56),Ⅲ-1 沉积小层主要展布在西支水道和交汇区范围,Ⅱ-1 沉积小层主要展布在西支水道,末端小部分位于水道的交汇区,Ⅰ-1 沉积小层仅在西支水道范围内展布,从平面上看水道填平消亡期各沉积小层展布规模依次逐渐减小。地震剖面上Ⅲ-1 沉积小层具有强振幅、中连续性的地震反射特征,Ⅱ-1 和Ⅰ-1 沉积小层具有中-弱振幅、中-低连续性的地震反射特征;在顺水道走向的地震剖面上呈现加积和退积的地震反射特征,垂直水道走向的地震剖面上以垂向叠置为主,部分位置可见小型U型下切反射特征,该时期水道的能量较弱,下切侵蚀作用不明显,水道的规模具逐渐减小的趋势(图5.57)。

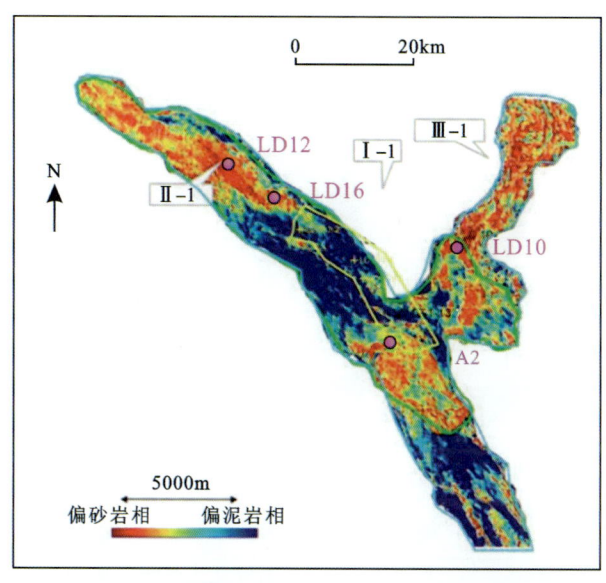

图 5.56 重力流水道填平消亡期各沉积小层平面展布特征

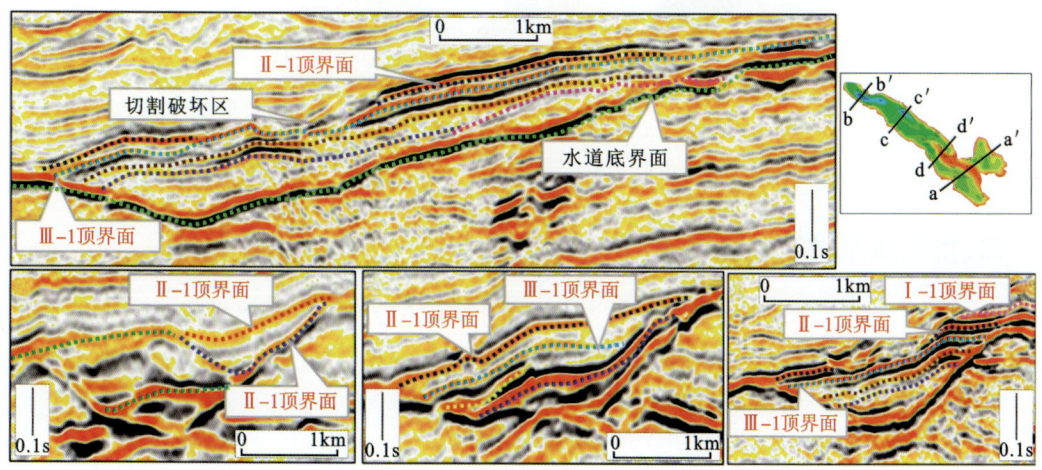

图 5.57 沉积小层Ⅰ-1、Ⅱ-2 和Ⅲ-3 地震剖面反射特征图

对乐东区重力流水道填平消亡期3小层的沉积微相平面展布特征进行了分析,单个小层沉积微相的平面展布规模和范围主要依据小层对应的层间均方根振幅属性和层厚平面分布特征确定(图5.58)。Ⅲ-1小层的层间均方根振幅属性呈现全区域的高值区,对应的小层厚度图呈现厚度较大且厚度大小分布较均匀,继承了水道持续发育期Ⅳ-2小层沉积微相平面展布特征,Ⅲ-1小层沉积西北段以发育主水道和水道边缘微相为主,而东南段以发育侵蚀水道和水道边缘微相为主,相对于水道持续发育期Ⅲ-1小层发育的侵蚀水道规模减小,主水道规模增大;Ⅱ-1小层层间均方根振幅属性高值区集中分布在水道东南侧,而水道西北侧以低值为主,小层厚度呈现出西北薄东南厚的不均等趋势,Ⅱ-1小层沉积微相继承了上一小层微相展布部分特征,西北段主要发育水道边缘微相,水道中段以主水道和水道边缘微相为主,水道东南段主要发育侵蚀水道和水道边缘微相,与上一小层相比较而言主水道和侵蚀水道规模变小。Ⅰ-1小层层间均方根振幅属性高值区仅分布在西南侧,厚度最厚的位置位于水道的中部,小层沉积微相类型有西北段发育的次级水道、东南段发育的主水道和全段发育的水道边缘微相,该小层的重力流水道的规模进一步减小,属于水道发育的末期(图5.58)。

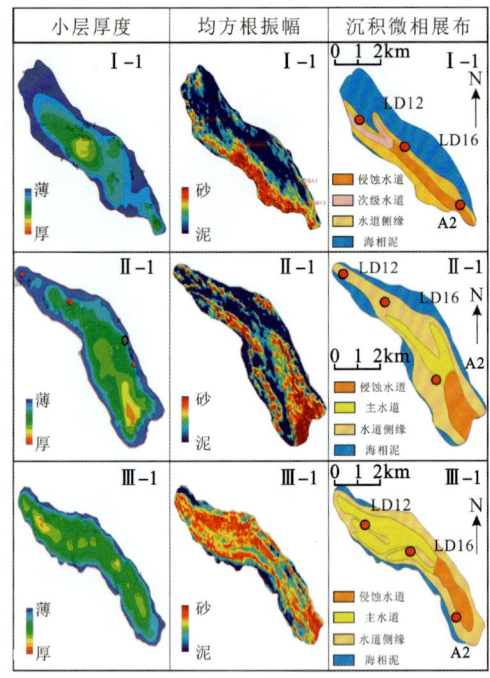

图5.58 重力流水道填平消亡期Ⅲ-1、Ⅱ-1和Ⅰ-1小层沉积微相展布

四、重力流水道沉积发育模式

乐东区黄流组二段发育重力流水道沉积,重力流水道发育的主控因素解析对于认识其发育模式具有至关重要的作用。一般沉积发育受控于海平面的变化、物源供应、构造活动特征及其形成的古地貌特征,这些主控因素同时控制沉积体的发育特征和规模。

第五章　浅海重力流沉积特征

1. 海平面变化

海平面的下降使得陆源碎屑物质向海一侧搬运的更多，碎屑物质能被搬运到更远的沉积区，从而影响沉积区内沉积体类型、规模及其展布特征。莺歌海盆地在新生代沉积期内经历过多次海平面下降和上升的变化，相对海平面从黄流组沉积初期开始急剧下降，这次下降达到了莺歌海盆地新生代沉积期海平面下降幅度最大值（图5.29）。黄流组二段沉积期相对海平面下降，海岸附近的可容纳空间减小，海南岛更多、更粗的碎屑物质被搬运到莺东斜坡上，乐东区黄流组二段重力流水道沉积就发育在其海平面最低时的低位体系域中。

2. 物源供应

充足的物源供应是大型沉积体发育的必要因素。一方面海南隆起的抬升剥蚀作用提供了大量碎屑物质，海南隆起自崖城组以来一直处于抬升剥蚀阶段，在黄流期海南隆起汇入莺歌海盆地的源区剥蚀速率普遍大于0.05km/Ma，是莺东斜坡带重要的物源区。另一方面前期勘探已经证实莺东斜坡南端发育大型梅山组三角洲沉积，位于1号断裂上盘的钻井揭示了梅山组三角洲前缘大型水下分流河道砂体沉积，岩性以粗粒的砂砾岩和粗砂岩为主，具有厚度大和碎屑颗粒粗的特征，以近物源的堆积为特征；从与1号断裂走向垂直的地震剖面上看，梅山组三角洲呈中-强振幅杂乱的前积反射特征，以1号断裂为界展布在断层的上盘（图5.59）。海平面下降使得梅山组三角洲遭受剥蚀的作用增强，大量被剥蚀的碎屑物质被搬运到1号断裂的下盘，为在莺东斜坡上黄流组二段发育的重力流水道沉积提供大量近源沉积物；钻井揭示了重力流水道的岩性以厚层灰白色含泥屑的块状中砂岩为主，偶见薄层泥岩夹层特征，具有近物源的重力流沉积特征。海南隆起的快速抬升剥蚀作用和近断裂坡折展布的梅山组三角洲沉积为乐东区重力流水道沉积提供了充足的碎屑物质。

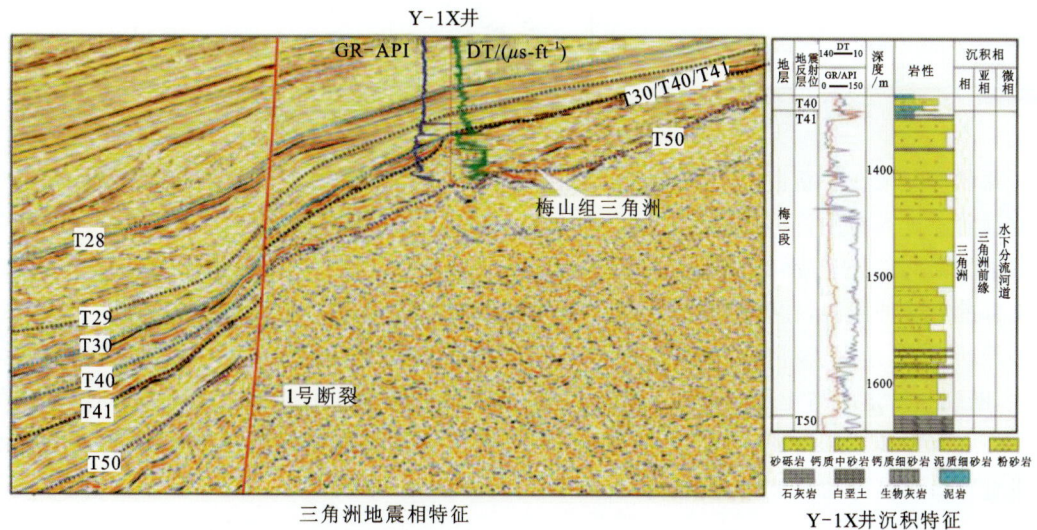

图5.59　莺东斜坡南段梅山组三角洲发育特征（据陈杨等，2020）

3. 构造断裂带特征

莺东斜坡带主要由西北段的莺东断裂和东南段的1号断裂两条大型边界断裂控制。据研究院地震资料解释分析,莺东断裂和1号断裂在三亚组、梅山组和黄流组时期的累积断距和活动速率都呈现出西北段和东南段高,中间段低的趋势;乐东区位于1号断裂的西南侧附近,中新统三亚组、梅山组和黄流组断裂的活动速率具有明显的差异性特征,从3573和3603测线揭示了梅山组一段的断裂活动速率最高,最大达到160m/Ma,黄流组二段的断裂活动速率最低,但与黄流组一段、梅山组二段和三亚组的断裂活动速率相差不大,在黄流组二段重力流水道沉积之前,梅山组一段强烈的断裂活动为其发育提供了有利的古构造或古地貌条件(图5.60)。

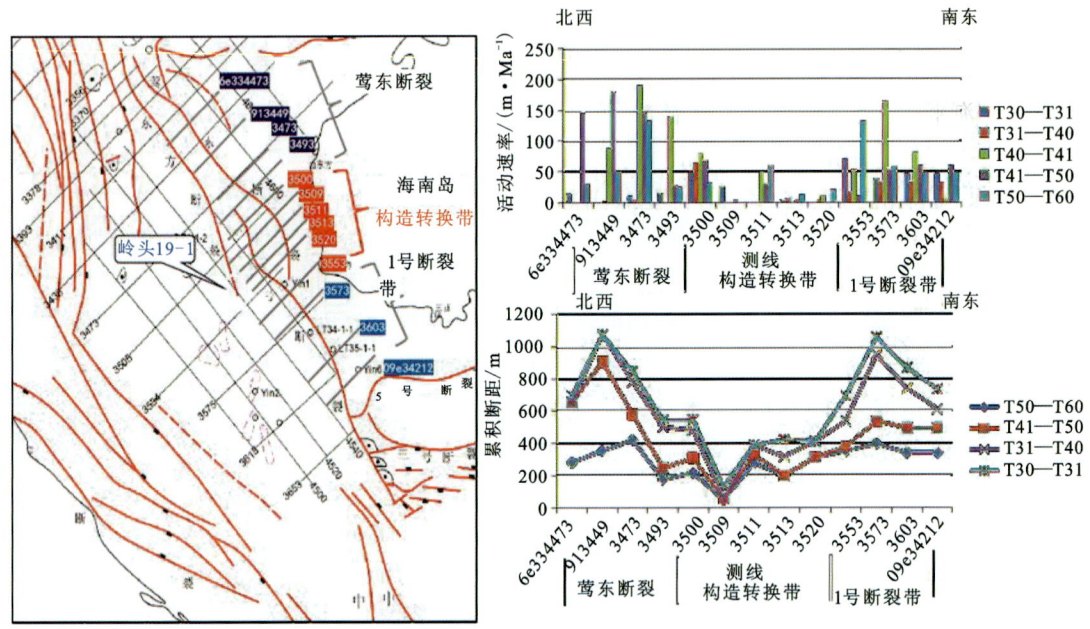

图5.60 莺歌海盆地构造纲要图与断裂测线数据统计(据中海油研究院,2018)

莺歌海盆地在中新世中期的区域构造应力环境发生了改变,印支板块在印-欧板块发生硬碰撞阶段进入缓慢挤出逃逸期,此时南海西北部的整个板块呈现出顺时针旋转特征,莺歌海盆地的西北部处于旋转挤压区,东南部处于旋转伸展区(范彩伟,2018);乐东区位于盆地东南部的旋转伸展区,在伸展应力背景下1号断裂和下伏早期断裂开始活动,伴生了次一级的伸展断裂;从地震资料解释的断裂发育来看,黄流组二段下伏断裂体系以西北-东南向走向为主,断裂整体走向与1号断裂呈大致平行,剖面上以发育相向的隐伏型正断裂,同组相向的正断裂之间呈负地形特征,主要是断裂破碎作用使得其地层更易被冲刷和改造,为重力流水道发育提供了良好的陆坡负地貌特征(图5.61)。

4. 乐东区重力流水道发育模式

乐东区黄流组二段重力流水道是在海平面下降、物源供应充足、边界断裂发育和下伏地

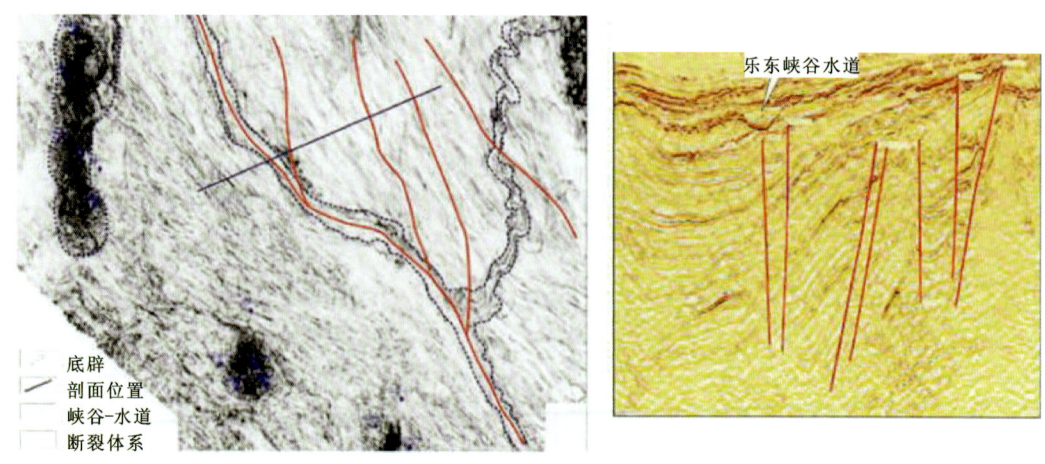

图 5.61 重力流水道下伏断裂体系平面和剖面分布特征(据张建新等,2015)

层破碎 4 个主控因素耦合作用下发育形成的;海平面在梅山组沉积末期开始下降,黄流组沉积期相对海平面下降的幅度最大,碎屑物质能搬运到更远的沉积区;海南隆起的快速抬升剥蚀作用增加了昌化江、感恩河、望楼河和宁远河向莺东斜坡输送的碎屑物质,同时海平面下降也促使在 1 号断裂上升盘的梅山组三角洲沉积被剥蚀增强,增加向 1 号断裂下降盘乐东区的碎屑物质供应量;边界断裂的断层倾角大,使得断裂的上升盘古地形相对平缓的缓坡,而以断裂为界下降盘古地形突变为陡坡,边界断裂的发育形成了断裂坡折带,为重力流水道的发育提供了有利可容纳空间;梅山组沉积时期的强烈断裂活动,发育了整体与 1 号断裂走向一致的隐伏断层,下伏断层的发育导致梅山组地层破碎,更容易被冲刷改造为负地形特征,重力流沿断裂破碎带形成的负地形冲刷下伏地层,也沉积形成了水道沉积。重力流水道初始形成期:海平面快速下降,莺东斜坡处于浅海沉积环境,海南隆起西部河流和梅山组三角洲提供充足物源,下切谷径直接连接物源区和重力流水道,为水道充填提供输砂通道,碎屑物质经北支水道和东支水道近距离搬运至交汇区并向南延伸,水道对下伏地层具有强烈的冲刷作用。重力流水道持续发育期:莺东斜坡处于浅海-半深海沉积环境,物源区向重力流水道持续输送碎屑物质,水道加宽加深。重力流水道填平消亡期:海平面相对缓慢上升,物源区向水道输砂能力减弱,重力流水道发育逐渐萎缩(图 5.62)。

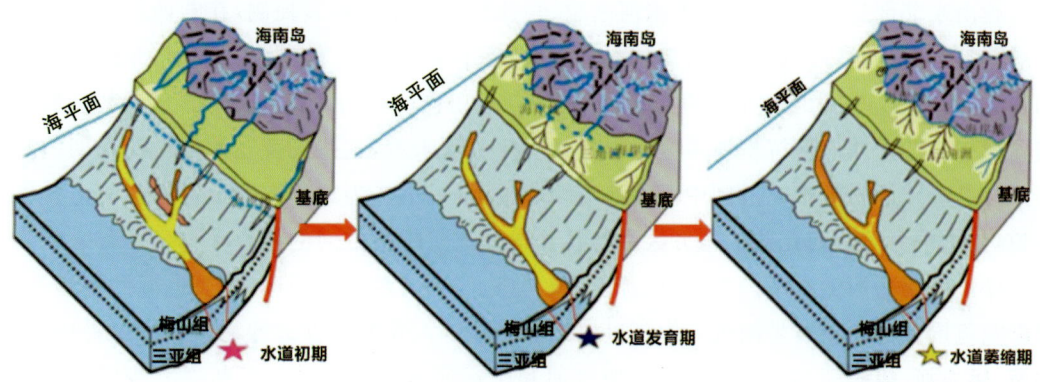

图 5.62 乐东区重力流水道发育模式

第六章 源-汇系统对浅海重力流沉积的控制

第一节 盆地晚中新世源-汇系统演化

一、源-汇系统耦合分析

晚中新世时期红河流域、长山和海南隆起物源区的平均剥蚀速率分别为 0.12km/Ma、0.08~0.11km/Ma、0.05~0.06km/Ma,物源区剥蚀速率的变化特征是其供应沉积物质能力的直接表现,盆地周缘物源区的物质供应能力由红河流域、长山流域和海南隆起依次降低。从剥蚀量来看,源自红河方向的沉积物在晚中新世超过了莺歌海盆内沉积物总量,中新世红河流域、长山流域和海南隆起三者剥蚀量之和远大于盆内沉积物总量;中新世晚期盆地周缘沉积物供应充足,红河流域和长山流域控制着黄流组沉积时期盆内绝大部分的沉积物来源,海南隆起仅能控制莺东斜坡的沉积演化。莺歌海盆地是典型复杂的多物源边缘海新生代沉积盆地,北部以红河物源输入为主,因其新生代以来剥蚀速率较高,流域面积较大,一直是盆地西北部乃至整个中央凹陷区最重要的物源区;西北部马江和蓝江流域规模和剥蚀速率次之,但距离盆地东方区较红河更近,也是东方区沉积物质主要的物源区;海南隆起是盆地东侧唯一的物源区,是莺东斜坡带乐东区最主要的物源区;因此,对于莺歌海盆地东方区和乐东区黄流组沉积物物源方向主要受控于盆地北部红河流域、西北部马江和蓝江流域以及东部海南岛西侧河流(图6.1)。

越南东北部受北西-南东向黑水河断裂、马江断裂和蓝江断裂控制,在莺西斜坡带主要发育顺断裂沟-槽的马江、蓝江等河流体系,这些水系供给规模较大,为盆地西北部提供了充足的物源(图6.2);在盆地中部发育长山断裂,该断裂走向同样为北西-南东向,从这些断裂体系与盆地中央凹陷西北部沉积体系分布位置及对应关系来看,这些发育在盆地西部早期的断裂体系控制着莺西斜坡带北段和中段的河流顺断层走向发育,为莺歌海盆地西北部的主要供砂通道,位于中央凹陷西北侧的东方区油气钻井也已证实越南方向的物源区具备发育大型物源的条件。海南岛西侧水系较多,但供源能力较盆地西部的越南物源区小,以近源搬运为主,主要影响范围在莺东斜坡带附近。中新世以来海南岛汇入莺歌海盆地的物源水系以昌化江、北黎河、感恩河、望楼河和宁远河为主。望楼河和宁远河水系发育于1号断裂的断层转换带位置,从地震剖面上看具有大型的下切谷特征(张建新等,2019),晚中新世莺东斜坡带南段的

第六章 源-汇系统对浅海重力流沉积的控制

图 6.1 莺歌海盆地黄流组浅海重力流发育模式

物源主要靠该物源供应为主,基于下切谷的规模及目前发育的沉积砂体分析表明,海南岛西侧物源供应规模较大,在中新世晚期大规模发育;乐东区钻井揭示了黄流组二段岩性以中—细砂岩为主,厚度大,砂岩厚度约 70.5m。东方区重力流扇体和乐东区重力流水道沉积是莺歌海盆地晚中新世时期发育的两个重要沉积体系,是莺歌海盆地最有潜力的油气储层,但这两套富集天然气的重力沉积体系源-汇演化特征具有明显差异。重力流沉积体系岩心碎屑锆石 U-Pb 测年结果表明,乐东区重力流水道沉积主要来自东缘海南隆起物源(近源堆积),表现为单物源的近源沉积特征;而东方区重力流扇体沉积主要来自盆地西北侧的红河、马江和蓝江物源(远源搬运),具有远源搬运的多物源混合沉积特征。盆内地震资料分析表明,断裂活动对边缘构造形态特征影响较大;来自海南隆起物源的沉积物质沿莺东斜坡带输送,遇到陡降的 1 号断裂坡折带,在乐东区沿斜坡走向形成浅海重力流水道沉积;来自红河、马江和蓝江的沉积物质,在莺西斜坡带穿过缓倾的弯曲坡折带,于相对宽缓的东方区以重力流形式进行沉积,形成东方区浅海重力流扇体沉积。

晚中新世时期莺歌海盆地周缘物源区丰富的物源供应是研究区源-汇系统演化的主导因素;晚中新世时期海平面下降与盆内北高南低古地貌耦合控制,有利于沉积物质向盆地中央凹陷区输送和向盆地更南侧搬运;盆地边缘坡折带的存在促进了在沉降中心附近持续卸载沉积物以保证重力流沉积的形成;此外,盆地内部的古地貌变化控制了东方区和乐东区重力流不同的沉积过程。

二、源-汇系统控制因素

1. 红河演化对源-汇系统的影响

东亚是研究与造山运动有关的大规模水系重组的经典区域,特别是新生代印支板块与欧亚板块之间的碰撞对青藏高原东南缘水系的影响(Clark et al.,2004;Clift et al.,2006)。青藏高原东南缘的长江、红河、雅鲁藏布江、雅砻江和湄公河等主要水系在地质历史时期是否发生过水系重组,及其重组发生的时间一直是地质学者们研究的关键问题,围绕着青藏高原东南缘开展了以揭示青藏高原的隆升、气候的变化和东亚水系演化等之间的相互作用关系为目的的许多研究工作(Clark et al.,2004,2005;Clift et al.,2008;Hoang et al.,2009;Yan et al.,2012;Chen et al.,2015;Nie et al.,2018;Wang et al.,2019a;Guo et al.,2021)。红河水系作为青藏高原东南缘水系演化中重要的一部分,其在地质历史时期可能是长江中、上游等水系向东南方向流入中国南海西北部的主体(重组前),古红河流域的范围包括了长江的上游和中游,其规模远大于现今红河的范围(图6.2)。红河是莺歌海盆地新生代沉积最重要的物源区,从青藏高原东南缘剥蚀的碎屑物质经过红河水系搬运到东南方向的莺歌海盆地,红河是连接青藏高原东南缘与中国南海西北部莺歌海盆地之间的桥梁,红河水系的演化特征(是否发生袭夺及其时间)决定了其向莺歌海盆地(或更远的琼东南盆地)提供碎屑物质的能力。

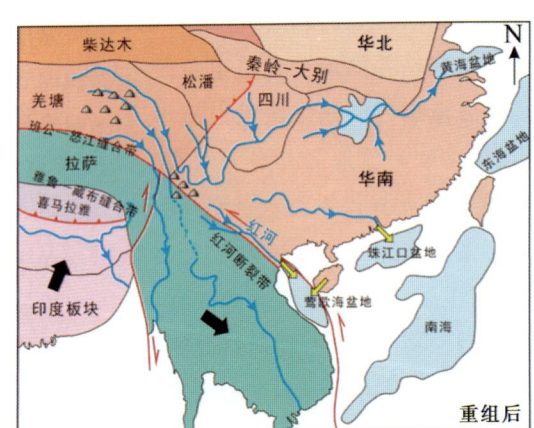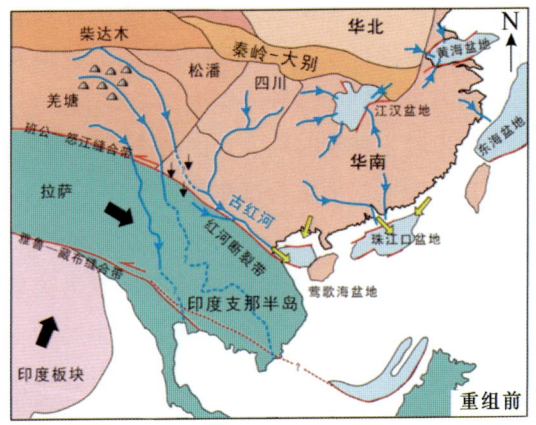

图6.2 青藏高原东南缘水系重组演化特征(修改自 Zheng et al.,2013)

Clark 等(2004)通过青藏高原东南缘的地貌特征首次提出了在中新世之前古红河水系(重组前)一直存在开始,围绕着古红河水系上游发生大规模的袭夺时间开展了诸多研究(图6.3)。从单一低温热年代学角度开展的代表性研究主要有:Clark 等(2005)通过分析贡嘎山周缘花岗岩中的磷灰石裂变径迹和(U-Th)/He(AFT 和 AHe)年代学特征,认为在中新世中期(约13Ma)东亚地区发生的快速隆升是水系发生重组的时间;在宜昌地区的磷灰石低温热年代学分析(AFT 和 AHe)揭示长江中上游在始新世晚期(约35Ma)穿过三峡,此时古红河水系的上游被长江袭夺(Richardson et al.,2010);通过海南隆起和越南北部的磷灰石和锆石低温热年学分析揭示了30Ma以来(早渐新世)红河和海南隆起向莺歌海盆地提供碎屑物质占盆内沉积物总量的比例分别为80%和15%,并认为红河流域在早渐新世就已经是现今范围大小(Yan et al.,2011)。开展同位素分析的代表性研究有:河内盆地新生代沉积物中的Nd同位素曲线值显示在24Ma左右(渐新世晚期)发生了突变,并将渐新世晚期作为古红河水系上游被长江袭夺发生的时间(Clift et al.,2006);而莺歌海盆地新生代沉积物中的钾长石Pb同位素揭示在中新世中期之后一直没有重大物源变化,认为古红河水系被长江袭夺的时间在中新世晚期之前(Wang et al.,2019b);从长江、河内凹陷以及莺歌海盆地中的钾长石Pb同位素分析,共同揭示了在渐新世早期之后其同位素的值较稳定,认为古红河水系被袭夺发生的时间早于渐新世早期(Zhang et al.,2021)。碎屑锆石U-Pb年龄物源分析也广泛应用于古红河水系发生袭夺时间的研究中:进行物源分析的样品来源主要集中在红河流域(Hoang et al.,2009)、剑川盆地(Yan et al.,2012;Zheng et al.,2021)、南京砾石(Zheng et al.,2013)、思茅盆地(Chen et al.,2017)和琼东南盆地(Lei et al.,2019)等,揭示的古红河发生袭夺的时间分别为中新世早期、渐新世早期和始新世晚期、渐新世晚期、始新世晚期和渐新世晚期(图6.3)。通过不同方法或不同位置的样品对古红河水系的重组特征及与青藏高原东南缘的隆升演化之间的关系进行分析,推测了古红河水系上游被长江袭夺的时间,使得对东亚水系演化特征有了更多的认识。

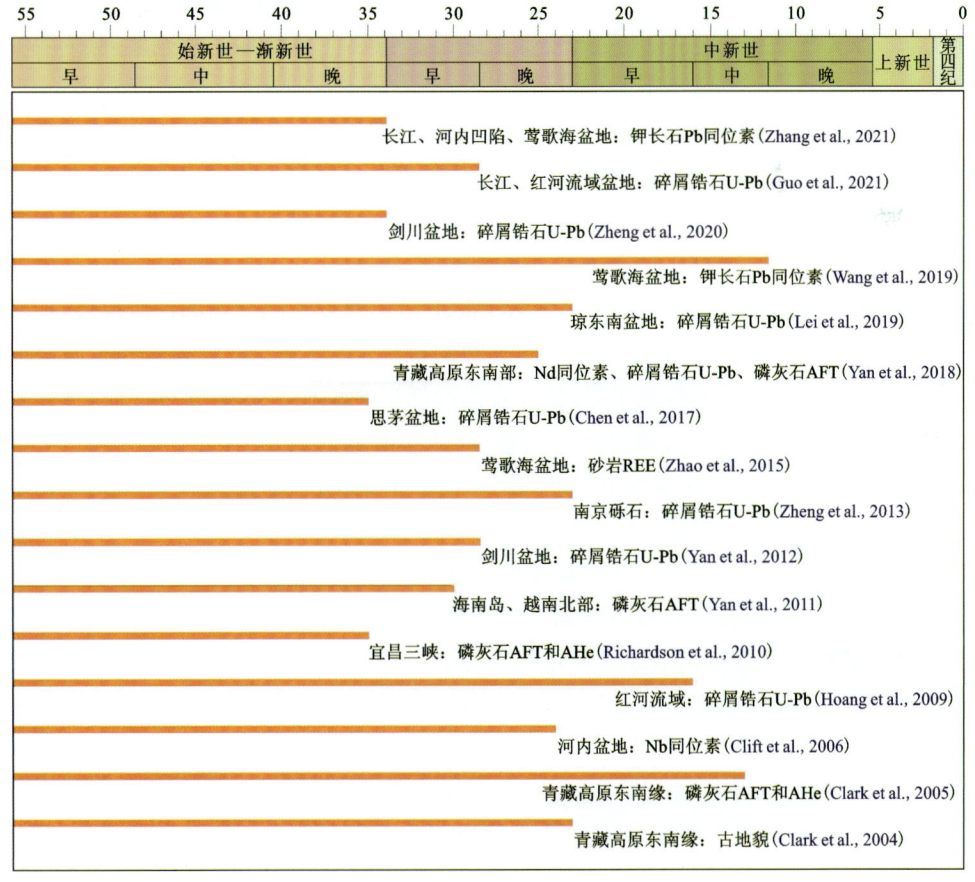

图6.3 古红河水系发育的时间(青藏高原东南缘的水系重组时间)

虽然不同的分析方法和不同位置的样品揭示古红河袭夺的时间均有差异性，但目前的研究认为古红河水系发生袭夺的时间均在晚中新世之前完成，即在晚中新世时期红河水系的范围与现今红河的范围相同，这是到目前为止大部分学者的共同认识（图6.3）。因此在莺歌海盆地黄流期红河水系就与现今的大小相似，长江中上游已经整体自西向东流入中国东部东海盆地中，不再为中国南海西北部莺歌海等盆地提供碎屑物质；莺歌海盆地黄流组沉积物中来自红河方向物源的特征与现今范围内红河水系物源的特征具有相似性，从晚中新世时期开始现今红河水系范围内的剥蚀演化特征就能代表红河向莺歌海盆地提供碎屑物质量的演化特征。因此，古红河水系在地质历史时期被袭夺的演化不是莺歌海盆地晚中新世源-汇系统演化的控制因素之一。

2. 青藏高原东南缘抬升对源-汇系统的影响

前人研究普遍认为在55～45Ma印支与欧亚大陆开始碰撞，陆陆碰撞导致了新特提斯洋关闭，形成的青藏高原的隆升演化控制着高原周缘地貌演化和河流发育特征，也影响着从高原剥蚀的碎屑物质在沉积盆地中的充填演化过程；青藏高原东南缘，自23Ma以来发生了最显著的变形和最强烈的变质和岩浆活动；大量发育于高原东南缘的河流将剥蚀的碎屑物质主要搬运至中国近海新生代沉积盆地中。红河水系就是连接青藏高原东南缘与中国南海西北部莺歌海盆地之间沉积物质搬运的重要桥梁，且红河流域是莺歌海盆地新生代沉积物最重要的物源方向，青藏高原东南缘的抬升剥蚀演化直接影响红河流域向莺歌海盆地提供沉积物的量。

锆石和磷灰石低温热年代学分析是定量揭示岩石剥蚀演化的常用方法之一，一直被广泛应用于地体构造抬升演化和古地貌剥蚀特征分析中。为了更好地定量认识青藏高原东南缘不同区域的抬升演化的同步性或差异性，本次研究收集了青藏高原东南缘最近几十年来前人研究获得的低温热年代学数据：磷灰石数据包括653个AFT和258个AHe，锆石数据包括142个ZFT和177个ZHe。青藏高原东南缘主要由一系列被断层分割的次级块体拼合组成，前人根据各自不同的构造演化特征将其分为北边的拉萨、羌塘、松潘-甘孜、扬子，南部的兰坪-思茅、班公缝合带、哀牢山等构造单元；结合收集的低温热年代学数据分布特征，将青藏高原东南缘划分为北部的龙门山、松潘-甘孜、羌塘-拉萨和南部的剑川、康滇、滇西共6个次级构造单元进行低温热年代学的定量统计分析（图6.4）。此外，同时也收集到10个定量揭示青藏高原新生代剥蚀速率演化的研究。

青藏高原初始形成时受印支-欧亚板块的陆陆碰撞影响，经历了岩石圈缩短导致的褶皱和逆冲作用；高原东南缘北段和南段在始新世中晚期先后发生大陆岩石圈地貌迁移作用，到了渐新世和中新世时期青藏高原东南缘主要经历了的是哀牢山带、崇山带和高黎贡山带等的走滑剪切作用，至中新世晚期以后板块顺时针旋转导致了地壳伸展作用和部分走滑剪切作用的持续（图6.5）。前人定量揭示青藏高原东南缘的剥蚀速率显示主要集中在始新世、渐新世和中新世—上新世三个阶段，对应的最大剥蚀速率分别为0.3km/Ma、1km/Ma和1.85km/Ma；特别是中新世晚期和上新世的剥蚀速率普遍较高（图6.5）。将前人在青藏高原东南缘6个次级构造单元分析的低温热年代学数据分别以核密度估计函数分布的方式进行统计分

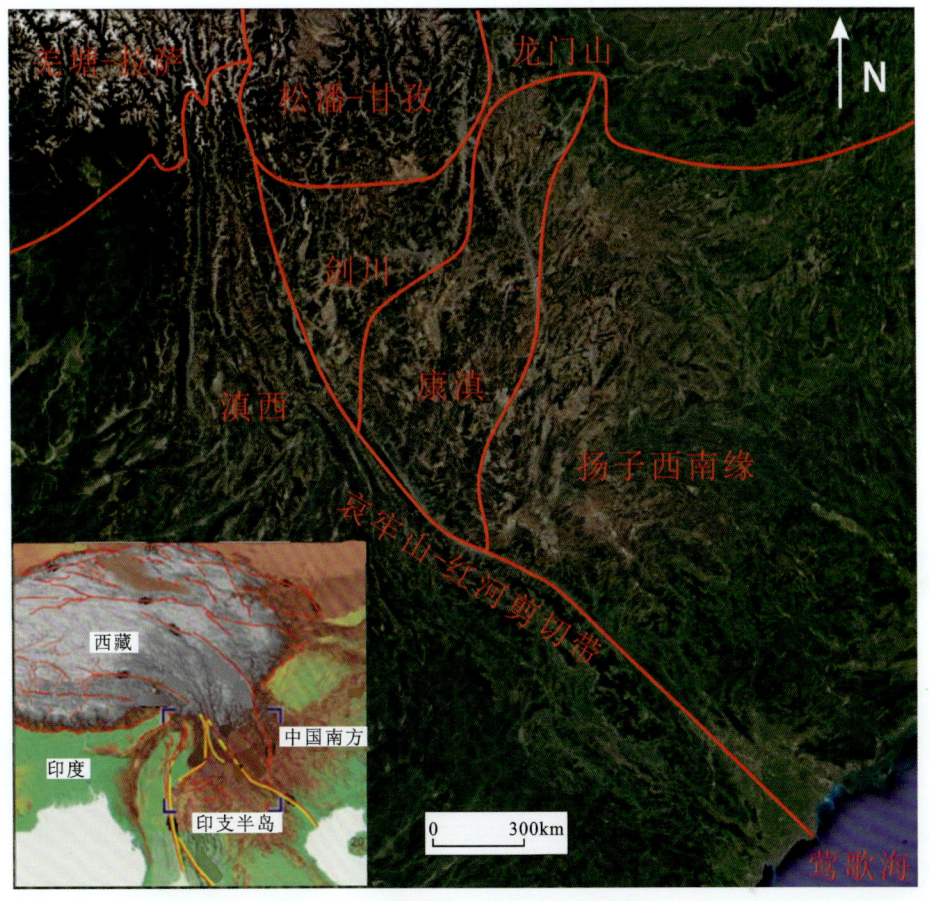

图 6.4 青藏高原东南缘区域划分图

析,结果显示为多峰分布的年龄样式(图 6.5):龙门山构造单元中的磷灰石和锆石低温热年代年龄呈现出 27~23Ma、17~13Ma、10~8Ma 和 3Ma 四个主要峰值年龄;松潘-甘孜构造单元收集的低温热年代学数据在年龄分布函数上呈现出 5 个峰值年龄分布,从老到新依次为 61Ma、32Ma、13Ma、8~6Ma 和 4Ma 五个主要峰值;羌塘-拉萨单元内收集的热年代学数据主要来自磷灰石 AFT 和 AHe 数据,锆石 ZHe 数据较少仅做参考,其热年代学年龄核密度估计函数整体呈三峰分布,主峰年龄分别为 18Ma、8Ma 和 4Ma;剑川构造单元收集到的低温热年代学数据以磷灰石 AFT 为主,少量的 AHe 仅供参考,年龄分别函数以 15Ma 和 4Ma 两个峰值年龄为特征;南部西侧的康滇构造单元除锆石 ZFT 数据缺少外,其他的低温年代学年龄谱以 36~35Ma、27~24Ma、18~15Ma 和 11~6Ma 四个年龄峰值为特征;滇西构造单元位于青藏高原东南缘南部西侧,锆石和磷灰石低温年代学数据丰富,其年龄谱分别以 58Ma、38Ma、30~24Ma、13Ma、6Ma 和 4Ma 六个峰值为特征。尽管不同的构造单元抬升剥蚀演化史有差异,但低温热年代学揭示的单个峰值年龄之间具有很好的吻合性;综合组成青藏高原东南缘 6 个不同构造单元揭示的抬升剥蚀历史,笔者认为青藏高原东南缘在新生代时期至少经历了 6 期快速抬升剥蚀演化史,从老至新分别为 61~58Ma、38~35Ma、32~23Ma、18~13Ma、11~6Ma 和 4~3Ma(图 6.5)。

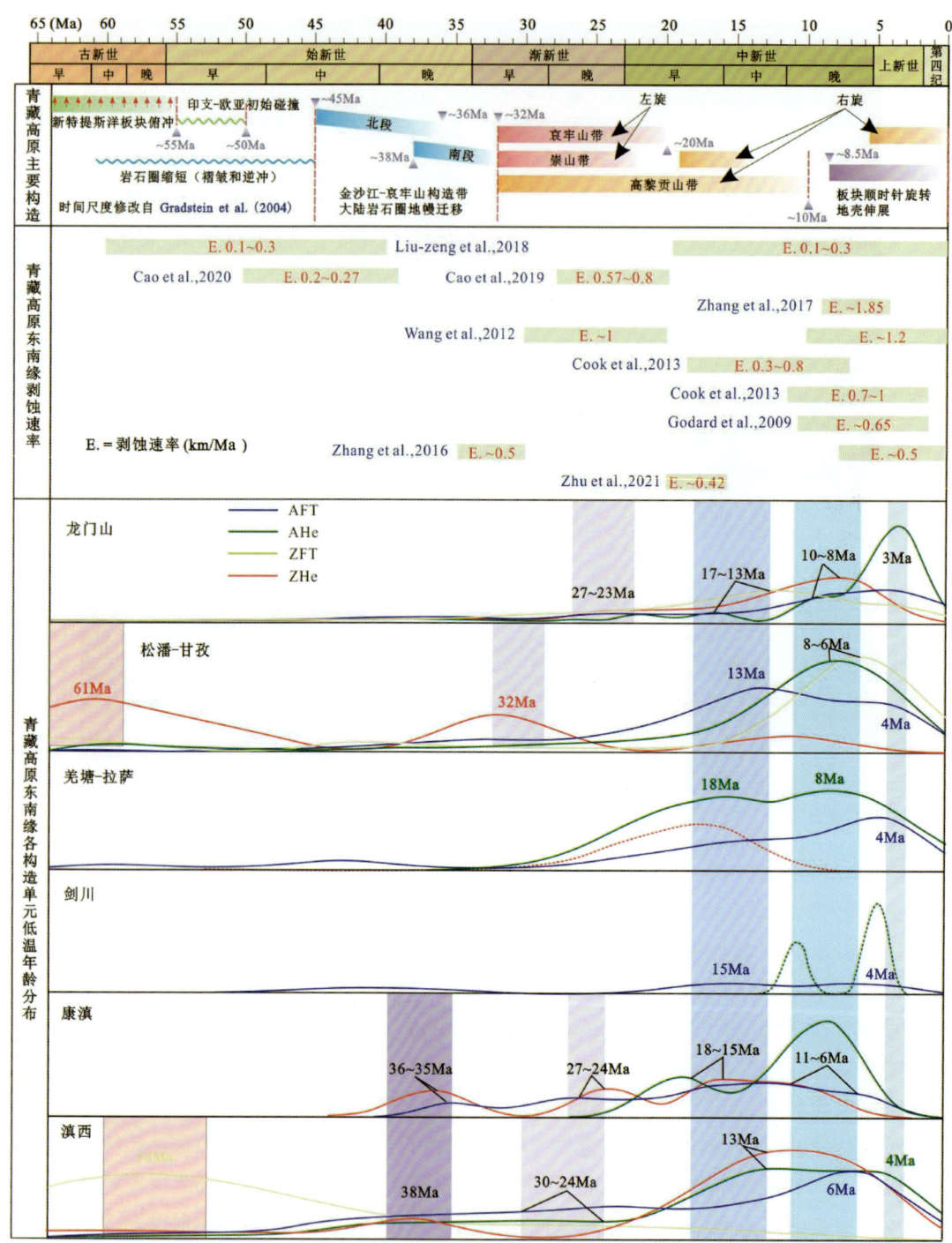

图 6.5 青藏高原东南缘抬升剥蚀演化特征
(修改自 Deng et al., 2014；Zhu et al., 2021；Cao et al., 2022)

莺歌海盆地新生代沉积地层至下向上主要有渐新统陵水组和崖城组、中新统三亚组、梅山组和黄流组、上新统莺歌海组和更新统乐东组，新生代沉积与红河流域的演化密切相关；将沿红河流域哀牢山剪切带已经发表的单矿物热年代学数据从南向北依次进行了统计分析(图 6.6),以揭示红河流域在新生代的冷却演化特征与盆地沉积之间的关系。发现在靠近老街的西南,大象山板块中的黑云母和钾长石产生的 $^{40}Ar/^{39}Ar$ 年龄为 33.3~25.1Ma(Leloup et al.,2001)。然而,磷灰石裂变径迹年龄范围很广(39~21Ma;Viola and Anczkiewicz,2008)。此外,瑶山附近的角闪石、白云母和黑云母的 $^{40}Ar/^{39}Ar$ 年龄范围为 25.1~20.4Ma(Liu et al.,2013),而瑶山附近的磷灰石裂变径迹年龄在 23~18Ma 之间聚集(陈小宇等,2016)。大多数磷灰石样品是从几乎没有变形的花岗岩深成岩体中采集的,因此,它们可能较少受到左旋剪切相关剥露的影响,从而产生更古老的年龄。通常,$^{40}Ar/^{39}Ar$ 和磷灰石裂变径迹年龄之间的这种重叠可能反映了在渐新世晚期至中新世早期沿该段以 30~60℃/Ma 的速率发生的单一快速冷却阶段(图 6.6)。在哀牢山剪切带,丰富的 $^{40}Ar/^{39}Ar$ 数据表明,在东南部较早开始与左旋剪切有关的快速冷却速率可以达到 75~100℃/Ma,此次快速冷却并从 29~17Ma 由蔓耗沿哀牢山剪切带逐渐向西北向传播。相比之下,低温热年代学数据(AFT 和 AHe 年龄)显示在 14~10Ma 期间沿哀牢山的第二阶段快速冷却几乎是同步发生的(图 6.6)(Wang et al.,2016)。由于缺少磷灰石 AHe 数据,在约 5Ma 因哀牢山右旋剪切作用(板块顺时针旋转)而发生的第二次加速冷却没有揭示出来,但从主要河流下切作用的阶段可以推测,在上新世沿哀牢山发生了快速冷却作用。

构造带的快速冷却历史对应于地质体快速抬升剥蚀历史,也就意味着物源区发生了快速的剥蚀演化,同时剥蚀的碎屑物质也迅速增加,物源区为沉积盆地提供沉积物质的能力也显著增强。从红河及周缘冷却历史来看,板块快速冷却的历史主要集中在两个阶段,第一阶段的快速冷却历史主要发生在渐新世和中新世早期,冷却速率集中在 60~100℃/Ma;第二阶段的快速冷却历史主要发生在中新世中期,冷却速率在 10~30℃/Ma,低于第一阶段的快速冷却历史的幅度。从莺歌海盆地新生代沉积速率变化的曲线来看,虽然不同的研究揭示的沉积速率有差异,但是整体上看也具有相似的变化趋势,渐新世晚期和中新世早期沉积速率具增加的趋势,中新世中期沉积速率相对降低,中新世晚期沉积速率最低,在上新世沉积速率又显著上升;渐新世晚期和中新世早期的沉积速率增加与红河及周缘的第一阶段快速冷却具有对应关系,而中新世中期相对降低的第二阶段快速冷却对应于莺歌海盆地中新世中期相对变低的沉积速率;虽然莺歌海盆地上新世之后快速增加的沉积速率没有对应的低温热年代学数据揭示红河及周缘快速冷却历史,但可以从前人揭示的上新世河流快速下切作用推测此时红河提供碎屑物质的能力也快速增加(图 6.6);同样青藏高原东南缘在上新世时期经历了快速冷却期,也可能是导致红河流域向盆地供应碎屑物质增加的重要因素(图 6.5)。

3. 气候演化对源-汇系统的影响

侵蚀是构造和气候共同作用的结果,构造与气候的相互作用下古地貌被侵蚀形成现今的地形,侵蚀作用破坏了高海拔处的岩石,河流将剥蚀后的碎屑物质搬运到沉积盆地中,气候的变化也是控制物源区剥蚀演化的重要因素。Clift 等(2004)认为 33Ma 后东亚沉积速率的急剧增加反映了青藏高原最初强烈的地表隆起,青藏高原是东南亚河流的源头,加上夏季季风

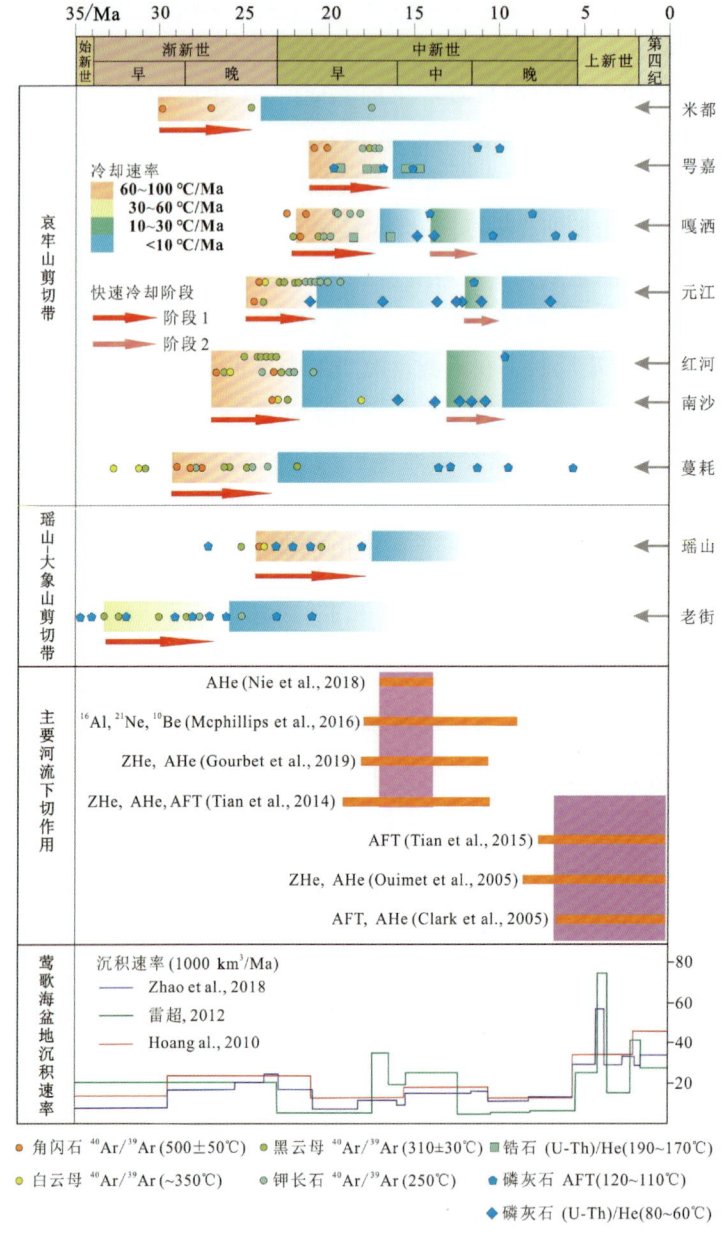

图 6.6 红河及其周缘冷却历史、河流下切时间和莺歌海盆地沉积速率演化

的加剧,导致基岩隆起和峡谷切割在产生剧烈侵蚀和巨量沉积物方面的重要性已在多个地区得到证明;欧洲阿尔卑斯山(Kuhlemann et al.,2002)和非洲安哥拉山(Lavier et al.,2001)近海产生的沉积物量估算结果显示出与亚洲相同的模式,包括中新世早期至中期的高沉积速率和中新世晚期的低沉积速率;这些地区的沉积速率(剥蚀速率的反映)变化具有很好的一致性,这支持全球气候在控制大陆侵蚀方面占主导地位的观点,因为阿尔卑斯山、安哥拉山和整个东亚的基岩隆起不太可能是同步的。中国南海的气候记录显示了与侵蚀记录的一些相关性,早期东亚气候的研究表明,气候在 15Ma 之前表现为更湿润的夏季季风气候(Jia et al.,

2003),这与季风气候在增强侵蚀速率方面的作用一致;相比之下,中新世晚期(11~5Ma)的低沉积和侵蚀速率可能与当时东亚干旱加剧和冬季季风增强有关,同时也与全球降温和南极冰盖体积增加有关(Gupta et al.,2004)。位于中国南海北侧的 ODP 1148 站点的沉积物记录了东亚气候变化,赤铁矿/针铁矿含量比值和碎屑堆积速率两个指标曲线揭示了 25Ma 以来东亚大陆剥蚀和化学风化状况变化(Clift et al.,2006),并将其与海底底栖生物(有孔虫)氧同位素曲线变化(Wang et al.,2003)进行了比较(图 6.7):结果显示在 25~14Ma 时,干燥和湿润气候之间存在较大差异,湿润气候对应于更高的碎屑堆积速率;相同的变化趋势也出现在上更新世(5Ma 以后),湿润气候时侵蚀再次迅速增加(图 6.7)。然而,在 14Ma 左右南极冰期开始后,东亚地区似乎变得更加干旱,侵蚀更弱,底栖生物氧同位素曲线也清楚地揭示了这一趋势(Wang et al.,2003);中新世晚期的低侵蚀速率与中国南方的干燥气候之间对应关系表明,降水是控制物源区侵蚀的关键因素;湿润气候具有更高的侵蚀速率和沉积堆积速率。晚中新世东亚地区的干旱和寒冷的气候条件不利于物源区大规模的剥蚀演化。

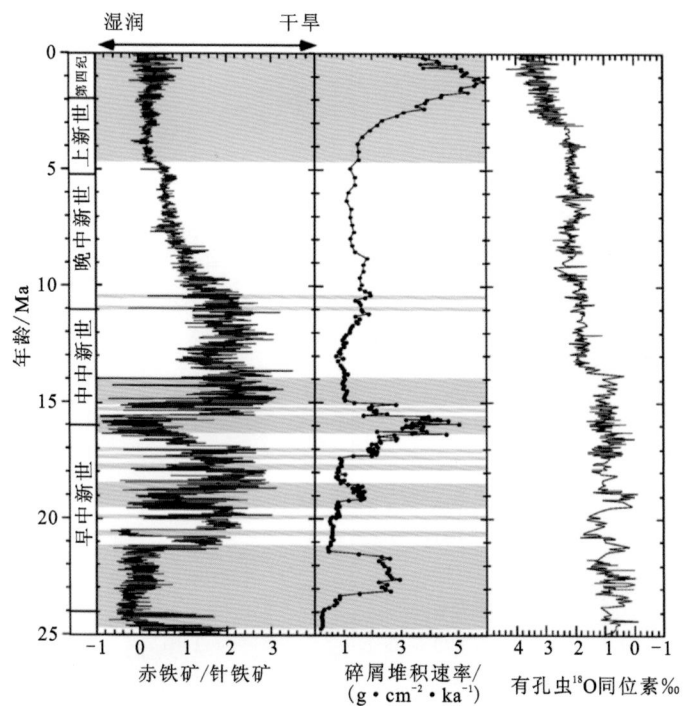

图 6.7 中国南海北部 ODP1148 站点气候变化指标曲线

(据 Clift et al.,2006 修改)(灰色阴影区域表示推断降雨量和湿度较大的时期,即夏季季风较强)

第二节 浅海重力流沉积差异的主控因素

一、海平面变化

前人的研究发现大多数大陆边缘海深水沉积发生在低海平面时期,相对海平面下降是引发盆地海洋重力驱动系统发展的最重要因素之一。古生物和地球化学证据已经证实了在南海西北部黄流组早期沉积阶段海平面发生大规模下降(何卫军等,2011),这与全球海平面变化一致(图6.8)。在中新世早期,当海平面下降,容纳空间减小,由于物源区河流的持续补给,三角洲在大陆架盆地周围广泛发育(Clift et al.,2008；Wang et al.,2019a)。莺歌海盆地在新生代沉积过程中经历了多次相对海平面下降,其中相对海平面在中新世晚期黄流组开始时急剧下降,并且这种下降是新生代地质历史中最大的一次(图6.8),这有利于沿岸河流三角洲沉积物沿陆坡向盆地中迁移,并有利于盆地内东方区和乐东区油气藏储集层的形成。乐东区黄流组二段重力流水道发育的海平面下降幅度较东方区黄一段重力流扇体发育的海平面下降幅度大,也是乐东区重力流下切下伏地层形成水道沉积的关键因素。

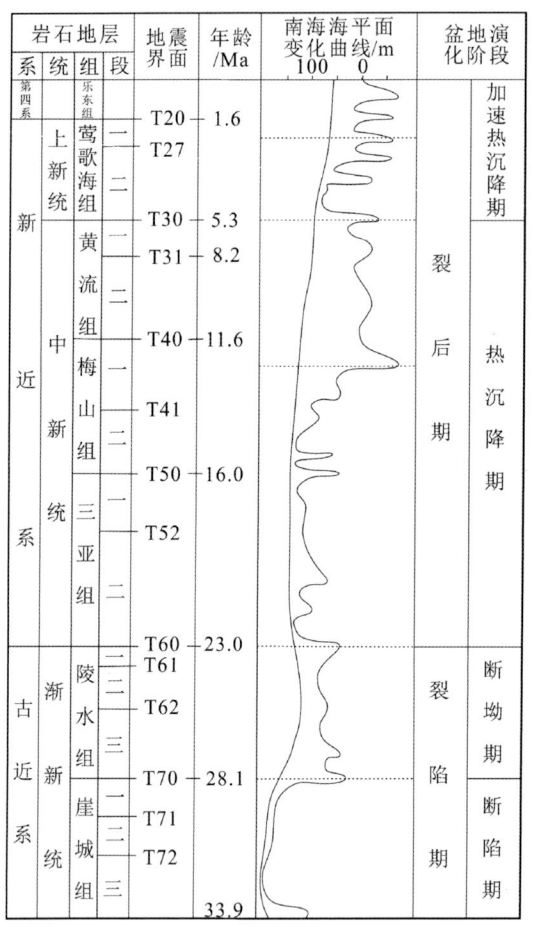

图6.8 莺歌海盆地海平面变化曲线(据陈杨等,2019修改)

二、物源差异

地球化学元素和锆石测年分析表明,东方区和乐东区沉积的物源区不同;晚中新世黄流组发育的东方区重力流扇体沉积体系的物源方向来自莺歌海盆地西北缘,而乐东区发育的重力流水道沉积体系的物源方向来自盆地东部海南岛西缘的河流(图6.9)。东方区的物源(红河、马江和蓝江)搬运距离比乐东地区的物源(海南岛西侧河流)远,东方区的岩石结构成熟度高于乐东区也表明了东方区的物源区比乐东区的远:与来自乐东区重力流水道的样品相比,来自东方重力流扇体的碎屑颗粒具有较高的岩石结构成熟度,颗粒尺寸较小(0.12~0.04mm和0.5~0.05mm),磨圆度高,分选性好,表明总体颗粒输送距离更长。相比之下,乐东区砂岩分选较差,粒度大于东方区砂岩。乐东区重力流水道岩心段经常观察到块状砂岩中的砾石,岩石结构成熟度低,反映了近源堆积特征。来自盆地西北部物源区的河流(如红河、马江和蓝江)的长度(平均487km)和流域面积(平均80 000km²)大于海南岛西缘的河流,能够为东方区大规模重力流扇体的发育提供充足沉积物质,但东方区重力流扇体沉积物从西北部的物源区到沉积区的搬运距离却更长。

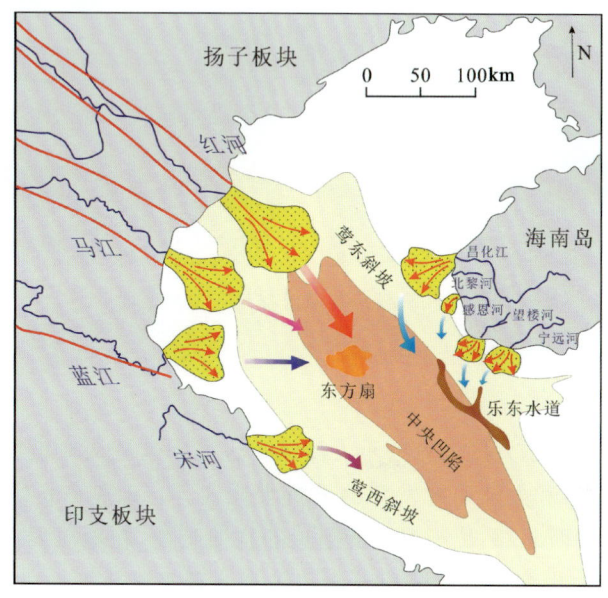

图6.9 莺歌海盆地黄流组物源平面展布特征

三、坡折差异

莺东斜坡带上的乐东区重力流水道的物源补给来自东部的海南隆起物源区,由于沉积物从海南隆起搬运至乐东区的输送距离短,形成的重力流水道岩石结构不成熟,沉积物质成分中的多晶石英含量相对较高,岩屑以岩浆岩屑为主,暗示其母岩具有岩浆成因的特征。重矿物组合以高锆石、高ZTR和低辉石值为特征(Jiang et al.,2015;Fyhn et al.,2019),乐东区重力流水道沉积的锆石U-Pb年龄分布形式以白垩纪和二叠纪—三叠纪峰的双峰形式为特征。莺歌海盆地东缘坡折带受1号断层南段较高断裂强度的影响,形成了以较大陡坡为特征的断裂坡折带,为三角洲砂体的快速沉积创造了有利的运移通道,区域隐伏断裂带为限制重力流水道的发育建立了天然的低地形(图6.10)。位于莺歌海盆地中央凹陷西北侧的东方区重力流扇体主要由盆地西北边缘的河流补给,主要包括红河和越南东部的河流;东方区重力流扇体沉积物经过长距离运输,岩石结构的成熟度高于乐东区重力流水道沉积物。重矿物的特征是高白辉石、低锆石和低ZTR(Jiang et al.,2015;Fyhn et al.,2019);而锆石年龄谱显示出多峰共存复杂分布的特征。受莺西断裂带的影响,盆地西北缘发育了多条正断层,形成了一条缓缓倾斜的挠曲坡折带;当海平面下降时,由红河、马江和蓝江供给的碎屑物质通过挠曲坡折带被输送到断裂点下方相对平坦和开阔的区域,并沉积形成向南南东倾斜的东方区重力流扇体沉积(图6.10)。

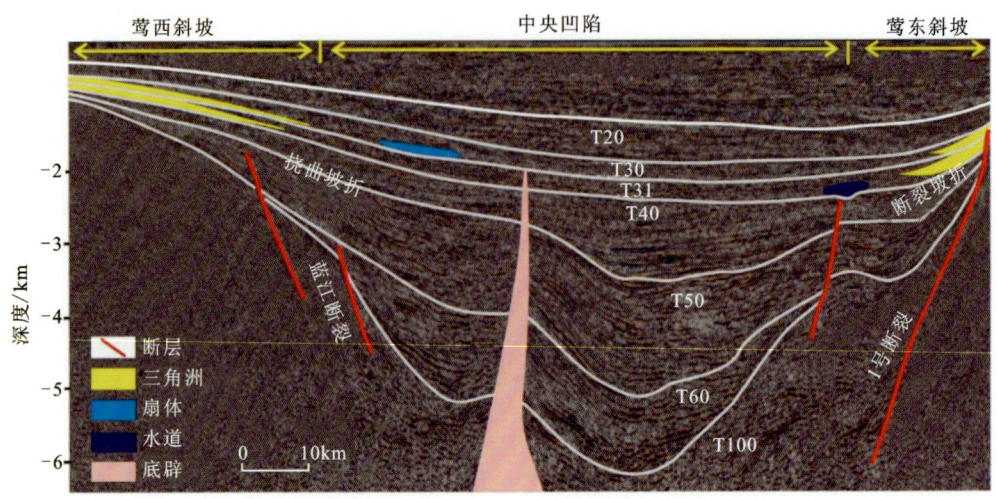

图6.10 横跨莺歌海盆地东西向剖面

四、古地貌差异

莺歌海盆地乐东区和东方区发育的重力流沉积也受到区域构造地貌因素的影响,如区域断裂活动、沉积期古地形和大陆边缘发育的坡折带样式等。地震分析结果表明,东方区重力流扇体发育于中央凹陷西北部,位于泥底辟附近的挠曲带中,在地震界面T31和T30之间呈透镜状分布(图6.11a);由多级朵状沉积扇体和水下沉积水道叠加而成的复合重力流扇体沉积;中新世晚期东方区的古地形相对平缓(图6.11b),DF-b井附近的坡度为2°~3.2°,DF-a井附近为3.6°~5°。乐东区重力流水道发育于莺东斜坡1号断层斜坡断裂带之下,位于地震界面T40和T31之间,是乐东区黄流组二段天然气藏的重要储集体;重力流水道的沉积底界面为U型或V型,地震反射振幅大,地震同相轴连续性高;重力流水道底部发育有一系列的小型隐伏断层,是控制重力流水道发育的主控因素(图6.11c);乐东区黄流组二段沉积底界面古地貌恢复表明,黄流二段沉积期,从莺东斜坡带到中央凹陷的地形陡峭,LD-a井和LD-b井附近的坡度均大于15°(图6.11d)。

黄流期,乐东区和东方区的古地貌坡度特征和周缘断裂构造活动对沉积体系的形成、演化和空间分布特征具有明显的控制作用。盆地东南部乐东区黄流组二段发育的重力流水道主要受盆缘1号断裂带控制的断裂坡折带的影响,盆地西北部东方区黄流组一段发育的重力流扇体受莺西断裂带控制的挠曲坡折带影响(图6.11)。盆地东缘1号断层的剧烈运动导致了区域构造沉降,并在盆地东部边缘形成了断层斜坡断裂带;1号断层控制莺东斜坡的主要构造活动,1号断层活动程度高(范彩伟,2018;张建新等,2019);盆地东缘1号断层坡折带具有较高的坡降比,断层下降盘形成了朝向盆地中心的特定沉积斜坡(图6.11);因此,乐东区的古

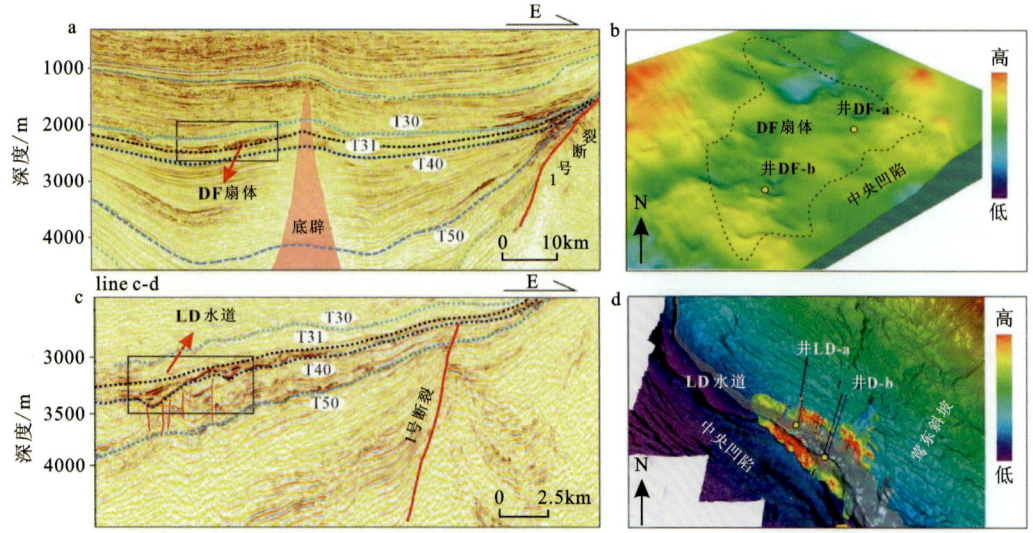

图 6.11 莺歌海盆地地震剖面和重点区古地貌特征(据 Yao et al.，2022)
a.东方区黄流组一段重力流扇体剖面；b.东方区黄流组一段底界面古地貌特征；
c.乐东区黄流组二段重力流水道剖面；d.乐东区黄流组二段底界面古地貌特征

地貌坡度相对陡峭，由此很容易引发沿斜坡地形的重力流沉积发育(陈杨等，2020；Yao et al.，2022)。此外，在乐东区黄流组二段重力流水道底部的 T40 地震界面下追踪到一系列的隐伏断层(图 6.11c)，这使得乐东区的地层更容易受到陆源碎屑和洋流的冲刷改造，从而形成沿斜坡走向发育的低地形成为该地区重力流水道发育的通道。莺歌海盆地西部的莺西断裂带受几个中小型正断层控制(图 6.10)，平均坡度变化范围为 3°～5°；其中一级挠曲坡折受盆缘的中型和大型断层控制，如黑水河断裂、马江断裂和长山断裂(图 2.2)；东方区地貌特征使得发育在其中重力流扇体的分布主要受海平面的升降和坡折点的位置等控制。晚中新世时期，沉降中心位于莺歌海盆地东南部，中央凹陷带的东方区古地貌斜坡趋于平缓，向南南东方向稳定倾斜，南南东向的东方区重力流扇体沉积体系发育于开阔平坦地区。

第三节 浅海重力流沉积堆积机制

莺歌海盆地浅海重力流沉积以乐东区黄流组二段重力流水道和东方区黄流组一段重力流扇体沉积极具特色，在三级体系域的低位体系域中均呈现出多期发育特征，而从沉积特征来看重力流水道和扇体差异性却非常显著，主要受其沉积堆积机制差异性控制。海平面的变化是控制浅海重力流沉积发育的重要诱因，重力流水道和扇体沉积均形成于海平面大幅度下降时期，有利于沿岸三角洲沉积物质向盆内输送；黄流组二段低位体系域初期海平面下降幅度最大，更有利于海南隆起方向的碎屑物质冲蚀下伏地层，形成乐东水道沉积。物源的差异是形成不同规模浅海重力流沉积体的决定性因素，乐东水道沉积以东侧海南隆起方向单一物源的碎屑物质近源堆积为特征，东方扇体沉积以西北侧红河、蓝江和马江等混合物源的碎屑物质远源搬运堆积为特征，西北侧物源的规模远大于东侧物源，能为东方扇体沉积提供更充足的物质条件。坡折带特征控制卸载沉积物质的位置，乐东区以边界1号断裂强烈活动形成的断裂坡折为主，断层倾角大，呈现出坡度陡的断层坡折带，更有利于沉积物质的近源堆积；而东方区以下伏隐伏性断层差异活动形成的挠曲坡折为特征，呈现出宽缓的缓坡挠曲坡折带，更有利于沉积物质呈扇形展开后沉积。古地貌的差异也是形成乐东水道和东方扇体沉积差异的重要控制因素，从古地貌揭示的浅海重力流沉积时期的坡度来看，乐东区的坡度在15°左右，而东方区的坡度在3°～5°之间，乐东区坡度是东方区的3～5倍，乐东区陡坡的古地貌特征是诱发重力流水道沉积的关键因素，东方区宽缓的地貌特征更利于沉积物质形成扇状大规模发育的特征。此外，受盆地东侧边界断裂的强烈活动影响，乐东区下伏地层普遍沿斜坡走向发育隐伏断裂带，致使水道下伏地层破碎，更易形成沿斜坡走向的负地形古地貌特征。因此，从浅海重力流沉积的堆积机制来看，乐东水道和东方扇体的差异性沉积特征受控于海平面下降幅度、物源供给差异、坡折类型差异和古地貌特征差异四大因素联合控制。

第七章 储层特征、成藏条件与勘探应用

第一节 东方区与乐东区储层特征对比分析

一、岩石成分与结构差异

乐东区黄流组主要以中砂岩为主,东方区以细砂岩、粉砂岩为主。岩石成分以长石岩屑砂岩、岩屑砂岩为主,含少量石英砂岩及岩屑石英砂岩,石英含量在34%~77%之间,平均55.1%,岩屑含量在17%~54%之间,平均34%,长石含量在1%~18%之间,平均10.8%;CMI[即石英/(长石+岩屑)]指数平均为1.35,成分成熟度低或中等,颗粒以次圆—次棱或次棱—次圆为主,结构成熟度中等(图7.1)。

东方区黄流组总体上以岩屑石英砂岩为主(占68.75%),长石岩屑砂岩次之(占21.3%),少量薄片为长石石英砂岩和岩屑长石砂岩;DF13-2气田总体上以岩屑石英砂岩(占25.0%)和长石岩屑砂岩为主(占65.4%),少量为长石石英砂岩和石英砂岩,两气田的主体岩石成分相差不大(图7.2)。两气田的砂岩成分成熟度低或中等,磨圆为次棱—次圆,结构成熟度中等。

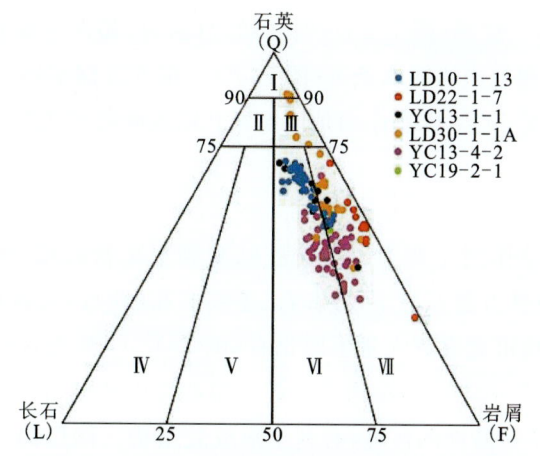

Ⅰ.石英砂岩 Ⅱ.长石石英砂岩 Ⅲ.岩屑石英砂岩 Ⅳ.长石砂岩
Ⅴ.岩屑质长石砂岩 Ⅵ.长石质岩屑砂岩 Ⅶ.岩屑砂岩

图7.1 乐东区黄流组岩石组分三角图

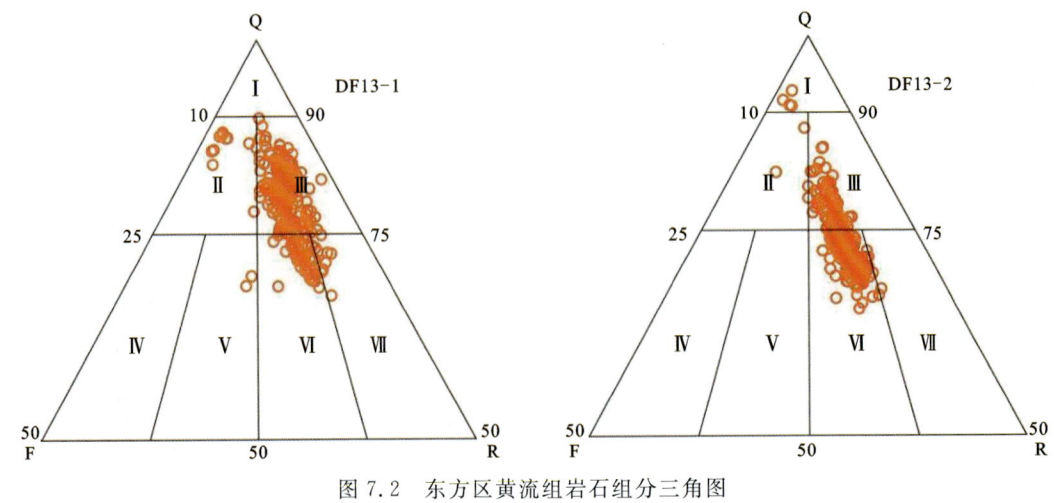

图 7.2 东方区黄流组岩石组分三角图

二、成岩作用

1. 压实作用

乐东区黄流组砂岩储层中平均顶底深度范围为 3500~4700m,随着埋深的加大,上覆岩层压力增大,机械压实作用增强,砂岩的碎屑颗粒发生位移和滑动,碎屑颗粒之间的接触关系按点—线—凹凸接触的顺序演变(图 7.3a、b)。镜下可观察到压实作用下塑性矿物呈压扁状、脆性矿物发生破裂、碎屑颗粒呈定向排等现象(图 7.3a~c)。因压实作用造成的孔隙度减小量占原始孔隙度的 60%~80%,压实作用是造成乐东气田储层孔隙度降低的主要成岩作用。

东方区黄流组层段以中等压实为主,少量强压实。从沉积相来看,主水道和水道大部分为中等压实,浅海砂坝泥质含量高,多数为强压实。在岩石薄片上主要证据表现为:颗粒间以线接触为主,少部分为凹凸接触(图 7.3d);塑性颗粒(云母)被压弯变形(图 7.3e),颗粒定向排列(图 7.3e)以及碎屑颗粒嵌入泥质条带(图 7.3f)。东方区储层因压实作用造成的孔隙度减小量平均占原始孔隙度 63%,压实作用是该地区孔隙度降低的主要成岩作用。

2. 胶结作用

乐东区黄流组的胶结作用主要为碳酸盐胶结和黏土矿物胶结,硅质胶结发育较弱。其中,碳酸盐胶结物类型以铁方解石为主,方解石、菱铁矿和(铁)白云石局部发育(图 7.4a、b),碳酸盐岩强胶结样品中均可观察到大量生屑化石(图 7.4c)。乐东区碳酸盐胶结物含量变化为 0~46%,平均含量为 7.48%。黄流组处于超高温超高压环境,伴随着热流体的活动,富含 CO_2 的高温热流体造成了微酸性的环境,有利于形成胶结物。储层的孔隙度与碳酸盐岩胶结物含量具有明显的负相关性。特别是当碳酸盐岩胶结物含量大于 10% 时,孔隙度普遍降低至 10% 以下。

乐东区黄流组层段中的黏土矿物包括伊利石、高岭石、绿泥石和伊蒙混层,几乎未见蒙脱

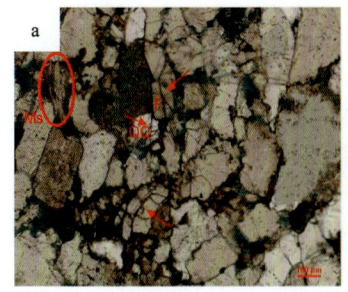
LD10-1-13，4 066.3m，云母弯曲变形，颗粒破裂发育粒内缝，单偏光

LD10-2-1，4 137.9m，压实作用使孔隙度降低，颗粒为凹凸接触，单偏光

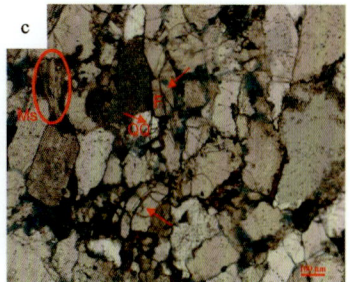
LD10-1-13，4080m，压实作用使颗粒定向排列，单偏光

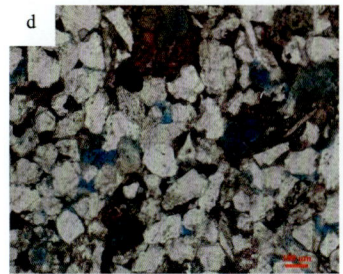
DF13-2-2，3 132.82m，压实作用使孔隙度降低，颗粒为线接触，单偏光

DF13-2-8d，3 084.39m，压实作用造成云母呈压扁状以及颗粒定向排列，单偏光

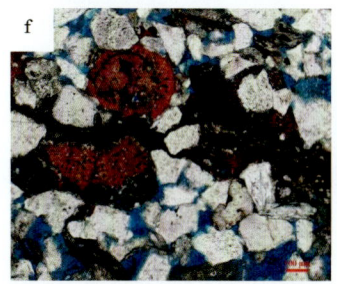
DF13-2-8d，3 092.59m，泥质条带压弯变形，碎屑颗粒嵌入泥质条带，单偏光

图 7.3　乐东、东方区黄流组压实作用图版

石。其中，伊利石平均相对含量 68.42%，高岭石平均相对含量 7.56%，绿泥石平均相对含量 13.46%，伊蒙混层平均相对含量 7.58%，黏土矿物以伊利石为主（图 7.4d、e）。其中，黄流组的超压控制着蒙皂石向伊利石的转化，超压增加了蒙皂石层间水的稳定性，提高了蒙皂石向伊利石转化的反应活化能（孟元林等，2006）。

石英次生加大在乐东区黄流组整体发育程度较弱，往往以加大边的形式出现或充填于孔隙中（图 7.4f），通过薄片观察石英次生加大含量在 0~1% 之间。黄流及梅山组在成岩过程中的地温满足石英次生加大大量发生的条件，但是随着深度的增加，成岩作用增强，石英加大的含量却没有增加的趋势，研究认为，超压环境的存在抑制了乐东10区石英的次生加大。

东方区黄流组胶结作用包括碳酸盐胶结、硅质胶结和自生黏土矿物胶结作用。其中胶结物以碳酸盐胶结物和黏土矿物为主，其次为少量硅质胶结、黄铁矿和菱铁矿等。碳酸盐胶结物有方解石、铁方解石、白云石和菱铁矿等（图 7.5a~c），其中菱铁矿、海绿石出现频率不高。碳酸盐胶结物随着埋深的增加呈现增加的趋势，最高可超过 30%。此外，在超压带碳酸盐胶结物的含量较低，而在常压带内碳酸盐胶结物含量相对较高，压力系数与碳酸盐胶结物呈负相关关系。

黏土矿物包括高岭石、伊利石、绿泥石和伊蒙混层，以膜状包裹在碎屑颗粒表面或充填在碎屑粒间孔隙中（图 7.5d、e）。不同井区黏土矿物的类型及含量有所差异，总体上以伊利石为主（平均 48.8%），次为绿泥石（平均 35.8%），含少量高岭石和伊蒙混层（分别为 9.3% 和 6.3%）。

硅质胶结物含量相对较低，主要以石英次生加大出现（图 7.5f），仅为少量或者偶见。黄

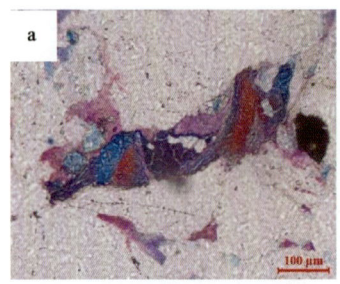  

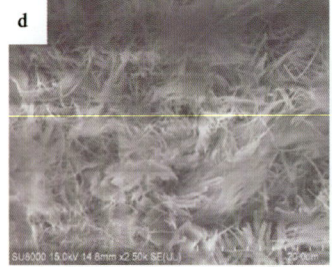  

a. LD10-1-13，4 165.96m，含铁方解石、铁方解石、铁白云石共存，单偏光
b. LD10-1-6，4 149.2m，铁白云石充填孔隙，包裹早期含铁方解石，单偏光
c. LD10-1-13，4166m，碳酸盐胶结物中的曲杆虫，单偏光
d. LD10-1-13，4 165.52m，发丝状伊利石
e. LD10-1-13，4 171.12m，蜂窝状伊蒙混层充填孔隙
f. LD10-1-13，4 165.52m，胶结样品中存在自生石英加大

图 7.4　乐东地区黄流组胶结作用图版

流组由于超压的存在，颗粒在深埋的情况下以点接触为主，压溶作用并不十分发育，主要是由于长石溶解释放 SiO_2 和蒙脱石的伊利石化提供硅质来源。

  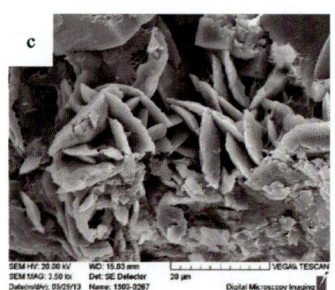

 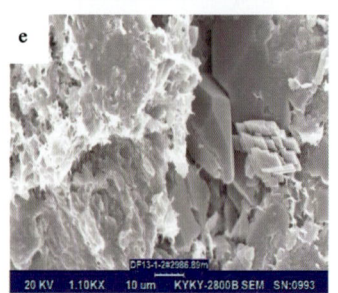 

a. DF13-1-2，3 047.09m，早期粒间粉晶白云石，单偏光
b. DF13-2-6，3 126.0m，铁方解石胶结，单偏光
c. DF13-1-7，2 795.0m，粒间铁饼状菱铁矿
d. DF13-1-2，2 899.05m，泥质胶结物，单偏光
e. DF13-1-2，2 986.89m，絮状伊利石以薄膜式包裹在颗粒表面
f. DF13-1-6，2 875.86m，石英次生加大

图 7.5　东方区黄流组胶结作用图版

3. 溶蚀作用

乐东区黄流组储层储集性能主要受到酸性热流体的溶蚀作用的影响与控制。富含 CO_2 的高温热流体进入储层中后,导致其温度和 CO_2 含量升高、pH 值降低,溶蚀储层中的长石以及碳酸盐胶结物,形成次生孔隙。长石、岩屑的溶蚀主要形成粒内溶孔或铸模孔(图 7.6a、c),碳酸盐胶结物的溶蚀则常形成粒间溶孔(图 7.6b)。溶蚀作用可使目的层段增加 0~7% 的次生孔隙。

东方区黄流组中以长石的溶解最为普遍。溶蚀孔的发育与 CO_2 有一定关系,富含 CO_2 的热流体进入孔隙空间,改变孔隙流体的性质,造成长石颗粒、胶结物和生物体腔被溶蚀,形成长石粒内溶孔、铸模孔、胶结物溶孔以及生物体腔孔。而莺东斜坡带不发育超压和 CO_2 储层中溶蚀作用相对较弱,次生孔隙也不太发育。

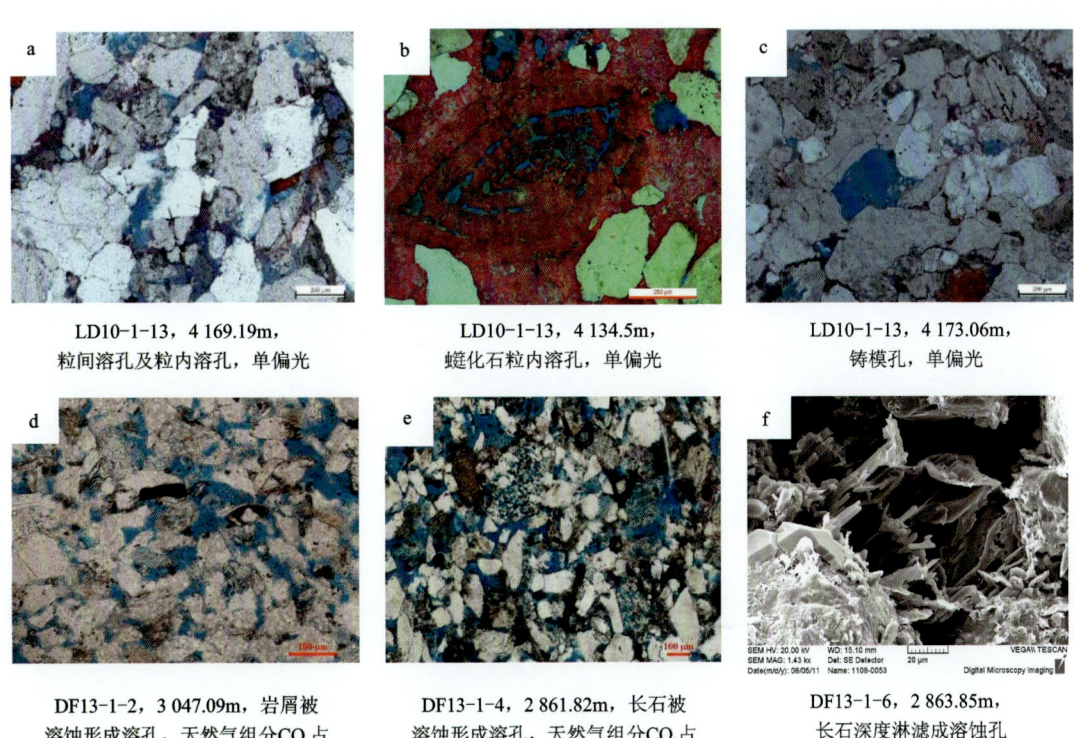

图 7.6 乐东、东方区黄流组压实作用图版

三、储层物性差异

乐东区黄流组为重力流水道储层,岩性主要以中砂岩为主,岩心与壁心的实测孔隙度值范围为 1.97%~14.51%,平均值为 9.34%;渗透率介于 $0.05×10^{-3}\mu m^2$ 与 $33.70×10^{-3}\mu m^2$ 之间,平均值为 $1.79×10^{4}\mu m$,为低孔低渗储层。孔隙度与渗透率总体呈现出正相关性(图 7.7),相关系数 R^2 为 0.357 8。

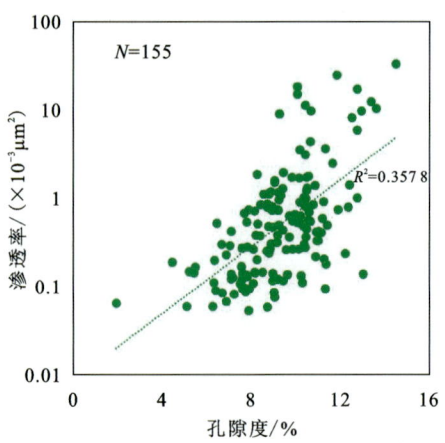

图7.7 乐东区黄流组储层孔隙度-渗透率交会图

东方区黄流组为海底扇储层,岩性以细—粉砂岩为主,孔隙度在6.6%～22.7%之间,平均值17.52%,峰值在18%～20%之间,渗透率在(0.01～72.4)×10⁻³μm²之间,平均值4.1×10⁻³μm²,峰值在(0～6)×10⁻³μm²之间(图7.8),为中孔中低渗储层。

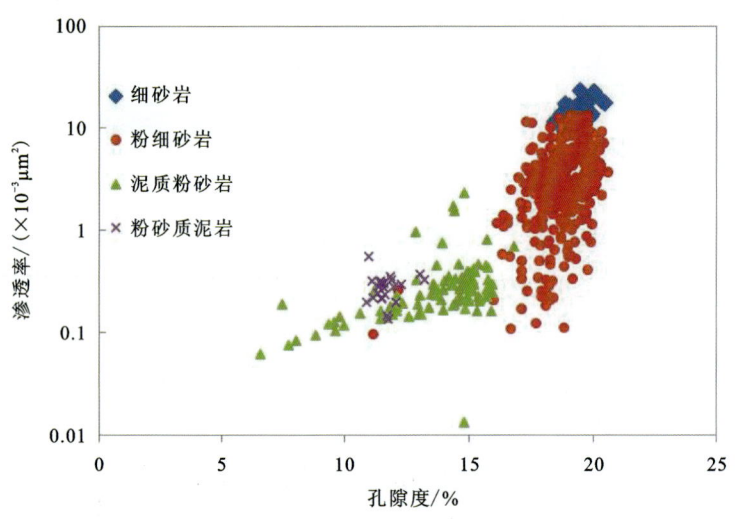

图7.8 东方区黄流组储层孔隙度-渗透率交会图

第二节 东方区储层地质建模

一、厚砂体结构特征

1. 厚砂体成因类型划分

以东方区黄流组一段为例,其中水道砂体按照成因进一步细分为4种类型:侵蚀充填型、下切充填型、下切改造型和切叠型(图7.9)。不同类型砂体在发育部位、砂体特征、测井特征及地震反射形态结构上均有不同响应。

（1）侵蚀充填水道：多位于上游，以细砂岩为主，块状层理，砂质纯，分选好，磨圆中等，泥质含量低，测井曲线上表现为厚层箱状，单期砂体厚度多大于25m，顶底快速突变；地震反射表现为宽而深的U型；多为砂质碎屑流沉积。

（2）下切充填水道：多位于侵蚀充填水道的下游，以细砂岩—粉细砂为主，块状层理，砂质纯，分选好，泥质含量低，测井曲线上表现多期砂体叠置，中间夹泥岩夹层，单期砂体厚度常小于25m，上部可表现出渐变，地震反射表现为低连续，窄而深V型；多为砂质碎屑流沉积。

（3）下切改造水道：受到后期底流改造，以粉细砂岩为主，单期水道在测井曲线上仍表现为多期砂体叠置，含泥岩夹层，顶部可表现渐变，单期砂体厚度多大于20m，地震反射表现为侧向迁移不对称宽V型。

（4）切叠型水道：多位于下游，规模变小，下切能力减弱，以粉砂岩为主，粒度变细，单期砂体多在15~20m，无明显夹层，地震反射表现为平面上条带状、剖面为短轴状或蠕虫状；多为浊积水道。

（5）席状砂：常成片分布，地震上表现为中高连续强振幅反射，测井上表现为砂泥薄互层，以粉砂岩为主，单砂体厚度多小于15m。

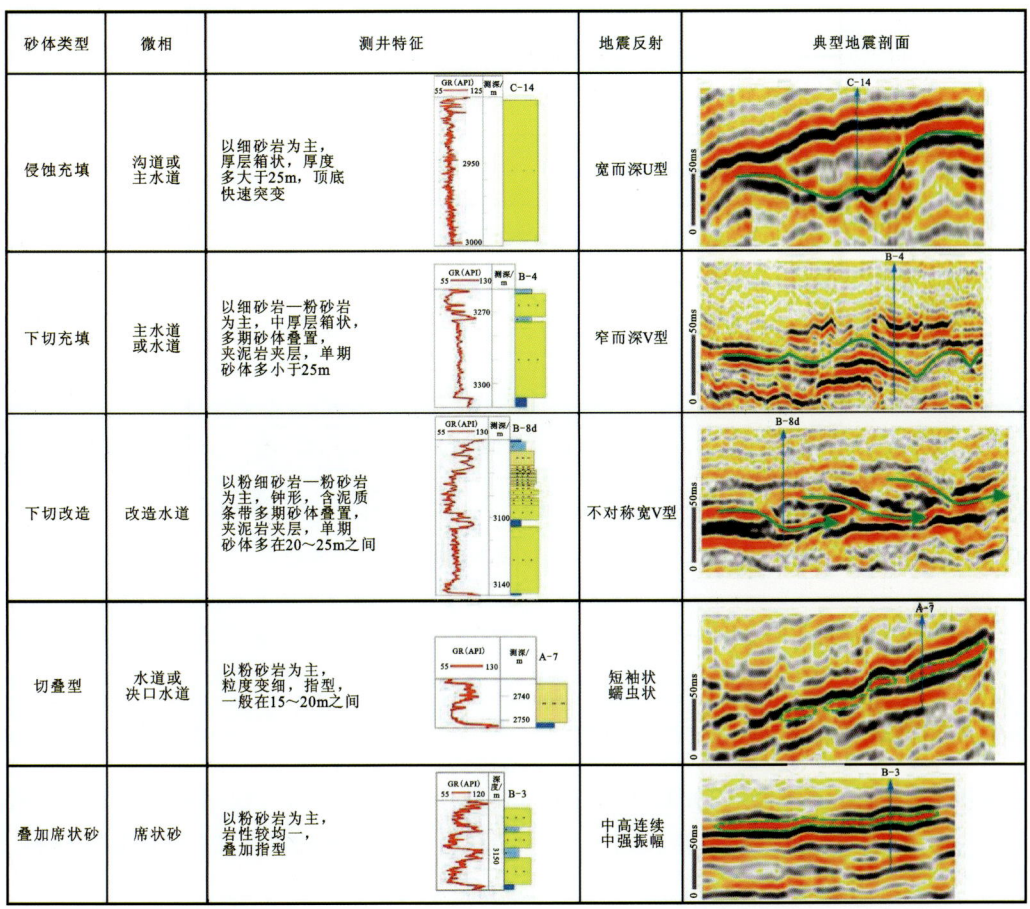

图7.9　东方区黄流组一段Ⅰ、Ⅱ气组砂体成因类型划分

2. 厚砂体连通性分析及叠置关系

图7.10展示了6种不同类型砂体的构型组合特征,体现出各类砂体垂向和横向上的发育先后关系以及接触叠置关系。

(1)侵蚀充填与下切充填:此种组合类型发育于近物源区,早期水动力能量强,以侵蚀充填为主,随着水动力减弱,改为下切充填,两者横向相接,且有较好的连续性。

(2)下切充填与下切充填:下切充填水道在横向上频繁摆动,纵向上砂体多期叠置,横向连通性较好,垂向连通性较差。

(3)下切充填与席状砂:常位于水道或决口水道的前端,席状砂较薄。

(4)下切充填与切叠型:远离物源区,早期水道下切充填,沉积物下切能力减弱,加积作用增强,常被后期水道切割叠置,纵向砂体连通程度较好,无明显夹层,横向连续性也较好。

(5)下切充填与下切改造:早期水道下切充填,后期受海流影响。纵向上多期叠置,表现为宽浅的特征,反映水道频繁迁移和下切。

(6)席状砂与席状砂:浅海重力流水道末端都可形成一个薄的砂质席状单砂体,并接受波浪、潮汐以及生物扰动的改造,多个小叶体形成叠加席状砂,夹层发育,垂向连通性较差。

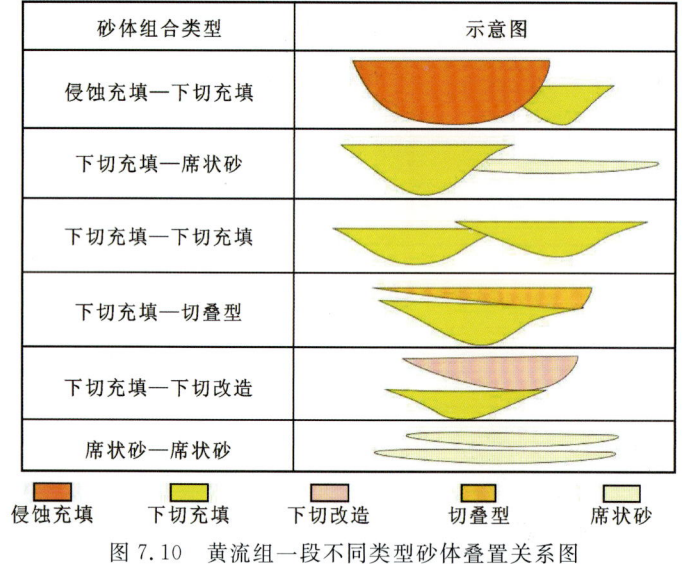

图7.10 黄流组一段不同类型砂体叠置关系图

二、三维地质建模

1. 地质建模数据准备

本次地质建模主要针对DF13-1和DF13-2两个气田以及两气田间的无井区,面积近900km^2。建模层位为黄流组一段Ⅰ、Ⅱ气组,共计6个小层。基础数据准备包括钻井资料、地震构造解释和地质基础研究资料。

2. 建模技术方法与思路

本次研究采用确定性与随机建模交互的方法建立沉积相模型、砂体模型以及属性模型，同时建模过程中采用地震属性和平面沉积微相图作为建模的约束体或趋势面(图 7.11)。

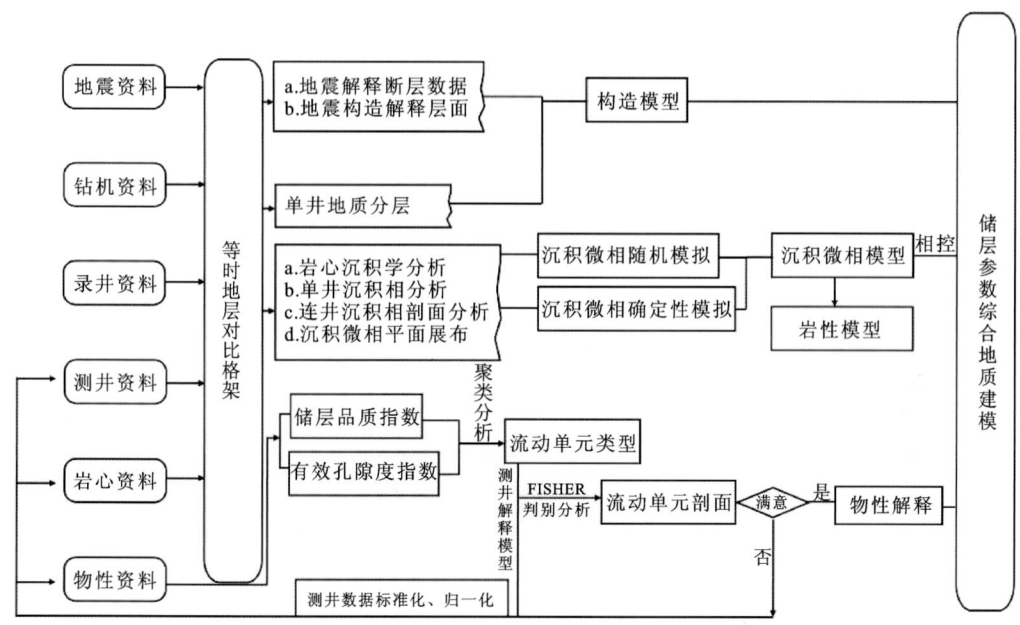

图 7.11　东方区储层地质建模流程

3. 构造建模

构造建模对后期精细模型的建立至关重要。本次建模以地震解释气组顶底界面作为层面模型约束，并以单井分层解释作为二级约束，通过两者的结合建立精确的构造层面模型。由于研究区无明显大断裂发育，因此本次研究不再建立断层模型(图 7.12)。

4. 沉积微相建模

沉积相模型是后期砂体模型和属性模型的基础。本次研究在地震属性及沉积构成地质知识库(如水道走向、长宽比等)的约束下建立了研究区沉积微相三维地质模型(图 7.13)。

5. 岩性建模

岩性建模采用沉积相控制和井点约束的序贯指示模拟方法，针对不同的沉积微相和井点岩性变化规律进行分析，主要建模的岩性包括细砂岩、粉砂岩、泥质粉砂岩和泥岩。具体岩性建模结果见图 7.14 和图 7.15。

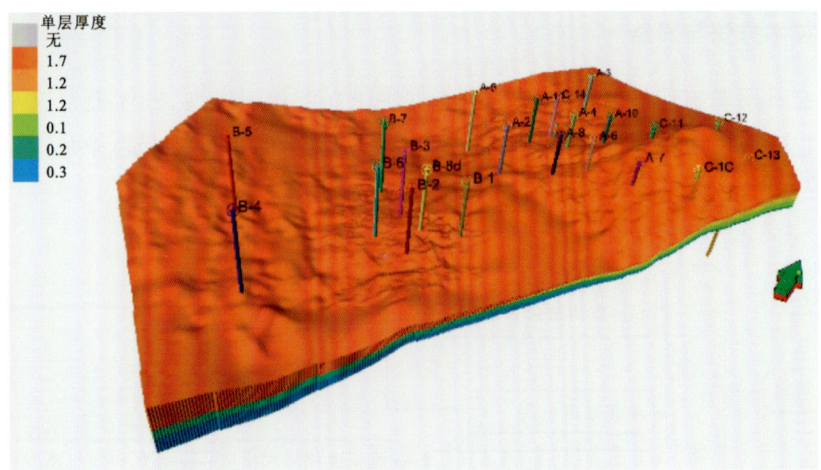

图 7.12　东方区黄流组一段三维构造模型图

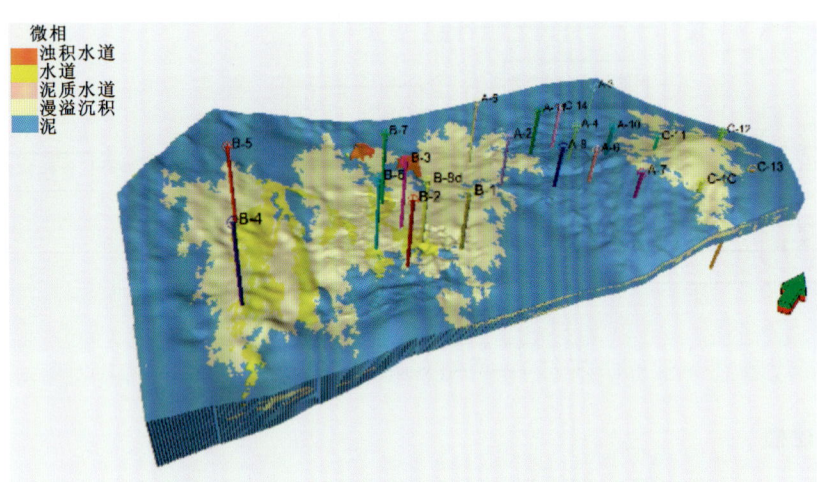

图 7.13　东方区黄流组一段三维沉积微相模型图

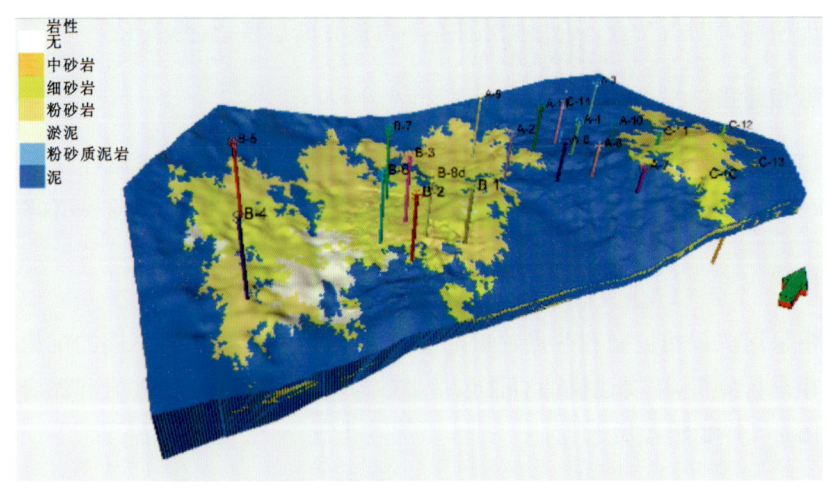

图 7.14　东方区黄流组一段岩性三维建模结果

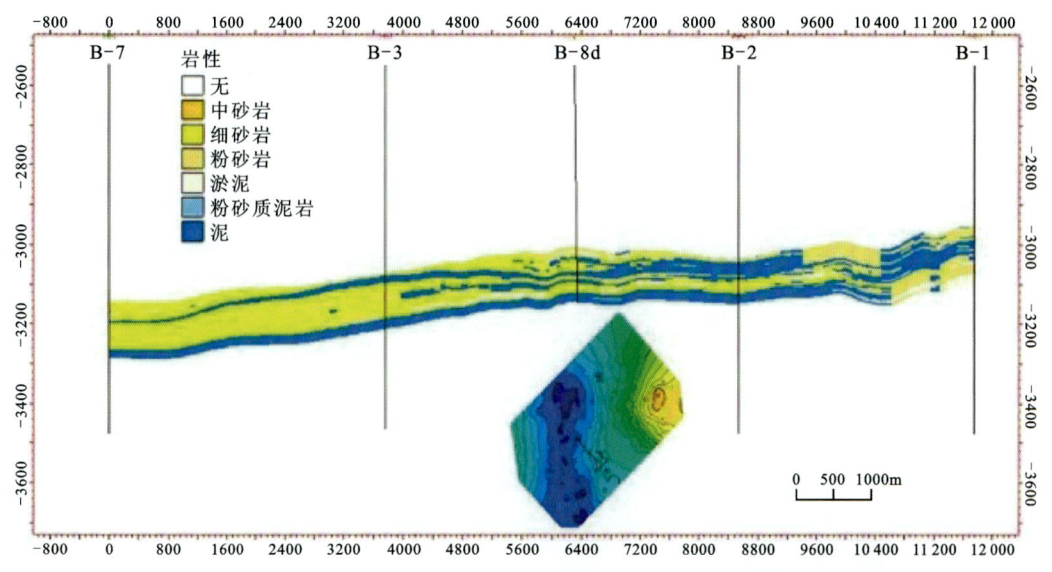

图 7.15　东方区黄流组一段 B-7—B-1 连井岩性建模

6. 流动单元建模

本次研究同样采用沉积微相控制下序贯指示模拟进行流动单元建模。首先将单井解释的流动单元结果输入模型,总体上流动单元模型建模结果与沉积微相匹配较好(图 7.16)。

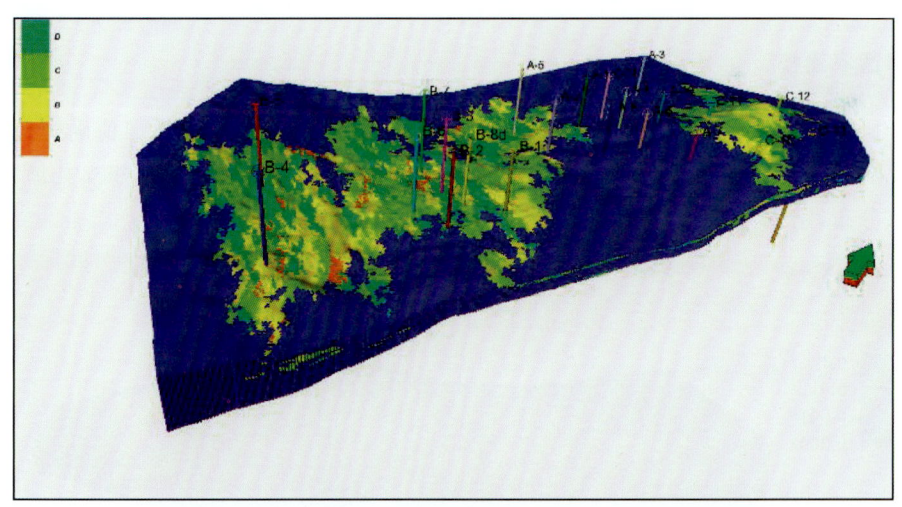

图 7.16　东方区黄流组一段流动单元三维建模结果

7. 孔隙度建模

本次孔隙度建模采用沉积微相控制下的序贯高斯模拟,在不同的沉积微相单元内部,对输入数据、输出数据的最大、最小值及数据的分布进行分析,以便去除杂假数据(图 7.17)。

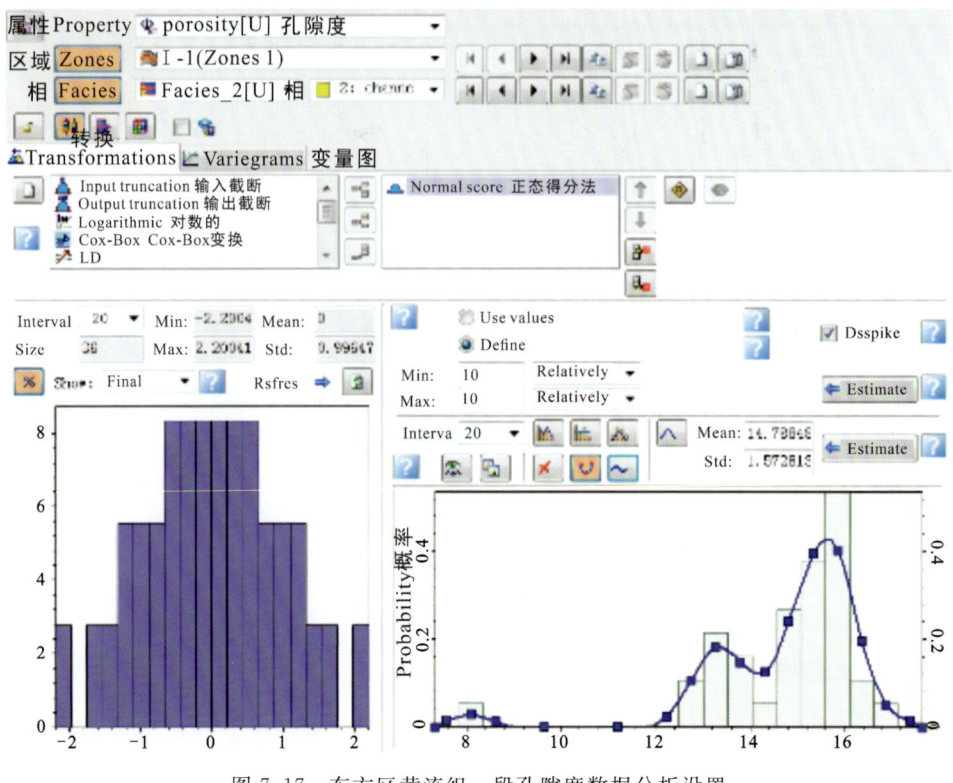

图 7.17　东方区黄流组一段孔隙度数据分析设置

8. 渗透率建模

由于研究区渗透率的非均质性较强,基于相控的序贯高斯模拟也很难精确模拟,而基于流动单元的孔渗解释关系可以较好的得出渗透率分布,因此本次研究通过建立孔渗关系来确定渗透率分布,结果见图 7.18、图 7.19。

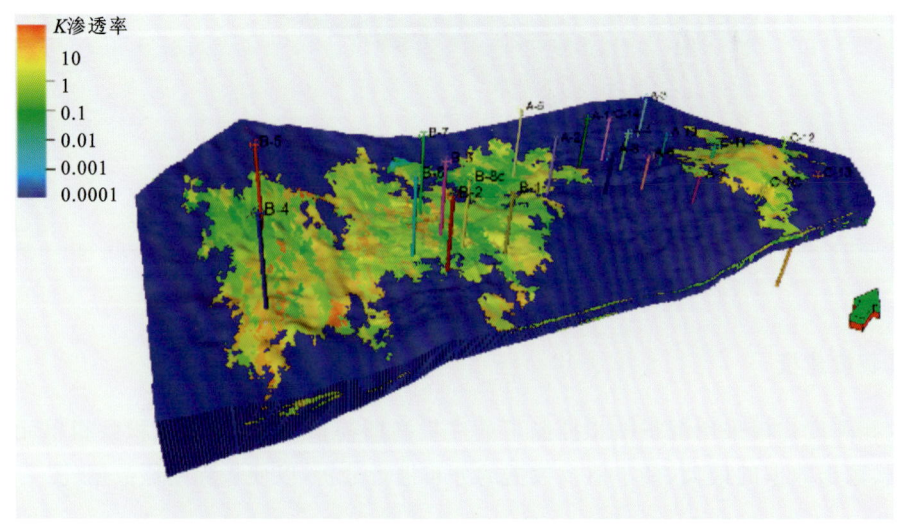

图 7.18　东方区黄流组一段渗透率三维建模结果

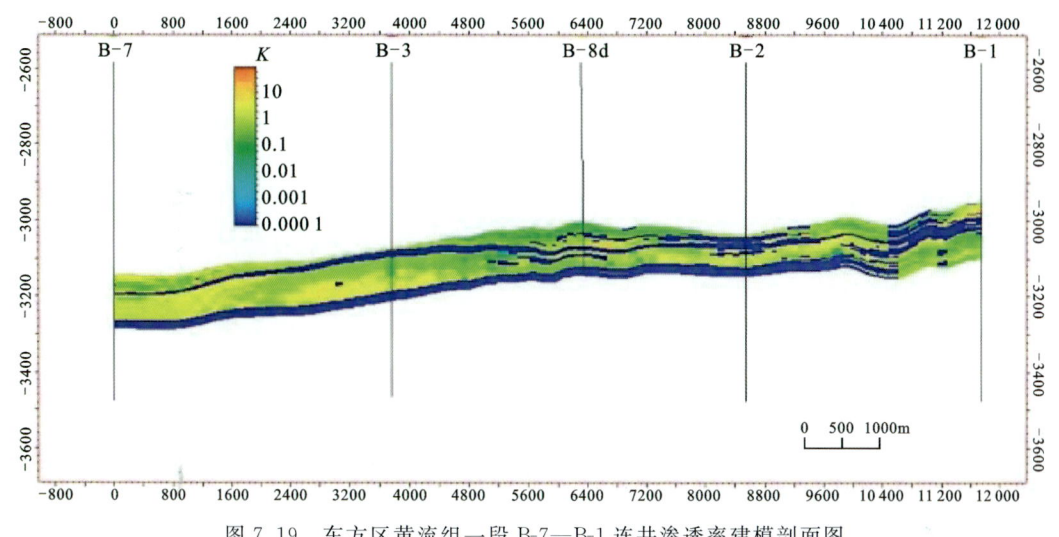

图 7.19 东方区黄流组一段 B-7—B-1 连井渗透率建模剖面图

第三节 莺歌海盆地油气成藏条件与成藏模式

一、莺歌海盆地天然气富集地质条件分析

莺歌海盆地前期勘探表明该盆地天然气异常富集,与其生、储、盖、运、聚、保等因素密切相关。深部广覆盖高质量海相烃源岩提供物质基础,上部广泛分布的泥岩超压盖层封堵性能好,中央底辟带成为油气运移的优势通道,加上浅海背景下重力流海底扇复合储集体发育为天然气成藏提供了储集空间,进而形成良好的生储盖组合,有利油气成藏和聚集(何家雄等,2000;谢玉洪等,2012)。

(1)广覆盖高质量海相烃源岩提供物质基础。莺歌海盆地存在渐新统崖城组和中新统三亚组—梅山组两大套烃源岩层系。崖城组为海陆过渡相-浅海相含煤烃源岩层系,有机质主要来源于陆源高等植物,主要分布于盆地东北部及临高地区,分布范围有限,钻井揭露较少。中新统三亚组—梅山组海相烃源岩广泛分布于盆地中央凹陷区域,气源分析结果显示该套烃源岩是中央底辟区浅层气田主要气源岩(谢玉洪等,2014a)。在分布规律上,该套烃源岩具有分布广、厚度大、埋深较大等特点,为高温高压气藏形成奠定丰富物质基础。中新统三亚组-梅山组海相烃源岩具有较高的生烃潜力,盆地边缘及斜坡区域泥岩 TOC 含量为 0.4%~0.5%,而中央凹陷区有机质丰度明显增加,达到 0.8%~2.97%。中新统烃源岩中镜质组和惰质组含量为 20%~50%,灰色无定形占比达到 30%~80%,推测其成烃母质既有陆源高等植物又有浮游植物的贡献(谢玉洪等,2015)。

(2)厚层海相泥岩盖层为气体成藏提供良好的保存条件。天然气大规模成藏需要稳定的盖层,横向稳定展布的盖层发育可有效阻止天然气垂向逸散,利于天然气成藏。黄流组一段海侵背景下形成的浅海相泥岩,厚度达到 520m,质纯且封盖能力强,测井密度平均 $2.58g/cm^3$,突破压力达到 9.7MPa,封堵能力好。同时该套泥岩发育异常超压,压力系统达到 1.8,具有高压封盖性能(谢玉洪等,2015)。该套泥岩在莺歌海盆地广泛分布,为超压带内天然气大规模成藏提供良好的封堵条件。

(3)大型高效重力流储层体提供良好的储层条件。大型高效储集体发育是天然气成藏的必要条件。钻井和三维地震揭示莺歌海盆地中深层储集体主要分为中央凹陷带海底扇和斜坡区大型水道两类。东方 13 区黄流期发育大范围海底扇沉积,具有厚度大、分布广、胶结程度低等特点,细砂岩储层发育,为中孔、中—低渗优质储层。黄流组海底扇在空间上不仅大范围发育,还具有多期次叠置特点,表现出从南向北逐渐迁移特征。海底扇内部水道多期次发育,由南向北横向迁移展布,造成多期次优质储层砂体纵向叠置分布(谢玉洪等,2015)。

(4)底辟活动构建垂向高效疏导体系。莺歌海盆地东方区广泛发育底辟构造,底辟构造核心区发育束状疏导体系,由一系列近垂向小断裂构成,断裂断距小近乎直立,在高温高压背景下易于开启成为高效疏导通道(何家雄等,2006)。这些断裂在垂向上沟通了深部梅山组—三亚组烃源岩和浅部黄流组储集砂体,结束于上覆大套泥岩之内,为梅山组—三亚组烃源岩生成的天然气向浅部运移提供高效疏导通道(谢玉洪等,2015)。这些小断裂不仅在底辟核心区域发育,在底辟翼部也广泛发育。东方 13-1 和东方 13-2 两个大型气田的发现,进一步证实这些微断裂在底辟翼部不仅存在,而且对气体疏导起到了重要的控制作用(谢玉洪等,2014b)。底辟翼部的微小断裂会切割早期的岩性圈闭,形成构造-岩性圈闭、断块圈闭和岩性圈闭等多种圈闭类型。

(5)高温流体溶蚀作用和超压保护进一步改善储层物性。莺歌海盆地中央底辟带发育异常高压,减少了压实作用影响,使原始储层孔隙得以保存。与此同时,超压抑制黏土矿物转化和有机质转化过程,增加溶蚀作用产生的次生孔隙,进一步改善储层物性。高温高压带溶蚀作用产生的次生孔隙对储层改善起重要作用,但高压流体对原生孔隙的保存起主导作用,二者共同作用使黄流组一段砂岩保留良好储集空间(谢玉洪等,2014b)。

二、莺歌海盆地东方区油气成藏过程

东方区底辟构造发育,底辟核心区显示出"早期成藏、晚期破坏和底辟沟通混合"的成藏规律。烃源供给系统主要来自泥底辟上侵活动形成的纵向断裂、微裂隙系统和底辟上拱挤入通道,为天然气的快速运聚成藏提供了理想条件,并促进了其向深部泥底辟烃源灶的快速输送(何家雄等,2006)。浅层气藏具有非常好的运聚成藏条件,特别是由于泥底辟纵向运聚通道供给系统的高效、强大运聚能力,成为了天然气成藏的重要控制因素(图 7.20)。由此可见,东方区底辟带控制着大规模构造-岩性和岩性气藏的形成和分布(何家雄等,2006)。在成藏时间上,东方区气藏的成藏时间为上新世晚期及第四纪,成藏时间较晚,减少了天然气运聚成藏过程中的损失。底辟带核心区域 CO_2 含量明显增加,显示出壳源型岩石化学成因和壳幔混合型成因。早期聚集的天然气通常会在后期底辟活动过程中受到晚期生成的天然气的改造,并形成多期混合改造型天然气,表现为"高成熟度、无机成因 CO_2 含量高、烷烃碳同位素序列局部倒转"特征。然而,在浅层气藏中,还存在"高成熟度与低成熟度、有机成因与无机成因

CO_2、烷烃碳同位素正序列与局部倒转序列混杂"的再运移次生型和多期混合改造型天然气(谢玉洪等,2014a,2014b)。

在底辟活动波及区域(例如东方1-1S和东方13-2),存在着较多微小断裂,有效沟通梅山组—三亚组烃源岩,为天然气向浅部运移提供高效疏导通道(图7.20)。底辟波及区发育有大型海底扇优质储集体,距离底辟核部较远,保存条件良好,因此受到的底辟活动影响较小,天然气的运移和成藏相对稳定(何家雄等,2006)。早期成熟度较低的中新统烃源岩所产生的富烃天然气可以通过这些小断裂或微裂缝向上运移,并进入黄流组和梅山组砂岩储层中富集。这些早期形成的气藏受到后期底辟活动和晚期高成熟度富CO_2组分天然气的改造作用较小(谢玉洪等,2014b)。因此,在底辟波及区域形成了岩性气藏群,其中天然气通常具有"富烃组分含量高、有机成因CO_2含量低、烷烃气的碳同位素序列正常而甲烷同位素较轻"的特征,属于优质天然气(图7.20)。

综上所述,东方区浅层气藏形成及分布富集,主要与该区泥底辟发育演化过程密切相关。底辟带上侵活动通道及伴生断裂及裂隙为垂向运移输导通道,控制大规模构造-岩性及岩性气藏形成与分布,泥底辟发育演化伴生的高温超压能为深部气源向浅层运聚富集提供了巨大的运聚动力,海相碎屑岩储盖组合、泥底辟伴生构造圈闭及构造-岩性圈闭为浅层气藏提供了富集场所(何家雄等,2006;谢玉洪等,2015)(图7.20)。靠近底辟带CO_2含量明显增高,属于壳源型岩石化学成因和壳幔混合型成因(谢玉洪等,2014b)。

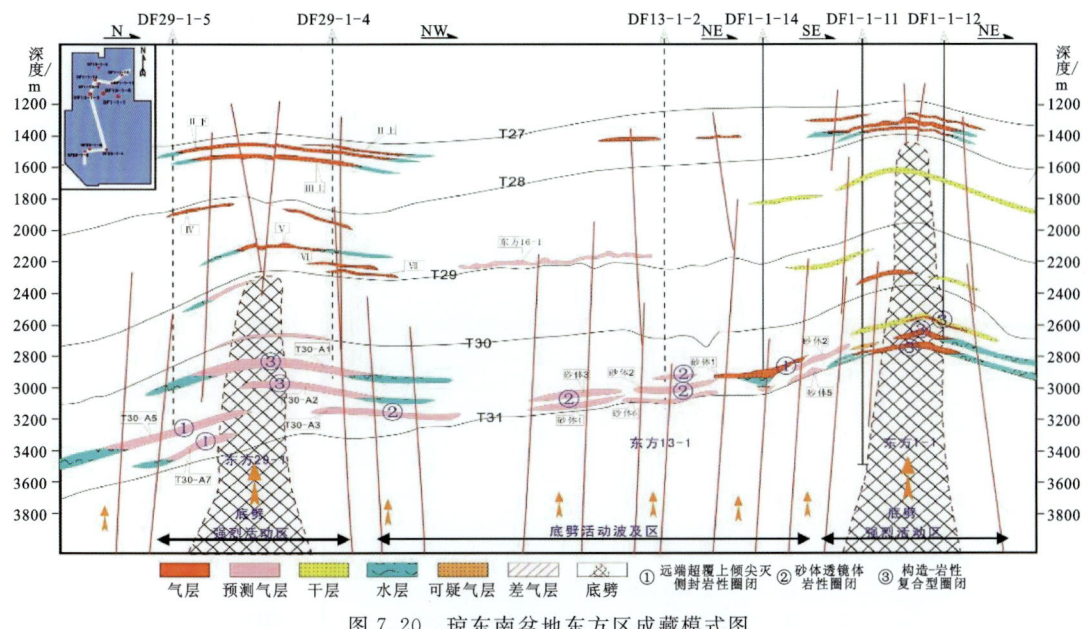

图7.20 琼东南盆地东方区成藏模式图

三、莺歌海盆地乐东区油气成藏过程

乐东区重力流水道储集砂体与大规模发育的隐伏断层,共同控制岩性油气藏的形成,具有晚期富集和多源混合成藏特征(图7.21)。乐东区位于莺歌海盆地中央泥底辟带中南部,远

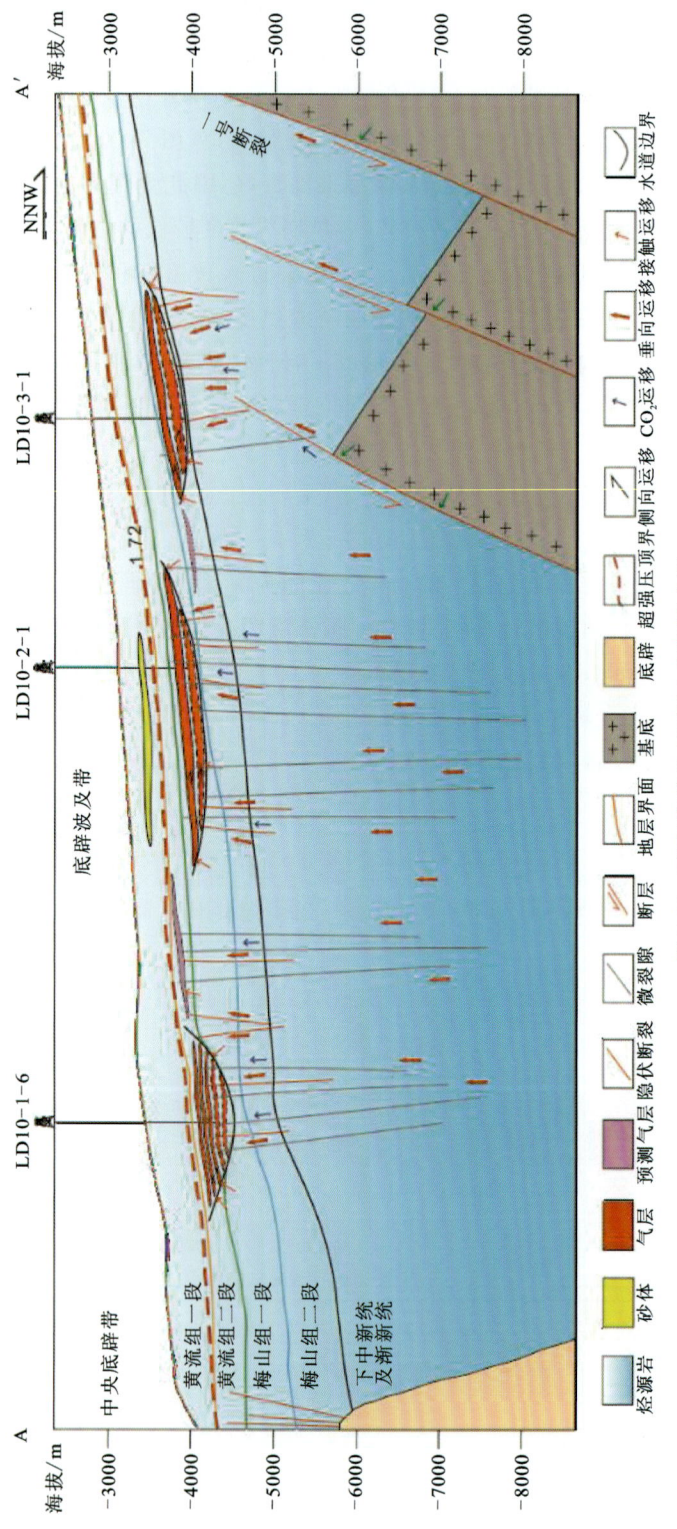

图 7.21 琼东南盆地乐东区成藏模式图

离底辟带核心区域,发育较多的隐伏断裂。这些隐伏断裂在深部和底辟纵向通道连通,极易捕获中新统烃源岩的烃气供给(图7.21)。乐东地区气藏烃源岩为中新统及上新统底部浅海-半深海相泥岩,该套烃源岩虽然有机质丰度普遍偏低,但在隐伏断裂作用带来的热流体作用下,其烃产率较高,生烃潜力大,为乐东区气体成藏提供充足的烃源供应。乐东区与东方区在地貌上存在明显不同,乐东区受基底断裂右旋走滑作用的影响,构造坡折带明显,发育比较规则的前积体,形成了与坡折带有关的储集砂体,包括水道、斜坡扇、滨岸砂坝和水道砂脊,进而为浅层气藏提供了较好储集条件。该地区物源供给充分,受到我国海南隆起和越南双物源供给,形成的水道砂体规模较大,储层物性好,为气藏的优质储集体(刘志杰等,2015)。

乐东区油气成藏过程与东方区存在明显差异,乐东区整体处于底辟带波及区域,而非底辟带核心区域(刘志杰等,2015)。因而,乐东区中深层具有受底辟影响相对弱,保存条件好,大规模的底辟活动产生大量断裂和微裂隙,为天然气运移提供通道。梅山组和三亚组烃源岩在底辟大规模活动时快速大量生气,这些天然气借助隐伏断裂和微裂隙运移至中深层和浅层成藏,具有多期成藏的特征,天然气在浅层和中深层中均有分布。天然气具有多期次成藏充注的特征,主要的成藏期次为上新统($4.0\sim2.8$Ma)和更新统($2.0\sim1.2$Ma,$1.2\sim0.4$Ma)。中深层梅山组一段,表现为深部梅山—三亚组高成熟煤型气经垂向断裂运移、成藏。而浅部黄流组二段属于接触式近源成藏,储集层邻近的中新统烃源岩接触式供烃、成藏(图7.21)。

第四节 应用实践

一、指导莺歌海盆地油气勘探突破与增储上产,成效显著

项目在浅海外陆架海底扇-水道重力流理论指导下,在源汇体系、沉积演化、储层特征、成藏规模方面的理论和技术创新,有效指导了莺歌海盆地岩性圈闭领域油气勘探突破与增储上产,勘探成效显著。

项目运行期间(2020年1月至2023年12月),先后指导评价和钻探了东13-1、东13-2气田的潜力区及东11-2、岭26-3、乐3-2、东13-4、乐3-4、东24-1、东13-3、东10-1、乐16-2等11个预探/评价目标,获得3个中型规模优质储量的发现和3个商业、2个潜在商业发现。代表性的案例如下。

1. D13-1-14井钻探成果

D13-1-14井区处于东13-1气田北侧,发育海底扇水道砂岩性圈闭,钻井揭示,全井共见气测异常149m/10层(图7.22),其中莺歌海组二段见气测异常56m/2层,岩性为粉砂岩、泥质粉砂岩;黄流组一段见气测异常93m/8层,岩性为泥质粉砂岩、粉砂岩。N_1h^1 Ⅰ气组解释气层41.5m/9层,Φ壁心12%~18.7%、K壁心$(0.09\sim8.81)\times10^{-3}\mu m$;差气层39.6m/8层,$\Phi$壁心12.8%~14.5%、$K$壁心$(0.077\sim0.097)\times10^{-3}\mu m$。

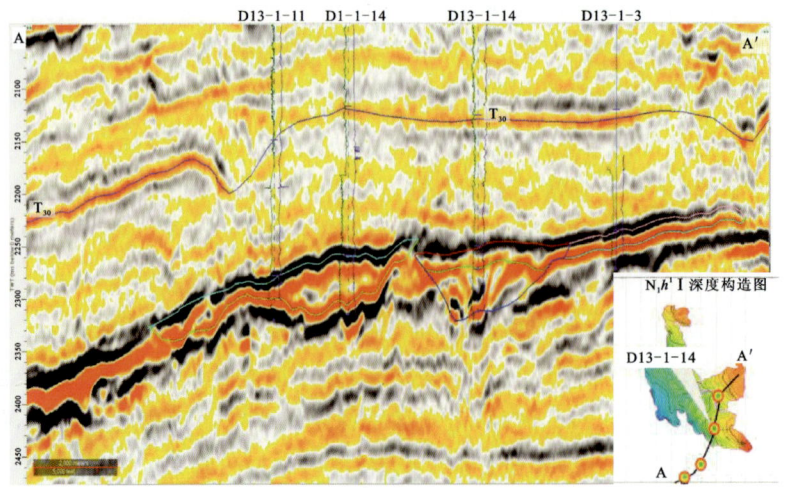
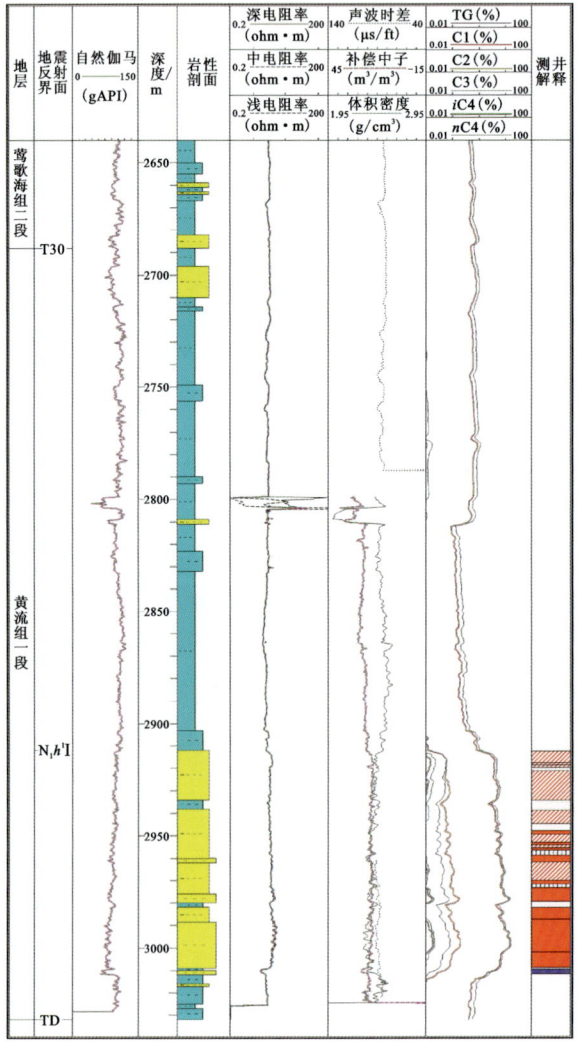

图 7.22 过 D13-1-11—D1-1-14—D13-1-14—D13-1-3 井连井地震剖面

2. D13-2-10 井钻探成果

东 13-2 构造（10 设计井区块）位于莺歌海盆地中央底辟带，处于东 13-2 气田北东向高部位，发育海底扇水道砂岩性圈闭。钻井揭示，黄流组一段共见气测异常 109m/12 层，岩性主要为粉砂岩、泥质粉砂岩、细砂岩。在 N_1h^{10} 气组共解释气层 19.3m/7 层，Φ 测井 12.2%～15.1%（平均 12.7%），K 测井 $(0.9～6.1)\times10^{-3}\mu m$（平均 $1.7\times10^{-3}\mu m$）；差气层 3.1m/2 层（平均 Φ 测井 11.1%，平均 K 测井 $0.5\times10^{-3}\mu m$，）。在 $N_1h^1 \text{Ⅱ} d$ 气组共解释气水同层 21m/2 层，平均 Φ 测井 16.6%，平均 K 测井 $15.9\times10^{-3}\mu m$（图 7.23）。

3. D13-4 目标钻探成果

D13-4-1 主要目的层为 N_1h^1 Ⅰ气组、N_1h^1 Ⅳ气组。全井段钻遇油气显示 69m/3 层；其中莺歌海组二段钻遇气测异常 16m/1 层，岩性主要为泥质粉砂岩；黄流组一段钻遇气测异常 53m/2 层，岩性以细砂岩为主。N_1h^1 Ⅰ气组完井解释气层 5.4m，平均 Φ 测井 15.6%，平均 K 测井 $8.5\times10^{-3}\mu m$；N_1h^1 Ⅳ气组完井解释含气层 11m，平均 Φ 测井 12.8%，平均 K 测井 $1.4\times10^{-3}\mu m$。综合判断，本井为气层井（图 7.24）。

4. L3-4 目标钻探成果

L3-4 目标位于乐 8-1 大型构造延伸脊上，主要目的层为黄流组一段大型海底扇，为了探索斜坡区黄流组一段大型海底扇油气成藏规律，并落实乐 3-4 构造含气性及资源规模，在构造高点钻探了 L3-4-1、L3-4-2 两口井。

L3-4-1 井完钻层位黄流组一段，为气层井（图 7.25）。全井段测井解释含气层 33.8m，气层 30.2m。其中莺歌海二段Ⅱ气组测井解释含气层 33.8m，平均 Φ 测井 9.3%；黄流组一段Ⅱ气组解释气层 6.5m，平均 Φ 测井 12.2%；黄流组一段Ⅲ气组解释气层 7.9m，平均 Φ 测井 10.4%；黄流组一段Ⅳ气组解释气层 12.3m，平均 Φ 测井 13.6%；黄流组一段Ⅴ气组解释气层 1.5m，平均 Φ 测井 12.3%。

5. D11-2 目标钻探成果

D11-2 目标位于东方 1-1 底辟翼部，主要目的层为莺歌海组二段下层序大型海底扇，为了释放 T29-C 砂体低渗储层产能，升级控制储量，设计钻探了 D11-2-1d 井和 Sa 井。

D11-2-1d 井完钻层位莺歌海组二段，为气层井（图 7.26）。全井段测井解释气层 14.72/9.36m（斜厚/垂厚），特低渗气层 43.55/27.35m（斜厚/垂厚）。其中 T29-B 砂体解释气层 14.72/9.36m（斜厚/垂厚），平均 Φ 测井 16.84%、平均 K 测井 $2.5\times10^{-3}\mu m$、含气饱和度 57.97%；特低渗气层 3.3/2.1m（斜厚/垂厚），平均 Φ 测井 14.0%、平均 K 测井 $0.48\times10^{-3}\mu m$、含气饱和度 36.4%；T29-C 砂体解释特低渗气层 40.22/25.23m（斜厚/垂厚），平均 Φ 测井 17.49%、平均 K 测井 $0.3\times10^{-3}\mu m$、含气饱和度 36.16%；汽水同层 29.40/18.32m（斜厚/垂厚），平均 Φ 测井 18.3%、平均 K 测井 $2.10\times10^{-3}\mu m$、含气饱和度 34.66%。

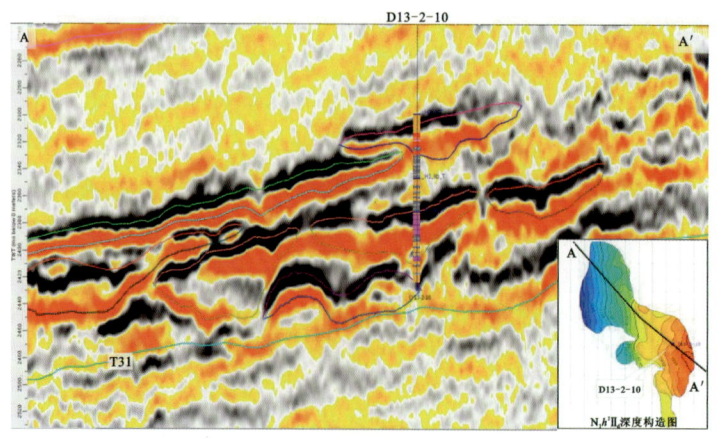
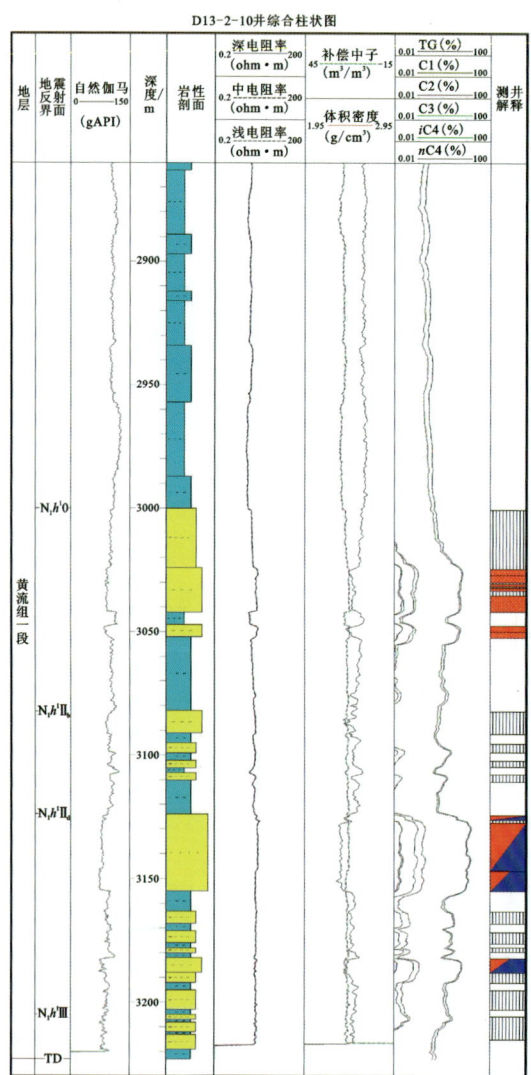

图 7.23　过 D13-2-10 井地震剖面

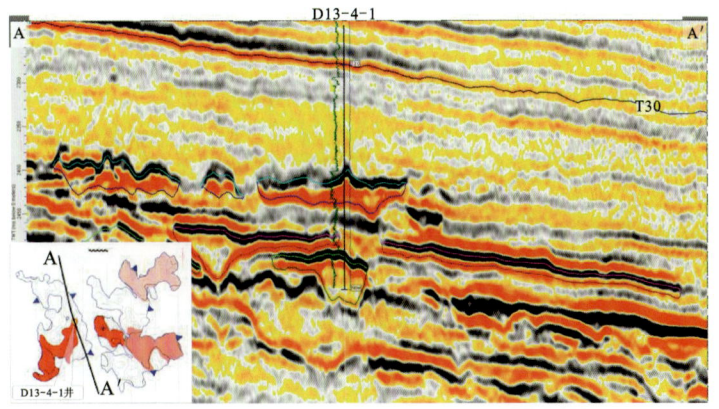

图 7.24 过 D13-4-1 井地震剖面

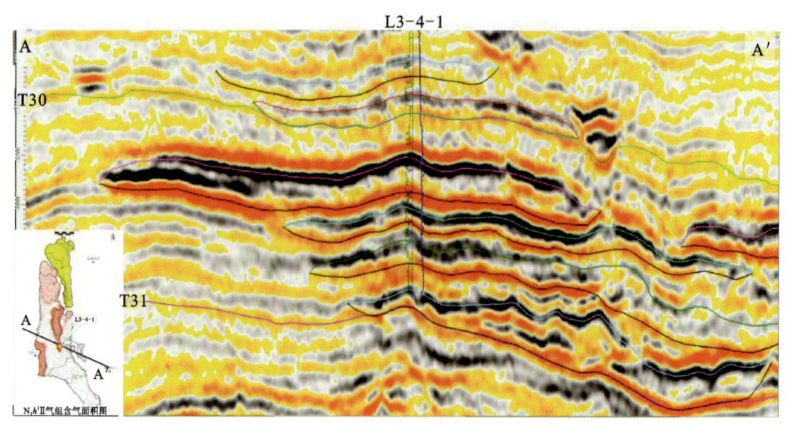

图 7.25 过 L3-4-1 井典型地震剖面

第七章 储层特征、成藏条件与勘探应用

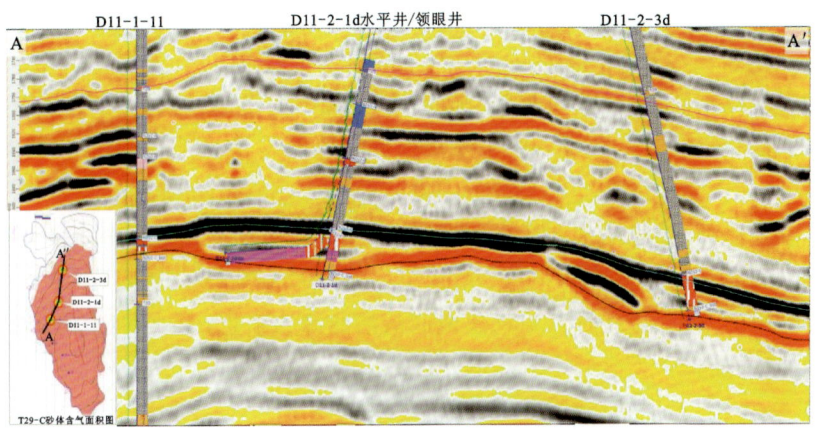

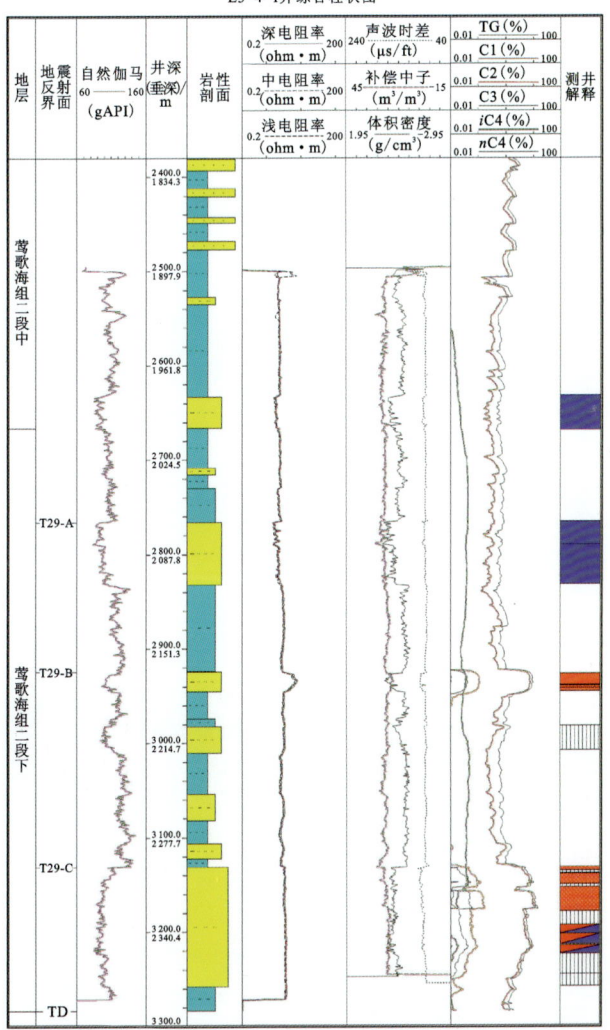

图 7.26 过 D1-1-11、D11-2-1d 水平井/领眼井、D11-2-3d 井地震剖面

二、经济、社会效益

（1）理论与实践紧密结合，及时地将科研成果转化为生产力。技术成果应用于莺歌海盆地高温超压领域天然气勘探，获得 3 个中型规模优质储量，3 个商业、2 个潜在商业发现，具有良好的经济效益。

（2）技术成果对莺-琼盆地东方区、乐东区和大崖城地区的高温超压领域天然气勘探具有重要的指导作用。

（3）随着气田的开发，将缓解粤琼港澳地区清洁能源的不足，为地方经济发展和环境友好型社会建设作出贡献。

主要结论

本书以莺歌海盆地晚中新世源-汇系统演化和浅海重力流沉积为研究对象,综合利用野外基岩、盆内岩心和三维地震等资料,从盆外物源区的剥蚀演化、盆内沉积区的物源分布和浅海重力流沉积特征三个方面开展了研究。晚中新世莺歌海盆地周缘的红河流域、长山流域和海南隆起西侧流域三大物源区控制着盆内沉积演化,不同物源区供应碎屑沉积物能力的差异性主导了盆内沉积区物源方向的差异,表现为莺歌海盆地源-汇系统演化的复杂特征,同时盆地源-汇系统演化特征是浅海重力流沉积差异的主控因素。取得的主要认识如下:

(1)盆外物源区基岩低温热年代学数据分别揭示了 65Ma 以来其抬升剥蚀特征,长山流域从南向北年龄值具有依次减小的趋势,揭示了其由南向北依次开始发生快速抬升剥蚀演化,整体来看长山流域主要经历了三期快速抬升剥蚀演化,分别发生在约 44.5Ma、36.1~31.8Ma 和 23.3Ma;红河流域从东南向西北年龄值具有依次减小的趋势,揭示了其由东南向西北依次开始发生快速抬升剥蚀演化,整体来看红河流域主要经历了六期快速抬升剥蚀演化,分别发生在 43.3Ma、30.8Ma、26.4~20.9Ma、18.2~12.3Ma、10.6~10.2Ma 和 5.8~4.1Ma;海南隆起热年代学年龄的高值主要分布在海南隆起的中部和南部,并向海南隆起的四周减小,揭示了由海南隆起的中南部向四周依次发生快速抬升剥蚀演化,整体来看海南隆起主要经历了四期快速抬升剥蚀演化,分别发生在 56.4Ma、43.4~38.3Ma、33.7~24.1Ma、21.3~16.1Ma。通过低温热演化模拟软件重建了物源区的地温-时间演化曲线,结合地温梯度定量计算了各物源区的剥蚀速率和剥蚀量,结果显示晚中新世红河流域、长山流域和海南隆起西部流域的平均剥蚀速率分别为 0.137 0km/Ma、0.113 8km/Ma 和 0.055 2km/Ma,提供的碎屑物质的体积分别为 110 658km^3、58 718km^3 和 4122km^3,占盆内黄流组沉积物体积的比例分别约为 161%、85.4% 和 6%(即三个流域为盆内黄流组提供的沉积物的体积相对占比分别为 63.8%、33.8% 和 2.4%)。晚中新世红河流域是盆内物源区中供屑量最大的物源区,大于长山流域和海南隆起西部总量之和,且周缘物源区对盆内沉积区的供屑量充足。

(2)对采自莺-琼结合部黄流组的砂岩样品进行主量、微量和稀土元素地球化学分析,结果显示黄流组砂岩呈现出 CaO 异常富集特征,可能是沉积时期的海平面大幅下降所致;微量元素含量显示黄流组砂岩来自陆源非碳酸盐沉积物具硅酸质碎屑岩特征,母岩具有活动大陆边缘环境中的长英质火山岩和花岗岩特征,且具有 Eu 负异常的特征,综合判断认为莺-琼结合部黄流组砂岩主要来自海南隆起物源方向;结合前人的微量元素资料,对莺歌海盆地黄流组物源进行了定性分析,盆地中央凹陷带的物源方向复杂多样,周缘的红河、长山和海南隆起都可以为其提供碎屑物质,莺东斜坡带的沉积受海南隆起和红河两个物源方向控制,莺东斜坡带南侧沉积物主要源于海南隆起物源方向。乐东区黄流组二段重力流水道的锆石颗粒年龄主要分布在 264～78Ma 范围内,呈现出 99Ma 和 238Ma 两个年龄主峰特征,伴随有 78Ma 和 160Ma 两个次年龄峰,除了 238Ma 主峰年龄时期的锆石形成于印支期外,其余的峰值年龄均形成于燕山期;东方区黄流组一段重力流扇体的锆石颗粒年龄从 36Ma 至 2753Ma 广泛分布,年龄谱呈多峰复杂的峰形特征:燕山期、印支期、加里东期、晋宁期、吕梁期和扬子期锆石都有分布。基于盆外物源和盆内沉积区的碎屑锆石 U-Pb 年龄数据,通过多维度投点分析和源分解方法定量解译了盆内黄流组钻井中沉积物的物源方向和不同物源方向对其贡献度大小,结果显示乐东区黄流组二段沉积物主要来自海南隆起西侧的昌化江、北黎河、望楼河和宁远河等,对乐东区黄流组二段重力流水道沉积的贡献度分别为 62%、2%、9% 和 27%;而东方区黄流组一段沉积物主要来自红河、马江、蓝江和昌化江等,对东方区黄流组一段重力流扇体沉积的贡献度平均值分别为 45.7%、4.9%、48.6% 和 0.8%。

(3)基于盆内岩心、测井曲线、岩石矿物和地震资料等,分别对乐东区和东方区黄流组浅海重力流沉积进行了沉积特征和沉积过程分析,结果显示乐东区和东方区都以重力流沉积为特征;乐东区以发育块状层理、鲍马序列、冲刷面和泥砾等沉积构造为主,岩性为长石岩屑砂岩和次长石砂岩,粒度概率曲线呈低斜两段式和粒度 C-M 图与基线平行的特征,地震反射呈现出底部以杂乱强振幅为主,上部以弱振幅弱连续反射为特征,后期沉积物对早期充填有切割现象等;从单井、连井和地震上对其进行了追踪解释,结果显示共经历了初始形成期、持续发育期和填平消亡期三阶段;建立了受海平面大幅度下降、近物源供应、断裂坡折带控制及其形成的陡坡状古地貌特征共同控制下的浅海重力流水道发育模式。东方区以发育块状层理、波状层理和平行层理等沉积构造为主,岩性为岩屑石英细砂岩和粉砂岩,粒度概率曲线呈低斜的三段式或两段式以及粒度 C-M 图与基线平行的特征,地震反射上有强振幅丘形杂乱反射特征,局部连续性好,中间位置的厚度最大,向两侧具有逐渐变薄的趋势;从单井、连井和地震上对其进行了追踪解释,结果显示共经历了初始蕴育期、快速发展期和稳定发展期三阶段;建立了受海平面变化快速下降、远物源供应、挠曲坡折带控制及其形成的缓坡状古地貌特征共同控制下的浅海重力流扇体发育模式。

(4)盆外物源区的剥蚀演化揭示了晚中新世红河流域和长山流域为莺歌海盆地提供了大量碎屑物质,海南隆起西侧河流主要为莺东斜坡带提供碎屑物质;盆内黄流组砂岩沉积地球化学和锆石年代学分析表明,乐东区重力流水道沉积主要来自东缘海南隆起物源(近源堆积),表现为单物源的近源沉积特征;而东方区重力流扇体沉积主要来自盆地西北侧的红河、马江和蓝江物源(远源搬运),具有远源搬运的多物源混合沉积特征;周缘物源区丰富的物源供应是研究区源-汇系统演化的主导因素,海平面下降与盆内北高南低古地貌耦合控制,有利于沉积物质向盆地中央凹陷区输送和向盆地更南侧搬运,而盆地边缘坡折带的存在促进了在沉降中心附近持续卸载沉积物以保证重力流沉积的形成。不同的分析方法和不同位置的样品揭示古红河袭夺的时间均有差异性,但目前的研究认为古红河水系发生袭夺的时间均在晚中新世之前完成,即在晚中新世时期红河水系的范围与现今红河的范围相同,因此红河在地质历史时期是否被袭夺不是控制莺歌海盆地晚中新世的源-汇系统演化的因素。晚中新世青藏高原东南缘呈现出快速抬升演化特征,以致红河流域的西北侧发生了较快速抬升剥蚀演化,但抬升剥蚀主要集中在西北侧的较小范围;同时从中国南海北侧的 ODP 1148 站点的沉积物揭示东亚地区的气候特征来看,晚中新世时期属于干燥且寒冷的气候环境,不利于物源区的剥蚀演化,因此,晚中新世红河流域整体的剥蚀速率和剥蚀量较小(最主要的物源区),导致了莺歌海盆地整体沉积速率也较小。乐东区重力流水道和东方区重力流扇体沉积的差异性主控因素表现在海平面变化、物源区差异、坡折差异和古地貌差异 4 个方面:乐东区黄流组二段重力流水道发育在海平面下降幅度最大的时期,而东方区黄流组一段重力流扇体发育时的海平面下降幅度较黄流组二段时小;乐东区黄流组二段沉积主要来自海南隆起西侧河流的近源堆积,而东方区黄流组一段沉积主要来自红河、马江和蓝江远源的混合沉积;乐东区和东方区的沉积差异还分别受控于盆缘的断裂坡折和挠曲坡折类型差异,分别控制了重力流沉积分布差异的特征;古地貌演化揭示了乐东区黄流组二段和东方区黄流组一段沉积的坡度分别为 15°和 3°～5°,差异较大的坡度是影响重力流沉积差异的重要诱因。

(5)对岩石组分、结构特征、成岩作用的研究表明,乐东区和东方区黄流组储层物性存在差异。乐东区黄流组为重力流水道储层,呈现低孔低渗特征,受酸性热流体的溶蚀作用影响,次生孔隙相对发育;东方区黄流组为海底扇储层,呈现中孔中低渗特征。利用地震沉积学技术,进行了多井相带侧向连续性变化和砂体地震追踪识别,通过等时地层切片、地质建模等技术手段揭示不同类型储层砂体的展布及演化规律,查明其内幕构型并构建高效储集砂体的垂向叠置模式,总结出高效储集砂体的分布规律。莺歌海盆地黄流组重力流沉积中的重力流水道为"甜点"储层集中发育部位,水道横向相对均质、纵向多期切割,形成阁楼式超大储集空间,是形成大型油气田的重要原因。

(6)建立了盆地中心地带(东方区和乐东区)独到的油气成藏模式包括:①浅海背景下大型水道化重力流砂体形成的海底扇复合储集体为莺歌海盆地提供了利于油气成藏和聚集的良好空间条件,储层物性优良;②深部发育的高质量大规模海相烃源岩提供了重要的生烃物质基础,而上部广泛分布的泥岩超压盖层封堵性能好,形成良好的盖层;③中央区泥-流体底辟垂向运移带成为油气运移的优势通道,与充足的烃类气充注一起形成了在盆地中心区的生储盖的叠置与匹配优势。

但乐东区和东方区的成藏过程也存在一定的差异,主要表现在两者受底辟活动影响的不同。乐东区中深层受底辟影响相对弱,保存条件好,大规模的底辟活动产生大量断裂和微裂隙,为天然气运移提供通道,重力流水道储集砂体与大规模发育的隐伏断层共同控制岩性油气藏的形成,具有晚期富集和多源混合成藏特征;东方区受底辟作用影响较强,底辟带上侵活动通道和伴生断裂及裂隙为垂向运移输导通道,控制大规模构造岩性及岩性气藏形成与分布,泥底辟发育演化伴生的高温超压能为深部气源向浅层运聚富集提供了巨大的运聚动力。

(7)在浅海外陆架海底扇-水道重力流这一新认识的指导下,本区域在源汇体系、沉积演化、储层特征、成藏规模方面均取得了理论和技术的创新,有效指导了莺歌海盆地岩性圈闭领域油气勘探突破与增储上产,勘探成效显著。先后指导评价和钻探了东 13-1、东 13-2 气田的潜力区及东 11-2、岭 26-3、乐 3-2、东 13-4、乐 3-4、东 24-1、东 13-3、东 10-1、乐 16-2 等 11 个预探/评价目标,获得 3 个中型规模优质储量的发现和 3 个商业、2 个潜在商业的发现。

主要参考文献

操应长,金杰华,刘海宁,等,2021.中国东部断陷湖盆深水重力流沉积及其油气地质意义[J].石油勘探与开发,48(2):247-257.

操应长,杨田,宋明水,等,2018.陆相断陷湖盆低渗透碎屑岩储层特征及相对优质储层成因-以济阳坳陷东营凹陷古近系为例[J].石油学报,39(7):727-743.

操应长,远光辉,王艳忠,等,2012.准噶尔盆地北三台地区清水河组低渗透储层成因机制[J].石油学报,33(5):758-771.

曹立成,2014.莺歌海-琼东南盆地区新近纪物源演化研究:来自稀土元素、重矿物和锆石 U-Pb 年龄的证据[D].武汉:中国地质大学(武汉).

曹立成,姜涛,王振峰,等,2013.琼东南盆地新近系重矿物分布特征及其物源指示意义[J].中南大学学报:自然科学版,44(5):230-240.

陈小宇,刘俊来,翁少腾,2016.滇西瑶山杂岩变形特征与新生代剥露隆升的磷灰石裂变径迹证据[J].岩石学报,32(8):2303-2316.

陈新跃,王岳军,范蔚茗,等,2011.海南五指山地区花岗片麻岩锆石 LA-ICP-MS U-Pb 年代学特征及其地质意义[J].地球化学,40(5):454-563.

陈杨,张道军,张建新,等,2020.莺歌海盆地莺东斜坡黄流组轴向重力流水道沉积特征及控制因素[J].东北石油大学学报,44(2):91-103.

陈杨,张建新,黄灿,等,2019.莺歌海盆地黄流组轴向重力流水道充填演化特征[J].东北石油大学学报,43(6):1-12.

党亚云,2023.莺歌海盆地东方区黄流组一段海底扇地震沉积学研究[J].地质科技通报,42(06):118-128.

范彩伟,2018.莺歌海大型走滑盆地构造变形特征及其地质意义[J].石油勘探与开发,45(2):190-199.

高抒,2005.美国《洋陆边缘科学计划 2004》述评[J].海洋地质与第四纪地质,25(1):119-123.

何家雄,李明兴,陈伟煌,2000.莺歌海盆地热流体上侵活动与天然气运聚富集关系探讨[J].天然气地球科学,11(6):29-43.

何家雄,夏斌,张树林,等,2006.莺歌海盆地泥底辟成因展布特征及其与天然气运聚成藏关系[J].中国地质,33(6):1336-1343.

何卫军,谢金有,刘新宇,等,2011.莺歌海盆地 DF1-1-11 井有孔虫生物地层与沉积环境研究[J]. 地层学杂志,35(1):81-87.

胡文瑞,2009.中国低渗透油气的现状与未来[J].中国石油企业(06):56-58.

黄保家,李绪深,谢瑞永,2007.莺歌海盆地输导系统及天然气主运移方向[J].天然气工业,27(4):4-6.

黄思静,张萌,朱世全,等,2004.砂岩孔隙成因对孔隙度/渗透率关系的控制作用:以鄂尔多斯盆地陇东地区三叠系延长组为例[J].成都理工大学学报:自然科学版,31(6):648-653.

黄银涛,文力,姚光庆,等,2018.莺歌海盆地东方区黄流组细粒厚层重力流砂体沉积特征[J].石油学报,39(3):290-303.

黄银涛,姚光庆,朱红涛,等,2016.莺歌海盆地东方区黄流组重力流砂体的底流改造作用[J].石油学报,37(7):855-866.

黄银涛,姚光庆,周锋德,2016.莺歌海盆地黄流组浅海重力流砂体物源分析及油气地质意义[J].地球科学,41(09):1526-1538.

姜涛,解习农,汤苏林,2005.浊流形成条件的水动力学模拟及其在储层预测方面的作用[J].地质科技情报,24(2):1-6.

蒋凌志,顾家裕,郭彬程,2004.中国含油气盆地碎屑岩低渗透储层的特征及形成机理[J].沉积学报,22(1):13-18.

蒋恕,王华,PAUL W,2008.深水沉积层序特点及构成要素[J].地球科学(中国地质大学学报)(06):825-833.

解习农,姜涛,张成,等,2009.南海西部深水区新近系层序地层学与沉积充填演化研究[R].湛江:中海石油(中国)有限公司湛江分公司.

雷超,2012.南海北部莺歌海-琼东南盆地新生代构造变形格局及其演化过程分析[D].武汉:中国地质大学(武汉).

李宝龙,季建清,罗清华,等,2012.滇西点苍山-哀牢山隆升构造样式和隆升时限[J].地震地质,34(4):696-712.

李冬,徐强,王永凤,2015.琼东南盆地上新世中央峡谷物源分析及其意义[J].沉积学报,33(4):659-664.

李华,杨朝强,周伟,等,2023.莺歌海盆地东方1-1气田中新统黄流组浅海多级海底扇形成机理及储层分布[J].石油与天然气地质,44(02):429-440.

李佳,周伟,叶青,等,2023.海底扇浅海重力流气藏储层内部结构精细表征[J].天然气勘探与开发,46(02):20-29.

李思田,林畅松,张启明,等,1998.南海北部大陆边缘盆地模式裂陷的动力过程及10Ma以来的构造事件[J].科学通报,43(8):797-810.

李潇鹏,王华,甘华军,等,2020.南堡凹陷高柳及四号构造带沙段东营组扇体的精细刻画及其成因机制[J].地球科学,45(04):1295-1307.

林畅松,夏庆龙,施和生,等,2015.地貌演化、源-汇过程与盆地分析[J].地学前缘,22(1):1-12.

刘金库,孙永亮,焦旭,等,2016.碎屑岩储层低渗成因及优质储层发育机理:以歧口凹陷歧北斜坡沙二段储层为例[J].天然气地球科学,27(5):799-808.

刘强虎,2016.渤海湾盆地沙垒田凸起古近系"源-渠-汇"系统耦合研究[D].北京:中国石油大学(北京).

刘招君,2003.湖泊水下扇沉积特征及影响因素:以伊通盆地莫里青断陷双阳组为例[J].沉积学报,21(1):148-154.

刘志杰,卢振权,张伟,等,2015.莺歌海盆地中央泥底辟带东方区与乐东区中深层成藏地质条件[J].海洋地质与第四纪地质,36(4):49-61.

罗晓容,王忠楠,雷裕红,等,2016.特超低渗砂岩油藏储层非均质性特征与成藏模式:以鄂尔多斯盆地西部延长组下组合为例[J].石油学报,36(B11):87-98.

庞雄,彭大钧,陈长民,等,2007.三级"源-渠-汇"耦合研究珠江深水扇系统[J].地质学报,81(6):857-864.

裴健翔,陈杨,郝德峰,等,2016.莺歌海盆地中央坳陷中新世海底扇识别及其形成控制因素[J].东北石油大学学报,40(05):46-54+7.

裴健翔,郭潇潇,薛海涛,等,2023.莺歌海盆地中新统海相烃源岩形成环境及控制因素[J].石油与天然气地质,44(04):937-945.

彭大钧,庞雄,黄先律,等,2007.南海珠江深水扇系统的形成模式[J].石油学报,28(5):7-11.

乔博,张昌民,杜家元,等,2011.珠江口盆地浅水区和深水区重力流沉积特征对比[J].岩性油气藏,23(02):59-63.

任建业,曾佐勋,雷超,等,2010.莺琼盆地构造演化及其成盆动力学机制分析[R].湛江:中海石油(中国)有限公司湛江分公司.

任小军,于兴河,李胜利,等,2008.坳陷湖盆缓坡重力流成因储集层沉积特征及发育条件:以准噶尔盆地腹部石南31井区为例[J].新疆石油地质,29(3):303-305.

茹克,1988.南海北部边缘叠合式盆地的发育及其大地构造意义[J].石油和天然气地质,9(1):22-31.

邵磊,李昂,吴国瑄,等,2010.琼东南盆地沉积环境及物源演变特征[J].石油学报,31(4):1-5.

史冠中,沈传波,葛翔,等,2021.锆石塑性变形对裂变径迹封闭温度的影响:以黄陵花岗岩锆石为例[C]//2021年中国地球科学联合学术年会论文集(二十三)——专题六十七变质作用过程的观察与模拟、专题六十八同位素热年代学理论、方法与应用、专题六十九金属稳定同位素地球化学.

宋瑞有,裴健翔,王立锋,等,2023.莺歌海盆地东方区海底扇勘探开发可视化剖析[J].天然气地球科学,1-19.

孙家振,李兰斌,杨士恭,等,1995.转换-伸展盆地:莺歌海的演化[J].地球科学,20(3):243-249.

孙珍,钟志洪,周蒂,等,2003.红河断裂带的新生代变形机制及莺歌海盆地的试验证据[J].热带海洋学报,22(2):1-9.

万京林,李齐,陈文寄,1997.哀牢山-红河左旋走滑剪切带构造抬升时间序列的裂变径迹证据[J].地震地质,19(1):1-4.

王策,梁新权,周云,等,2015.莺歌海盆地东侧物源年龄标志的建立:来自琼西6条主要河流碎屑锆石 LA-ICP-MS U-Pb 年龄的研究[J].地学前缘,22(4):1-13.

王华,陈思,甘华军,等,2015.浅海背景下大型浊积扇研究进展及堆积机制探讨:以莺歌海盆地黄流组重力流为例[J].地学前缘,22(1):1-14.

王华,陈思,蒋恕,2022.浅海背景下大型重力流沉积体能堆积与发育吗?[J].地球科学,47(10):3867-3868.

王华,陈思,刘恩涛,等,2022.南海北部莺-琼盆地典型重力流沉积特征与物源体系[J].地质科技通报,41(05):5-18.

王华,周立宏,韩国猛,等,2018.陆相湖盆大型重力流发育的成因机制及其优质储层特征研究:以歧口凹陷沙河街组一段为例[J].地球科学,43(10):3423-3444.

王家豪,庞雄,王华,等,2022.珠江口盆地白云凹陷中新统珠江组潮流改造的砂质海底扇沉积[J].地球科学,https://doi.org/10.3799/dqkx.2022.334.

王修喜,2017.低温热年代学在青藏高原构造地貌发育过程研究中的应用[J].地球科学进展,32(3):234-244.

王英民,王海荣,邱燕,等,2007.深水沉积的动力学机制和响应[J].沉积学报,25(4):495-504.

王振峰,裴健翔,郝德峰,等,2015.莺-琼盆地中新统大型重力流储集体发育条件、沉积特征及天然气勘探有利方向[J].中国海上油气,27(4):1-9.

王振峰,裴健翔,2011.莺歌海盆地中深层黄流组高压气藏形成新模式-DF14井钻获强超压优质高产天然气层的意义[J].中国海上油气,23(04):213-217.

温淑女,梁新权,范蔚茗,等,2013.海南岛乐东地区志仲岩体锆石 U-Pb 年代学、Hf 同位素研究及其构造意义[J].大地构造与成矿学,37(2):294-307.

肖军,王华,袁立川,等,2007.深埋藏砂岩储层中异常孔隙的保存机制探讨[J].地质科技情报(05):49-56.

肖军,王华,朱光辉,等,2007.琼东南盆地异常地层压力与深部储集层物性[J].石油天然气学报(01):7-10+30+6.

谢庆宾,李娜,刘昊天,等,2014.四川盆地东部建南地区三叠系须家河组低孔低渗储集层特征及形成机理[J].古地理学报,16(1):89-102.

谢卫东,王猛,王华,等,2022.海陆过渡相页岩气储层孔隙多尺度分形特征[J].天然气地球科学,33(03):451-460.

谢玉洪,2009.构造活动型盆地层序地层分析及天然气成藏模式:以莺歌海盆地为例[M].北京:地质出版社.

谢玉洪,范彩伟,2010.莺歌海盆地东方区黄流组储层成因新认识[J].中国海上油气,22(6):355-359.

谢玉洪,黄保家,2014a.南海莺歌海盆地东方13-1高温高压气田特征与成藏机[J].中国科学:地球科学,44(8):1731-1739.

谢玉洪,李绪深,童传新,等,2015.莺歌海盆地中央底辟带高温高压天然气富集条件、分布规律和成藏模式[J].中国海上油气,27(4):1-12.

谢玉洪,刘平,黄志龙,2012.莺歌海盆地高温超压天然气成藏地质条件及成藏过程[J].天然气工业,32(4):19-23.

谢玉洪,张迎朝,徐新德,等,2014b.莺歌海盆地高温超压大型优质气田天然气成因与成藏模式:以东方13-2优质整装大气田为例[J].中国海上油气,26(2):1-5.

辛仁臣,蔡希源,王英民,2004.松辽坳陷深水湖盆层序界面特征及低位域沉积模式[J].沉积学报,22(3):387-392.

徐长贵,2013.陆相断陷盆地源-汇时空耦合控砂原理:基本思想、概念体系及控砂模式[J].中国海上油气,25(4):1-21.

徐长贵,杜晓峰,2017.陆相断陷盆地源-汇理论工业化应用初探:以渤海海域为例[J].中国海上油气,29(4):9-18.

杨晓萍,赵文智,邹才能,等,2007.低渗透储层成因机理及优质储层形成与分布[J].石油学报,(04):57-61.

杨正明,张英芝,郝明强,等,2006.低渗透油田储层综合评价方法[J].石油学报,27(2):64-67.

姚根顺,袁圣强,吴时国,等,2008.琼东南盆地深水区双物源沉积模式及勘探前景[J].石油勘探与开发,35(6):685-691.

姚光庆,姜平,2021.储层"源-径-汇-岩"系统分析的思路方法与应用[J].地球科学,46(08):2934-2943.

于俊峰,裴健翔,王立锋,等,2014.莺歌海盆地东方13-2重力流储层超压气田气藏性质及勘探启示[J].石油学报,35(05):829-838.

于兴河,姜辉,施和生,等,2007.珠江口盆地番禺气田沉积特征与成岩演化研究[J].沉积学报,25(06):876-884.

余金杰,陈福雄,王永辉,等,2012.海南石碌铁矿外围花岗岩类成因及形成的构造环境[J].中国地质,39(6):1700-1711.

曾大乾,李淑贞,1994.中国低渗透砂岩储层类型及地质特征[J].石油学报,(01):38-46.

曾智伟,2020.珠江口盆地白云凹陷古近系恩平组源-汇系统研究[D].武汉:中国地质大学(武汉).

张道军,王亚辉,何小胡,2015.莺琼盆地轴向重力流水道沉积特征[C]//中国科学技术协会、广东省人民政府.第十七届中国科协年会——分9南海深水油气勘探开发技术研讨会论文集.

张道军,王亚辉,赵鹏肖,等,2015.南海北部莺-琼盆地轴向水道沉积特征及成因演化[J].中国海上油气,27(03):46-53.

张建新,党亚云,何小胡,等,2015.莺歌海盆地乐东区峡谷水道成因及沉积特征[J].海洋地质与第四纪地质,35(5):29-36.

张建新,范彩伟,谭建财,等,2019.莺歌海盆地中新世沉积体系演化特征及勘探意义[J].地质科技情报,38(6):51-59.

赵春强,赵利,曹淑云,等,2014.点苍山变质杂岩新生代变质-变形演化及其区域构造内涵[J].岩石学报,30(3):851-866.

郑荣才,文华国,韩永林,等,2006.鄂尔多斯盆地白豹地区长6油层组湖底滑塌浊积扇沉积特征及其研究意义[J].成都理工大学学报:自然科学版,33(6):566-575.

钟泽红,刘景环,张道军,等,2013.莺歌海盆地东方区大型海底扇成因及沉积储层特征[J].石油学报,34(S2):102-111.

钟泽红,张迎朝,何小胡,等,2015.莺歌海盆地东方区黄流组层序叠加样式与海底扇内部构型[J].海洋地质与第四纪地质,35(2):91-99.

钟志洪,王良书,夏斌,等,2004.莺歌海盆地成因及其大地构造意义[J].地质学报,78(3):302-309.

朱红涛,徐长贵,朱筱敏,等,2017.陆相盆地源-汇系统要素耦合研究进展[J].地球科学,42(11):1851-1870.

朱红涛,杨香华,周心怀,等,2013.基于地震资料的陆相湖盆物源通道特征分析:以渤中凹陷西斜坡东营组为例[J].地球科学,38(1):121-129.

朱筱敏,刘强虎,谈明轩,等,2023.深时源-汇系统综合研究和沙垒田实例分析[J].沉积学报,104:1-23.

祝彦贺,朱伟林,徐强,等,2011.珠江口盆地13.8Ma陆架边缘三角洲与陆坡深水扇的"源-汇"关系[J].中南大学学报,42(12):3827-3834.

邹才能,张国生,杨智,等,2013.非常规油气概念、特征、潜力及技术-兼论非常规油气地质学[J].石油勘探与开发,40(04):385-399+454.

ABREU V, SULLIVAN M, PIRMEZ C, et al., 2003. Lateral accretion packages (LAPs): an important reservoir element in deep water sinuous channels[J]. Marine and Petroleum Geology,20(6-8):631-648.

ALLEN P A, 2005. Striking a chord[J]. Nature, 434: 961.

ALLEN P A, 2008a. From landscapes into the geological history[J]. Nature, 451: 274-276.

ALLEN P A, 2008b. Time scales of tectonic landscapes and their sediment routing systems[J]. Geological Society London Special Publications, 296: 7-28.

ALVES T, JACKSON A, BELL R, et al., 2014. Deep-water continental margins: geological and economic frontiers[J]. Basin Research,26(1):3-9.

ANDERSEN T, ELBURG M, CAWTHORN-BLAZEBY A, 2016. U-Pb and Lu-Hf zircon data in young sediments reflect sedimentary recycling in eastern South Africa[J]. Journal of the Geological Society, 173(2): 337-351.

BAAS J, 2005. Sediment gravity flows: recent advances in process and field analysis-introduction[J]. Sedimentary Geology,179(1-2):1-3.

BELL D, KANE I, PONTÉN A, et al., 2018. Spatial variability in depositional reservoir quality of deep-water channel-fill and lobe deposits[J]. Marine and Petroleum Geology, 98: 97-115.

BENTLEY S, BLUM M, MALONEY J, et al., 2016. The Mississippi River source-to-sink system: perspectives on tectonic, climatic, and anthropogenic influences, Miocene to Anthropocene[J]. Earth-Science Reviews, 153: 139-174.

BERNET M, 2009. A field-based estimate of the zircon fission-track closure temperature[J]. Chemical Geology, 259(3): 181-189.

BHATIA M R, CROOK K A W, 1986. Trace element characteristics of graywackes and tectonic setting discrimination of sedimentary basins[J]. Contributions to Mineralogy and Petrology, 92: 181-193.

CAO K, TIAN Y, VAN DER BEEK P, et al., 2022. Southwestward growth of plateau surfaces in eastern Tibet[J]. Earth-Science Reviews, 232: 104160.

CAO L, JIANG T, WANG Z, et al., 2015. Provenance of Upper Miocene sediments in the Yinggehai and Qiongdongnan basins, northwestern South China Sea: Evidence from REE, heavy minerals and zircon U-Pb ages[J]. Marine Geology, 361: 136-146.

CARTER A, ROQUES D, BRISTOW C S, 2000. Denudation history of onshore central Vietnam: constraints on the Cenozoic evolution of the western margin of the South China Sea[J]. Tectonophysics, 322(3-4): 265-277.

CARTER A, ROQUES D, BRISTOW C, et al., 2001. Understanding Mesozoic accretion in Southeast Asia: significance of Triassic thermotectonism (Indosinian orogeny) in Vietnam[J]. Geology, 29(3): 211-214.

CARTWRIGHT J, HUUSE M, 2005. 3D seismic technology: the geological 'Hubble'[J]. Basin Research, 17(1): 1-20.

CARVAJAL C, STEEL R, 2011. Source-to-sink sediment volumes within a tectono-stratigraphic model for a Laramide shelf-to-deep water basin: methods and results[J]. Tectonics of Sedimentary Basins: 131-151.

CASTELLTORT S, VAN DEN DRIESSCHE J, 2003. How plausible are high-frequency sediment supply-driven cycles in the stratigraphic record? [J]. Sedimentary Geology, 157(1-2): 3-13.

CHEN X, LIU J, TANG Y, et al., 2015. Contrasting exhumation histories along a crustal-scale strike-slip fault zone: the Eocene to Miocene Ailao Shan-Red River shear zone in southeastern Tibet[J]. Journal of Asian Earth Sciences, 114: 174-187.

CHEN Y, YAN M, FANG X, et al., 2017. Detrital zircon U-Pb geochronological and sedimentological study of the Simao Basin, Yunnan: implications for the early cenozoic evolution of the Red River[J]. Earth and Planetary Science Letters, 476: 22-33.

CHEW D M, SPIKINGS R A, 2015. Geochronology and thermochronology using apatite: time and temperature, lower crust to surface[J]. Elements, 11(3): 189-194.

CLARK M K, HOUSE M A, ROYDEN L H, et al., 2005. Late Cenozoic uplift of southeastern Tibet[J]. Geology, 33(6): 525-528.

CLARK M K, SCHOENBOHM L M, ROYDEN L H, et al., 2004. Surface uplift, tectonics, and erosion of eastern Tibet from large - scale drainage patterns[J]. Tectonics, 23(1): TC1006.

CLIFT P D, BLUSZTAJN J, NGUYEN A D, 2006. Large-scale drainage capture and surface uplift in eastern Tibet-SW China before 24 Ma inferred from sediments of the Hanoi Basin, Vietnam[J]. Geophysical Research Letters, 33(19): 19403.

CLIFT P D, HODGES K V, HESLOP D, et al., 2008. Correlation of himalayan exhumation rates and Asian monsoon intensity[J]. Nature geoscience, 1(12): 875-880.

CLIFT P D, LAYNE G D, BLUSZTAJN J, 2004. The erosional record of Tibetan uplift in the East Asian marginal seas. Continent-Ocean Interactions in the East Asian Marginal Seas[J]. Geophys. Monogr. Ser, 149: 255-282.

CLIFT P D, SUN Z, 2006. The sedimentary and tectonic evolution of the Yinggehai-Song Hong basin and the southern Hainan margin, South China Sea: implications for Tibetan uplift and monsoon intensification[J]. Journal of Geophysical Research Solid Earth, 111(B6): B06405.

COVAULT J A, GRAHAM S A, 2010. Submarine Fans at all sea-Level stands: tectono morphologic and climatic controls on terrigenous sediment delivery to the deep sea [J]. Geology, 38: 939-942.

COVAULT J A., ROMANS B W, 2009. Growth patterns of deep-sea fans revisited: turbidite-system morphology in confined basins, examples from the California Borderland [J]. Marine Geology, 265(1-2):51-66.

CUI Y, SHAO L, QIAO P, et al., 2018. Upper miocene-pliocene provenance evolution of the central canyon in northwestern South China Sea[J]. Marine Geophysical Research, 40(2): 223-235.

DENG J, WANG Q, LI G, et al., 2014. Cenozoic tectono-magmatic and metallogenic processes in the Sanjiang region, southwestern China[J]. Earth-Science Reviews, 138: 268-299.

EBERLI G, BAECHLE G, WEGER R. Massaferro JL (2004) Quantitative discrimination of effective porosity using digital image analysis-implications for porosity-permeability transforms[C]. 66th EAGE conference, Paris.

EHLERS T A, FARLEY K A, 2003. Apatite (U-Th)/He thermochronometry: methods and applications to problems in tectonic and surface processes[J]. Earth and Planetary Science Letters, 206(1): 1-14.

FARLEY K A, 2000. Helium diffusion from apatite: general behavior illustrated by

Durango fluorapatite[J]. Journal of Geophysical Research: Solid Earth, 105(B2): 2903-2914.

FARLEY K A, STOCKLI D F, 2002. (U-Th)/He dating of phosphates: apatite, monazite, and xenotime[J]. Reviews in Mineralogy and Geochemistry, 48(1): 559-577.

FENTON M, WILSON C, 1985. Shallow-water turbidites: an example from the Mallacoota Beds, Australia[J]. Sedimentary Geology, 45(3-4): 231-260.

FLOWERS R M, KETCHAM R A, SHUSTER D L, et al., 2009. Apatite (U-Th)/He thermochronometry using a radiation damage accumulation and annealing model[J]. Geochimica Et Cosmochimica acta, 73(8): 2347-2365.

FYHN M B, THOMSEN T B, KEULEN N, et al., 2019. Detrital zircon ages and heavy mineral composition along the Gulf of Tonkin-implication for sand provenance in the Yinggehai-Song Hong and Qiongdongnan basins[J]. Marine and Petroleum Geology, 101: 162-179.

GAN H, GONG S, TIAN H, et al., 2023. Geochemical characteristics of inclusion oils and charge history in theFushan Sag, Beibuwan Basin, South China Sea[J]. Applied Geochemistry, 150: 105598.

GAN H, WANG H, SHI Y, et al., 2020. Geochemical characteristics and genetic origin of crude oil in theFushan sag, Beibuwan Basin, South China Sea[J]. Marine and Petroleum Geology, 112: 104114.

GARCIACARO E, MANN P, Escalona A, 2011. Regional structure and tectonic history of the obliquely colliding Columbus foreland basin, offshore Trinidad and Venezuela[J]. Marine and Petroleum Geology, 28(1): 126-148.

GLEADOW A J W, BELTON D X, KOHN B P, et al., 2002. Fission track dating of phosphate minerals and the thermochronology of apatite[J]. Reviews in Mineralogy and Geochemistry, 48(16): 579-630.

GREEN P F, DUDDY I R, LASLETT G M, et al., 1989. Thermal annealing of fission tracks in apatite quantitative modelling techniques and extension to geological timescales[J]. Chemical Geology: Isotope Geoscience Section, 79(2): 155-182.

GUENTHNER W R, REFINERS P W, KETCHAM R A, et al., 2013. Helium diffusion in natural zircon: radiation damage, anisotropy, and the interpretation of zircon (U-Th)/He thermochronology[J]. American Journal of Science, 313(3): 145-198.

GUENTHNER W R, 2021. Implementation of an alpha damage annealing model for zircon(U-Th)/He thermochronology with comparison to a zircon fission track annealing model[J]. Geochemistry, Geophysics, Geosystems, 22: 8757.

GUPTA A K, SINGH R K, JOSEPH S, et al., 2004. Indian ocean high-productivity event (10-8 Ma): linked to global cooling or to the initiation of the Indian monsoons? [J]. Geology, 32(9): 753-756.

HANQUIEZ V, MULDER T, TOUCANNE S, et al. , 2010. The sandy channel-lobe depositional systems in the Gulf of Cadiz: gravity processes forced by contour current processes[J]. Sedimentary Geology,229(3):110-123.

HE J,GARZANTI E,JIANG T, et al. , 2022. Mineralogy and geochemistry of modern Red River sediments(North Vietnam): provenance and weathering implications[J]. Journal of Sedimentary Research,92(12):1169-1185.

HE J,GARZANTI E,JIANG T, et al. , 2023. Evolution of eastern Asia river systems reconstructed by the mineralogy and detrital-zircon geochronology of modern Red River and coastal Vietnam river sand[J]. Earth-Science Reviews:104572.

HERMAN F, COX S C, KAMP P J J, 2009. Low-temperature thermochronology and thermokinematic modeling of deformation, exhumation and development of topography in the central Southern Alps, New Zealand[J]. Tectonics, 28(5): TC5011.

HERMAN F, SEWARD D, VALLA P G, et al. , 2013. A acceleration of mountain erosion under worldwide acceleration of mountain erosion under a cooling climate[J]. Nature, 504(7480): 423-426.

HOANG L V, CLIFT P D, SCHWAB A M, et al. , 2010. Large-scale erosional response of SE Asia to monsoon evolution reconstructed from sedimentary records of the Song Hong-Yinggehai and Qiongdongnan basins, South China Sea[J]. Geological Society, London, Special Publications, 342(1): 219-244.

HOANG L V, WU F Y, CLIFT P D, et al. , 2009. Evaluating the evolution of the Red River system based on in situ U-Pb dating and Hf isotope analysis of zircons[J]. Geochemistry, Geophysics, Geosystems, 10(11): 1-20.

HOUSE M A, FARLEY K A, STOCKLI D, 2000. Helium chronometry of apatite and titanite using Nd[J]. Earth and Planetary Science Letters, 183(3): 365-368.

HUANG Y, YAO G, FAN X, 2019. Sedimentary characteristics of shallow-marine fans of the Huangliu Formation in the Yinggehai Basin, China[J]. Marine and Petroleum Geology, 110: 403-419.

JIA G, PENG P A, ZHAO Q, et al. , 2003. Changes in terrestrial ecosystem since 30 Ma in East Asia: stable isotope evidence from black carbon in the South China Sea[J]. Geology, 31(12): 1093-1096.

JIANG S,ZENG H,MOSCARDELLI L,et al. ,2018. Introduction to special section:recent advances in geology and geophysics of deepwater reservoirs[J]. Interpretation,6(4):1-3.

JIANG T, CAO L, XIE X, et al. , 2015. Insights from heavy minerals and zircon U-Pb ages into the middle Miocene-Pliocene provenance evolution of the Yinggehai Basin, northwestern South China Sea [J]. Sedimentary Geology, 327: 32-42.

JONELL T N, CLIFT P D, HOANG L V, et al. , 2017. Controls on erosion patterns and sediment transport in a monsoonal, tectonically quiescent drainage, Song Gianh, central

Vietnam[J]. Basin Research, 29: 659-683.

KETCHAM R A, CARTER A, DONELICK R A, et al., 2007. Improved modeling of fission-track annealing in apatite[J]. American Mineralogist, 92(5-6): 799-810.

KHUC V, 2011. Stratigraphic units of Vietnam [M]. Hanoi: Vietnam National University Publishing House.

KIRBY E, REFINERS P W, KROL M A, et al., 2002. Late Cenozoic evolution of the eastern margin of the Tibetan Plateau: inferences Chen from $^{40}Ar/^{49}Ar$ and (U-Th)/He thermochronology[J]. Tectonics, 21(1): 1-20.

KNELLER B, DYKSTRA M, FAIRWEATHER L, et al., 2016. Mass-transport and Slope accommodation: implications for turbidite sandstone reservoirs[J]. AAPG Bulletin, 100: 213-235.

KOLLA V, BOURGES P, URRUTY J M, et al., 2001. Evolution of deep-water tertiary sinuous channels offshore angola (West Africa) and implications for reservoir architecture [J]. AAPG Bulletin, 85(8): 1373-1405.

KUHLEMANN J, FRISCH W, SZÉKELY B, et al., 2002. Post-collisional sediment budget history of the Alps: tectonic versus climatic control[J]. International Journal of Earth Sciences, 91: 818-837.

KUIPER N H, 1960. Tests concerning random points on a circle[J]. Mathematical Statistics, 63: 38-47.

LAVIER L L, STECKLER M S, BRIGAUD F, 2001. Climatic and tectonic control on the Cenozoic evolution of the West African margin[J]. Marine Geology, 178(1-4): 63-80.

LAWRENCE R L, COX R, MAPES R W, et al., 2011. Hydrodynamic fractionation of zircon age populations[J]. Geological Society of America Bulletin, 123: 295-305.

LEASE R O, EHLERS T A, 2013. Incision into the Eastern Andean Plateau during pliocene cooling[J]. Science, 341(6147): 774-776.

LEI C, CLIFT P D, REN J, et al., 2019. A rapid shift in the sediment routing system of lower-upper oligocene strata in the Qiongdongnnan Basin (Xisha Trough), Northwest South China Sea[J]. Marine and Petroleum Geology, 104: 249-258.

LELOUP P H, ARNAUD N, LACASSIN R, et al., 2001. New constraints on the structure, thermochronology, and timing of the Ailao Shan-Red River shear zone, SE Asia [J]. Journal of Geophysical Research: Solid Earth, 106(B4): 6683-6732.

LEPVRIER C, VAN VUONG N, MALUSKI H, et al., 2008. Indosinian tectonics in Vietnam [J]. Comptes Rendus Geoscience, 340(2): 94-111.

LI C, LYU C, CHEN G, et al., 2019. Zircon U-Pb ages and REE composition constraints on the provenance of the continental slope-parallel submarine fan, western Qiongdongnan Basin, northern margin of the South China Sea[J]. Marine and Petroleum Geology, 102: 350-362.

LI Q, CHEN W, WAN J, et al., 2001. New evidence of tectonic uplift and transform of movement style along Ailao Shan-Red River shear zone[J]. Science in China Series D: Earth Sciences, 44: 124-132.

LIU E, CHEN S, YAN D, et al., 2022. Detrital zircon geochronology and heavy mineral composition constraints on provenance evolution in the western Pearl River Mouth basin, northern south China sea: a source to sink approach[J]. Marine and Petroleum Geology, 145: 105884.

LIU E, WANG H, FENG Y, et al., 2020. Sedimentary architecture and provenance analysis of asublacustrine fan system in a half-graben rift depression of the South China Sea [J]. Sedimentary Geology, 409: 105781.

LIU E, WANG H, LI Y, et al., 2014. Sedimentary characteristics and tectonic setting of sublacustrine fans in a half-graben rift depression, Beibuwan Basin, South China Sea[J]. Marine and Petroleum Geology, 52: 9-21.

LIU E, WANG H, PAN S, et al., 2021. Architecture and depositional processes of sublacustrine fan systems in structurally active settings: An example from Weixinan Depression, northern South China Sea[J]. Marine and Petroleum Geology, 134: 105380.

LIU F, WANG F, LIU P, et al., 2013. Multiple metamorphic events revealed by zircons from the Diancang Shan-Ailao Shan metamorphic complex, southeastern Tibetan Plateau[J]. Gondwana Research, 24(1): 429-450.

LIU J, TANG Y, TRAN M D, et al., 2012. The nature of the Ailao Shan-Red River (ASRR) shear zone: constraints from structural, microstructural and fabric analyses of metamorphic rocks from the Diancang Shan, Ailao Shan and Day Nui Con Voi massifs[J]. Journal Asian Earth Sciences, 47: 231-251.

LIU Y H, MAO J, MIGGINS D P, et al., 2020. ^{40}Ar/^{39}Ar geochronology constraints on formation of the Tuwaishan orogenic gold deposit, Hainan Island, China[J]. Ore Geology Reviews, 120: 103438.

LOMANDO A, 1992. The influence of solid reservoir bitumen on reservoir quality[J]. AAPG Bulletin, 76(8): 1137-1152.

LONG W, SRIHANN S, 2004. Land cover classification of SSC image: unsupervised and supervised classification using ERDAS Imagine[C]. IGARSS 2004: IEEE International Geoscience and Remote Sensing Symposium Proceedings, 1-7: 2707-2712.

MALUSKI H, LEPVRIER C, JOLIVET L, et al., 2001. ^{40}Ar-^{39}Ar and fission-track ages in the Song Chay Massif: early Triassic and Cenozoic tectonics in northern Vietnam [J]. Journal of Asian Earth Sciences, 19(1-2): 233-248.

MARCHAND A, APPS G, LI W, et al., 2015. Depositional processes and impact on reservoir quality in deepwater Paleogene reservoirs, US Gulf of Mexico[J]. AAPG Bulletin, 99(9): 1635-1648.

MARTINSEN O J, SØMME T O, THURMOND J B, et al., 2010. Source-to-sink systems on passive margins: theory and practice with an example from the Norwegian continental margin [C]. In Geological Society, London, Petroleum Geology Conference series, 7(1): 913-920.

MCCAFFREY W, KNELLER B, 2001. Process controls on the development of stratigraphic trap potential on the margins of confined turbidite systems and aids to reservoir evaluation[J]. AAPG Bulletin, 85: 971-988.

MCDONOUGH W F, SUN S S, 1995. The composition of the Earth[J]. Chemical geology, 120(3-4): 223-253.

MCINTYRE J, STEFANSKI L, 2011. Density estimation with replicate heteroscedastic measurements[J]. Annals of the Institute of Statistical Mathematics, 63: 81-99.

MCINTYRE, J., STEFANSKI, L. Density estimation with replicate heteroscedastic measurements[J]. Annals of the Institute of Statistical Mathematics, 2011, 63: 81-99.

MCLENNAN S M, 2001. Relationships between the trace element composition of sedimentary rocks and upper continental crust [J]. Geochemistry Geophysics Geosystems, 2000: 100-109.

MCLENNAN S M, HEMMING S, MCDANIEL, et al., 1993. Geochemical approaches to sedimentation, provenance, and tectonics processes controlling the composition of clastic sediments[J]. Geological Society of America, Special Paper, 284: 21-40.

MENG F, GAN H, WANG H, et al., 2023. Detrital zircon U-Pb age constraints on the provenance of submarine channels in Ledong area, Yinggehai Basin, South China Sea[J]. Marine and Petroleum Geology, 150: 106098.

MENG F, GAN H, WANG H, et al., 2023. Geochemical characteristics and provenance of the detrital sediments in the junction area of Yinggehai and Qiongdongnan basins, South China Sea[J]. Scientific Reports, 13(1): 1667.

MILLER M B, 2014. Mathematics and statistics for financial risk management (second edition)[M]. Hoboken: John Wiley & Sons, Inc.

MOHRIG D, ELVERHOI A, PARKER G, 1999. Experiments on the relative mobility of muddy subaqueous and subaerial debris flows, and their capacity to remobilize antecedent deposits[J]. Marine Geology, 154(1-4): 117-129.

MURRAY R W, BRINK B T, GERLACH D C, et al., 1991. Rare earth, major, and trace elements in chert from the franciscan complex and monterey group, California: assessing REE sources to fne-grained marine sediments[J]. Geochimica et Cosmochimica Acta, 55: 1875-1895.

MYROW P M, HISCOTT R N, 1991. Shallow-water gravity-flow deposits, Chapel Island Formation, southeast Newfoundland, Canada[J]. Sedimentology, 38(5): 935-959.

NIE J, RUETENIK G, GALLAGHER K, et al., 2018. Rapid incision of the Mekong River in the middle miocene linked to monsoonal precipitation[J]. Nature Geoscience, 11: 944-948.

OKAY S, JUPINET B, LERICOLAIS G, et al., 2011. Morphological and stratigraphic investigation of a holocene subaqueous shelf Fan, north of the istanbul strait in the Black Sea [J]. Turkish Journal of Earth Sciences, 20: 287-305.

PEREZ N D, HORTON B K, 2014. Oligocene-Miocene deformational and depositional history of the Andean hinterland basin in the northern Altiplano plateau, southern Peru[J]. Tectonics, 33(9): 1819-1847.

POSAMENTIER H W, 2001. Lowstand alluvial bypass systems: incised vs. unincised [J]. AAPG bulletin, 85(10): 1771-1793.

POSAMENTIER H W, KOLLA V, 2003. Seismic geomorphology and stratigraphy of depositional elements in deep-water settings[J]. Journal of Sedimentary Research, 73: 367-388.

PRATSON L, IMRAN J, PARKER G, et al., 2000. Debris flows vs. turbidity currents: a modeling comparison of their dynamics and deposits[M]. Wiley: Wiley-Blackwell.

PRIZOMWALA S P, BHATT NILESH, BASAVAIAH N, 2014. Provenance discrimination and source-to-sink studies from a dryland fluvial regime: an example from Kachchh, western India[J]. International Journal of Sediment Research, 29: 99-109.

READING H G, 2009. sedimentary environments: processes, facies, and stratigraphy [M]. Wiley: Wiley-Blackwell.

REN S, YAO G, ZHANG Y, 2019. High-resolution geostatistical modeling of an intensively drilled heavy oil reservoir, the BQ 10 block, Biyang Sag, Nanxiang Basin, China [J]. Marine and Petroleum Geology, 104: 404-422.

RICHARDS M, BOWMAN M, 1998. Submarine fans and related depositional systems ii: variability in reservoir architecture and wireline log character[J]. Marine and Petroleum Geology, 15(8): 821-839.

RICHARDSON G E, 2004. Deepwater gulf of mexico 2004: america's expanding frontier [Z]. US Department of the Interior, Minerals Management Service, Gulf of Mexico OCS Region.

RICHARDSON N J, DENSMORE A L, SEWARD D, et al., 2010. Did incision of the three gorges begin in the eocene? [J]. Geology, 38(6): 551-554.

ROGER F, LELOUP P H, JOLIVET M, et al., 2000. Long and complex thermal history of the Song Chay metamorphic dome (Northern Vietnam) bymulti-system geochronology[J]. Tectonophysics, 321(4): 449-466.

ROLLINSON H R, 1993. Using geochemical data: evaluation, presentation, interpret [M]. London:Longman Scientifc & Technical.

ROSER B P, KORSCH R J, 1988. Provenance signatures of sandstone-mudstone suites determined using discriminant function analysis of major-element data [J]. Chemical Geology, 67: 119-139.

SATKOSKI A M, WILKINSON B H, HIETPAS J, et al., 2013. Likeness among detrital zircon populations-An approach to the comparison of age frequency data in time and space[J]. Geological Society of America Bulletin,125(11-12): 1783-1799.

SAYLOR J E, KNOWLES J N, HORTON B K, et al., 2013. Mixing of source populations recorded in detrital zircon U-Pb age spectra of modern river sands[J]. Journal of Geology, 121: 17-33.

SAYLOR J E, STOCKLI D F, HORTON B, et al., 2012. Discriminating rapid exhumation from syndepositional volcanism using detrital zircon double dating: Implications for the tectonic history of the Eastern Cordillera, Colombia[J]. Geological Society of America Bulletin, 124: 762-779.

SAYLOR J E, SUNDELL K E, 2016. Quantifying comparison of large detrital geochronology data sets[J]. Geosphere, 12(1): 203-220.

SCHERER M, 1987. Parameters influencing porosity in sandstones: a model for sandstone porosity prediction[J]. AAPG Bulletin,71(5):485-491.

SCOTT D W, 1992. Multivariate Density estimation: theory, practice, and visualization[M]. New York:John Wiley & Sons, Inc.

SHANMUGAM G, 1985. Types of porosity in sandstones and their significance in interpreting provenance[J]. Mathematical and Physical Sciences,148:115-137.

SHANMUGAM G,2000. 50 years of the turbidite paradigm(1950-1990s):Deep-water processes and facies models:a critical perspective[J]. Marine and Petroleum Geology,17(2): 285-342.

SHANMUGAM G, Moiola R, 1982. Eustatic control of turbidites and winnowed turbidites[J]. Geology,10(5):231-235.

SHAULIS B, LAPEN T J, TOMS A, 2010. Signal linearity of an extended range pulse counting detector: Applications to accurate and precise U-Pb dating of zircon by laser ablation quadrupole ICP-MS[J]. Geochemistry Geophysics Geosystems, 11:1-11.

SHI G,SHEN C,ZATTIN M,et al.,2019. Late Cretaceous-Cenozoic exhumation of the Helanshan Mt Range, western Ordos fold-thrust belt, China: insights from structural and apatite fission track analyses[J]. Journal of Asian Earth Sciences,176:196-208.

SHI G, WAUSCHKUHN B, RATSCHBACHER L, et al., 2023. Zircon-based proxies for source-rock prediction in provenance analysis: a case study using Upper Devonian sandstones,northern South China Block[J]. Sedimentary Geology,447:106366.

SHI M F, LIN F C, FAN W Y, et al., 2015. Zircon U-Pb ages and geochemistry of granitoids in the Truong Son terrane, Vietnam: tectonic and metallogenic implications[J]. Journal of Asian Earth Sciences, 101: 100-120.

SHI X, KOHN B, SPENCER S, et al., 2011. Cenozoic denudation history of southern Hainan Island, South China Sea: constraints from low temperature thermochronology[J]. Tectonophysics, 504(1-4): 100-115.

SHUSTER D L, VASCONCELOS P M, HEIM J A, et al., 2005. Weathering geochronology by (U-Th)/He dating of goethite[J]. Geochimica et Cosmochimica Acta, 69(3): 659-673.

SILVERMAN B W, 1986. Density estimation for statistics and data analysis[M]. London:Chapman and Hall.

STEPHENS M A, 1970. Use of the kolmogorov-smirnov, cramer-von mises and related statistics without extensive tables[J]. Royal Statistical Society Journal, 32: 115-122.

STOW D A V, MAYALL M, 2000. Deep-water sedimentary systems: new models for the 21st century[J]. Marine and Petroleum Geology, 17(2): 125-135.

STOW D A V, OMONIYI B A, 2018. Thin-bedded turbidites: Overview and petroleum perspective, in rift-related coarse-grained submarine fan reservoirs, the Brae Play, South Viking Graben, North Sea[J]. AAPG Memoir, 115: 97-117.

SUN Z, ZHAI S, XIU C, et al., 2014. Geochemical characteristics and their significances of rare-earth elements in deep-water well core at the Lingnan Low Uplift Area of the Qiongdongnan Basin[J]. Acta Oceanologica Sinica, 33(12): 81-95.

SUNDELL K E, SAYLOR J E, 2017. Unmixing detrital geochronology age distributions[J]. Geochemistry Geophysics Geosystems, 18(8): 2872-2886.

SØMME T O, HELLAND-HANSEN W, MARTINSEN O J, et al., 2009. Relationships between morphological and sedimentological parameters in source-to-sink systems: a basis for predicting semi-quantitative characteristics in subsurface systems[J]. Basin Research, 21(4): 361-387.

SØMME T O, JACKSON C A L, VAKSDAL M, 2013. Source-to-sink analysis of ancient sedimentary systems using a subsurface case study from the More-Trondelag area of southern Norway: part 1-depositional setting and fan evolution[J]. Basin Research, 25: 489-511.

TAYLOR S R, MCLENNAN S M, 1985. The continental crust: its composition and evolution[J]. The Journal of Geology, 94: 632-633.

TOKUHASHI S, 1996. Shallow-Marine turbiditic sandstones juxtaposed with deep-marine ones at the eastern margin of the niigata neogene back-arc basin, central Japan[J]. Sedimentary Geology, 104(1-4): 99-116.

TRUNG H P, 王涛, 童英, 2012. 越南西北部 Phan Si Pan 地区新生代埃达克质侵入岩时代、成因及构造意义-U-Pb 锆石年龄、元素地球化学和 Hf 同位素证据[J]. 岩石学报,28(9):3031-3041.

USUKI T, LAN C Y, WANG K L, et al., 2013. Linking the Indochina block and Gondwana during the Early Paleozoic: evidence from U-Pb ages and Hf isotopes of detrital zircons[J]. Tectonophysics, 586: 145-159.

USUKI T, LAN C Y, YUI T F, et al., 2009. Early paleozoic medium-pressure metamorphism in central Vietnam: evidence from SHRIMP U-Pb zircon ages [J]. Geosciences Journal, 13(3): 245-256.

VERMEESCH P, 2012. On the visualisation of detrital age distributions[J]. Chemical Geology, 312: 190-194.

VERMEESCH P, 2013. Multi-sample comparison of detrital age distributions[J]. Chemical Geology, 341: 140-146.

VERMEESCH P, GARZANTI E, 2015. Making geological sense of "Big Data" in sedimentary provenance analysis[J]. Chemical Geology, 409: 20-27.

VILLA E, BAHAMONDE J R, 2001. Accumulations of ferganites (Fusulinacea) in shallow turbidite deposits from the Carboniferous of Spain[J]. The Journal of Foraminiferal Research, 31:173-190.

VIOLA G, ANCZKIEWICZ R, 2008. Exhumation history of the Red River shear zone in northern Vietnam: new insights from zircon and apatite fission-track analysis[J]. Journal of Asian Earth Sciences, 33(1-2): 78-90.

WAGNER G A, 1988. Apatite fission-track geochrono-thermometer to 60 C: projected length studies[J]. Chemical Geology Isotope: Geoscience section, 72(02): 145-153.

WANG C, LIANG X, FOSTER D A, et al., 2016. Detrital zircon U-Pb geochronology, Lu-Hf isotopes and REE geochemistry constrains on the provenance and tectonic setting of Indochina Block in the Paleozoic [J]. Tectonophysics, 677-678: 125-134.

WANG C, LIANG X, FOSTER D A, et al., 2018. Linking source and sink: detrital zircon provenance record of drainage systems in Vietnam and the Yinggehai-Song Hong Basin, South China Sea[J]. Geological Society of America Bulletin, 131(1-2): 191-204.

WANG C, LIANG X, FOSTER D A, et al., 2019a. Detrital zircon ages: a key to unraveling provenance variations in the eastern Yinggehai-Song Hong Basin, South China Sea[J]. AAPG Bulletin, 103(7): 1525-1552.

WANG C, LIANG X, FOSTER D A, et al., 2019b. Provenance and drainage evolution of the Red River revealed by Pb isotopic analysis of detrital K-feldspar[J]. Geophysical Research Letters, 46(12): 6415-6424.

WANG C, LIANG X, XIE Y, et al., 2014. Provenance of upper Miocene to quaternary sediments in the Yinggehai-Song Hong Basin, South China Sea: evidence from detrital zircon U-Pb ages [J]. Marine Geology, 355: 202-217.

WANG C, LIANG X, XIE Y, et al., 2015. Late Miocene provenance change on the eastern margin of the Yinggehai-Song Hong Basin, South China Sea: evidence from U-Pb dating and Hf isotope analyses of detrital zircons [J]. Marine and Petroleum Geology, 61: 123-139.

WANG H, TIAN Y, LIANG, et al., 2017. Late Cenozoic exhumation history of the Luoji Shan in the Southeastern Plateau: insights from apatite fission-track thermochronology[J]. Journal of the Geological Society, 174(5): 883-891.

WANG H, CHEN S, GAN H, et al., 2015. Accumulation mechanism of large shallow marine turbidite deposits: a case study of gravity flow deposits of the Huangliu Formation in Yinggehai Basin[J]. Earth Science Frontiers, 22(1): 21-34.

WANG P, ZHAO Q, JIAN Z, et al., 2003. Thirty million year deep sea records in the South China Sea[J]. Chinese Science Bulletin, 48: 2524-2535.

WANG Y, WANG Y, SCHOENBOHM L M, et al., 2020. Cenozoic exhumation of the Ailaoshan-Red River shear zone: new insights from low-temperature thermochronology [J]. Tectonics, 39(9): e2020TC006151.

WANG Y, ZHANG B, SCHOENBOHM L M, et al., 2016. Late Cenozoic tectonic evolution of the Ailao Shan-Red River fault (SE Tibet): implications for kinematic change during plateau growth[J]. Tectonics, 35(8): 1969-1988.

WEIMER P, SLATT R M, 2004. Petroleum systems of deepwater settings[M]. Tulsa, USA: Society of Exploration Geophysicists and European Association of Geoscientists and Engineers.

WOLF R A, FARLEY K A, KASS D M, 1998. Modeling of the temperature sensitivity of the apatite (U-Th)/He thermochronometer[J]. Chemical Geology, 148(01): 105-114.

WOLF R A, FARLEY K A, SILVER L T, 1996. Helium diffusion and low-temperature thermochronometry of apatite[J]. Geochimica Tt Cosmochimica Acta, 60(21): 4231-4240.

WONHAM J, JAYR S, MOUGAMBA R, et al., 2000. 3D sedimentary evolution of a canyon fill (Lower Miocene-age) from the Mandorove Formation, offshore Gabon[J]. Marine and Petroleum Geology, 17(2): 175-197.

YAN D, LI S, FU H, et al., 2021. Mineralogy and geochemistry of Lower Silurian black shales from the Yangtze platform, South China[J]. International Journal of Coal Geology, 237: 103706.

YAN Y, CARTER A, HUANG C Y, et al., 2012. Constraints on Cenozoic regional drainage evolution of SW China from the provenance of the Jianchuan Basin [J]. Geochemistry, Geophysics, Geosystems, 13(1): 03001.

YAN Y, CARTER A, PALK C, 2011. Understanding sedimentation in the Song Hong-Yinggehai Basin, South China Sea[J]. Geochemistry, Geophysics, Geosystems, 12: Q06014.

YAN Y, XIA B, LIN G E, et al., 2007. Geochemical and Nd isotope composition of detrital sediments on the north margin of the south china sea: provenance and tectonic implications[J]. Sedimentology, 54: 1-17.

YANG C, YING GUO Y, SHI X, et al., 2018. High pressure mercury intrusion porosimetry analysis of the influence of fractal dimensions on the permeability of tight sandstone oil reservoirs[J]. Chemistry and Technology of Fuels and Oils,54(5):641-649.

YAO Y, GUO Q, WANG H, 2022. Source-to-Sink comparative study between gas reservoirs of the ledong submarine channel and the Dongfang Submarine Fan in the Yinggehai Basin, South China Sea[J]. Energies, 15(12): 4298.

YUAN S, LUE F, WU S, et al., 2009. Seismic stratigraphy of the Qiongdongnan deep sea channel system, northwest South China Sea[J]. Chinese Journal of Oceanology and Limnology,27(2):250-259.

YUAN Y, ZHU W, MI L, et al., 2009. Uniform geothermal gradient and heat flow in the Qiong-dongnan and Pearl River mouth basins of the South China Sea[J]. Marine and Petroleum, Geology, 26: 1152-1162.

ZENG H, AMBROSE W, VILLALTA E, 2001. Seismic sedimentology and regional depositional systems in Mioceno Norte, Lake Maracaibo, Venezuela[J]. Leading edge, (11):20.

ZENG H,TUCKER T,et al.,2004. High-frequency sequence stratigraphy from seismic sedimentology:applied to Miocene,Vermilion Block 50,Tiger Shoal area,offshore Louisiana [J]. AAPG Bulletin,88(2):153-174.

ZHANG J Y, STEEL R, AMBROSE W, 2016. Greenhouse Shore-line Migration: Wilcox Deltas[J]. AAPG Bulletin, 100(12): 1803-1831.

ZHANG Z, DALY J S, YAN Y, et al., 2021. No connection between the Yangtze and Red rivers since the late Eocene[J]. Marine and Petroleum Geology, 129: 105115.

ZHAO M, SHAO L, LIANG J, et al., 2015. No red river capture since the late oligocene: geochemical evidence from the northwestern south china sea[J]. Deep Sea Research Part II: Topical Studies in Oceanography, 122: 185-194.

ZHAO R, CHEN S, OLARIU C, et al., 2019. A model for oblique accretion on the South China Sea margin: Red River (Song Hong) sediment transport intoQiongdongnan Basin since Upper Miocene[J]. Marine Geology,416:106001.

ZHAO Y, WANG H, YAN D, et al., 2020. Sedimentary characteristics and model of gravity flows in theeocene Liushagang Formation in Weixi'nan depression, South China Sea

[J]. Journal of Petroleum Science and Engineering, 190: 107082.

ZHENG H, CLIFT P D, HE M, et al., 2021. Formation of the First Bend in the late Eocene gave birth to the modern Yangtze River, China[J]. Geology, 49(1): 35-39.

ZHENG H, CLIFT P D, WANG P, et al., 2013. Pre-miocene birth of the Yangtze River[J]. Proceedings of the National Academy of Sciences, 110(19): 7556-7561.

ZHU C, WANG G, LELOUP P H, et al., 2021. Role of the early Miocene Jinhe-Qinghe Thrust Belt in the building of the Southeastern Tibetan Plateau topography[J]. Tectonophysics, 811: 228871.

ZHU M, GRAHAM S, MCHARGUE T, 2009. The Red River Fault zone in the Yinggehai Basin, South China Sea[J]. Tectonophysics, 476(3-4): 397-417.

附表 莺歌海盆地黄流组碎屑锆石 U-Pb 定年分析

Grain no.	Th/U	比例						年龄/Ma						一致性
		$^{207}Pb/^{206}Pb$	1σ	$^{207}Pb/^{235}U$	1σ	$^{206}Pb/^{238}U$	1σ	$^{207}Pb/^{206}Pb$	1σ	$^{207}Pb/^{235}U$	1σ	$^{206}Pb/^{238}U$	1σ	
B3-hl-1	0.649 287	0.143 895	0.002 499	6.703 737	0.123 104	0.338 156	0.003 491	2276	31	2073	16	98	1	90%
B3-hl-2	0.714 531	0.047 565	0.003 643	0.102 374	0.006 715	0.014 977	0.000 213	76	174	99	6	227	3	96%
B3-hl-3	0.767 636	0.113 504	0.001 47	5.029 183	0.065 591	0.321 01	0.001 983	1857	23	1824	11	155	2	98%
B3-hl-4	0.618 074	0.048 726	0.002 394	0.153 918	0.007 04	0.022 717	0.000 285	200	119	145	6	106	2	99%
B3-hl-5	0.121 757	0.051 101	0.001 399	0.270 35	0.007 101	0.038 504	0.000 334	256	58	243	6	243	5	99%
B3-hl-6	0.747 651	0.055 728	0.001 006	0.559 576	0.010 241	0.072 741	0.000 532	443	6	451	7	242	3	99%
B3-hl-7	0.886 072	0.060 125	0.003 778	0.175 785	0.009 091	0.019 338	0.000 28	609	137	164	8	236	6	78%
B3-hl-8	0.965 365	0.049 158	0.001 439	0.160 438	0.004 597	0.023 683	0.000 229	154	73	151	4	244	3	99%
B3-hl-9	0.312 452	0.056 321	0.001 58	0.539 72	0.014 85	0.069 821	0.000 571	465	31	438	10	97	1	99%
B3-hl-10	0.580 946	0.065 889	0.001 109	1.176 292	0.020 325	0.129 58	0.000 964	1200	35	790	9	233	4	99%
B3-hl-11	0.764 152	0.046 566	0.003 632	0.117 369	0.006 809	0.015 563	0.000 27	33	178	113	6	229	4	87%
B3-hl-12	0.658 902	0.060 419	0.001 441	0.742 033	0.020 515	0.089 473	0.001 417	620	84	564	12	158	2	97%
B3-hl-13	1.013 099	0.110 288	0.001 946	4.945 963	0.084 713	0.326 195	0.002 521	1806	32	1810	15	94	2	99%
B3-hl-14	0.404 404	0.065 153	0.001 206	1.105 327	0.035 686	0.123 119	0.003 261	789	39	756	17	78	1	99%
B3-hl-15	1.271 195	0.051 086	0.003 927	0.117 163	0.007 537	0.015 316	0.000 278	256	178	112	7	91	2	86%
B3-hl-16	0.239 339	0.053 036	0.001 479	0.290 188	0.008 146	0.039 744	0.000 335	332	63	259	6	239	3	97%
B3-hl-17	0.086 18	0.055 542	0.000 836	0.535 366	0.008 242	0.069 776	0.000 436	435	6	435	5	158	1	99%
B3-hl-18	0.485 044	0.047 094	0.001 735	0.139 731	0.005 081	0.021 628	0.000 221	54	85	133	5	97	1	96%
B3-hl-19	0.504 403	0.053 388	0.001 531	0.523 423	0.014 731	0.071 443	0.000 634	346	65	427	10	283	4	96%
B3-hl-20	0.582 579	0.165 708	0.001 9	9.576 813	0.115 455	0.418 523	0.002 672	2515	52	2395	11	238	3	93%
B3-hl-21	1.392 42	0.114 161	0.001 855	5.296 087	0.081 815	0.337 034	0.002 249	1933	29	1868	13	249	3	99%
B3-hl-22	0.501 522	0.068 138	0.001 409	1.814 252	0.044 581	0.193 263	0.002 662	872	44	1051	16	238	4	91%

续附表

Grain no.	Th/U	比例						年龄/Ma					一致性
		207Pb/206Pb	1σ	207Pb/235U	1σ	206Pb/238U	1σ	207Pb/206Pb	1σ	207Pb/235U	1σ	206Pb/238U	1σ	
B3-hl-23	0.841 756	0.047 774	0.002 757	0.103 274	0.005 151	0.015 673	0.000 194	87	133	100	5	169	2	99%
B3-hl-24	1.433 035	0.078 928	0.002 324	1.992 394	0.058 888	0.183 778	0.001 73	1170	58	1113	20	98	1	97%
B3-hl-25	0.750 09	0.046 867	0.001 548	0.101 029	0.003 231	0.015 714	0.000 144	43	78	98	3	123	4	97%
B3-hl-26	0.695 616	0.056 464	0.001 158	0.574 553	0.012 615	0.073 737	0.000 575	472	42	461	8	95	2	99%
B3-hl-27	0.788 698	0.047 244	0.001 951	0.099 838	0.004 041	0.015 247	0.000 176	61	106	97	4	231	2	99%
B3-hl-28	0.381 642	0.054 24	0.001 281	0.547 938	0.013 335	0.073 239	0.000 593	389	52	444	9	237	3	97%
B3-hl-29	0.868 526	0.090 514	0.004 628	0.526 012	0.029 327	0.041 485	0.000 589	1436	98	429	20	227	3	76%
B3-hl-30	0.745 909	0.102 746	0.001 589	4.072 637	0.062 095	0.287 443	0.001 888	1676	24	1649	12	1528	56	98%
B3-hl-31	0.589 393	0.050 148	0.001 808	0.171 313	0.006 052	0.024 92	0.000 251	211	81	161	5	99	2	98%
B3-hl-32	1.428 964	0.079 627	0.001 409	2.328 664	0.043 448	0.212 097	0.001 976	1188	40	1221	13	243	3	98%
B3-hl-33	0.568 34	0.049 704	0.002 079	0.161 241	0.006 493	0.023 503	0.000 278	189	98	152	6	240	2	98%
B3-hl-34	0.455 711	0.050 766	0.002 19	0.275 049	0.011 659	0.039 107	0.000 438	232	100	247	9	224	4	99%
B3-hl-35	0.570 608	0.052 203	0.001 196	0.322 523	0.007 674	0.044 762	0.000 361	295	52	284	6	236	2	99%
B3-hl-36	0.912 866	0.066 996	0.001 187	1.305 358	0.023 334	0.141 384	0.001 162	839	62	848	10	115	5	97%
B3-hl-37	0.602 673	0.057 564	0.002 283	0.579 614	0.022 141	0.072 822	0.000 793	522	82	464	14	240	1	98%
B3-hl-38	0.196 214	0.050 493	0.001 634	0.269 286	0.008 386	0.038 936	0.000 325	217	79	242	7	100	3	87%
B3-hl-39	0.934 395	0.080 177	0.003 229	0.438 485	0.017 79	0.051 912	0.012 619	1267	80	369	13	234	3	98%
B3-hl-40	0.551 954	0.052 661	0.001 346	0.306 962	0.007 787	0.042 49	0.000 393	322	59	272	6	241	3	93%
B3-hl-41	0.565 404	0.050 438	0.002 749	0.109 627	0.005 195	0.015 478	0.000 204	217	131	106	5	267	38	98%
B3-hl-42	0.938 38	0.071 025	0.001 749	1.512 507	0.041 444	0.153 943	0.001 943	967	51	935	17	226	2	74%
B3-hl-43	1.257 389	0.046 128	0.005 284	0.170 324	0.009 377	0.015 76	0.000 404	400	39	160	8	1856	7	98%
B3-hl-44	0.779 462	0.054 124	0.001 198	0.479 4	0.010 425	0.064 326	0.000 444	376	55	398	7	246	12	99%
B3-hl-45	0.833 64	0.071 843	0.001 435	1.605 833	0.031 461	0.162 338	0.001 147	983	41	972	12	163		

续附表

Grain no.	Th/U	207Pb/206Pb	1σ	207Pb/235U	1σ	206Pb/238U	1σ	207Pb/206Pb	1σ	207Pb/235U	1σ	206Pb/238U	1σ	一致性
				比例						年龄/Ma				
B3-h1-46	0.653 968	0.062 086	0.005 305	0.277 103	0.014 966	0.026 899	0.000 566	676	183	248	12	247	3	73%
B3-h1-47	0.253 555	0.054 054	0.000 855	0.449 774	0.006 952	0.060 347	0.000 413	372	32	377	5	243	4	99%
B3-h1-48	1.027 588	0.056 707	0.001 484	0.680 567	0.017 723	0.087 038	0.000 694	480	90	527	11	104	2	97%
B3-h1-49	0.707 315	0.059 596	0.001 366	0.755 254	0.017 81	0.091 98	0.000 852	591	50	571	10	243	2	99%
B3-h1-50	0.620 52	0.047 343	0.001 618	0.099 002	0.003 397	0.015 204	0.000 148	65	81	96	3	853	10	98%
B3-h1-51	0.053 505	0.233 288	0.002 141	19.110 8	0.184 808	0.592 497	0.002 885	3076	20	3047	10	100	2	98%
B3-h1-52	1.376 739	0.052 453	0.004 595	0.127 39	0.008 269	0.015 179	0.000 295	306	197	122	7	98	2	77%
B3-h1-53	0.817 211	0.050 863	0.002 089	0.257 219	0.009 909	0.036 621	0.000 392	235	64	232	8	94	1	99%
B3-h1-54	1.094 449	0.161 702	0.002 874	10.463 39	0.201 321	0.468 325	0.004 437	2474	30	2477	18	103	2	99%
B3-h1-55	0.499 518	0.054 606	0.001 839	0.307 868	0.010 348	0.040 994	0.000 451	394	79	273	8	101	1	94%
B3-h1-56	0.535 798	0.053 888	0.002 083	0.302 405	0.011 044	0.041 218	0.000 476	365	87	268	9	270	4	97%
B3-h1-57	0.811 693	0.061 681	0.001 886	0.586 148	0.019 172	0.068 922	0.000 873	665	67	468	12	101	2	91%
B3-h1-58	0.299 85	0.055 325	0.001 214	0.546 101	0.012 041	0.071 478	0.000 464	433	48	442	8	545	6	99%
B3-h1-59	1.368 56	0.052 054	0.003 107	0.287 354	0.013 57	0.036 733	0.000 556	287	137	256	11	102	2	90%
B3-h1-60	1.432 506	0.054 078	0.003 008	0.286 051	0.015 122	0.038 683	0.000 561	376	126	255	12	94	1	95%
B3-h1-61	0.851 52	0.077 794	0.002 434	1.568 179	0.052 519	0.146 444	0.001 655	1143	62	958	21	155	2	91%
B3-h1-62	1.383 076	0.049 334	0.003 462	0.291 722	0.014 825	0.037 461	0.001 051	165	156	260	12	102	3	90%
B3-h1-63	1.073 415	0.053 416	0.002 188	0.167 61	0.006 735	0.022 942	0.000 235	346	93	157	6	246	3	92%
B3-h1-64	0.627 743	0.058 548	0.002 172	0.575 635	0.020 911	0.072 055	0.000 773	550	75	462	13	96	2	97%
B3-h1-65	0.704 653	0.064 63	0.001 985	0.888 126	0.026 449	0.100 801	0.001 189	761	65	645	14	247	3	95%
B3-h1-66	0.180 436	0.113 862	0.001 51	5.264 902	0.076 498	0.334 852	0.002 729	1862	24	1863	12	233	4	99%
B3-h1-67	0.706 071	0.049 723	0.003 114	0.117 209	0.005 494	0.015 026	0.000 215	189	146	113	5	236	4	84%
B3-h1-68	0.295 791	0.051 75	0.001 478	0.270 68	0.007 645	0.037 921	0.000 334	276	65	243	6	105	4	98%

续附表

Grain no.	Th/U	比例						年龄/Ma						一致性
		$^{207}Pb/^{206}Pb$	1σ	$^{207}Pb/^{235}U$	1σ	$^{206}Pb/^{238}U$	1σ	$^{207}Pb/^{206}Pb$	1σ	$^{207}Pb/^{235}U$	1σ	$^{206}Pb/^{238}U$	1σ	
B3-h1-69	0.443 418	0.054 825	0.001 776	0.536 205	0.017 682	0.070 541	0.000 602	406	72	436	12	294	4	99%
B3-h1-70	0.999 217	0.054 186	0.002 193	0.516 314	0.019 211	0.068 931	0.000 728	389	97	423	13	229	3	98%
B3-h1-71	0.633 988	0.047 02	0.003 511	0.111 609	0.006 022	0.015 472	0.000 224	50	170	107	6	223	4	91%
B3-h1-72	0.741 745	0.046 806	0.004 209	0.107 23	0.006 437	0.014 622	0.000 302	39	204	103	6	240	3	90%
B3-h1-73	0.497 21	0.050 47	0.001 949	0.282 8	0.010 788	0.040 84	0.000 48	217	89	253	9	238	3	97%
B3-h1-74	0.367 095	0.056 11	0.001 219	0.566 66	0.011 663	0.073 044	0.000 464	457	48	456	8	233	3	99%
B3-h1-75	2.393 298	0.054 053	0.001 558	0.619 631	0.017 593	0.083 124	0.000 68	372	65	490	11	236	3	94%
B3-h1-76	0.562 891	0.053 737	0.001 483	0.288 726	0.007 912	0.038 954	0.000 307	361	61	258	6	244	3	95%
B3-h1-77	0.924 052	0.068 059	0.001 846	1.252 061	0.032 033	0.134 391	0.001 249	872	56	824	14	231	3	98%
B3-h1-78	0.508 372	0.054 139	0.003 339	0.292 397	0.016 982	0.038 57	0.000 607	376	139	260	13	235	3	93%
B3-h1-79	0.811 326	0.052 625	0.002 215	0.279 424	0.011 365	0.038 313	0.000 398	322	96	250	9	245	5	96%
B3-h1-80	0.414 687	0.086 358	0.005 544	1.941 859	0.094 354	0.184 104	0.023 018	1346	124	1096	33	243	3	99%
B3-h1-81	2.092 313	0.065 09	0.002 529	0.968 493	0.038 854	0.107 82	0.001 122	776	81	688	20	253	2	95%
B3-h1-82	0.291 28	0.051 355	0.001 617	0.282 621	0.008 97	0.039 952	0.000 372	257	72	253	7	149	5	99%
B3-h1-83	0.784 316	0.057 52	0.001 674	0.562 719	0.016 631	0.071 039	0.000 669	522	60	453	11	232	4	97%
B3-h1-84	0.399 609	0.054 775	0.001 392	0.465 878	0.012 962	0.061 418	0.000 581	467	56	388	9	980	9	98%
B3-h1-85	0.323 772	0.052 706	0.002 421	0.302 006	0.012 367	0.040 559	0.000 528	317	104	268	10	163	2	95%
B3-h1-86	0.167 929	0.062 003	0.001 614	0.620 114	0.016 196	0.072 792	0.000 662	676	56	490	10	95	2	92%
B3-h1-87	0.680 846	0.049 436	0.001 96	0.135 326	0.005 385	0.019 926	0.000 246	169	93	129	5	239	2	98%
B3-h1-88	0.545 716	0.053 342	0.001 83	0.274 343	0.009 134	0.037 359	0.000 342	343	78	246	7	233	4	95%
B3-h1-89	0.304 775	0.068 846	0.001 008	1.284 677	0.019 475	0.135 118	0.000 96	894	30	839	9	243	3	97%
B3-h1-90	1.357 613	0.052 644	0.004 441	0.341 47	0.018 068	0.037 949	0.000 809	322	193	298	14	246	2	78%
B3-h1-91	0.550 916	0.091 601	0.001 412	3.252 597	0.049 944	0.257 695	0.001 966	1459	29	1470	12	266	3	99%

续附表

Grain no.	Th/U	比例								年龄/Ma						一致性
		$^{207}Pb/^{206}Pb$	1σ	$^{207}Pb/^{235}U$	1σ	$^{206}Pb/^{238}U$	1σ	$^{207}Pb/^{206}Pb$	1σ	$^{207}Pb/^{235}U$	1σ	$^{206}Pb/^{238}U$	1σ	
B3-h1-92	0.506 121	0.049 507	0.001 403	0.271 986	0.008 022	0.039 804	0.000 356	172	65	244	6	102	2	97%
B3-h1-93	0.278 628	0.054 262	0.001 331	0.509 329	0.012 446	0.068 253	0.000 575	389	56	418	8	102	2	98%
B3-h1-94	0.655 519	0.054 339	0.002 85	0.119 662	0.005 69	0.015 488	0.000 203	383	119	115	5	240	3	85%
B3-h1-95	1.113 612	0.059 58	0.006 672	0.507 081	0.030 337	0.042 221	0.001 057	587	245	416	20	253	2	76%
B3-h1-96	0.504 992	0.047 925	0.002 452	0.147 973	0.007 711	0.022 369	0.000 246	95	119	140	7	229	3	98%
B3-h1-97	0.682 042	0.071 581	0.001 234	1.622 47	0.028 401	0.164 568	0.001 219	974	35	979	11	249	3	99%
B3-h1-98	0.843 614	0.047 766	0.002 816	0.124 816	0.006 116	0.017 136	0.000 23	87	133	119	6	242	3	91%
B3-h1-99	2.011 09	0.068 283	0.002 166	1.172 144	0.036 086	0.125 628	0.001 322	877	67	788	17	119	3	96%
B3-h1-100	0.986 42	0.052 387	0.001 991	0.454 513	0.017 114	0.063 41	0.000 605	302	87	380	12	98	1	95%
B3-h1-101	0.766 899	0.048 832	0.002 429	0.114 437	0.004 998	0.016 298	0.000 208	139	119	110	5	237	3	94%
B3-h1-102	0.341 021	0.054 06	0.001 121	0.535 656	0.011 267	0.071 912	0.000 516	372	46	436	7	246	3	97%
B3-h1-103	0.910 5	0.066 035	0.002 577	0.352 574	0.013 655	0.038 438	0.000 393	809	81	307	10	268	4	76%
B3-h1-104	0.672 579	0.062 699	0.002 156	1.114 072	0.037 895	0.129 707	0.001 393	698	68	760	18	253	2	96%
B3-h1-105	1.787 873	0.058 272	0.002 639	0.175 45	0.008 18	0.021 8	0.000 264	539	98	164	7	233	2	83%
B3-h1-106	0.456 542	0.050 139	0.001 741	0.196 232	0.006 559	0.028 352	0.000 305	211	80	182	6	207	2	99%
B3-h1-107	0.292 331	0.048 355	0.001 094	0.186 703	0.004 115	0.028 132	0.000 259	117	54	174	4	234	3	97%
B3-h1-108	0.501 654	0.072 967	0.001 525	1.725 331	0.036 868	0.171 398	0.001 278	1013	42	1018	14	98	1	99%
B3-h1-109	0.182 245	0.049 762	0.001 223	0.271 563	0.006 773	0.039 634	0.000 299	183	57	244	5	251	2	97%
A2-h2-1	0.726 8	0.049 889	0.002 236	0.268 881	0.011 843	0.039 314	0.000 435	191	108	242	9	249	3	97%
A2-h2-2	0.483 409	0.046 983	0.001 267	0.163 522	0.004 711	0.025 186	0.000 209	56	67	154	4	160	1	95%
A2-h2-3	2.166 106	0.059 246	0.003 614	0.346 188	0.016 114	0.038 229	0.000 722	576	132	302	12	242	4	91%
A2-h2-4	0.887 315	0.047 28	0.001 864	0.100 695	0.003 828	0.015 549	0.000 173	65	89	97	4	99	1	97%
A2-h2-5	2.724 221	0.052 079	0.004 495	0.362 817	0.020 464	0.038 605	0.000 728	287	198	314	15	244	5	92%

续附表

Grain no.	Th/U	比例						年龄/Ma						一致性
		$^{207}Pb/^{206}Pb$	1σ	$^{207}Pb/^{235}U$	1σ	$^{206}Pb/^{238}U$	1σ	$^{207}Pb/^{206}Pb$	1σ	$^{207}Pb/^{235}U$	1σ	$^{206}Pb/^{238}U$	1σ	
A2-h2-6	0.796 342	0.051 949	0.002 038	0.113 821	0.004 34	0.015 957	0.000 171	283	91	109	4	102	1	93%
A2-h2-7	0.466 638	0.052 482	0.001 297	0.275 201	0.007 124	0.038 027	0.000 348	306	56	247	6	241	2	97%
A2-h2-8	0.929 364	0.055 096	0.003 171	0.124 514	0.006 262	0.015 778	0.000 194	417	128	119	6	101	1	93%
A2-h2-9	0.554 434	0.054 145	0.002 423	0.284 2	0.012 312	0.038 464	0.000 467	376	102	254	10	243	3	95%
A2-h2-10	0.766 158	0.046 824	0.002 088	0.115 856	0.005 073	0.017 714	0.000 209	39	104	111	5	113	1	98%
A2-h2-11	1.030 375	0.056 692	0.004 669	0.345 533	0.019 932	0.036 765	0.000 702	480	183	301	15	233	4	94%
A2-h2-12	0.683 548	0.059 662	0.004 109	0.138 568	0.007 899	0.015 559	0.000 31	591	155	132	7	100	2	72%
A2-h2-13	0.644 439	0.049 933	0.002 601	0.107 784	0.004 963	0.015 434	0.000 169	191	122	104	5	99	1	94%
A2-h2-14	1.070 832	0.055 403	0.005 301	0.451 748	0.026 489	0.040 499	0.000 898	428	215	379	19	256	6	76%
A2-h2-15	0.763 932	0.049 179	0.004 834	0.257 785	0.020 235	0.036 647	0.000 976	167	206	233	16	232	6	99%
A2-h2-16	1.361 212	0.055 004	0.004 845	0.157 44	0.008 599	0.015 514	0.000 341	413	193	148	8	99	2	78%
A2-h2-17	0.447 118	0.061 68	0.005 256	0.401 128	0.018 97	0.037 699	0.000 772	665	179	342	14	239	5	74%
A2-h2-18	0.669 259	0.050 475	0.001 162	0.277 814	0.005 998	0.040 554	0.000 303	217	86	249	5	256	2	97%
A2-h2-19	0.579 691	0.049 134	0.004 302	0.115 404	0.007 86	0.015 713	0.000 362	154	193	111	7	101	2	90%
A2-h2-20	1.001 568	0.053 796	0.003 769	0.264 143	0.017 893	0.036 505	0.000 702	361	164	238	14	231	4	97%
A2-h2-21	0.863 027	0.053 308	0.003 366	0.274 479	0.015 674	0.036 268	0.000 483	343	144	246	12	230	3	93%
A2-h2-22	0.850 798	0.053 562	0.003 534	0.287 47	0.016 324	0.037 476	0.000 554	354	150	257	13	237	3	92%
A2-h2-23	1.074 087	0.049 45	0.003 49	0.297 79	0.016 114	0.038 36	0.000 61	169	159	265	13	243	4	91%
A2-h2-24	0.434 103	0.051 093	0.005 127	0.205 05	0.012 896	0.025 176	0.000 461	256	206	189	11	160	3	93%
A2-h2-25	0.556 991	0.049 98	0.003 152	0.166 497	0.010 111	0.024 392	0.000 374	195	153	156	9	155	2	99%
A2-h2-26	0.861 072	0.066 026	0.005 637	0.182 083	0.009 667	0.016 255	0.000 341	807	180	170	8	104	2	81%
A2-h2-27	0.881 26	0.047 158	0.003 442	0.119 572	0.006 927	0.016 398	0.000 299	58	176	115	6	105	2	91%
A2-h2-28	0.582 983	0.049 249	0.001 853	0.254 008	0.009 397	0.037 684	0.000 434	167	89	230	8	238	3	96%

续附表

Grain no.	Th/U	比例						年龄/Ma						一致性
		207Pb/206Pb	1σ	207Pb/235U	1σ	206Pb/238U	1σ	207Pb/206Pb	1σ	207Pb/235U	1σ	206Pb/238U	1σ	
A2-h2-29	0.579 446	0.051 805	0.002 282	0.116 112	0.005 039	0.016 207	0.000 199	276	102	112	5	104	1	92%
A2-h2-30	0.733 947	0.056 53	0.002 908	0.299 767	0.013 136	0.038 116	0.000 531	472	115	266	10	241	3	90%
A2-h2-31	0.695 583	0.050 067	0.002 627	0.109 154	0.005 534	0.016 003	0.000 179	198	119	105	5	102	1	97%
A2-h2-32	0.723 046	0.049 112	0.002 235	0.103 692	0.004 453	0.015 513	0.000 167	154	107	100	4	99	1	99%
A2-h2-33	1.314 623	0.052 765	0.004 442	0.132 484	0.007 474	0.015 357	0.000 311	320	188	126	7	98	2	74%
A2-h2-34	0.498 206	0.055 52	0.002 832	0.294 633	0.013 811	0.037 943	0.000 528	432	110	262	11	240	3	91%
A2-h2-35	0.580 511	0.051 078	0.001 612	0.277 327	0.008 805	0.039 096	0.000 422	243	74	249	7	247	3	99%
A2-h2-36	1.392 221	0.049 141	0.001 258	0.082 261	0.002 054	0.012 215	0.000 12	154	56	80	2	78	1	97%
A2-h2-37	0.394 772	0.052 52	0.001 509	0.284 723	0.007 995	0.039 513	0.000 371	309	65	254	6	250	2	98%
A2-h2-38	0.416 797	0.053 013	0.001 68	0.292 589	0.009 162	0.040 208	0.000 336	328	70	261	7	254	2	97%
A2-h2-39	0.343 912	0.051 297	0.001 099	0.279 596	0.005 966	0.039 599	0.000 297	254	45	250	5	250	2	99%
A2-h2-40	0.827 189	0.052 505	0.001 641	0.272 051	0.008 187	0.037 771	0.000 351	306	70	244	7	239	2	97%
A2-h2-41	0.345 094	0.050 031	0.002 675	0.285 243	0.012 613	0.038 282	0.000 588	198	119	255	10	242	4	94%
A2-h2-42	0.544 43	0.055 62	0.003 549	0.288 188	0.016 541	0.037 507	0.000 551	439	143	257	13	237	3	92%
A2-h2-43	0.652 922	0.047 686	0.001 992	0.258 493	0.010 708	0.039 085	0.000 461	83	106	233	9	247	3	94%
A2-h2-44	0.830 045	0.052 735	0.002 92	0.114 915	0.005 224	0.015 643	0.000 229	317	126	110	5	100	1	90%
A2-h2-45	0.751 096	0.052 82	0.003 16	0.279 038	0.015 118	0.037 645	0.000 455	320	131	250	12	238	3	95%
A2-h2-46	0.356 916	0.054 039	0.002 829	0.300 363	0.014 227	0.039 03	0.000 557	372	119	267	11	247	3	92%
A2-h2-47	2.359 924	0.059 758	0.005 148	0.370 289	0.021 588	0.037 411	0.000 728	594	189	320	16	237	5	80%
A2-h2-48	0.432 008	0.050 371	0.001 545	0.265 954	0.008 096	0.038 478	0.000 388	213	72	239	6	243	2	98%
A2-h2-49	0.565 206	0.052 4	0.001 643	0.272 794	0.008 471	0.037 92	0.000 328	302	70	245	7	240	2	97%
A2-h2-50	0.603 119	0.050 931	0.001 676	0.262 412	0.008 365	0.037 619	0.000 336	239	78	237	7	238	2	99%
A2-h2-51	0.947 207	0.048 179	0.004 321	0.137 836	0.006 748	0.015 69	0.000 289	109	196	131	6	100	2	76%

续附表

Grain no.	Th/U	比例								年龄/Ma						一致性
		$^{207}Pb/^{206}Pb$	1σ	$^{207}Pb/^{235}U$	1σ	$^{206}Pb/^{238}U$	1σ	$^{207}Pb/^{206}Pb$	1σ	$^{207}Pb/^{235}U$	1σ	$^{206}Pb/^{238}U$	1σ				
A2-h2-52	0.879 025	0.052 24	0.002 615	0.261 076	0.012 253	0.037 037	0.000 499	295	115	236	10	234	3	99%
A2-h2-53	0.477 586	0.059 684	0.004 111	0.327 422	0.017 638	0.037 356	0.000 573	591	155	288	13	236	4	90%
A2-h2-54	0.068 19	0.051 57	0.000 94	0.284 364	0.005 725	0.040 077	0.000 425	265	38	254	5	253	3	99%
A2-h2-55	0.700 996	0.054 336	0.005 423	0.346 429	0.021 758	0.037 804	0.000 818	383	226	302	16	239	5	91%
A2-h2-56	0.655 213	0.052 225	0.003 675	0.109 105	0.007 519	0.014 932	0.000 247	295	164	105	7	96	2	90%
A2-h2-57	1.237 52	0.046 953	0.004 08	0.104 532	0.006 293	0.014 823	0.000 302	56	187	101	6	95	2	93%
A2-h2-58	0.857 352	0.046 407	0.003 057	0.123 626	0.005 308	0.016 104	0.000 273	20	148	118	5	103	2	92%
A2-h2-59	0.676 419	0.046 885	0.002 579	0.121 083	0.005 738	0.018 023	0.000 238	43	126	116	5	115	2	99%
A2-h2-60	1.287 534	0.048 534	0.004 089	0.128 476	0.007 363	0.015 162	0.000 296	124	198	123	7	97	2	76%
A2-h2-61	1.334 706	0.048 652	0.001 944	0.104 869	0.004 036	0.015 671	0.000 174	132	99	101	4	100	1	98%
A2-h2-62	0.463 013	0.051 356	0.001 562	0.184 41	0.005 821	0.026 012	0.000 246	257	69	172	5	166	2	96%
A2-h2-63	0.671 985	0.049 318	0.002 823	0.272 063	0.013 652	0.038 578	0.000 478	161	133	244	11	244	3	99%
A2-h2-64	0.706 089	0.056 416	0.002 333	0.291 896	0.012 344	0.037 436	0.000 428	478	95	260	10	237	3	90%
A2-h2-65	0.584 82	0.052 055	0.001 946	0.268 245	0.010 265	0.037 394	0.000 401	287	87	241	8	237	2	98%
A2-h2-66	0.661 043	0.076 003	0.006 659	0.457 435	0.026 768	0.037 209	0.000 879	1094	176	382	19	236	5	82%
A2-h2-67	0.604 738	0.051 587	0.002 694	0.267 421	0.013 143	0.037 336	0.000 492	333	120	241	11	236	3	98%
A2-h2-68	0.790 517	0.051 375	0.002 126	0.262 341	0.011 025	0.037 203	0.000 408	257	92	237	9	235	3	99%
A2-h2-69	0.713 278	0.049 634	0.002 991	0.108 338	0.005 513	0.015 21	0.000 249	189	145	104	5	97	2	92%
A2-h2-70	0.840 507	0.053 257	0.003 312	0.123 904	0.007 256	0.016 881	0.000 249	339	143	119	7	108	2	90%
A2-h2-71	0.361 271	0.049 529	0.002 063	0.267 119	0.010 939	0.039 47	0.000 476	172	131	240	9	250	3	96%
A2-h2-72	0.934 867	0.048 945	0.003 757	0.113 884	0.006 792	0.015 528	0.000 224	146	170	110	6	99	1	90%
A2-h2-73	0.892 792	0.054 644	0.003 237	0.300 684	0.017 274	0.038 288	0.000 577	398	133	267	13	242	4	90%
A2-h2-74	0.661 235	0.049 999	0.002 091	0.270 765	0.010 914	0.039 385	0.000 439	195	103	243	9	249	3	97%

续附表

Grain no.	Th/U	比例								年龄/Ma						一致性
		207Pb/206Pb	1σ	207Pb/235U	1σ	206Pb/238U	1σ	207Pb/206Pb	1σ	207Pb/235U	1σ	206Pb/238U	1σ	
A2-h2-75	0.632 537	0.049 551	0.001 852	0.268 622	0.009 843	0.039 6	0.000 406	172	87	242	8	250	3	96%
A2-h2-76	0.805 989	0.053 06	0.004 5	0.125 814	0.008 54	0.017 074	0.000 959	332	197	120	8	109	6	90%
A2-h2-77	0.758 492	0.058 277	0.004 273	0.335 575	0.018 66	0.038 562	0.000 669	539	161	294	14	244	4	91%
A2-h2-78	0.827 893	0.049 688	0.004 24	0.117 418	0.007 394	0.015 5	0.000 292	189	180	113	7	99	2	92%
A2-h2-79	0.443 321	0.091 204	0.038 559	0.477 045	0.200 175	0.038 343	0.000 356	1451	886	396	138	243	2	81%
A2-h2-80	0.871 152	0.057 525	0.006 595	0.229 93	0.009 748	0.017 786	0.000 473	522	254	210	8	114	3	80%
A2-h2-81	0.711 425	0.048 71	0.003 463	0.302 87	0.017 101	0.038 61	0.000 775	200	100	269	13	244	5	90%
A2-h2-82	0.764 993	0.047 975	0.002 088	0.254 363	0.010 662	0.038 857	0.000 442	98	100	230	9	246	3	93%
A2-h2-83	0.552 011	0.049 565	0.001 686	0.112 018	0.003 552	0.016 348	0.000 139	176	77	108	3	105	1	96%
A2-h2-84	0.699 154	0.049 547	0.005 99	0.282 302	0.024 455	0.036 686	0.000 888	172	263	252	19	232	6	91%
A2-h2-85	0.673 649	0.048 181	0.003 354	0.118 878	0.006 571	0.016 56	0.000 22	109	156	114	6	106	1	92%
A2-h2-86	1.130 89	0.049 956	0.003 366	0.108 133	0.005 987	0.014 92	0.000 224	195	157	104	5	95	1	91%
A2-h2-87	0.124 716	0.050 373	0.001 14	0.290 292	0.006 601	0.041 877	0.000 317	213	49	259	5	264	2	97%
A2-h2-88	0.800 699	0.048 283	0.001 553	0.251 493	0.008 278	0.037 84	0.000 356	122	76	228	7	239	2	95%
A2-h2-89	1.346 482	0.049 555	0.003 807	0.111 357	0.006 266	0.015 498	0.000 26	172	170	107	6	99	2	92%
A2-h2-90	0.383 407	0.051 315	0.001 005	0.267 281	0.005 489	0.037 738	0.000 265	254	44	241	4	239	2	99%